高等学校教材

误差理论与测量平差基础

Basics of Errors Theory and Surveying Adjustment

丁安民　编

测绘出版社

·北京·

内容简介

本书是测绘工程本科专业必修的专业基础课通用教材。本书系统、全面地阐述了测量误差的基本理论、测量平差的基本原理，以及测量平差的具体应用。全书共分九章。主要内容包括：测量误差理论与最小二乘原理、测量平差基本方法、测量平差函数模型和随机模型的概念及建立、测量数据的统计假设检验方法和测量平差具体应用等。本书内容充实、结构严谨、体系完整、理论与应用并重，不仅包括了测量数据处理的经典理论，而且反映了测量平差的当代进展。

本书可作为高等学校测绘工程专业本科教材，也可供相关专业的工程技术人员参考。

图书在版编目(CIP)数据

误差理论与测量平差基础/丁安民编. —北京：测绘出版社，2012.8 (2019.6 重印)
ISBN 978-7-5030-2614-0

Ⅰ. ①误…　Ⅱ. ①丁…　Ⅲ. ①误差理论—高等学校—教材　②测量平差—高等学校—教材　Ⅳ. ①O241.1　②P207

中国版本图书馆 CIP 数据核字(2012)第 119104 号

责任编辑　贾晓林　**执行编辑**　余易举　**封面设计**　李　伟　**责任校对**　董玉珍

出版发行	测绘出版社	**电　　话**	010—83543965(发行部)
地　　址	北京市西城区三里河路 50 号		010—68531609(门市部)
邮政编码	100045		010—68531363(编辑部)
电子邮箱	smp@sinomaps.com	**网　　址**	www.chinasmp.com
印　　刷	北京虎彩文化传播有限公司	**经　　销**	新华书店
成品规格	184mm×260mm		
印　　张	11.5	**字　　数**	280 千字
版　　次	2012 年 8 月第 1 版	**印　　次**	2019 年 6 月第 2 次印刷
印　　数	2001—2500	**定　　价**	28.00 元

书　　号　ISBN 978-7-5030-2614-0/P・592
本书如有印装质量问题，请与我社门市部联系调换。

前　言

“误差理论与测量平差基础”是测绘类本科专业的基础核心课程之一。它应用概率和数理统计方法来分析观测数据，为观测数据的处理提供理论基础；以最小二乘法作为处理观测数据的基本原则，讲解测量平差的基本原理、方法和技能；论述近代测量平差的基本理论与方法，介绍测量数据处理的最新研究成果。目前，测绘工程专业涵盖了大地测量、工程测量、摄影测量与遥感和地图制图学等方向，原矿山测量专业现已归并到大地测量与测量工程专业。为贯彻落实卓越工程师教育培养计划，本教材编写组召集河南省有关院校教师对该课程的教学内容进行了修订，使得教学内容更加注重测量平差的基本概念、基础理论、基本知识和基本技能的讲解。

虽然目前各类教材的教学大纲相差不多，但考虑到新专业目录中测绘工程专业与旧专业目录中相应的细分专业的差异，培养模式和课程设置的不同，仍需对该教材的内容从基础化和综合化的角度进行修订。本教材的主要教学内容和教学体系与国内已出版的同类教材基本一致，但也有以下两个特点：

(1)除加强误差理论基础知识的讲解外，增加了矩阵知识在本课程中的应用，例如：矩阵的秩、迹的性质在本课程公式推导中的应用等。

(2)删去了一些陈旧的、与现代科技发展不相称的内容，例如：删去了收舍误差、线性方程组解算等。增加了参数加权平差，间接平差中的分组平差等内容。

在本书的编写中，力求范例的多样性和实用性，以达到培养宽口径人才的要求。本教材第1章到第9章由河南理工大学丁安民教授和张捍卫教授编写，第10章由河南城建学院卫柳艳副教授编写，河南理工大学魏峰远教授对第10章进行了修订。全书由张捍卫教授统稿。在本教材的出版过程中，河南理工大学测绘与国土信息工程学院领导给予了高度重视和关心，并提供了教材建设出版基金，在此表示真诚的感谢。

由于编著者水平所限，文中如有错误和不当之处，敬请读者予以指正。

丁安民

2012年3月

目 录

第1章　绪　论

地球科学的测量数据或观测数据是指用一定的仪器、工具、传感器或其他手段获取的反映地球与其他实体的空间分布有关的信息数据。任何观测数据总是包含有信息和干扰两部分，采集数据就是为了获取有用的信息。干扰也称为误差，是除了有用信息以外的部分。在实际工作中，需要进行大量观测数据的处理，它是测量工作重要环节之一。“误差理论与测量平差基础”课程的任务，就是介绍这一方面的有关理论和方法。高斯(Gauss)和勒让德(Legendre)于18世纪末创立了解决这一问题的基本理论和方法，即最小二乘法。两个世纪以来，随着科学与技术的不断进步，特别是近代科学与技术的发展，最小二乘法也增添了许多新的内容，理论更趋全面严谨，方法更加灵活多样，应用也更为广泛。

本章将说明观测数据总是不可避免地带有误差，以及测量平差所研究的内容，最后介绍本书的任务和内容。

§1.1　测量平差的基本概念

在测量工作中，由于受测量过程中客观存在的各种因素的影响，使得一切测量结果都不可避免地带有误差。例如，对一段距离进行重复观测时，各次观测的长度总不可能完全相同；又如，一个平面三角形三个内角之和理论上应等于180°，实际上，如果对这三个内角进行观测，其观测值之和一般不等于180°。这种差异的产生，是因为观测值中含有观测误差。于是，研究观测误差的内在规律，对带有误差的观测数据进行数学处理并评定其精确程度等，就成为测量工作中需要解决的重要实际问题。

1.1.1　误差来源

观测误差产生的原因很多，概括起来主要有以下四个方面。

(1)观测者：由于观测者的感觉器官的鉴别能力有一定的局限性，因此在仪器的安置、照准、读数等方面都会产生误差。同时，观测者的工作态度、技术水平以及情绪的变化，也会对观测成果的质量产生影响。

(2)测量仪器：所谓测量仪器，是指采集数据时所使用的任何工具和手段。由于每一种仪器只具有一定限度的准确度，由此观测所得的数据必然带有误差。测量是利用测量仪器进行的，由于测量仪器的不完善，因而使观测值产生误差。例如，在用只刻有厘米分划的普通水准尺进行水准测量时，就难以保证在估读厘米以下的尾数时正确无误。同时，仪器本身也有一定的误差。例如：光学经纬仪理论上要求主光轴、俯仰轴和垂直轴三轴相互正交，但实际上不可能严格正交；水准仪的视准轴不平行于水准轴；电磁波测距仪的零位误差、电路延迟；经纬仪和测距仪度盘的刻划误差等。这些因素都会使测量结果产生误差。

(3)外界环境：观测过程所处的客观环境，例如温度、湿度、风力、风向和大气折光等因素都会对观测结果产生影响。同时，随着这些外界因素的变化，例如温度的高低、湿度的大小、风力的强弱和大气折光的不同，其对观测结果的影响也不同。在多样而变化的外界自然条件下进行观测，就必然使观测结果产生误差。目前，特别是高精度测量，更重视外界环境产生的观测误差，例如，GPS接收机所接收的是来自高空的卫星信号，经过电离层、中性大气层时都会发生信号延迟而产生误差等。

(4)观测对象：观测目标本身的结构、状态和清晰程度等，也会对观测结果直接产生影响。例如，三角测量中的观测目标觇标和圆筒由于风吹日晒而产生了偏差，GPS导航定位中的卫星星历误差、卫星钟误差和设备延迟误差等，都会使测量结果产生误差。

上述的观测者、测量仪器、外界环境和观测对象四个方面的因素是使测量过程中产生误差的主要来源，我们把这四个因素合称为测量条件。显然，测量条件好，观测中产生的误差就会小，观测成果的质量就会高；测量条件差，产生的观测误差就会大，观测成果的质量就会低；如果测量条件相同，观测误差的量级应该相同。我们把测量条件相同的观测称为等精度观测，在相同测量条件下所获取的观测值称为等精度观测值；而测量条件不同的观测称为非等精度观测，相应的观测值称为非等精度观测值。

由于测量条件不尽完善，测量误差是客观存在的。为了检验观测结果的精确性和提高观测结果的可靠性，实践中得出的有效方法是进行多余观测(也称过剩观测)。所谓多余观测就是多于必要观测的观测，例如，直接测定某一段距离的大小时，不是只观测一次，而是观测多次。这时，其中一次是必要观测，其他则为多余观测。又如，在确定平面三个角形形状时，不只是观测任意两个角，由此推算第三个角，而是三个角都观测，这时有两个是必要观测，另一个就是多余观测。

多余观测可以揭示测量误差，同时多余观测又使观测结果产生了矛盾。如平面三角形三个内角观测值之和不等于180°，即闭合差不等于0。为了消除矛盾，必须对观测结果进行平差，为此我们给出测量平差的基本概念。在多余观测的基础上，依据一定的数学模型和某种平差原则，对观测结果进行合理的调整，从而求得一组没有矛盾的最可靠结果，并评定精度，这一过程称为平差。测量平差所依据的原则一般为最小二乘原理。

1.1.2 观测误差及其分类

不难理解，误差是相对于绝对准确而言的。反映一个量真正大小的绝对准确的数值，称为这一量的真值。通过测量直接或间接得到的一个量的大小称为这个量的观测值。与真值相对应的，凡以一定的精确程度反映这一个量大小的数值，都统称为此量的近似值或估计值，简称估值。一个量的观测值或平差值，都是此量的估值。

设以 $\tilde{L}$ 表示一个量的真值，L 表示它的某一观测值，Δ 表示观测误差，则有

$$\Delta = L - \tilde{L} \quad (或\ \Delta = \tilde{L} - L)$$

这里 Δ 是相对于真值的误差，称为真误差。

真值通常是无法测知的，自然真误差也无法获得。但是在一些情况下，有可能预知由观测值构成的某一函数的理论真值。例如：以 L_1、L_2、L_3 表示平面三角形三个内角的观测值，三个内角和的理论真值为180°是已知的。若以 w 表示三内角和的真误差(即三角形闭合差)，则

$$w = (L_1 + L_2 + L_3) - 180°$$

因为闭合差真值为 0，因此 $\Delta w = w - 0 = w$，故 w 也可理解为三角形闭合差的真误差。

当对同一个量观测两次，设观测值为 L_1 和 L_2，该量真值为 $\tilde{L}$，且以 d 表示两次观测值的差值，则

$$d=(L_1-\tilde{L})-(L_2-\tilde{L})=(L_1-L_2)-(\tilde{L}-\tilde{L})=L_1-L_2$$

表示两次观测值的差值 d，就是差值的真误差。d 又称较差。

一般情况下，测量误差按其对观测结果的影响性质可分为以下三类。

1. 粗差

是指比在正常观测条件下所可能出现的最大误差还要大的误差。一般情况下，粗差主要是由失误引起的，一般以异常值或孤值形式表现出来。例如，测错、读错、记录错、计算错和仪器故障等所引起的偏差等。

经典测量中，这类粗差一般采取变更仪器或操作程序、重复观测和检核验算、分析等方式，检出粗差并予以剔除。因此，可认为观测值中已基本没有粗差。由于在现代测量技术的自动化数据采集过程中，粗差经常混入信息之中。所以，在观测方案的设计、实施和观测中的检核及测后的分析处理中，采取有效措施进行粗差的探测和消除是非常重要的。

2. 系统误差

是指误差的大小、符号在观测过程中有一定规律的误差。例如，用具有某一尺长误差的钢尺量距时，由尺长误差所引起的距离误差与所测距离长度成正比例增加。另外，有的系统误差源对一部分观测呈规律性影响，而对另一部分观测的影响，其符号又有正有负，呈现出随机性，从总体上看，这种系统误差属于随机性系统误差，在测量中称为半系统误差。

在测量结果中，应尽量消除或减弱系统误差对观测成果的影响，通常采取如下措施：①找出系统误差出现的规律并设法求出它的数值，然后对观测结果进行改正；②改进仪器结构并制订有效的观测方法和操作程序；③综合分析观测资料，发现系统误差，在平差计算中将其消除。

从实际的测量结果中，完全消除系统误差是不可能的。对于在具体测量工作中，系统误差所引起的问题如何处理，将在各有关专业课中讨论，经典平差中不过多涉及这方面内容。作为平差对象的观测数据，一般认为已经消除了系统误差。

3. 偶然误差

是指单个误差的数值和符号没有规律性可循，但对于大量误差总体却存在一定统计规律性的误差。偶然误差是由各种随机因素的偶然性影响而产生的误差。例如，测量时环境变化对观测数据产生的微小影响等。因此，偶然误差就总体而言，都具有一定的统计规律性，故有时把偶然误差又称为随机误差。

在一切测量中，偶然误差是不可避免的。经典最小二乘平差就是在认为观测值仅含有偶然误差的情况下，调整误差，消除矛盾，求出最可靠值，并进行精度评定。

1.1.3 最小二乘原理

设 $L_1, L_2, \cdots, L_n$ 表示 n 个独立不等精度观测结果，且赋予它们相对可信赖程度的数值分别为 $p_1, p_2, \cdots, p_n$，为消除矛盾而赋予观测值对应的改正数为 $v_1, v_2, \cdots, v_n$。最小二乘原理指的是

$$\sum_{i=1}^{n} p_i v_i^2 = [pvv] = \min$$

在本教材中一般以矩阵形式表示，即

$$\boldsymbol{V}^{\mathrm{T}}\boldsymbol{P}\boldsymbol{V}=\min$$

式中

$$\boldsymbol{V}=\begin{pmatrix}v_1\\v_2\\\vdots\\v_n\end{pmatrix},\ \boldsymbol{P}=\begin{pmatrix}p_1&&&\\&p_2&&\\&&\ddots&\\&&&p_n\end{pmatrix}$$

这里 $\boldsymbol{P}$ 称为观测值向量的权矩阵，$\boldsymbol{Q}=\boldsymbol{P}^{-1}$ 称为观测值向量的权逆矩阵或协因数矩阵。

依最小二乘原理，平差计算所得的观测值改正数，称为最或然改正数（简称改正数），也称残差；经最小二乘平差计算求得的有关量的最可靠值，称为该量的最或然值，又叫平差值。不仅是通过观测直接或间接得到的数据要进行平差处理，有时对一些已平差过的值也要进行再平差。因此参加平差的数据不仅包括直接观测值，还包括间接观测值和在一定范围内已进行过平差的数据，今后无特别注明时，总是概括地称它们为观测值。

§1.2 测量平差发展简史

如何消除由于观测误差引起的观测值之间的矛盾，从多于待估量的观测值中求出其最优值一直是科技工作者高度关注的问题。1794 年，年仅 17 岁的高斯首先提出了解决这个问题的方法——最小二乘法。他是以算术平均值为待求量的最或然值，观测误差服从正态分布这一假设导出了最小二乘原理。高斯当时利用最小二乘原理成功地预测了谷神星运行轨道，使天文学家又很快找到了这颗行星，但高斯并没有及时发表他的成果。直到 1809 年，高斯才在《天体运动理论》一书中，从概率的观点详细地叙述了他所提出的最小二乘原理。而在此之前，1806 年，勒让德发表了《决定彗星轨道的新方法》一文，从代数的观点独立地提出了最小二乘法原理，并定名为最小二乘法。所以后人称它为高斯-勒让德方法。

自高斯提出最小二乘原理到 20 世纪五六十年代以来，许多学者对测量平差的理论和方法进行了大量的研究，提出了一系列解决各类测量问题的平差方法。这些平差方法都是基于观测值随机独立的假设，一般称为经典最小二乘平差。这一时期，由于计算工具的限制，测量平差的主要研究方向是如何少解线性方程组。自 20 世纪六七十年代开始，随着空间测地技术的发展，电子计算机的广泛应用，以及近代数学在测量平差中的应用，测量平差理论取得了很大发展，出现了许多新的平差理论和平差方法。例如：田斯特拉于 1947 年提出相关观测值的平差理论，将经典平差中对观测值随机独立的要求，推广到随机相关的观测值；克拉鲁普在 1969 年提出最小二乘滤波、推估和配置理论；迈塞尔于 1962 年将高斯的最小二乘平差模型中的列满秩系数矩阵推广到奇异矩阵，提出了解决非满秩平差问题的秩亏自由网平差方法，之后其他学者综合各种情况得到了广义高斯-马尔可夫平差模型，并把广义高斯-马尔可夫模型的参数估计称为最小二乘统一理论；20 世纪 80 年代以来，有人将经典的先验定权方法改进为后验定权方法，提出了多种方差-协方差分量的验后估计法；20 世纪中期以来，很多学者致力于系统误差和粗差的研究，提出了附加系统参数的平差方法和粗差探测理论。

总之，自 20 世纪 70 年代以来，随着全球定位系统（GPS）、地理信息系统（GIS）和遥感系统（RS）在测绘中的应用，测量平差理论和方法得到了飞速发展，出现了许多新的测量数据处理理论和方法，也推动了测量平差理论的发展。

§1.3　本书的研究任务和内容

测量平差的主要任务有两个：一是依最小二乘原理求出待定量的最可靠值；二是评定观测值和平差结果的精度。本书主要任务是系统介绍最小二乘原理与测量平差的基本理论和方法，为以后的专业课学习和科学研究打下基础，其主要内容为：

(1)偶然误差概率特性，随机变量的数字特征，衡量观测值质量优劣的标准，精度指标及其估计，中误差与权的定义，方差矩阵及权逆矩阵传播规律等。

(2)测量平差函数模型和随机模型的概念与建立，参数估计概念和最小二乘原理。

(3)间接平差、条件平差、附有参数的条件平差和具有约束条件的间接平差方法等，按照最小二乘原理导出平差结果和精度评定公式，以及平差值的统计性质。作为平差方法的扩充，介绍了参数加权和分组的平差方法。

(4)测量平差中必要的统计假设检验方法。

第2章　误差理论基础

所谓测量就是用计量仪器对被观测量进行量度。测量值就是用测量仪器测定待测量所得到的数值。任一待测量都有它的客观大小,这个客观量称为真值。最理想的测量就是能够测得真值,但由于测量都是在一定条件下进行的,由于各种因素的影响不可避免地带有误差。测量平差的基本任务就是处理一系列带有误差的观测值,求出未知量的最佳估值,并评定测量成果的精度。解决这两个问题的基础,就是要研究观测误差的理论,简称误差理论。偶然误差是一种随机变量,就其总体来说具有一定的统计规律。本章将从随机变量的概念着手,引出测量中常用的精度含义,定义评定观测精度的指标,介绍平差理论中的权、协因数矩阵(即权逆矩阵)等重要概念,以及测量数据处理中常用的由观测值函数的真误差估计中误差的方法。

§2.1　随机变量及其概率分布

在一定测量条件下对某个量进行观测时,并不总是出现相同结果的现象称为随机现象。这种在一定条件下由于偶然因素影响,其观测结果可能取各种不同的值,具有不确定性和随机性,但这些取值落在某个范围的概率是一定的,此种变量称为随机变量。例如,某一时间内公共汽车站等车乘客人数,电话交换台在一定时间内收到的呼叫次数等,都是随机变量的实例。

2.1.1　一维随机变量

要全面了解一个随机变量,不但要知道它取哪些值,而且要知道它取这些值的规律,即要掌握它的概率分布。一个随机实验的可能结果(称为基本事件)的全体组成一个基本空间 Ω。随机变量 x 是定义在基本空间 Ω 上的取值为实数的函数,即基本空间 Ω 中每一个点,也就是每个基本事件都有实轴上的点与之对应。例如,随机投掷一枚硬币,可能的结果有正面朝上、反面朝上两种,若定义 x 为投掷一枚硬币时正面朝上的次数,则 x 为一随机变量。当正面朝上时,x 取值 1;当反面朝上时,x 取值 0。这样 x 就是一个离散型的随机变量,且 $\Omega=\{0,1\}$。如果在确定的条件下,已知硬币正面朝上的概率为 p(硬币正面朝上的次数与投币总次数之比),则 x 的概率分布为

$$P\{x=1\}=p,\ P\{x=0\}=1-p$$

如果随机变量 y 取有限个可能值:$\Omega=\{y_1,y_2,\cdots,y_{N-1},y_N\}$,$N$ 为自然数,则其概率分布为

$$\left.\begin{aligned} P\{y=y_j\}&=p_j \\ \sum_{j=1}^{N}p_j&=1 \end{aligned}\right\} \tag{2.1.1}$$

随机变量不但可以是离散型的,也可以是连续型的。如分析测试中的测定值就是一个以概率取值的随机变量,被测定量的取值可能在某一范围内随机变化,具体取什么值在测定之前是无法确定的,但测定的结果是确定的,多次重复测定所得到的测定值具有统计规律性。随机

变量与模糊变量不确定性的本质差别在于，后者的测定结果仍具有不确定性，即模糊性。如果 x 是一个连续型的随机变量，而它的可能值 X 可以是区间 $(-\infty, +\infty)$ 上的任何值。此时，要把随机变量的所有可能值都列出来是不可能的。对于连续型的随机变量 x，其概率分布是 X 的一个函数，记为

$$F(X)=P\{x<X\} \tag{2.1.2}$$

这就是在实验中，随机变量 x 落在 X 左端的概率。它有下列性质：

(1)当 $X_2>X_1$ 时，有 $F(X_2)\geqslant F(X_1)$，即 $F(X)$ 是所有自变量的非减函数；

(2)在负无穷远处，$F(-\infty)\equiv 0$，即将 X 点无限向左移动，则随机事件 x 落在 X 左端成为不可能事件；

(3)在正无穷远处，$F(+\infty)\equiv 1$，即将 X 点无限向右移动，则事件 $x<X$ 在极限过程中成为必然事件。

若 $F(X)$ 连续可微，则引进概率密度函数 $f(x)$ 的定义，即

$$f(X)=\frac{\mathrm{d}F(X)}{\mathrm{d}X} \tag{2.1.3}$$

它明确表达了密度的性质。如果用 $f(x)\mathrm{d}x$ 表示概率元素，则有下列关系式：

(1)随机变量 x 落入区间 (a,b) 的概率为 $P\{a<x<b\}=\int_a^b f(x)\mathrm{d}x$。

(2)随机变量 x 落入区间 $(-\infty, X)$ 的概率为 $F(X)=\int_{-\infty}^{X} f(x)\mathrm{d}x$。

(3) 随机变量 x 落入区间 $(-\infty, +\infty)$ 的概率为 $F(+\infty)=\int_{-\infty}^{+\infty} f(x)\mathrm{d}x\equiv 1$。

2.1.2　二维随机变量

有些随机现象需要同时用多个随机变量来描述。例如，子弹着点的位置需要两个坐标才能确定，它是一个二维随机变量。类似地，需要 n 个随机变量来描述的随机现象中，这 n 个随机变量组成 n 维随机向量。描述随机向量的取值规律，用联合分布函数。随机向量中每个随机变量的分布函数，称为边缘分布函数。如果联合分布函数等于边缘分布函数的乘积，则称这些单个随机变量之间是相互独立的。独立性是概率论所独有的一个重要概念。

称两个事件 $x<X$，$y<Y$ 同时出现的概率为二维随机变量 (x,y) 的概率分布，即

$$F(X,Y)=P\{x<X, y<Y\} \tag{2.1.4}$$

它有下列性质。

(1)当 $X_2>X_1$，$Y_2>Y_1$ 时，分别有

$$F(X_2,Y)\geqslant F(X_1,Y),\ F(X,Y_2)\geqslant F(X,Y_1)$$

即概率分布 $F(X,Y)$ 为两个变量 X、Y 的非减函数；

(2)当 X、Y 有一个趋于负无穷大时，有

$$F(-\infty,Y)=F(X,-\infty)=F(-\infty,+\infty)\equiv 0$$

即概率分布中有一个变量取 $-\infty$，其值为 0；

(3)当 X、Y 有一个趋于正无穷大时，有

$$F(X,+\infty)=F_1(X),\ F(+\infty,Y)=F_2(Y)$$

(4)当 X、Y 两个都趋于正无穷大时,有

$$F(+\infty,+\infty)\equiv 1$$

即随机点(x,y)落入全平面中,成为必然事件。

如果 $F(X,Y)$连续可微,则定义二维随机变量的概率密度函数为

$$f(X,Y)=\frac{\partial^2 F(X,Y)}{\partial X\partial Y} \tag{2.1.5}$$

如果用 $f(x,y)\mathrm{d}x\mathrm{d}y$ 表示二维概率元素,则随机点(x,y)落在任意区域 D 内的概率表达式为

$$P\{(x,y)\subset D\}=\iint_D f(x,y)\mathrm{d}x\mathrm{d}y$$

而

$$F(X,Y)=\int_{-\infty}^{X}\int_{-\infty}^{Y} f(x,y)\mathrm{d}x\mathrm{d}y$$

因此

$$F_1(X)=F_1(X,+\infty)=\int_{-\infty}^{X}\mathrm{d}x\int_{-\infty}^{+\infty} f(x,y)\mathrm{d}y$$

从而得

$$f_1(X)=\frac{\partial F_1(X)}{\partial X}=\int_{-\infty}^{+\infty} f(x,y)\mathrm{d}y$$

同理可得

$$f_2(Y)=\frac{\partial F_2(Y)}{\partial Y}=\int_{-\infty}^{+\infty} f(x,y)\mathrm{d}x$$

且易知

$$\int_{-\infty}^{+\infty}\int_{-\infty}^{+\infty} f(x,y)\mathrm{d}x\mathrm{d}y\equiv 1$$

以上是二维随机变量的概率分布,多维可类推。

2.1.3 条件概率密度

设 A、B 为事件,则$(A\cap B)$代表 A 和 B 同时发生的事件。如 N 代表实验总数,$N(A)$为事件 A 出现的次数,$N(B)$为事件 B 出现的次数,而 $N(A\cap B)$为事件$(A\cap B)$出现的次数,则其概率分别为

$$P(A)=\frac{N(A)}{N},\ P(B)=\frac{N(B)}{N},\ P(A\cap B)=\frac{N(A\cap B)}{N}$$

在给定事件 B 的条件下,事件 A 出现的概率为

$$P(A\backslash B)=\frac{N(A\cap B)}{N(B)}=\frac{\dfrac{N(A\cap B)}{N}}{\dfrac{N(B)}{N}}=\frac{P(A\cap B)}{P(B)} \tag{2.1.6}$$

定义为条件概率。

现在讨论两个有联合概率密度的随机变量 x、y,令 A、C 分别代表下列两个事件

$$A=\{x<X\},\ C=\{Y\leqslant y\leqslant Y+\Delta Y\}$$

由上述定义可知,在给定事件 C 的条件下,事件 A 的条件概率为

$$P(A\backslash C)=\frac{P(A\cap C)}{P(C)}$$

即

$$P\{(x<X)\backslash(Y\leqslant y\leqslant Y+\Delta Y)\}=\frac{\int_{-\infty}^{X}\mathrm{d}x\int_{Y}^{Y+\Delta Y}f(x,y)\mathrm{d}y}{\int_{Y}^{Y+\Delta Y}f_2(y)\mathrm{d}y}$$

其中

$$f_2(y)=\int_{-\infty}^{+\infty}f(x,y)\mathrm{d}x$$

为随机变量 y 的概率密度函数。

如果利用积分中的中值定理,并令 $\Delta Y\to 0$,则得

$$P\{(x<X)\backslash(y=Y)\}=\frac{\int_{-\infty}^{X}f(x,y)\mathrm{d}x}{f_2(y)}$$

如令 $F\{X\backslash(Y=y)\}=\{(x<X)\backslash(y=Y)\}$,则就是在给定 Y 的条件下,随机变量 x 的条件概率分布。从而可得条件概率密度为

$$f(x\backslash y)=\frac{\partial F\{X\backslash(Y=y)\}}{\partial X}=\frac{f(x,y)}{f_2(y)} \tag{2.1.7}$$

同理可得

$$f(y\backslash x)=\frac{f(x,y)}{f_1(x)} \tag{2.1.8}$$

或者

$$f(x,y)=f(x\backslash y)f_2(y)=f(y\backslash x)f_1(x) \tag{2.1.9}$$

这就是贝叶斯(Bayes)公式。

两个随机变量 x、y,如果在给定其中一个的条件下,而另一个的条件概率密度不依赖于给定的条件,即

$$f(x\backslash y)=f_1(x),\ f(y\backslash x)=f_2(y) \tag{2.1.10}$$

由贝叶斯公式可得两个随机变量 x、y 相互独立的充分必要条件为

$$f(x,y)=f_1(x)f_2(y) \tag{2.1.11}$$

如果 x、y 皆为随机向量,上式结果仍然正确。

§2.2 偶然误差的概率特性

偶然误差从表面上看没有任何规律性,但是随着对同一量观测次数的增加,大量的偶然误差就表现出一定的统计规律性。为寻求偶然误差的规律性,下面首先通过测量实例来总结其规律,然后上升到理论进行分析。

某测区,在相同测量条件下,独立地观测了358个三角形的全部内角,由

$$\Delta_i=(L_1+L_2+L_3)_i-180° \quad (i=1,2,\cdots,358)$$

算得各三角形的闭合差。由于作业中已尽量剔除了粗差和系统误差影响,这些三角形闭合差,

就整体而言，都是偶然因素所至，故为偶然误差。现将误差出现的范围分为若干相等的小区间，每个区间的长度 dΔ 为 0.20″。将一组误差按其正负号与误差值的大小排列，统计误差出现在各区间内误差的个数 υ_i，以及“误差出现在某个区间内”这一事件的频率 υ_i/n（此处 $n=358$），其结果列于表 2.2.1 内（等于区间左端值的误差算入该区间内）。

表 2.2.1 三角形闭合差分布

误差的区间/(″)	Δ为负值			Δ为正值		
	个数 υ_i	频率 $\frac{\upsilon_i}{n}$	$\frac{\upsilon_i}{n\mathrm{d}\Delta}$	个数 υ_i	频率 $\frac{\upsilon_i}{n}$	$\frac{\upsilon_i}{n\mathrm{d}\Delta}$
0.00～0.20	45	0.126	0.630	46	0.128	0.640
0.20～0.40	40	0.112	0.560	41	0.115	0.575
0.40～0.60	33	0.092	0.460	33	0.092	0.460
0.60～0.80	23	0.064	0.320	21	0.059	0.295
0.80～1.00	17	0.047	0.235	16	0.045	0.225
1.00～1.20	13	0.036	0.180	13	0.036	0.180
1.20～1.40	6	0.017	0.085	5	0.014	0.070
1.40～1.60	4	0.011	0.055	2	0.006	0.030
1.60 以上	0	0	0	0	0	0
总和	181	0.505		177	0.495	

从表 2.2.1 中，不难发现如下的规律：①这些闭合差数值上不会超出一定界限；②绝对值小的闭合差比绝对值大的闭合差出现的个数要多；③绝对值相等的正负闭合差个数大致相等。上述情况不仅表现于这个例子里，在大量的测量结果中，偶然误差都有与此完全一致的规律性。

误差分布的情况，除了采用上述误差分布表的形式描述外，还可以利用图形来表达。例如，以横坐标表示误差的大小，纵坐标代表各区间内误差出现的频率除以区间的间隔值，即

$$\frac{\upsilon_i}{n\mathrm{d}\Delta}$$

此处间隔值均取均 dΔ＝0.20″。根据表 2.2.1 给出的数据，可绘制出图 2.2.1。可见，此时图中每一误差区间上的长方条面积就代表误差出现在该区间内的频率。图 2.2.1 中画有斜线的长方条面积，就是代表误差现在 0.00″～＋0.20″区间内的频率 0.128。通常称这样的图为直方图，它形象地表示了误差的分布情况。

可以预期，在相同的观测条件下所得到的一组独立的观测误差，只要观测误差的总个数 n 足够大，那么误差出现在各区间内的频率就总是稳定在某一常数（理论频率）附近，而且当观测个数愈多时，稳定的程度也就愈高。例如，就表 2.2.1 的一组误差而言，在观测条件不变的情况下，如果再继续观测更多的三角形，则可预见，随着观测的个数愈来愈多，误差出现在各区间内的频率及其变动的幅度也就愈来愈小。当 $n\to\infty$ 时，各频率也就趋于一个完全确定的数值，这就是误差出现在各区间的概率。这就是说，在一定的观测条件下，对应着一种确定的误差分布。

当 $n\to\infty$ 时，由于误差出现的频率已趋于完全稳定，如果此时把误差区间的间隔无限缩

小，则可想象到，图 2.2.1 中各长方条顶边所形成的折线将变成如图 2.2.2 所示的一条光滑曲线。这种曲线也就是误差的概率分布曲线。通常也称偶然误差的频率分布为其经验分布，当 $n \to \infty$ 时，经验分布的极限称为误差的理论分布。误差的理论分布是多种多样的，但是根据概率论的中心极限定理，大多数测量误差都服从正态分布。因而通常将正态分布看做偶然误差的理论分布。在以后的讨论中，我们都是以正态分布作为描述偶然误差分布的数学模型，这不仅可以带来工作上的便利，而且基本上也是符合实际情况的。

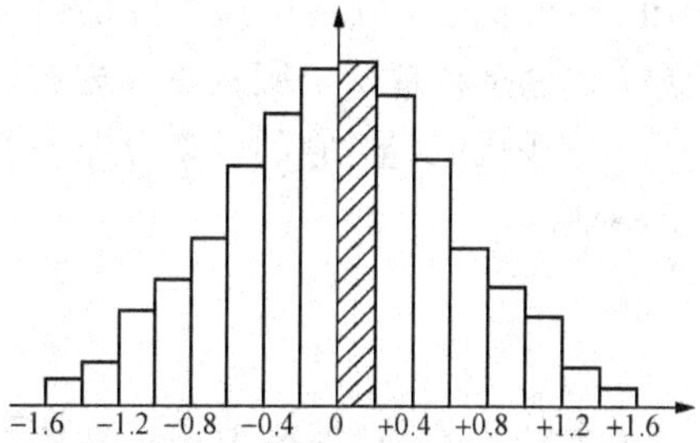

图 2.2.1

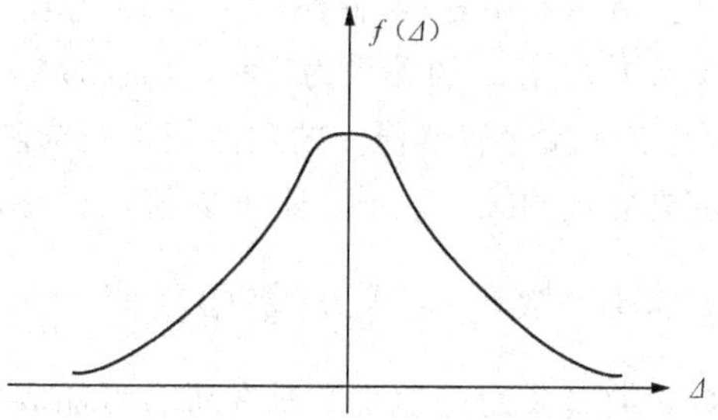

图 2.2.2

中心极限定理指出：若随机变量 y 是众多随机变量 $x_i(i=1,2,3,\cdots,n)$ 之和。如果 x_i 相互独立，且对 y 的影响均匀的小，则当 n 相当大时，随机变量 y 趋于服从正态分布。偶然误差正是这一类型的随机变量。通过上面的分析讨论，可用概率的术语将偶然误差的规律性阐述如下。

(1)在一定的测量条件下，偶然误差的数值不超过一定限值，或者说超出一定限值的误差出现的概率为 0；

(2)绝对值小的误差比绝对值大的误差出现的概率大；

(3)绝对值相等的正负误差出现的概率相同。

这就是偶然误差的三个概率特性，这三个特性可简要概括为：界限性、聚中性和对称性。它们充分揭示了表面上似乎并无规律性的偶然误差的内在规律。

偶然误差的界限性表明，在一定测量条件下，偶然误差的数值是有一定范围的。因此我们可以根据测量条件来确定偶然误差出现的界限。显然测量条件愈好，可能出现的最大偶然误差愈小；反之，则愈大。所以界限性是以后讨论极限误差的理论依据。

偶然误差的聚中性表明，偶然误差愈接近 0，其分布愈密，而且易知，对于较好的测量条件这一特性也必相对明显和突出。

偶然误差的对称性表明，正负偶然误差的分布对称于 0，故其密度函数必为偶函数，有相互抵消性。当误差个数足够多时，其算术平均值应趋于 0，即

$$\lim_{n\to\infty}\frac{1}{n}\sum_{i=1}^{n}\Delta_i = 0 \tag{2.2.1}$$

由此又知，偶然误差的分布是以 0 为对称中心，此中心常称做离散中心或扩散中心。

图 2.2.1 中各长方条的纵坐标为

$$\frac{v_i}{n\,\mathrm{d}\Delta}$$

其面积即为出现在该区间内的频率。如果将这个问题提到理论上来讨论，则以理论分布取代经验分布。此时，图 2.2.1 中各长方条的纵坐标就是 Δ 的密度函数 $f(\Delta)$，而长方条的面积为

$f(\Delta)\mathrm{d}\Delta$，即代表误差出现在该区间内的频率，即

$$P(\Delta)=f(\Delta)\mathrm{d}\Delta \tag{2.2.2}$$

根据以上实例看到，偶然误差在理论上服从正态分布。

§2.3 随机变量的数字特征

从上节讨论中看到，偶然误差Δ在理论上是服从正态分布的随机变量。如果某个量的观测值L和其真值$\tilde{L}$的关系为$\tilde{L}=L+\Delta$，那么可知观测值L也是在理论上服从正态分布的随机变量，也就是仅含偶然误差的观测值可视为随机变量。对于随机变量，它的概率分布完全给出了该随机变量的统计性质。下面讲解随机变量的数字特征。

2.3.1 数学期望、方差和真值

数学期望指的是随机变量在所有可能取值中的一个平均位置，是描述随机变量在数轴上分布的位置特征，它也称为统计平均值或均值。对于离散性随机变量x的数学期望，定义为

$$\left.\begin{aligned}E(x)&=p_1x_1+p_2x_2+\cdots+p_nx_n=\sum_{i=1}^{n}p_ix_i\\ \sum_{i=1}^{n}p_i&=1\end{aligned}\right\} \tag{2.3.1}$$

式中，x_i为随机变量x的可能值，p_i为x_i对应的概率。

对于连续性的随机变量x的数学期望，定义为

$$\left.\begin{aligned}E(x)&=\int_{-\infty}^{+\infty}xf(x)\mathrm{d}x\\ \int_{-\infty}^{+\infty}f(x)\mathrm{d}x&=1\end{aligned}\right\} \tag{2.3.2}$$

可见，随机变量的数学期望就是在大量观测某一量时的平均值。

对于随机变量x的k次方，即x^k的数学期望，称为x的k阶原点矩，记为

$$E(x^k)=\int_{-\infty}^{+\infty}x^kf(x)\mathrm{d}x \tag{2.3.3}$$

而随机变量x的k阶中心矩为

$$E\{[x-E(x)]^k\}=\int_{-\infty}^{+\infty}[x-E(x)]^kf(x)\mathrm{d}x \tag{2.3.4}$$

当$k=2$时，$E\{[x-E(x)]^2\}$称为随机变量x的二阶中心矩，也称随机变量x的方差，即

$$\sigma_x^2=E\{[x-E(x)]^2\}=\int_{-\infty}^{+\infty}[x-E(x)]^2f(x)\mathrm{d}x \tag{2.3.5}$$

一般也记为$D(x)$或者D_{xx}。从上式看出，如果x的分布越接近其均值，方差就越小。因此，方差表示的是随机变量的分布特征。一般取方差的平方根作为离散特征，即$\sigma_x=\sqrt{D(x)}$。这里σ_x称为标准差或均方差。

绪论中已给出了真值的定义，即一个量的真值就是准确反映其真正大小的数值，也是一个量本身所具有的真实值。由于自然界中一切事物都是在不停地发展变化着，作为测量对象的任何一个量也不会例外，它的真正大小也是随时变化的。因此，真值是一个量或确定的目标在被观测

的瞬时条件下所具有的确切数(量)值的理想值，它是一个理想的概念，一般是无法得到的。

依照统计学的观点，设以 $\tilde{L}$ 表示一个量的真值，L 表示此量仅含偶然误差的观测值，Δ 表示对应的偶然误差，即应有

$$\tilde{L}=L+\Delta \tag{2.3.6}$$

根据随机变量数学期望的定义，以及偶然误差概率特性中的对称性，可得

$$E(\Delta)=\lim_{n\to\infty}\frac{1}{n}\sum_{i=1}^{n}\upsilon_i\Delta_i=\lim_{n\to\infty}\frac{\sum_{i=1}^{n}p_i\Delta_i}{\sum_{i=1}^{n}p_i}=0,\ \lim_{n\to\infty}\sum_{i=1}^{n}p_i=1$$

对式(2.3.6)两边取数学期望，并顾及到上式，可得

$$\tilde{L}=E(L) \tag{2.3.7}$$

这说明一个仅含偶然误差的观测量的数学期望就是此量的真值，此即真值的统计学定义。

例 2.3.1　服从正态分布的随机变量 x 的概率密度函数为

$$f(x)=\frac{1}{\sigma\sqrt{2\pi}}\exp\left[-\frac{(x-\mu)^2}{2\sigma^2}\right]$$

这里 μ 和 σ 是正态分布参数。求随机变量 x 的数字特征。

解：根据随机变量数学期望的定义，有

$$E(x)=\frac{1}{\sigma\sqrt{2\pi}}\int_{-\infty}^{+\infty}x\exp\left[-\frac{(x-\mu)^2}{2\sigma^2}\right]\mathrm{d}x$$

做变量代换，令

$$\frac{x-\mu}{\sqrt{2}\sigma}=t$$

则有

$$x=\sqrt{2}\sigma t+\mu,\ \mathrm{d}x=\sqrt{2}\sigma\mathrm{d}t$$

那么

$$\begin{aligned}E(x)&=\frac{1}{\sqrt{\pi}}\int_{-\infty}^{+\infty}(\sigma\sqrt{2}t+\mu)\exp(-t^2)\mathrm{d}t\\&=\frac{\sigma\sqrt{2}}{\sqrt{\pi}}\int_{-\infty}^{+\infty}t\exp(-t^2)\mathrm{d}t+\frac{\mu}{\sqrt{\pi}}\int_{-\infty}^{+\infty}\exp(-t^2)\mathrm{d}t\end{aligned}$$

再利用欧拉-泊松(Euler-Poisson)积分，得

$$\int_{-\infty}^{+\infty}\exp(-t^2)\mathrm{d}t=2\int_{0}^{+\infty}\exp(-t^2)\mathrm{d}t=\sqrt{\pi}$$

则

$$E(x)=\mu \tag{2.3.8}$$

可见，正态分布参数 μ 不是别的，正是服从正态分布随机变量 x 的数学期望。

根据随机变量方差的定义，以及利用求式(2.3.8)变量代换过程中相同的变换，可求得服从正态分布随机变量 x 的方差，即

$$D(x)=\frac{1}{\sigma\sqrt{2\pi}}\int_{-\infty}^{+\infty}(x-\mu)^2\exp\left[-\frac{(x-\mu)^2}{2\sigma^2}\right]\mathrm{d}x=\sigma^2 \tag{2.3.9}$$

可见，正态分布参数 σ^2 不是别的，正是服从正态分布随机变量 x 的方差。

解答完毕。

必须注意的是，一个正态分布可由它的数学期望μ和方差σ^2完全确定，而其他的概率分布则不一定。

另外，在给定区间$(\mu-k\sigma,\mu+k\sigma)$内，服从正态分布的随机变量$x$的概率为

$$P(\mu-k\sigma<x<\mu+k\sigma)=\int_{\mu-k\sigma}^{\mu+k\sigma}f(x)\mathrm{d}x$$

这里k为正数。由正态分布表可查得

$$\left.\begin{aligned}P(\mu-\sigma<x<\mu+\sigma)&\approx 0.683\\P(\mu-2\sigma<x<\mu+2\sigma)&\approx 0.955\\P(\mu-3\sigma<x<\mu+3\sigma)&\approx 0.997\end{aligned}\right\}\tag{2.3.10}$$

式(2.3.10)中的数字表明，在随机抽取的100个观测误差中，可能有5个误差大于2倍标准差；在1 000个误差中，可能有3个误差大于3倍标准差。

2.3.2 协方差、均值向量、方差矩阵与协方差矩阵

对于二维随机变量(x,y)，可定义原点矩为

$$\left.\begin{aligned}&E(x,y)=\int_{-\infty}^{+\infty}\int_{-\infty}^{+\infty}xyf(x,y)\mathrm{d}x\mathrm{d}y\\&\int_{-\infty}^{+\infty}\int_{-\infty}^{+\infty}f(x,y)\mathrm{d}x\mathrm{d}y=1\end{aligned}\right\}\tag{2.3.11}$$

而中心矩为

$$\sigma_{xy}=E\{[x-E(x)][y-E(y)]\}=\int_{-\infty}^{+\infty}\int_{-\infty}^{+\infty}[x-E(x)][y-E(y)]f(x,y)\mathrm{d}x\mathrm{d}y\tag{2.3.12}$$

上式就是二维随机变量(x,y)的相关矩，或协方差。有时也记为$D(x,y)$或D_{xy}。

设$\boldsymbol{X}$为n维随机向量，则它的均值向量可定义为

$$E(\boldsymbol{X})=\begin{pmatrix}E(x_1)\\E(x_2)\\\vdots\\E(x_n)\end{pmatrix}=\int_{-\infty}^{+\infty}\cdots\int_{-\infty}^{+\infty}\begin{pmatrix}x_1\\x_2\\\vdots\\x_n\end{pmatrix}f(x_1,x_2,\cdots,x_n)\mathrm{d}x_1\mathrm{d}x_2\cdots\mathrm{d}x_n$$

或简写为

$$E(\boldsymbol{X})=\int_{-\infty}^{+\infty}\boldsymbol{X}f(\boldsymbol{X})\mathrm{d}\boldsymbol{X}\tag{2.3.13}$$

而n维随机向量$\boldsymbol{X}$的方差矩阵定义为

$$D(\boldsymbol{X})=E\{[\boldsymbol{X}-E(\boldsymbol{X})][\boldsymbol{X}-E(\boldsymbol{X})]^{\mathrm{T}}\}=\begin{pmatrix}\sigma_1^2&\sigma_{12}&\cdots&\sigma_{1n}\\\sigma_{21}&\sigma_2^2&\cdots&\sigma_{2n}\\\vdots&\vdots&&\vdots\\\sigma_{n1}&\sigma_{n2}&\cdots&\sigma_n^2\end{pmatrix}\tag{2.3.14}$$

式中，$\sigma_i^2\equiv\sigma_{ii}$。$\sigma_{ij}(i,j=1,2,\cdots,n)$的表达式为

$$\sigma_{ij}=\int_{-\infty}^{+\infty}\cdots\int_{-\infty}^{+\infty}[x_i-E(x_i)][x_j-E(x_j)]f(x_1,x_2,\cdots,x_n)\mathrm{d}x_1\mathrm{d}x_2\cdots\mathrm{d}x_n$$

随机向量 $\boldsymbol{X}$ 的方差矩阵 $D(\boldsymbol{X})$ 也可简写为

$$\boldsymbol{D}_{XX} = D(\boldsymbol{X}) = \int_{-\infty}^{+\infty} [\boldsymbol{X} - E(\boldsymbol{X})][\boldsymbol{X} - E(\boldsymbol{X})]^{\mathrm{T}} f(\boldsymbol{X})\mathrm{d}\boldsymbol{X} \qquad (2.3.15)$$

在以上公式中出现的上标“T”指的是矩阵的转置。由方差矩阵的定义可知，一个随机向量的方差矩阵主对角线元素是各分量的方差，而第 i 行第 j 列元素($i \neq j$)则是第 i 分量与第 j 分量的协方差。两个随机变量 x_i 和 x_j 的相关系数定义为

$$\rho_{ij} = \frac{\sigma_{ij}}{\sigma_i \sigma_j} \qquad (2.3.16)$$

其取值范围为：$\rho_{ij} \in [-1, +1]$。

如果 $\boldsymbol{X}$、$\boldsymbol{Y}$ 分别为 n 维和 m 维的随机向量，而其联合概率密度为 $f(\boldsymbol{X},\boldsymbol{Y})$，则可定义其协方差矩阵为

$$\boldsymbol{D}_{XY} = D(\boldsymbol{X},\boldsymbol{Y}) = \int_{-\infty}^{+\infty} [\boldsymbol{X} - E(\boldsymbol{X})][\boldsymbol{Y} - E(\boldsymbol{Y})]^{\mathrm{T}} f(\boldsymbol{X},\boldsymbol{Y})\mathrm{d}\boldsymbol{X}\mathrm{d}\boldsymbol{Y} \qquad (2.3.17)$$

显然有

$$\boldsymbol{D}_{YX} = D(\boldsymbol{Y},\boldsymbol{X}) = [D(\boldsymbol{X},\boldsymbol{Y})]^{\mathrm{T}} = (\boldsymbol{D}_{XY})^{\mathrm{T}}$$

2.3.3 数学期望和方差的性质

数学期望有如下性质。

(1)设 C 为一常数，则 $E(C)=C$。这一性质很明显，因为

$$E(C) = \int_{-\infty}^{+\infty} Cf(x)\mathrm{d}x = C\int_{-\infty}^{+\infty} f(x)\mathrm{d}x = C$$

(2) 设 C 为一常数，x 为随机变量，则 $E(Cx) = CE(x)$。这是因为

$$E(Cx) = \int_{-\infty}^{+\infty} Cxf(x)\mathrm{d}x = C\int_{-\infty}^{+\infty} xf(x)\mathrm{d}x = CE(x)$$

(3) 设 C_1 和 C_2 为常数，x、y 为随机变量，则

$$E(C_1x + C_2y) = C_1E(x) + C_2E(y)$$

证明：

$$\begin{aligned}
E(C_1x + C_2y) &= \int_{-\infty}^{+\infty}\int_{-\infty}^{+\infty} (C_1x + C_2y)f(x,y)\mathrm{d}x\mathrm{d}y \\
&= C_1\int_{-\infty}^{+\infty} x\mathrm{d}x\int_{-\infty}^{+\infty} f(x,y)\mathrm{d}y + C_2\int_{-\infty}^{+\infty} y\mathrm{d}y\int_{-\infty}^{+\infty} f(x,y)\mathrm{d}x \\
&= C_1\int_{-\infty}^{+\infty} xf_1(x)\mathrm{d}x + C_2\int_{-\infty}^{+\infty} yf_2(y)\mathrm{d}y \\
&= C_1E(x) + C_2E(y)
\end{aligned}$$

其中，顾及 $f_1(x) = \int_{-\infty}^{+\infty} f(x,y)\mathrm{d}y$、$f_2(y) = \int_{-\infty}^{+\infty} f(x,y)\mathrm{d}x$。证毕。

在以上证明过程中，没有涉及随机变量 x、y 是否独立的条件，故不论 x、y 是否独立，上式均成立。推广之，则有

$$E(C_1x_1 + C_2x_2 + \cdots + C_nx_n) = C_1E(x) + C_2E(x_2) + \cdots + C_nE(x_n)$$

这里 C_i 为常数，x_i 为随机变量，$i=1,2,\cdots,n$。上式称为数学期望的加法定理。

(4)若随机变量 x、y 相互独立，则

$$E(xy) = E(x)E(y)$$

证明：因为当随机变量 x、y 相互独立时，有 $f(x,y)=f_1(x)f_2(y)$。那么有

$$E(xy)=\int_{-\infty}^{+\infty}\int_{-\infty}^{+\infty}xyf(x,y)\mathrm{d}x\mathrm{d}y=C_1\int_{-\infty}^{+\infty}\int_{-\infty}^{+\infty}xyf_1(x)f_2(x)\mathrm{d}x\mathrm{d}y$$

$$=\int_{-\infty}^{+\infty}xf_1(x)\mathrm{d}x\int_{-\infty}^{+\infty}yf_2(y)\mathrm{d}y=E(x)E(y)$$

证毕。

推广之，则有

$$E(x_1x_2\cdots x_n)=E(x)E(x_2)\cdots E(x_n)$$

这里 x_i 为随机变量。

方差有如下性质。

(1)设 C 为一常数，则 $D(C)=0$。这是因为

$$D(C)=E\{[C-E(C)]^2\}=0$$

(2)设 C 为一常数，x 为随机变量，则 $D(Cx)=C^2D(x)$。这是因为

$$D(Cx)=E\{[Cx-E(Cx)]^2\}=C^2E\{[x-E(x)]^2\}=C^2D(x)$$

(3)设 x 为随机变量，则 $D(x)=E(x^2)-[E(x)]^2$。这是因为

$$D(x)=E\{[x-E(x)]^2\}=E\{x^2-2xE(x)+[E(x)]^2\}$$

$$=E(x^2)-2E(x)E(x)+[E(x)]^2=E(x^2)-[E(x)]^2$$

(4)设 C_1 和 C_2 为常数，x、y 为相互独立的随机变量，则

$$D(C_1x+C_2y)=C_1^2D(x)+C_2^2D(y)$$

证明：根据性质(3)的推论，有

$$D(C_1x+C_2y)=E[(C_1x+C_2y)^2]-[E(C_1x+C_2y)]^2$$

$$=E[C_1^2x^2+2C_1C_2xy+C_2^2y^2]-[C_1E(x)+C_2E(y)]^2$$

$$=C_1^2E(x^2)+2C_1C_2E(xy)+C_2^2E(y^2)-C_1^2[E(x)]^2-$$

$$2C_1C_2E(x)E(y)-C_2^2[E(y)]^2$$

$$=C_1^2\{E(x^2)-[E(x)]^2\}+C_2^2\{E(y^2)-[E(y)]^2\}+2C_1C_2\{E(xy)-E(x)E(y)\}$$

$$=C_1^2D(x)+C_2^2D(y)$$

其中，顾及相互独立随机变量 x、y 满足 $E(xy)=E(x)E(y)$。证毕。

推广之，则有

$$D(C_1x_1+C_2x_2+\cdots+C_nx_n)=C_1^2D(x_1)+C_2^2D(x_2)+\cdots+C_n^2D(x_n)$$

这里 C_i 为常数，x_i 为随机变量，$i=1,2,\cdots,n$。上式也称为方差传播律。

例 2.3.2 设随机变量 x 的数学期望是 $E(x)$，标准差为 σ_x，求

$$y=\frac{x-E(x)}{\sigma_x}$$

的数字特征。

解：根据数学期望和方差的性质，有

$$D(y)=\frac{1}{\sigma_x^2}D[x-E(x)]=\frac{1}{\sigma_x^2}E\{[(x-E(x))-E(x-E(x))]^2\}$$

$$=\frac{1}{\sigma_x^2}E\{[x-E(x)]^2\}=\frac{1}{\sigma_x^2}D(x)=\frac{1}{\sigma_x^2}\sigma_x^2=1$$

而

$$E(y)=\frac{1}{\sigma_x}E(x-E(x))=\frac{1}{\sigma_x}(E(x)-E(x))=0$$

解答完毕。

这一例题表明，某一随机变量 x 减去其数学期望再除以其标准差，得到另一个随机变量，此随机变量数学期望为 0，标准差为 1。这种变量称为 x 的标准化随机变量。

2.3.4　随机向量相互独立与不相关

设有随机向量 $\boldsymbol{X}$、$\boldsymbol{Y}$，它们相互独立指的是其联合概率密度等于各自概率密度的乘积，即

$$f(\boldsymbol{X},\boldsymbol{Y})=f_1(\boldsymbol{X})f_2(\boldsymbol{Y})$$

此时，它们乘积的数学期望等于各自数学期望的乘积，即 $E(\boldsymbol{X}\boldsymbol{Y}^{\mathrm{T}})=E(X)E(\boldsymbol{Y}^{\mathrm{T}})$。证明方法与上面讲述的数学期望性质(4)雷同。

随机向量 $\boldsymbol{X}$、$\boldsymbol{Y}$ 不相关指的是它们的协方差矩阵为零矩阵，即

$$D_{\boldsymbol{XY}}=E\{[\boldsymbol{X}-E(\boldsymbol{X})][\boldsymbol{Y}-E(\boldsymbol{Y})]^{\mathrm{T}}\}=E[\Delta\boldsymbol{X}(\Delta\boldsymbol{Y})^{\mathrm{T}}]=0$$

如果随机向量 $\boldsymbol{X}$、$\boldsymbol{Y}$ 相互独立，则它们之间一定不相关，反之不一定成立。证明如下。

证明：

$$\begin{aligned}
E(\boldsymbol{X}\boldsymbol{Y}^{\mathrm{T}})&=E\{[\boldsymbol{X}-E(\boldsymbol{X})+E(\boldsymbol{X})][\boldsymbol{Y}-E(\boldsymbol{Y})+E(\boldsymbol{Y})]^{\mathrm{T}}\}\\
&=E\{[\boldsymbol{X}-E(\boldsymbol{X})][\boldsymbol{Y}-E(\boldsymbol{Y})]^{\mathrm{T}}\}+E\{[\boldsymbol{X}-E(\boldsymbol{X})][E(\boldsymbol{Y})]^{\mathrm{T}}\}+\\
&\quad E\{E(\boldsymbol{X})[\boldsymbol{Y}-E(\boldsymbol{Y})]^{\mathrm{T}}\}+E\{E(\boldsymbol{X})[E(\boldsymbol{Y})]^{\mathrm{T}}\}\\
&=E\{\boldsymbol{\Delta X\Delta Y}^{\mathrm{T}}\}+[E(\boldsymbol{X})-E(\boldsymbol{X})][E(\boldsymbol{Y})]^{\mathrm{T}}+E(\boldsymbol{X})[E(\boldsymbol{Y})-E(\boldsymbol{Y})]^{\mathrm{T}}+E(\boldsymbol{X})[E(\boldsymbol{Y})]^{\mathrm{T}}\\
&=E\{\boldsymbol{\Delta X\Delta Y}^{\mathrm{T}}\}+E(\boldsymbol{X})[E(\boldsymbol{Y})]^{\mathrm{T}}\\
&=\boldsymbol{D}_{\boldsymbol{XY}}+E(\boldsymbol{X})E(\boldsymbol{Y}^{\mathrm{T}})
\end{aligned}$$

证毕。可见，如果随机向量 $\boldsymbol{X}$、$\boldsymbol{Y}$ 相互独立，$E(\boldsymbol{X}\boldsymbol{Y}^{\mathrm{T}})=E(\boldsymbol{X})E(\boldsymbol{Y}^{\mathrm{T}})$，那么必有 $\boldsymbol{D}_{\boldsymbol{XY}}=\boldsymbol{0}$。

一般地两个不相关的随机向量不一定是相互独立的，但对以正态分布情形，从前者也可以推出后者。例如，设有 n 维随机向量 $\boldsymbol{X}\sim N(\mu,\boldsymbol{\Sigma})$，即

$$f(\boldsymbol{X})=\frac{1}{|\boldsymbol{\Sigma}|^{\frac{1}{2}}(2\pi)^{\frac{n}{2}}}\exp\left[-\frac{(\boldsymbol{X}-\mu)^{\mathrm{T}}\boldsymbol{\Sigma}^{-1}(\boldsymbol{X}-\mu)}{2}\right]$$

可以算出

$$E(\boldsymbol{X})=\boldsymbol{\mu},\ D(\boldsymbol{X})=\boldsymbol{\Sigma}$$

因此，多维正态分布也是由它的均值向量 $\boldsymbol{\mu}$ 和方差矩阵 $\boldsymbol{\Sigma}$ 完全确定。特别是，如果随机向量 $\boldsymbol{X}$ 中的任何随机变量之间是不相关的，即 $\sigma_{ij}=0(i\neq j)$，此时 $\boldsymbol{\Sigma}$ 变成主对角矩阵，即

$$\boldsymbol{\Sigma}=\begin{pmatrix}\sigma_1^2 & & & \\ & \sigma_2^2 & & \\ & & \ddots & \\ & & & \sigma_n^2\end{pmatrix}=\mathrm{diag}(\sigma_1^2,\sigma_2^2,\cdots,\sigma_n^2)$$

那么随机向量 $\boldsymbol{X}$ 的概率密度函数可写成

$$\begin{aligned}
f(\boldsymbol{X})&=\frac{1}{(\sigma_1\sigma_2\cdots\sigma_n)(2\pi)^{\frac{n}{2}}}\exp\left[-\sum_{i=1}^{n}\frac{(x_i-\mu_i)^2}{2\sigma_i^2}\right]\\
&=\prod_{i=1}^{n}\frac{1}{\sigma_i(2\pi)^{\frac{n}{2}}}\exp\left[-\frac{(x_i-\mu_i)^2}{2\sigma_i^2}\right]
\end{aligned}$$

于是随机向量 $\boldsymbol{X}$ 中的任何分量是相互独立的。由此可知，对于正态随机向量而言，其分量间不相关与独立是等价的。同样可以证明，两个具有联合正态概率密度的随机向量相互独立的充分必要条件是它们不相关。

§2.4　衡量观测值质量优劣的标准

在测量工作中，由于受测量过程中客观存在的各种因素的影响，或受测量条件（观测者、测量仪器、外界环境及观测对象）的限制，使得一切测量结果都不可避免地带有误差。显然，如果测量条件好，则测量过程中产生的误差就小，观测值的分布很集中，或观测值的误差分布离散度小，说明观测值的质量高。反之，测量条件差，则观测值的分布很分散，或观测值的误差分布离散度大，说明观测值的质量差。如果在同等测量条件下，则误差分布的离散度相同，此时所获得的测量结果应视为有同等的质量。可见，能反映误差分布离散程度的数值可作为衡量观测值质量优劣的标准。

2.4.1　精度及其指标

精度（精密度）是指同一量各观测值之间的密集或离散的程度，也表示各观测结果与其数学期望的接近程度。

1. **中误差**

观测值 L 的方差为

$$\sigma_L^2=D(L)=E\{[L-E(L)]^2\} \tag{2.4.1}$$

方差能够反映观测值的离散程度，上式也称总体方差或理论方差。在测量中，当观测值仅含偶然误差时，观测值 L 的数学期望 $E(L)$ 就是它的真值，故方差的大小正反映了总体观测结果靠近其真值的程度。考虑到真误差 $\Delta=L-E(L)$，则有

$$\sigma_L^2=D(L)=E(\Delta^2) \tag{2.4.2}$$

由方差定义并顾及偶然误差的特性有

$$D(\Delta)=E\{[\Delta-E(\Delta)]^2\}=E(\Delta^2)=\sigma_L^2 \tag{2.4.3}$$

上两式表明，当观测值仅含偶然误差时，观测值 L 及其真误差 Δ 具有相同的方差，即为真误差 Δ 平方的数学期望。

在实际应用中，总是依据有限次观测来计算方差的估值，并以其平方根作为均方差的估值，称为中误差。如果在相同测量条件下得到一组独立的观测误差 $\Delta_1,\Delta_2,\cdots,\Delta_n$，误差平方和中数的平方根即为中误差。用 $\hat{\sigma}$ 表示中误差（或以 m 表示），则有

$$\hat{\sigma}=\sqrt{\frac{1}{n}\sum_{i=1}^{n}\Delta_i^2}=\sqrt{\frac{1}{n}[\Delta\Delta]} \tag{2.4.4}$$

式中，n 表示误差个数，“[ ]”是本书以后常要用到的表示取和符号，如 $[\Delta\Delta]=\Delta_1^2+\Delta_2^2+\cdots+\Delta_n^2$。可以证明，当 $n\to\infty$ 时，中误差的平方 $\hat{\sigma}^2$ 以概率收敛于方差 σ^2。计算中误差时，只有当 n 相当大时才较为准确，这是因为 n 越大，频率越趋近于概率。

习惯上，常将标志一个量精确程度的中误差，附写于此量之后，如：$83°26'34''\pm3''$、$458.483\ \mathrm{m}\pm0.005\ \mathrm{m}$。此处的 $3''$ 及 $0.005\ \mathrm{m}$ 即分别为其对应前边数值的中误差，勿误解为真正的误差大小。

可见，当观测值仅含有偶然误差时，其数学期望就是该量的真值，在这种情况下，精度描述观测值与其真值的接近程度，可以说它表征观测结果的偶然误差大小的程度。在观测值仅含偶然误差的情况下，精度与观测质量具有相同的含义，它与误差的分布状况有着直接的关联，它们都取决于测量条件。当然，标志精度的数值应经统计得出，只有将一定测量条件下所有可能出现的误差都计算在内，从误差的总体分布中，才能得出反映这一测量条件下观测精度的真实数据。

2. 平均误差

平均误差是指在一定观测条件下，一组独立的偶然误差绝对值的数学期望，一般以 θ 表示平均误差，即

$$\theta = E(|\Delta|) = \int_{-\infty}^{+\infty} |\Delta| f(\Delta)\mathrm{d}\Delta \tag{2.4.5}$$

对于服从正态分布的随机变量，可计算得

$$\theta = \int_{-\infty}^{+\infty} |\Delta| f(\Delta)\mathrm{d}\Delta = 2\int_{0}^{+\infty} \Delta f(\Delta)\mathrm{d}\Delta = \sqrt{\frac{2}{\pi}}\sigma \tag{2.4.6}$$

以相应估值代换上式中的 θ 及 σ 得

$$\left.\begin{aligned} \hat{\theta} &= \sqrt{\frac{2}{\pi}}\hat{\sigma} \\ \hat{\sigma} &= \sqrt{\frac{\pi}{2}}\hat{\theta} \end{aligned}\right\} \tag{2.4.7}$$

上式就是平均误差与中误差的理论关系式，由此可见，同一测量条件下，θ 与 σ 或其估值有着完全确定的关系，对应着相同的误差分布曲线。因此，也可用平均误差作为精度的指标。

3. 或然误差

或然误差指的是，有一正数 ρ，使得在一定测量条件下的误差总体中，绝对值大于和小于此数值的两部分误差出现的概率相等，即

$$\int_{-\rho}^{+\rho} f(\Delta)\mathrm{d}\Delta = \frac{1}{2} \tag{2.4.8}$$

或然误差的大小也同样反映了误差分布的离散程度。

对于服从正态分布的随机变量，或然误差与均方差的关系为

$$\left.\begin{aligned} &\frac{\rho}{\sigma} \approx 0.6745 \\ &\rho \approx 0.6745\sigma \end{aligned}\right\} \tag{2.4.9}$$

一般以估值代替，则有

$$\hat{\rho} \approx \frac{2}{3}\hat{\sigma} \quad \left(\text{或 } \hat{\sigma} \approx \frac{3}{2}\hat{\rho}\right) \tag{2.4.10}$$

可见，不同的 ρ 也对应着不同的误差分布曲线。因此，或然误差 ρ 也可以作为精度估计的标准。

例 2.4.1 某测区的 48 个三角形闭合差如下（单位为（″）），试计算三角形闭合差的中误差、平均误差和或然误差。

+3.0	−1.2	−3.0	−0.3	+1.1	+1.7	+0.1	+0.7
−1.0	−0.7	−0.4	−1.1	+1.4	−1.7	−2.6	+1.1

+2.2	−2.7	+2.1	+0.6	−1.2	+1.3	−2.0	+3.9
−1.3	−2.2	+0.5	−0.7	+3.5	−1.0	−0.6	+0.2
+1.5	+1.0	−2.4	+0.5	+3.2	+0.3	+2.9	−2.0
+2.8	+1.7	−0.3	−0.6	+1.9	−1.1	+2.9	−2.0

解：因为三角形闭合差是真误差，直接由公式可算得

$$\hat{\sigma}=\sqrt{\frac{(3.0)^2+(-1.2)^2+\cdots+(2.9)^2+(2.0)^2}{48}}=2.26('')$$

$$\hat{\theta}=\frac{3.0+1.2+\cdots+2.9+2.0}{48}=1.85('')$$

$$\hat{\rho}=0.6745\hat{\sigma}=1.52''$$

解答完毕。

4. 极限误差

根据偶然误差的界限性，在实际工作中，常依据一定的测量条件规定一个适当的数值，使在这种测量条件下出现的误差绝大多数都不会超出此数值，而对超出此数值者，则认为是异常，其相应的观测结果应予以剔除。这一限制数值，称做极限误差。

对于服从正态分布的随机变量，当测量条件一定，也就是观测值的方差 σ^2 确定时，其偶然误差值落在区间 $(-\sigma,+\sigma)$、$(-2\sigma,+2\sigma)$ 和 $(-3\sigma,+3\sigma)$ 之外的概率分别为 0.317、0.045 5 和 0.003。因此，在观测个数有限的情况下，通常认为，绝对值大于 $3\hat{\sigma}$ 的误差是不应该出现的。所以通常以三倍中误差作为极限误差，即

$$\Delta_{限}=3\hat{\sigma} \tag{2.4.11}$$

在要求严格时，也可采用 $2\hat{\sigma}$ 作为极限误差。在我国现行作业规范中，依两倍中误差作为极限误差的较为普遍，即

$$\Delta_{限}=2\hat{\sigma} \tag{2.4.12}$$

这里特别要注意的是，极限误差是真误差的限值，在测量上只有闭合差、双次观测较差才是真误差，所以一般把极限误差用做求闭合差、较差的最大允许值上。极限误差通常作为作业中限差的理论依据。在测量工作中，如果某个真误差超过了极限误差，就认为它是错误的，相应的观测值应舍去。

5. 相对误差

相对误差是指一个量的中误差与此量观测值之比。

例如，测量了两段距离，一段为 1 000 m，另一段为 50 m，其中误差均为 0.2 m，它们的相对误差分别是

$$\frac{0.2}{1\,000}=\frac{1}{5\,000},\ \frac{0.2}{50}=\frac{1}{250}$$

可见，尽管两者的中误差一样，但就单位长度而言，前者的相对中误差比后者的小，即前者每单位长度的测量精度比后者高。

与相对误差对应的真误差、中误差、平均误差、或然误差、极限误差等均称为绝对误差。相对误差是个无名数，并且一般都将分子化为 1。

相对误差一般只用于长度测量中，角度测量不采用相对误差。因为，角度误差的大小主要

是观测两个方向引起的，它并不依赖角度大小而变化。

在某些情况下，如导线测量中，点位误差是测角误差和量距误差的综合影响，故两者的精度应取得一致。这就要对角度误差与距离误差进行比较，这时用相对误差就能达到此目的。

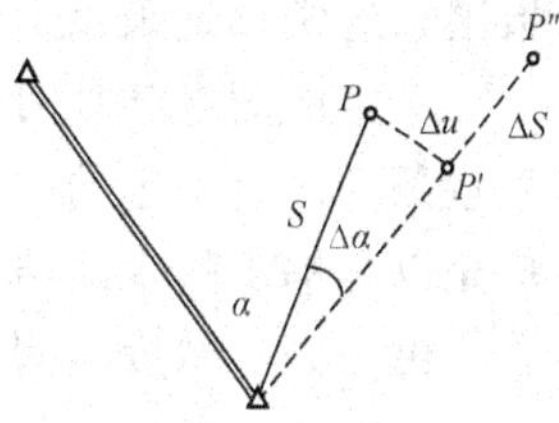

图 2.4.1

图 2.4.1 表示的是用测量角度及距离确定的 P 点位置。由角度测量误差 $\Delta\alpha$ 使 P 点移至 P'点，由距离测量误差 ΔS 使 P'点又移至了 P''点。由角度测量引起的在垂直于量线方向上的位置误差 Δu 称为横向误差。由距离测量引起的沿量线方向上的位置误差 ΔS 称为纵向误差。

因为 $\Delta u \ll S$，故可将 Δu 近似地视为圆弧，横向误差 $\Delta u = S\Delta\alpha$。纵横向误差相等是指 $\Delta u = \Delta S$，即

$$\Delta\alpha = \frac{\Delta S}{S}$$

习惯上，角度误差一般以(″)为单位，则纵横向误差相等可表示为

$$\frac{\Delta\alpha}{\rho} = \frac{\Delta S}{S}$$

式中，$\rho = 206\ 265''$。

实际测量中，纵横向精度一致是指纵向真误差 $\hat{\sigma}_\alpha$ 与横向中误差 $\hat{\sigma}_s$ 一致，则上式可写为

$$\frac{\hat{\sigma}_\alpha}{\rho} = \frac{\hat{\sigma}_S}{S}$$

它表明导线测量中的纵横向精度一致，就是以弧度为单位的测角中误差与边长的相对中误差相等。

例 2.4.2　若量距的相对中误差为 $\frac{1}{200\ 000}$，角度的中误差为 1″，试比较纵横向精度是否一致。

解：以弧度为单位的测角中误差为

$$\frac{\hat{\sigma}_\alpha}{\rho} = \frac{1''}{206\ 265''} \approx \frac{1}{200\ 000}$$

边长的相对中误差为

$$\frac{\hat{\sigma}_S}{S} = \frac{1}{200\ 000}$$

可见

$$\frac{\hat{\sigma}_\alpha}{\rho} \approx \frac{\hat{\sigma}_S}{S}$$

因此，纵横向精度是一致的。

解答完毕。

6. 关于精度指标的说明

中误差、平均误差、或然误差都可以作为衡量精度的指标。由它们的定义可知，只有当观测值次数相当多时，所得结果才较为可靠。这是因为观测值越多，才能越全面地反映观测条件。当观测值次数不多时，用中误差估计精度比用平均误差和或然误差要好一些，因为中误差能更灵敏地反映大误差的影响。而实际上正是这些大误差对观测结果影响较大。因此，大多

数国家通常都是采用中误差作为精度标准，我国也统一采用中误差作为精度估计的标准。

一定的测量条件对应一定的方差。对作为均方差估值的中误差，也可以近似地说，一定的测量条件对应一定的中误差，而一定的中误差也代表一定的测量条件。当然，这里的中误差，应是以足够多的观测结果为依据计算所得。对于平均误差及或然误差也是如此。

由一列等精度观测结果所求得的中误差（平均误差、或然误差），反映了进行这一系列观测时所处的测量条件，因此，它标志的是这一系列观测结果的精度，同时又是其中每个单一观测结果的精度，还可引申为是在上述相同测量条件下另外一系列观测结果或某单一观测结果的精度。这里要特别注意，尽管各观测结果的真误差不同，但它们的中误差（平均误差，或然误差）在理论上应是同一数值，即它们是在同一测量条件下获得的等精度观测结果。

2.4.2 准确度

准确度又称偏差或准度，是指观测值的真值与其数学期望之差，即

$$\varepsilon=\widetilde{X}-E(X) \tag{2.4.13}$$

因此，准确度表征了观测结果系统误差大小的程度。当不存在系统误差时，$\widetilde{X}=E(X)$，故$\varepsilon=0$。

2.4.3 精确度

精确度是精度和准确度的合成，是指观测值与其真值的接近程度，包括观测结果与其数学期望的接近程度和数学期望与其真值的偏差。因此，准确度反映了偶然误差和系统误差联合影响的大小程度。当不存在系统误差时，精确度就是精度，精确度是一个全面衡量观测质量的指标。

精确度的指标是均方误差，设观测值 x，及其真值为 $\widetilde{x}$，它的均方误差定义为

$$\begin{aligned}\mathrm{MSE}(x)&=E[(x-\widetilde{x})^2]=E(\{[x-E(x)]+[E(x)-\widetilde{x}]\}^2)\\&=E\{[x-E(x)]^2\}+E\{[E(x)-\widetilde{x}]^2\}+2E\{[x-E(x)][E(x)-\widetilde{x}]\}\end{aligned}$$

因为

$$E\{[x-E(x)][E(x)-\widetilde{x}]\}=[E(x)-\widetilde{x}][E(x)-E(x)]=0$$

故

$$\begin{aligned}\mathrm{MSE}(x)&=E\{[x-E(x)]^2\}+E\{[E(x)-\widetilde{x}]^2\}\\&=E\{[x-E(x)]^2\}+[E(x)-\widetilde{x}]^2=\sigma_x^2+\varepsilon^2\end{aligned} \tag{2.4.14}$$

即观测值 x 的均方误差等于 x 的方差加上准确度的平方。

对于随机向量$\boldsymbol{X}$，它的均方误差定义为

$$\mathrm{MSE}(\boldsymbol{X})=E[(\boldsymbol{X}-\widetilde{\boldsymbol{X}})(\boldsymbol{X}-\widetilde{\boldsymbol{X}})^{\mathrm{T}}] \tag{2.4.15}$$

一组观测值可能很精密，即精度很高，但可能极不准确（包含较大的系统误差甚至粗差）。只有当观测值中仅含有偶然误差时，精度和精确度才是统一的，讨论观测值的精度才有意义。如无特殊说明，我们今后所讨论的观测值都是仅含有偶然误差的观测值，所以这里仅涉及精度。

2.4.4 不确定度

不确定度是指一种广义的误差，它既包含偶然误差，又包含系统误差和粗差，也包含数值

上和概念上的误差以及可量度和不可量度的误差。不确定性的概念很广，数据误差的随机性和数据概念上的不完整性、模糊性，都可视为不确定性问题。不论测量数据服从何种分布，衡量不确定性的基本尺度仍是均方差 σ 或中误差 $\hat{\sigma}$，并称为标准不确定度。

设观测值 X 的真值是 $\widetilde{X}$，其真误差是 $\Delta_X=\widetilde{X}-X$，则观测值 X 的不确定度定义为 Δ_X 绝对值的一个上界，即

$$U=\sup|\Delta_X|$$

当 Δ_X 主要是系统误差影响，表现为单向误差时，则不确定度定义为 Δ_X 的上、下界，即

$$U_1<\Delta_X<U_2$$

由于 U 值一般难以准确给出，为此要借助于概率统计。当 Δ_X 的概率分布已知时，可给出不确定度在给定置信概率 p 下的表述形式，即

$$P(|\Delta_X|<U)=p,\quad P(U_1<\Delta_X<U_2)=p$$

即在一定的置信概率 p 下，对不确定度进行估计。评定不确定度要知道 Δ_X 的概率分布，称为可测的不确定度；否则就是不可测的，就要设法合理地去估计不确定度。

§2.5　方差与协方差的传播

前面给出了随机变量或随机向量数字特征的一些性质，以及方差传播律的基本公式。下面在更一般情况下，给出协方差矩阵的传播律，即不论随机变量相互独立与否，均能普遍适用的公式。

有随机变量 $x_1,x_2,\cdots,x_n$（它们为观测量）组成的非线性函数

$$z=f(x_1,x_2,\cdots,x_n) \tag{2.5.1}$$

为推求自变量与函数的方差之间的传递关系，首先找出它们真误差之间的关系式。设以 Δ_i 表示自变量 x_i 的真误差，Δ_z 表示由此引起的函数值 z 的真误差，当误差值都很小时，取上式的全微分，并以真误差代替相应的增量，得

$$\Delta_z=\left(\frac{\partial f}{\partial x_1}\right)_0\Delta_1+\left(\frac{\partial f}{\partial x_2}\right)_0\Delta_2+\cdots+\left(\frac{\partial f}{\partial x_n}\right)_0\Delta_n \tag{2.5.2}$$

理论上，偏导数值应是在真值处展开，实际应用中由于真值求不到，所以一般用观测值或观测值求得的估值代替。Δ_i 为对应随机变量 x_i 的真误差，即 $\Delta_i=x_i-E(x_i)$。若设

$$\boldsymbol{X}=\begin{pmatrix}x_1\\x_2\\\vdots\\x_n\end{pmatrix},\ \boldsymbol{\Delta}=\boldsymbol{X}-E(\boldsymbol{X})=\begin{pmatrix}x_1-E(x_1)\\x_2-E(x_2)\\\vdots\\x_n-E(x_n)\end{pmatrix},\ \boldsymbol{K}=\begin{pmatrix}\left(\frac{\partial f}{\partial x_1}\right)_0\\\left(\frac{\partial f}{\partial x_2}\right)_0\\\vdots\\\left(\frac{\partial f}{\partial x_n}\right)_0\end{pmatrix}=\begin{pmatrix}k_1\\k_2\\\vdots\\k_n\end{pmatrix}$$

根据方差矩阵的定义和上式的约定，则有

$$\begin{aligned}\boldsymbol{D}_{\boldsymbol{XX}}&=D(\boldsymbol{X})=E\{[\boldsymbol{X}-E(\boldsymbol{X})][\boldsymbol{X}-E(\boldsymbol{X})]^{\mathrm{T}}\}\\&=E(\boldsymbol{\Delta}\boldsymbol{\Delta}^{\mathrm{T}})=\begin{pmatrix}\sigma_1^2&\sigma_{12}&\cdots&\sigma_{1n}\\\sigma_{21}&\sigma_2^2&\cdots&\sigma_{2n}\\\vdots&\vdots&&\vdots\\\sigma_{n1}&\sigma_{n2}&\cdots&\sigma_n^2\end{pmatrix}\end{aligned} \tag{2.5.3}$$

而 Δ_z 也可写成

$$\Delta_z=\boldsymbol{K}^{\mathrm{T}}\boldsymbol{\Delta} \tag{2.5.4}$$

将上式平方，得

$$(\Delta_z)^2=\boldsymbol{K}^{\mathrm{T}}\boldsymbol{\Delta}(\boldsymbol{K}^{\mathrm{T}}\boldsymbol{\Delta})^{\mathrm{T}}=\boldsymbol{K}^{\mathrm{T}}\boldsymbol{\Delta}\boldsymbol{\Delta}^{\mathrm{T}}\boldsymbol{K}$$

再对上式两边取数学期望，并考虑方差的定义，得

$$\sigma_z^2=E\{[z-E(z)]^2\}=E(\Delta_z{}^2)$$

可得

$$\sigma_z^2=\boldsymbol{K}^{\mathrm{T}}\boldsymbol{D}_{XX}\boldsymbol{K} \tag{2.5.5}$$

上式就是函数的方差与随机向量方差矩阵之间的关系，一般称为方差传播律。

当随机向量 $\boldsymbol{X}$ 中的变量间相互间独立时，有 $\sigma_{ij}=0(i\neq j)$，此时 $\boldsymbol{D}_{XX}$ 变为对角矩阵，那么上式也可写成

$$\sigma_z^2=\sum_{i=1}^{n}k_i^2\sigma_i^2 \tag{2.5.6}$$

在实际应用中，由于理论方差难以得到，一般以中误差 $\hat{\sigma}$ 代替均方差 σ。

作为更一般的情况，下面进一步考虑向量间的协方差矩阵。设有随机向量

$$\underset{n\times 1}{\boldsymbol{X}}=\begin{pmatrix}x_1\\x_2\\\vdots\\x_n\end{pmatrix},\quad \underset{m\times 1}{\boldsymbol{Y}}=\begin{pmatrix}y_1\\y_2\\\vdots\\y_m\end{pmatrix}$$

根据协方差矩阵的定义，则 $\boldsymbol{X}$、$\boldsymbol{Y}$ 的协方差矩阵为

$$\boldsymbol{D}_{XY}=E\{[\boldsymbol{X}-E(\boldsymbol{X})][\boldsymbol{Y}-E(\boldsymbol{Y})]^{\mathrm{T}}\}=E[\Delta\boldsymbol{X}\Delta\boldsymbol{Y}^{\mathrm{T}}] \tag{2.5.7}$$

由此可知

$$\boldsymbol{D}_{XY}=(\boldsymbol{D}_{YX})^{\mathrm{T}} \tag{2.5.8}$$

若 $\boldsymbol{X}$ 与 $\boldsymbol{Y}$ 不相关，则有

$$\boldsymbol{D}_{XY}=\underset{n\times m}{\boldsymbol{0}} \tag{2.5.9}$$

若设

$$\boldsymbol{Z}=\begin{pmatrix}\boldsymbol{X}\\\boldsymbol{Y}\end{pmatrix} \tag{2.5.10}$$

则 $\boldsymbol{Z}$ 的协方差矩阵

$$\begin{aligned}\boldsymbol{D}_{ZZ}&=E\{[\boldsymbol{Z}-E(\boldsymbol{Z})][\boldsymbol{Z}-E(\boldsymbol{Z})]^{\mathrm{T}}\}=E(\Delta\boldsymbol{Z}\Delta\boldsymbol{Z}^{\mathrm{T}})=E\left[\begin{pmatrix}\Delta\boldsymbol{X}\\\Delta\boldsymbol{Y}\end{pmatrix}(\Delta\boldsymbol{X}^{\mathrm{T}}\quad\Delta\boldsymbol{Y}^{\mathrm{T}})\right]\\&=E\begin{bmatrix}\Delta\boldsymbol{X}\Delta\boldsymbol{X}^{\mathrm{T}}&\Delta\boldsymbol{X}\Delta\boldsymbol{Y}^{\mathrm{T}}\\\Delta\boldsymbol{Y}\Delta\boldsymbol{X}^{\mathrm{T}}&\Delta\boldsymbol{Y}\Delta\boldsymbol{Y}^{\mathrm{T}}\end{bmatrix}=\begin{bmatrix}\boldsymbol{D}_{XX}&\boldsymbol{D}_{XY}\\\boldsymbol{D}_{YX}&\boldsymbol{D}_{YY}\end{bmatrix}\end{aligned} \tag{2.5.11}$$

更进一步，设有向量

$$\boldsymbol{X}=\begin{pmatrix}x_1\\x_2\\\vdots\\x_n\end{pmatrix},\ \boldsymbol{U}=\begin{pmatrix}u_1\\u_2\\\vdots\\u_s\end{pmatrix},\ \boldsymbol{Y}=\begin{pmatrix}y_1\\y_2\\\vdots\\y_m\end{pmatrix},\ \boldsymbol{V}=\begin{pmatrix}v_1\\v_2\\\vdots\\v_t\end{pmatrix}$$

且有

$$\left.\begin{aligned}\boldsymbol{U}&=\boldsymbol{A}\boldsymbol{X}+\boldsymbol{A}_0\\\boldsymbol{V}&=\boldsymbol{B}\boldsymbol{Y}+\boldsymbol{B}_0\end{aligned}\right\}\tag{2.5.12}$$

这里 $\boldsymbol{A}$、$\boldsymbol{B}$ 为常系数矩阵，$\boldsymbol{A}_0$、$\boldsymbol{B}_0$ 为常数向量。那么就有

$$\begin{aligned}\underset{s\times t}{\boldsymbol{D}_{UV}}&=E((\boldsymbol{U}-E(\boldsymbol{U}))(\boldsymbol{V}-E(\boldsymbol{V}))^{\mathrm{T}})=E(\boldsymbol{A}(\boldsymbol{X}-E(\boldsymbol{X}))(\boldsymbol{B}(\boldsymbol{Y}-E(\boldsymbol{Y})))^{\mathrm{T}})\\&=E(\boldsymbol{A}(\Delta\boldsymbol{X}\Delta\boldsymbol{Y}^{\mathrm{T}})\boldsymbol{B}^{\mathrm{T}})=\boldsymbol{A}E(\Delta\boldsymbol{X}\Delta\boldsymbol{Y}^{\mathrm{T}})\boldsymbol{B}^{\mathrm{T}}=\underset{s\times n}{\boldsymbol{A}}\underset{n\times m}{\boldsymbol{D}_{XY}}\underset{m\times t}{\boldsymbol{B}^{\mathrm{T}}}\end{aligned}\tag{2.5.13}$$

对于向量 U 及 V 自身的协方差矩阵有

$$\left.\begin{aligned}\boldsymbol{D}_{UU}&=\boldsymbol{A}\boldsymbol{D}_{XX}\boldsymbol{A}^{\mathrm{T}}\\\boldsymbol{D}_{VV}&=\boldsymbol{B}\boldsymbol{D}_{YY}\boldsymbol{B}^{\mathrm{T}}\end{aligned}\right\}\tag{2.5.14}$$

这就是函数向量间协方差矩阵的关系式，可看做是更为广义的方差传播律。在实际应用中，协方差矩阵 $\boldsymbol{D}$ 常以相应的估值矩阵 $\hat{\boldsymbol{D}}$ 代替，$\hat{\boldsymbol{D}}$ 即 $\boldsymbol{D}$ 矩阵中以 $\hat{\sigma}_i^2$ 代替 σ_i^2，以 $\hat{\sigma}_{ij}$ 代替 σ_{ij} 所得之矩阵。

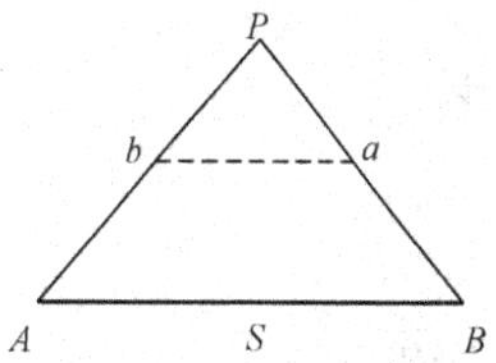

图 2.5.1

例 2.5.1　如图 2.5.1 所示，设在高级边 S 的两端点 A、B 上用前方交会测定 P 点。已知边长 S 及 A、B 两个角的观测值及中误差（如下所示），试求 b 边及其中误差。

$S=4\ 268.344\ \mathrm{m}\pm0.02\ \mathrm{m}$，$A=52°55'23.3''\pm10.2''$，$B=70°26'54.3''\pm10.2''$。

解：由于 $P=180°-(A+B)=56°37'42.4''$，则

$$b=\frac{S\sin B}{\sin P}=\frac{S\sin B}{\sin[180°-(A+B)]}=\frac{S\sin B}{\sin(A+B)}=4\ 816.348\ \mathrm{m}$$

根据方差传播律得 b 边的中误差为

$$\hat{\sigma}_b^2=\left(\frac{\partial b}{\partial S}\right)^2\hat{\sigma}_S^2+\left(\frac{\partial b}{\partial A}\right)^2\hat{\sigma}_A^2+\left(\frac{\partial b}{\partial B}\right)^2\hat{\sigma}_B^2$$

式中，$\hat{\sigma}_A$、$\hat{\sigma}_B$ 应均为弧度值，实际上一般以（″）为单位，需除以 $\rho=206\ 265''$，则上式变为

$$\hat{\sigma}_b^2=\left(\frac{\partial b}{\partial S}\right)^2\hat{\sigma}_S^2+\left(\frac{\partial b}{\partial A}\right)^2\left(\frac{\hat{\sigma}_A}{\rho}\right)^2+\left(\frac{\partial b}{\partial B}\right)^2\left(\frac{\hat{\sigma}_B}{\rho}\right)^2$$

$$\left(\frac{\partial b}{\partial S}\right)=\frac{\sin B}{\sin(A+B)}=\frac{b}{S}=1.128$$

$$\left(\frac{\partial b}{\partial A}\right)=\frac{-S\sin B\cos(A+B)}{\sin^2(A+B)}=3\ 172\ \mathrm{m}$$

$$\left(\frac{\partial b}{\partial B}\right)=\frac{S\sin(A+B)\cos B-S\sin B\cos(A+B)}{\sin^2(A+B)}=4\ 882\ \mathrm{m}$$

则

$$\hat{\sigma}_b^2=(1.128)^2(\pm0.02)^2+3\ 172^2\left(\pm\frac{10.2}{\rho}\right)^2+4\ 882^2\left(\frac{10.2}{\rho}\right)^2=0.083\ \mathrm{m}^2$$

所以

$$\hat{\sigma}_b=0.29\ \mathrm{m},b=4\ 816.348\ \mathrm{m}\pm0.29\ \mathrm{m}$$

解答完毕。

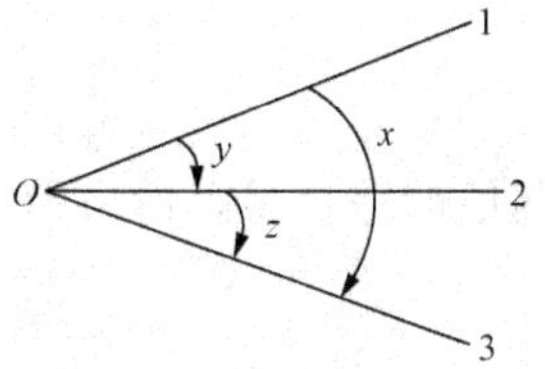

图 2.5.2

例 2.5.2　如图 2.5.2 所示，设在测站 O 等精度观测了三个方向 α_1、α_2、α_3，中误差均为 $\hat{\sigma}_\alpha$，试求向量

$$\boldsymbol{Z}=\begin{pmatrix}x\\y\end{pmatrix}$$

的协方差矩阵 $\boldsymbol{D}_{ZZ}$ 和按 $z=x-y$ 算出的 z 角的中误差。

解：由于

$$\begin{pmatrix} x \\ y \end{pmatrix}=\begin{pmatrix} -1 & 0 & 1 \\ -1 & 1 & 0 \end{pmatrix}\begin{pmatrix} \alpha_1 \\ \alpha_2 \\ \alpha_3 \end{pmatrix},\ \boldsymbol{D}_{\alpha\alpha}=\begin{pmatrix} \hat{\sigma}_\alpha^2 & & \\ & \hat{\sigma}_\alpha^2 & \\ & & \hat{\sigma}_\alpha^2 \end{pmatrix}$$

则

$$\boldsymbol{D}_{ZZ}=\begin{pmatrix} -1 & 0 & 1 \\ -1 & 1 & 0 \end{pmatrix}\begin{pmatrix} \hat{\sigma}_\alpha^2 & & \\ & \hat{\sigma}_\alpha^2 & \\ & & \hat{\sigma}_\alpha^2 \end{pmatrix}\begin{pmatrix} -1 & -1 \\ 0 & 1 \\ 1 & 0 \end{pmatrix}=\begin{pmatrix} 2\hat{\sigma}_\alpha^2 & \hat{\sigma}_\alpha^2 \\ \hat{\sigma}_\alpha^2 & 2\hat{\sigma}_\alpha^2 \end{pmatrix}$$

又

$$z=(1\quad -1)\begin{pmatrix} x \\ y \end{pmatrix}=(1\quad -1)\boldsymbol{Z}$$

所以

$$\hat{\sigma}_z^2=(1\quad -1)\begin{pmatrix} 2\hat{\sigma}_\alpha^2 & \hat{\sigma}_\alpha^2 \\ \hat{\sigma}_\alpha^2 & 2\hat{\sigma}_\alpha^2 \end{pmatrix}\begin{pmatrix} 1 \\ -1 \end{pmatrix}=2\hat{\sigma}_\alpha^2$$

解答完毕。

§2.6 系统误差的传播

虽然在实际测量中，人们总是设法尽量消除或减弱系统误差的影响，使偶然误差在测量成果中占主导地位。但在实际工作中发现，由于种种原因，观测成果中总是或多或少地存在残余的系统误差，一些情况下系统误差的影响还是不容忽视的。因此，除研究仅有偶然误差观测值的精度估计方法之外，还要研究既有偶然误差影响又有残余系统误差观测值的精度估计问题。

2.6.1 系统误差及其对观测值精度的影响

设有观测值 L，其真值为 $\widetilde{L}$，则观测值 L 的综合误差 Ω 定义为

$$\Omega=\widetilde{L}-L$$

如果综合误差 Ω 中只含有偶然误差 Δ，则有 $E(\Omega)=E(\Delta)=0$。如果综合误差 Ω 中除了偶然误差 Δ 之外，还包含系统误差 ε，即

$$\Omega=\widetilde{L}-L=\Delta+\varepsilon \tag{2.6.1}$$

由于系统误差 ε 不是随机变量，所以综合误差 Ω 的数学期望是

$$E(\Omega)=E(\widetilde{L}-L)=E(\Delta+\varepsilon)=E(\Delta)+E(\varepsilon)=\varepsilon\neq 0 \tag{2.6.2}$$

或者

$$\varepsilon=\widetilde{L}-E(L) \tag{2.6.3}$$

当观测值 L 中既存在偶然误差 Δ，又存在系统误差 ε 时，常常用观测值的综合误差的方差 $E(\Omega^2)$ 来表征观测值的可靠性。因为

$$\Omega^2=(\Delta+\varepsilon)^2=\Delta^2+2\Delta\varepsilon+\varepsilon^2$$

所以综合误差的方差是

$$\sigma_L^2=E(\Omega^2)=E(\Delta^2)+2E(\Delta)\varepsilon+\varepsilon^2=\sigma^2+\varepsilon^2 \tag{2.6.4}$$

这里 $\sigma^2=E(\Delta^2)$ 是偶然误差的方差。

当系统误差 ε 为中误差 σ 的五分之一时，则有

$$\sigma_L=\sqrt{\sigma_L^2}=\sqrt{\sigma^2+\left(\frac{1}{5}\sigma\right)^2}=\sqrt{1.04}\sigma=1.02\sigma$$

同样，若取系统误差 ε 为中误差 σ 的三分之一时，则有

$$\sigma_L=\sqrt{\sigma_L^2}=\sqrt{\sigma^2+\left(\frac{1}{3}\sigma\right)^2}=\sqrt{1.11}\sigma=1.05\sigma$$

由此可见，在这种情况下，如果不考虑系统误差的影响，所求得的观测值均方差将减小百分之二和百分之五。因此，在实际应用中，如果系统误差是偶然误差的三分之一或更小时，则可将系统误差的影响忽略。

例 2.6.1　已知用经纬仪观测时归零差的中误差为 $\sigma_d=1.7''$。但在两次照准零方向之间外界条件已发生变化，如风力和风向有所改变、角架或站标轻微扭转，因而产生系统误差。据估计在二等三角测量中这一系统中误差 $\varepsilon=2.0''$。求顾及系统影响时的归零差中误差及归零差限差。

解：顾及系统影响时的归零差中误差

$$\Omega_{差}=\sqrt{(1.7'')^2+(2.0'')^2}=2.6''$$

则归零差限差为

$$\Delta_{限}=2(2.6'')=5.2''$$

规范规定二等三角测量归零差不得超过 6″。

解答完毕。

2.6.2　系统误差的传播

由于某些观测值残余系统误差的影响，使观测值组成的函数也产生系统误差，这称为系统误差的传播。

设有一组观测值 $L_i(i=1,2,\cdots,n)$，其真值为 $\widetilde{L}_i$，系统误差为 ε_i，则可知

$$\varepsilon_i=E(\Omega_i)=\widetilde{L}_i-E(L_i)\quad(i=1,2,\cdots,n)$$

又设由观测值组成的线性函数

$$z=k_0+k_1L_1+k_2L_2+\cdots+k_nL_n \tag{2.6.5}$$

写成函数的综合误差 Ω_z 与各个 L_i 的综合误差 Ω_i 之间的关系式，为

$$\begin{aligned}\Omega_z&=\tilde{z}-z=k_1(\widetilde{L}_1-L_1)+k_2(\widetilde{L}_2-L_2)+\cdots+k_n(\widetilde{L}_n-L_n)\\&=k_1\Omega_1+k_2\Omega_2+\cdots+k_n\Omega_n\end{aligned}$$

上式两边取数学期望，并由数学期望的性质得

$$\begin{aligned}E(\varepsilon_z)&=E(k_1\Omega_1)+E(k_2\Omega_2)+\cdots+E(k_n\Omega_n)\\&=k_1E(\Omega_1)+k_2E(\Omega_2)+\cdots+k_nE(\Omega_n)\end{aligned}$$

进而得

$$\varepsilon_z=k_1\varepsilon_1+k_2\varepsilon_2+\cdots+k_n\varepsilon_n \tag{2.6.6}$$

上式即为线性函数的系统误差传播公式。

若函数为非线性函数形式，首先应线性化，并用真误差（综合误差）Ω_i 代替相应的微分，可

得到同样的结果。因此,上式是一般函数的系统误差传播公式。

2.6.3　偶然误差与系统误差的联合传播

当观测值中既含有偶然误差又含有残余的系统误差时,有必要研究它们对观测值综合影响的问题。这里只讨论观测值独立时的情况。

设有观测值组成的线性函数

$$z=k_1L_1+k_2L_2+\cdots+k_nL_n \tag{2.6.7}$$

式中,L_i 与 L_j 是相互独立的观测值,把 L_i 的总误差 $\Omega_i=\Delta_i+\varepsilon_i$ 代入上式,得 z 的总误差为

$$\begin{aligned}\Omega_z &= k_1(\Delta_1+\varepsilon_1)+k_2(\Delta_2+\varepsilon_2)+\cdots+k_n(\Delta_n+\varepsilon_n)\\ &= \sum_{i=1}^{n}k_i\Delta_i+\sum_{i=1}^{n}k_i\varepsilon_i=\boldsymbol{K}^{\mathrm{T}}(\boldsymbol{\Delta}+\boldsymbol{\varepsilon})\end{aligned}$$

式中

$$\boldsymbol{K}=(k_1\quad k_2\quad\cdots\quad k_n)^{\mathrm{T}},\ \boldsymbol{\Delta}=(\Delta_1\quad\Delta_2\quad\cdots\quad\Delta_n)^{\mathrm{T}},\ \boldsymbol{\varepsilon}=(\varepsilon_1\quad\varepsilon_2\quad\cdots\quad\varepsilon_n)^{\mathrm{T}}$$

对上式两边平方,得

$$\Omega_z^2=\boldsymbol{K}^{\mathrm{T}}(\boldsymbol{\Delta}+\boldsymbol{\varepsilon})(\boldsymbol{\Delta}+\boldsymbol{\varepsilon})^{\mathrm{T}}\boldsymbol{K}=\boldsymbol{K}^{\mathrm{T}}(\boldsymbol{\Delta}\boldsymbol{\Delta}^{\mathrm{T}}+\boldsymbol{\Delta}\boldsymbol{\varepsilon}^{\mathrm{T}}+\boldsymbol{\varepsilon}\boldsymbol{\Delta}^{\mathrm{T}}+\boldsymbol{\varepsilon}\boldsymbol{\varepsilon}^{\mathrm{T}})\boldsymbol{K}$$

将上式两边取数学期望,并考虑

$$E(\boldsymbol{\Delta}\boldsymbol{\Delta}^{\mathrm{T}})=\boldsymbol{D},\ E(\boldsymbol{\Delta})=\boldsymbol{0},\ E(\boldsymbol{\varepsilon})=\boldsymbol{\varepsilon}$$

那么就有

$$E(\Omega_z^2)=\boldsymbol{K}^{\mathrm{T}}\boldsymbol{D}\boldsymbol{K}+\boldsymbol{K}^{\mathrm{T}}(\boldsymbol{\varepsilon}\boldsymbol{\varepsilon}^{\mathrm{T}})\boldsymbol{K}$$

当 $\boldsymbol{D}$ 为对角矩阵时,即

$$\boldsymbol{D}=\mathrm{diag}(\sigma_1^2,\sigma_2^2,\cdots,\sigma_n^2)$$

那么就有

$$\sigma_z^2=E(\Omega_z^2)=\sum_{i=1}^{n}(k_i\sigma_i)^2+\Big(\sum_{i=1}^{n}k_i\varepsilon_i\Big)^2 \tag{2.6.8}$$

此式即为偶然误差与系统误差合并影响的函数 z 的方差公式。以相应的中误差代替可得

$$\hat{\sigma}_z^2=E(\Omega_z^2)=\sum_{i=1}^{n}(k_i\hat{\sigma}_i)^2+\Big(\sum_{i=1}^{n}k_i\varepsilon_i\Big)^2 \tag{2.6.9}$$

当 z 为非线性函数时,亦可用它们的微分关系代替真误差关系。此时上述各式中的系数 k_i 即为非线性函数的偏导数。当 $k_1=k_2=\cdots=k_n=k=1$ 时,式(2.6.8)可写成

$$\sigma_z^2=E(\Omega_z^2)=\sum_{i=1}^{n}\sigma_i^2+\Big(\sum_{i=1}^{n}\varepsilon_i\Big)^2=[\sigma^2]+[\varepsilon]^2 \tag{2.6.10}$$

例 2.6.2　用钢尺量距,共量了 n 个尺段。设每一尺段的读数和照准中误差为 σ,而尺长检定中误差为 ε,求全长距离观测值中误差。

解:量距的总长

$$S=L_1+L_2+\cdots+L_n$$

其中,读数和照准误差为偶然误差,尺长检定误差在量距时是系统误差,且有

$$\sigma_1=\sigma_2=\cdots=\sigma_n=\sigma,\ \varepsilon_1=\varepsilon_2=\cdots=\varepsilon_n=\varepsilon$$

因此可知,全长的中误差为

$$\sigma_S=\sqrt{n\sigma^2+n^2\varepsilon^2}$$

此式可作为公式用。

解答完毕。

§2.7 协方差传播律在测量中的应用

在实际测量中，人们总是通过改进仪器或观测方法来消除或减弱系统误差和粗差的影响，使偶然误差在测量成果中占主导地位。因此，在经典的测量平差理论中，一般认为观测值只存在有偶然误差，也就是观测值是服从某种概率分布的随机变量。对于是随机变量的观测值，衡量其质量优劣的标准是精度，而方差和均方差是描述精度的最佳指标。本节将应用方差传播的基本公式导出一些在测量实践中常用的公式，以便使读者能更好地理解观测值函数的中误差应用。

2.7.1 由三角形闭合差计算测角中误差

设在三角网中，独立且等精度观测了各三角形之内角，中误差均为 $\hat{\sigma}$，并设各三角形闭合差为 $W_1, W_2, \cdots, W_n$，即

$$W_i = A_i + B_i + C_i - 180^\circ \quad (i=1,2,\cdots,n)$$

式中，n 为三角网中三角形的个数，A_i、B_i、C_i 为第 i 个三角形的三内角观测值，它们的中误差都等于 $\hat{\sigma}$，则 W_i 的中误差均为 $\hat{\sigma}_W$，应用误差传播律得 $\hat{\sigma}_W = \sqrt{3}\hat{\sigma}$。又因为闭合差为偶然误差，故由中误差定义得闭合差的中误差为

$$\hat{\sigma}_W = \sqrt{\frac{1}{n}\sum_{i=1}^{n} W_i^2} = \sqrt{\frac{[WW]}{n}}$$

因此，可得

$$\hat{\sigma} = \sqrt{\frac{1}{3n}\sum_{i=1}^{n} W_i^2} = \sqrt{\frac{[WW]}{3n}} \tag{2.7.1}$$

上式即为测量中常用的由三角形闭合差计算测角中误差的菲列罗公式。

2.7.2 一个量独立等精度观测算术中数的中误差

设一个量的 n 个独立等精度观测值为 $L_1, L_2, \cdots, L_n$，中误差皆为 $\hat{\sigma}$，由此得算术中数为

$$\overline{L} = \frac{1}{n}(L_1 + L_2 + \cdots + L_n)$$

以 $\hat{\sigma}_{\overline{L}}$ 表示 $\overline{L}$ 的中误差，则有

$$\hat{\sigma}_{\overline{L}}^2 = \left(\frac{1}{n}\right)^2 \hat{\sigma}^2 + \left(\frac{1}{n}\right)^2 \hat{\sigma}^2 + \cdots + \left(\frac{1}{n}\right)^2 \hat{\sigma}^2 = \frac{1}{n}\hat{\sigma}^2$$

故

$$\hat{\sigma}_{\overline{L}} = \frac{\hat{\sigma}}{\sqrt{n}} \tag{2.7.2}$$

即，n 个独立等精度观测值算术中数的中误差等于观测值中误差 $\hat{\sigma}$ 除以 $\sqrt{n}$。

2.7.3 水准测量的精度

若在 A、B 两点间进行水准测量，共设站 n 次，则 A、B 两水准点间高差等于各站测得的高

差之和，即

$$h=H_B-H_A=h_1+h_2+\cdots+h_n$$

式中，h_i 为各站所测高差，当各站距离大致相等时，这些观测高差可视为等精度，若设它们的中误差均为 $\hat{\sigma}$，则得两点间高差的中误差

$$\hat{\sigma}_h=\sqrt{n}\hat{\sigma} \tag{2.7.3}$$

即，水准测量观测高差的中误差与测站数 n 的平方根成正比。

又因各站距离 s 大致相等，则有全长 $S\approx ns$，因此也有

$$\hat{\sigma}_h=\sqrt{\frac{S}{s}}\hat{\sigma}=\frac{\hat{\sigma}}{\sqrt{s}}\sqrt{S}$$

其中，s 为大致相等的各测站距离，$\hat{\sigma}$ 为每测站所得高差的中误差，在一定测量条件下上式右端乘号前因子可视为定值 K，则也有

$$\hat{\sigma}_h=K\sqrt{S} \tag{2.7.4}$$

即，水准测量高差的中误差与距离的平方根成正比。

在式(2.7.4)中，若取距离为一个单位长度，即 $S=1$，则 $\hat{\sigma}_h=K$，因此，K 是单位距离观测高差的中误差。通常距离以 km 为单位，K 就是距离为 1 km 观测高差的中误差。故上式表明，水准测量高差中误差等于单位距离观测高差中误差与水准路线全长的平方根之积。

2.7.4　三角高程测量的精度

设 A、B 为地面上两点，在 A 点观测 B 点的垂直角为 α，两点间的水平距离为 S，在不考虑仪器高和目标高的情况下，可计算 A、B 两点间高差的基本公式为 $h=S\tan\alpha$。设 S 及 α 的中误差分别为 $\hat{\sigma}_S$、$\hat{\sigma}_\alpha$，则由方差传播律得

$$\hat{\sigma}_h^2=\left(\frac{\partial h}{\partial S}\right)^2\hat{\sigma}_S^2+\left(\frac{\partial h}{\partial \alpha}\right)^2\hat{\sigma}_\alpha^2=\left(\frac{\partial h}{\partial S}\right)^2\hat{\sigma}_S^2+\left(\frac{\partial h}{\partial \alpha}\right)^2\left(\frac{\hat{\sigma}_\alpha}{\rho}\right)^2$$

因

$$\frac{\partial h}{\partial S}=\tan\alpha,\ \frac{\partial h}{\partial \alpha}=S\sec^2\alpha$$

则有

$$\hat{\sigma}_h^2=\tan^2\alpha\hat{\sigma}_S^2+S^2\sec^4\alpha\left(\frac{\hat{\sigma}_\alpha}{\rho}\right)^2$$

上式在实际应用时，由于距离 S 的误差远小于垂直角 α 的误差，所以第一项可忽略不计；又垂直角 α 一般小于 5°，可认为 $\sec\alpha\approx1$，故得

$$\left.\begin{aligned}\hat{\sigma}_h^2&=S^2\left(\frac{\hat{\sigma}_\alpha}{\rho}\right)^2\\ \hat{\sigma}_h&=S\left(\frac{\hat{\sigma}_\alpha}{\rho}\right)\end{aligned}\right\} \tag{2.7.5}$$

这就是单向观测高差的中误差公式。即三角高程测量中单向高差的中误差，等于以弧度表示的垂直角的中误差乘以两三角点间的距离。或者说，当垂直角的观测精度一定时，三角高程测量所得高差的中误差与三角点间的距离成正比。

若以双向观测高差取中数作为最后高差，则中数的中误差应为式(2.7.5)结果的 $1/\sqrt{2}$，即

$$\hat{\sigma}_{h_{中}}=\frac{\hat{\sigma}_h}{\sqrt{2}} \tag{2.7.6}$$

2.7.5　若干独立误差的联合影响

在探讨偶然误差性质时曾指出，观测中的偶然误差常常是产生于若干主要误差来源，而每一误差来源又是由其他许许多多偶然因素所影响。如用经纬仪观测一个方向的误差主要来源于仪器结构误差、照准误差、读数误差、目标偏心差和自然条件变化所引起的误差等。一个方向的观测误差就是这些主要误差的代数和。就一般而言，设 $\Delta_1,\Delta_2,\cdots,\Delta_n$ 为观测时的一些独立误差，则总的观测误差是这些独立误差的代数和，即

$$\Delta_z=\Delta_1+\Delta_2+\cdots+\Delta_n \tag{2.7.7}$$

由于这里的误差相互独立，且都是随机误差，因而可应用式(2.5.7)，并顾及 $\hat{\sigma}_{ij}=0$，得

$$\hat{\sigma}_z^2=\hat{\sigma}_1^2+\hat{\sigma}_2^2+\cdots+\hat{\sigma}_n^2 \tag{2.7.8}$$

上式即是受一些独立误差联合影响的观测结果的方差(或中误差)计算式。

2.7.6　交会定点的精度

设 A、B 为已知点，其边长 S_0 和坐标方位角 α_0 是无误差的。用侧方交会法测定 P 点位置坐标的计算公式如下

$$S=S_0\,\frac{\sin L_1}{\sin L_2},\ \alpha=\alpha_0-(180^\circ-L_1-L_2),\ x=x_A+S\cos\alpha,\ y=y_A+S\sin\alpha$$

式中，S 为 AP 边的边长，α 是它的方位角，A 点坐标为(x_A,x_B)，P 点坐标为(x,y)，L_1、L_2 为 A、B、P 三点构成三角形中$\angle B$ 和$\angle P$ 的观测值大小，这里，设独立观测值 L_1 和 L_2 的中误差均为 σ。

首先求 S 和 α 的方差和协方差，根据已知条件可得

$$\begin{pmatrix}\mathrm{d}S\\ \mathrm{d}\alpha\end{pmatrix}=\begin{pmatrix}\frac{S}{\rho}\cot L_1 & -\frac{S}{\rho}\cot L_2\\ 1 & 1\end{pmatrix}\begin{pmatrix}\mathrm{d}L_1\\ \mathrm{d}L_2\end{pmatrix},\ \boldsymbol{D}_{LL}=\begin{pmatrix}\sigma^2 & 0\\ 0 & \sigma^2\end{pmatrix}$$

因此

$$\boldsymbol{D}_{S\alpha}=\begin{pmatrix}\frac{S}{\rho}\cot L_1 & -\frac{S}{\rho}\cot L_2\\ 1 & 1\end{pmatrix}\begin{pmatrix}\sigma^2 & 0\\ 0 & \sigma^2\end{pmatrix}\begin{pmatrix}\frac{S}{\rho}\cot L_1 & 1\\ -\frac{S}{\rho}\cot L_2 & 1\end{pmatrix}$$

$$=\begin{pmatrix}\left(\frac{S}{\rho}\right)^2(\cot^2L_1+\cot^2L_2) & \frac{S}{\rho}(\cot L_1-\cot L_2)\\ \frac{S}{\rho}(\cot L_1-\cot L_2) & 2\end{pmatrix}\sigma^2$$

再求 P 点坐标的方差和协方差

$$\begin{pmatrix}\mathrm{d}x\\ \mathrm{d}y\end{pmatrix}=\begin{pmatrix}\cos\alpha & -\frac{S}{\rho}\sin\alpha\\ \sin\alpha & \frac{S}{\rho}\cos\alpha\end{pmatrix}\begin{pmatrix}\mathrm{d}S\\ \mathrm{d}\alpha\end{pmatrix}$$

因此，就有

$$D_{xy}=\begin{pmatrix}\cos\alpha & -\frac{S}{\rho}\sin\alpha \\ \sin\alpha & \frac{S}{\rho}\cos\alpha\end{pmatrix}D_{S\alpha}\begin{pmatrix}\cos\alpha & \sin\alpha \\ -\frac{S}{\rho}\sin\alpha & \frac{S}{\rho}\cos\alpha\end{pmatrix}$$

整理后得

$$\sigma_x^2=[\cos^2\alpha(\cot^2L_1+\cot^2L_2)-\sin2\alpha(\cot L_1-\cot L_2)+2\sin^2\alpha]\frac{S^2\sigma^2}{\rho^2}$$

$$\sigma_y^2=[\sin^2\alpha(\cot^2L_1+\cot^2L_2)+\sin2\alpha(\cot L_1-\cot L_2)+2\cos^2\alpha]\frac{S^2\sigma^2}{\rho^2}$$

$$\sigma_{xy}=\left[\frac{1}{2}\sin2\alpha(\cot^2L_1+\cot^2L_2-2)+\cos2\alpha(\cot L_1-\cot L_2)\right]\frac{S^2\sigma^2}{\rho^2}$$

在测量工作中，常用点位方差来衡量交会点的精度，点位方差等于该点在两个相互垂直方向上的方差之和，因此，交会点 P 的点位方差是

$$\sigma_P^2=\sigma_x^2+\sigma_y^2=(\cot^2L_1+\cot^2L_2+2)\frac{S^2\sigma^2}{\rho^2} \tag{2.7.9}$$

另外，如果设 P 在 AP 边上边长方差 σ_S^2 为纵向方差，而在它的垂直方向上的方差 σ_u^2 称为横向方差。横向方差 σ_u^2 是由 AP 边的坐标方位角 α 的方差 σ_α^2 引起的，则可知

$$\sigma_u=\frac{S\sigma_\alpha}{\rho}$$

所以，点位方差也可由 σ_S^2 和 σ_u^2 来计算，即

$$\sigma_P^2=\sigma_S^2+\sigma_u^2=(\cot^2L_1+\cot^2L_2+2)\frac{S^2\sigma^2}{\rho^2}$$

显然这同样得到和以上完全一致的结果。

2.7.7　限差的确定

例如，已知二等三角测量的测角中误差 $\sigma=1.0''$，在求三角形闭合差的限差时有

$$W_{限}=2\sigma_W=2\times\sqrt{3}\sigma=2\times\sqrt{3}\times(1.0'')=3.5''$$

式中，σ_W 为三角形闭合差的中误差。又如在三角测量中，已知用 T_3 经纬仪观测每一方向的中误差 $\sigma=1.2''$，设归零差为 d，两次照准零方向的观测值为 L、L'。则求归零差的极限误差时，有 $d=L-L'$，则其中误差为

$$\sigma_d=\sqrt{2}\sigma=\sqrt{2}\times(1.2'')=1.7''$$

于是得归零差的极限误差

$$\Delta_{限}=2\sigma_d=2\times(1.7'')=3.4''$$

但在实际作业中，归零差中不仅包含偶然误差的影响，还受一些系统误差影响。所以规范规定的限差放宽一些。

§2.8　权与协因数

方差或均方差是表示精度的绝对数字特征，一定的观测条件就对应着一定的误差分布，而一定的误差分布就对应着确定的方差或均方差。为了比较各观测值之间的精度，除了可以应

用方差之外，还可以通过方差之间的比例关系来衡量观测值之间的精度高低。这种表示各观测值方差之间比例关系的数字特征称为权。权是表示精度的相对数字特征，在平差计算中起着很重要的作用。在测量实际工作中，平差计算之前，精度的绝对数字特征往往是不知道的，而精度的相对的数字特征(即权)却可以根据事先给定的条件予以确定，然后根据平差的结果估算出表示精度的绝对数字特征。

2.8.1　权的概念

设有一系列观测值 L_i，它们对应的方差是 σ_i^2，如果选定任意常数 σ_0^2，则观测值 L_i 的权定义为

$$p_i=\frac{\sigma_0^2}{\sigma_i^2}\quad(i=1,2,\cdots,n) \tag{2.8.1}$$

因此可知各观测值权之间的比例关系是

$$p_1:p_2:\cdots:p_n=\frac{\sigma_0^2}{\sigma_1^2}:\frac{\sigma_0^2}{\sigma_2^2}:\cdots:\frac{\sigma_0^2}{\sigma_n^2}=\frac{1}{\sigma_1^2}:\frac{1}{\sigma_2^2}:\cdots:\frac{1}{\sigma_n^2} \tag{2.8.2}$$

对于一组观测值，其权之比等于相应方差的倒数之比。这表明方差越小其权越大，或者说精度越高其权越大。因此，权可以作为比较观测值之间精度高低的一种指标。

一般情况下，在定义权时，方差 σ_i^2 可以是同一个量的不同次观测的精度，也可以是不同量的观测值的精度。就是说，用权来比较各观测值之间的精度高低，不限于是对同一个量的观测值，同样也适用于对不同量的观测值。

对于一组已知方差的观测值而言，需注意以下问题：①选定了一个常数 σ_0^2，即有一组对应的权。或者说，有一组权，必有一个对应的 σ_0^2 值；②一组观测值的权，其大小与 σ_0^2 有关，但权之间的比例关系与 σ_0^2 无关；③在同一个问题中只能选定一个 σ_0^2 值；④只要事先给定了一定的测量条件，就可以确定出权的数值。

2.8.2　单位权方差

从权的定义可看出，常数 σ_0^2 只是起到一个比例常数的作用，σ_0^2 不同，各个观测值的权的数值不同，但观测值权之间的比例不变。σ_0^2 一旦选定，它还有具体的含义。设有三个方向观测值 L_1、L_2 和 L_3，它们的均方差是：$\sigma_1=1''$、$\sigma_2=2''$、$\sigma_3=3''$。如果选取 $\sigma_0=1''$、$\sigma_0=2''$、$\sigma_0=3''$、$\sigma_0=6''$等，可得相应的权如下。

$$\text{取 }\sigma_0=1''\text{时}:p_1=1,p_2=\frac{1}{4},p_3=\frac{1}{9}$$

$$\text{取 }\sigma_0=2''\text{时}:p_1=4,\ p_2=1,\ p_3=\frac{4}{9}$$

$$\text{取 }\sigma_0=3''\text{时}:p_1=9,\ p_2=\frac{9}{4},p_3=1$$

$$\text{取 }\sigma_0=6''\text{时}:p_1=36,p_2=9,\ p_3=4$$

但不论如何选取 σ_0，总有

$$p_1:p_2:\cdots:p_n=\frac{\sigma_0^2}{\sigma_1^2}:\frac{\sigma_0^2}{\sigma_2^2}:\cdots:\frac{\sigma_0^2}{\sigma_n^2}=\frac{1}{\sigma_1^2}:\frac{1}{\sigma_2^2}:\cdots:\frac{1}{\sigma_n^2}=36:9:4$$

当取 $\sigma_0=\sigma_1=1''$时，观测值 L_1 的权是 1，实际上就是以观测值 L_1 的精度作为标准，其他的

观测值精度都和它进行比较；当取 $\sigma_0=\sigma_2=2''$时，观测值 L_2 的权是 1，实际上就是以观测值 L_2 的精度作为标准，其他的观测值精度都和它进行比较。因此，通常称 σ_0 为单位权均方差，σ_0^2 称为单位权方差，把权等于 1 的观测值称为单位权观测值。可见在一组非等精度观测值中，单位权中误差可根据需要任意选定。它可在观测列中选，也可在观测列之外选。如上例中选 $\sigma_0=6''$就是在观测列之外选取的。另外，一组权根据需要同乘或同除以某一正数，其相互间的比值不变，这就是权的相对性。离开权的这种相对性，单纯看某个观测值权的大小是毫无意义的。

2.8.3 测量上确定权的常用方法举例

下面根据权的定义和测量中经常遇到的几种情况，导出其实用的定权公式。

1. 算术中数的权

设对某个物理量等精度观测了 n 次，观测值为 L_i，若每一次观测的精度是 σ，权为 p。求算术中数的权。

由于算术中数

$$\bar{L}=\frac{1}{n}(L_1+L_2+\cdots+L_n)$$

其方差是

$$\sigma_{\bar{L}}^2=\left(\frac{1}{n}\right)^2(\sigma_1^2+\sigma_2^2+\cdots+\sigma_n^2)=\left(\frac{1}{n}\right)^2 n\sigma^2=\frac{1}{n}\sigma^2$$

根据权的定义有

$$\left.\begin{aligned} p&=\frac{\sigma_0^2}{\sigma^2}\\ p_{\bar{L}}&=\frac{\sigma_0^2}{\sigma_{\bar{L}}^2}=\frac{\sigma_0^2}{(\sigma^2/n)}=n\,\frac{\sigma_0^2}{\sigma^2}=np \end{aligned}\right\} \tag{2.8.3}$$

所以算术中数的权是等精度观测值权的 n 倍。

2. 水准测量的权

水准测量中，设水准路线长为 S 的高差的权是 p，中误差是 σ。设水准路线长为 S_0 的高差的权是 1，单位权中误差是 σ_0。当单位距离水准测量所得高差的中误差均为 K 时，有

$$\sigma=K\sqrt{S},\ \sigma_0=K\sqrt{S_0}$$

这样可得路线长为 S 的高差的权是

$$p=\frac{\sigma_0^2}{\sigma^2}=\frac{S_0}{S} \tag{2.8.4}$$

所以水准测量中高差的权与路线长成反比。

3. 三角高程测量的权

在三角高程测量中，设两三角点间距离为 S 的高差的权是 p，中误差是 σ。设距离为 S_0 的高差的权是 1，单位权中误差是 σ_0。当垂直角的观测中误差为 σ_α 时，有

$$\sigma^2=S^2\left(\frac{\sigma_\alpha}{\rho}\right)^2,\ \sigma_0^2=S_0^2\left(\frac{\sigma_\alpha}{\rho}\right)^2$$

这样可得距离为 S 时三角高程测量高差的权是

$$p=\frac{\sigma_0^2}{\sigma^2}=\frac{S_0^2}{S^2} \tag{2.8.5}$$

所以三角高程测量高差的权与距离的平方成反比。

2.8.4　协因数与协因数传播

权是一种比较观测值之间精度高低的指标，当然，也可以用权来比较各个观测值函数之间的精度。因此，同方差传播律一样，也存在根据观测值的权来求观测值函数权的问题。

1. 协因数与协因数矩阵

设有 n 维观测值向量 $\boldsymbol{L}$，其方差矩阵是

$$\boldsymbol{D}_{LL}=\begin{pmatrix}\sigma_1^2 & \sigma_{12} & \cdots & \sigma_{1n}\\ \sigma_{21} & \sigma_2^2 & \cdots & \sigma_{2n}\\ \vdots & \vdots & & \vdots\\ \sigma_{n1} & \sigma_{n2} & \cdots & \sigma_n^2\end{pmatrix} \tag{2.8.6}$$

如果令

$$\left.\begin{aligned} q_{ii}&=\frac{1}{p_i}=\frac{\sigma_i^2}{\sigma_0^2}\\ q_{ij}&=\frac{1}{p_{ij}}=\frac{\sigma_{ij}}{\sigma_0^2}\end{aligned}\right\} \tag{2.8.7}$$

式中，$i=1,2,\cdots,n,i\neq j$，σ_0^2 是选定的任意常数，则称 q_{ii} 是观测值 L_i 的协因数（或称权倒数），q_{ij} 是观测值 L_i 和 L_j 的互协因数（或称互相关权倒数），p_{ij} 是观测值 L_i 和 L_j 的相关权。

这样观测值向量 L 的协方差矩阵可表示为

$$\boldsymbol{D}_{LL}=\begin{pmatrix}\sigma_1^2 & \sigma_{12} & \cdots & \sigma_{1n}\\ \sigma_{21} & \sigma_2^2 & \cdots & \sigma_{2n}\\ \vdots & \vdots & & \vdots\\ \sigma_{n1} & \sigma_{n2} & \cdots & \sigma_n^2\end{pmatrix}=\sigma_0^2\begin{pmatrix}q_{11} & q_{12} & \cdots & q_{1n}\\ q_{21} & q_{22} & \cdots & q_{2n}\\ \vdots & \vdots & & \vdots\\ q_{n1} & q_{n2} & \cdots & q_{nn}\end{pmatrix}=\sigma_0^2\boldsymbol{Q}_{LL}$$

这里

$$\boldsymbol{Q}_{LL}=\begin{pmatrix}q_{11} & q_{12} & \cdots & q_{1n}\\ q_{21} & q_{22} & \cdots & q_{2n}\\ \vdots & \vdots & & \vdots\\ q_{n1} & q_{n2} & \cdots & q_{nn}\end{pmatrix} \tag{2.8.8}$$

是观测值向量 $\boldsymbol{L}$ 的协因数矩阵（或权逆矩阵）。同时又称

$$\boldsymbol{P}_{LL}=\boldsymbol{Q}_{LL}^{-1}=\begin{pmatrix}q_{11} & q_{12} & \cdots & q_{1n}\\ q_{21} & q_{22} & \cdots & q_{2n}\\ \vdots & \vdots & & \vdots\\ q_{n1} & q_{n2} & \cdots & q_{nn}\end{pmatrix}^{-1}=\begin{pmatrix}\frac{1}{p_1} & \frac{1}{p_{12}} & \cdots & \frac{1}{p_{1n}}\\ \frac{1}{p_{21}} & \frac{1}{p_2} & \cdots & \frac{1}{p_{2n}}\\ \vdots & \vdots & & \vdots\\ \frac{1}{p_{n1}} & \frac{1}{p_{n2}} & \cdots & \frac{1}{p_n}\end{pmatrix}^{-1} \tag{2.8.9}$$

为观测值向量 $\boldsymbol{L}$ 的权矩阵。

特别注意：观测值向量 $\boldsymbol{L}$ 的权矩阵不是由各观测值 $L_1,L_2,\cdots,L_n$ 的权和相关权组成的矩阵，即

$$\boldsymbol{P}_{LL} \neq \begin{pmatrix} p_1 & p_{12} & \cdots & p_{1n} \\ p_{21} & p_2 & \cdots & p_{2n} \\ \vdots & \vdots & & \vdots \\ p_{n1} & p_{n2} & \cdots & p_n \end{pmatrix} \tag{2.8.10}$$

但是当 $\sigma_{ij}=0$ 时，即观测值向量 $\boldsymbol{L}$ 中任何两个观测值相互独立时，有

$$\boldsymbol{D}_{LL} = \begin{pmatrix} \sigma_1^2 & 0 & \cdots & 0 \\ 0 & \sigma_2^2 & \cdots & 0 \\ \vdots & \vdots & & \vdots \\ 0 & 0 & \cdots & \sigma_n^2 \end{pmatrix} = \sigma_0^2 \begin{pmatrix} q_{11} & 0 & \cdots & 0 \\ 0 & q_{22} & \cdots & 0 \\ \vdots & \vdots & & \vdots \\ 0 & 0 & \cdots & q_{nn} \end{pmatrix}$$

那么

$$\boldsymbol{P}_{LL} = \boldsymbol{Q}_{LL}^{-1} = \begin{pmatrix} q_{11} & 0 & \cdots & 0 \\ 0 & q_{22} & \cdots & 0 \\ \vdots & \vdots & & \vdots \\ 0 & 0 & \cdots & q_{nn} \end{pmatrix}^{-1} = \begin{pmatrix} p_1 & 0 & \cdots & 0 \\ 0 & p_2 & \cdots & 0 \\ \vdots & \vdots & & \vdots \\ 0 & 0 & \cdots & p_n \end{pmatrix}$$

此时，观测值向量 $\boldsymbol{L}$ 的权矩阵是由各观测值 $L_1, L_2, \cdots, L_n$ 的权组成的矩阵。

2. 协因数矩阵的传播

由协因数和协因数矩阵的定义可知，协因数矩阵和协方差矩阵的关系只是相差一个比例常数，而且观测向量协因数矩阵的对角线元素是相应的权倒数。因此，有了协因数和协因数矩阵的概念，根据方差传播律，可以方便地得到由观测向量的协因数矩阵求其函数的协因数矩阵的计算公式，从而得到了函数的权。

设有观测值向量 $\underset{n\times1}{\boldsymbol{X}}$，已知它的协因数矩阵是 $\underset{n\times n}{\boldsymbol{Q}_{XX}}$，又设有关于 $\underset{n\times1}{\boldsymbol{X}}$ 的函数 $\underset{r\times1}{\boldsymbol{Y}}$ 和 $\underset{t\times1}{\boldsymbol{Z}}$，$\underset{r\times n}{\boldsymbol{F}}$、$\underset{r\times1}{\boldsymbol{F}_0}$、$\underset{t\times n}{\boldsymbol{K}}$、$\underset{t\times1}{\boldsymbol{K}_0}$ 为常系数矩阵或向量，即

$$\left.\begin{aligned} \underset{r\times1}{\boldsymbol{Y}} &= \underset{r\times n}{\boldsymbol{F}}\,\underset{n\times1}{\boldsymbol{X}} + \underset{r\times1}{\boldsymbol{F}_0} \\ \underset{t\times1}{\boldsymbol{Z}} &= \underset{t\times n}{\boldsymbol{K}}\,\underset{n\times1}{\boldsymbol{X}} + \underset{t\times1}{\boldsymbol{K}_0} \end{aligned}\right\} \tag{2.8.11}$$

下面求 $\underset{r\times1}{\boldsymbol{Y}}$ 和 $\underset{t\times1}{\boldsymbol{Z}}$ 的协因数矩阵和互协因数矩阵 $\underset{r\times r}{\boldsymbol{Q}_{YY}}$、$\underset{t\times t}{\boldsymbol{Q}_{ZZ}}$ 和 $\underset{r\times t}{\boldsymbol{Q}_{YZ}}$。

假定观测值 $\underset{n\times1}{\boldsymbol{X}}$ 的协方差矩阵是 $\underset{n\times n}{\boldsymbol{D}_{XX}}$，按照方差传播律有

$$\left.\begin{aligned} \underset{r\times r}{\boldsymbol{D}_{YY}} &= \underset{r\times n}{\boldsymbol{F}}\,\underset{n\times n}{\boldsymbol{D}_{XX}}\,\underset{n\times r}{\boldsymbol{F}^{\mathrm{T}}} \\ \underset{t\times t}{\boldsymbol{D}_{ZZ}} &= \underset{t\times n}{\boldsymbol{K}}\,\underset{n\times n}{\boldsymbol{D}_{XX}}\,\underset{n\times t}{\boldsymbol{K}^{\mathrm{T}}} \\ \underset{r\times t}{\boldsymbol{D}_{YZ}} &= \underset{r\times n}{\boldsymbol{F}}\,\underset{n\times n}{\boldsymbol{D}_{XX}}\,\underset{n\times t}{\boldsymbol{K}^{\mathrm{T}}} \end{aligned}\right\} \tag{2.8.12}$$

由于协因数矩阵和协方差矩阵的关系是 $\boldsymbol{D}=\sigma_0^2\boldsymbol{Q}$，所以有

$$\left.\begin{aligned} \underset{r\times r}{\boldsymbol{Q}_{YY}} &= \underset{r\times n}{\boldsymbol{F}}\,\underset{n\times n}{\boldsymbol{Q}_{XX}}\,\underset{n\times r}{\boldsymbol{F}^{\mathrm{T}}} \\ \underset{t\times t}{\boldsymbol{Q}_{ZZ}} &= \underset{t\times n}{\boldsymbol{K}}\,\underset{n\times n}{\boldsymbol{Q}_{XX}}\,\underset{n\times t}{\boldsymbol{K}^{\mathrm{T}}} \\ \underset{r\times t}{\boldsymbol{Q}_{YZ}} &= \underset{r\times n}{\boldsymbol{F}}\,\underset{n\times n}{\boldsymbol{Q}_{XX}}\,\underset{n\times t}{\boldsymbol{K}^{\mathrm{T}}} \end{aligned}\right\} \tag{2.8.13}$$

这就是线性函数的协因数矩阵传播律，也称之为权逆矩阵传播律。在形式上与协方差矩阵传播律相同，所以将协方差矩阵传播律和协因数矩阵传播律合称为广义传播律。

如果$\underset{r\times1}{\boldsymbol{Y}}$和$\underset{t\times1}{\boldsymbol{Z}}$的各个分量是$\underset{n\times1}{\boldsymbol{X}}$的非线性函数，可先求出$\underset{r\times1}{\boldsymbol{Y}}$和$\underset{t\times1}{\boldsymbol{Z}}$的全微分，即

$$\left.\begin{aligned}\mathrm{d}\boldsymbol{Y}=\boldsymbol{F}\mathrm{d}\boldsymbol{X}\\ \mathrm{d}\boldsymbol{Z}=\boldsymbol{K}\mathrm{d}\boldsymbol{X}\end{aligned}\right\} \tag{2.8.14}$$

则可得到$\underset{r\times1}{\boldsymbol{Y}}$和$\underset{t\times1}{\boldsymbol{Z}}$的协因数矩阵和互协因数矩阵$\underset{r\times r}{\boldsymbol{Q}_{YY}}$、$\underset{t\times t}{\boldsymbol{Q}_{ZZ}}$和$\underset{r\times t}{\boldsymbol{Q}_{YZ}}$。

3. 权倒数的传播

对于随机变量组成的线性函数

$$z=k_0+k_1x_1+k_2x_2+\cdots+k_nx_n=k_0+\boldsymbol{K}^{\mathrm{T}}\boldsymbol{X}$$

根据方差传播律有 $\sigma_z^2=\boldsymbol{K}^{\mathrm{T}}\boldsymbol{D}_{XX}\boldsymbol{K}$。将下式

$$\sigma_z^2=\frac{\sigma_0^2}{p_z},\ \boldsymbol{D}_{XX}=\sigma_0^2\boldsymbol{Q}_{XX}$$

代入得

$$\frac{1}{p_z}=\boldsymbol{K}^{\mathrm{T}}\boldsymbol{Q}_{XX}\boldsymbol{K} \tag{2.8.15}$$

当随机变量 $x_1,x_2,\cdots,x_n$ 相互间独立时，则有

$$\frac{1}{p_z}=\sum_{i=1}^{n}k_i^2\frac{1}{p_i} \tag{2.8.16}$$

上式通常称为权倒数传播律。

为应用方便，下面给出观测值相互独立时，几种特殊形式的，且经常用到的权倒数传播关系式。

(1) 线性函数 $z=\sum_{i=1}^{n}k_ix_i$，有$\frac{1}{p_z}=\sum_{i=1}^{n}\frac{k_i^2}{p_i}$。

(2) 倍数函数 $z=kx$，有$\frac{1}{p_z}=\frac{k^2}{p_x}$。

(3) 和差函数 $z=x_1\pm x_2\pm\cdots\pm x_n$，有$\frac{1}{p_z}=\sum_{i=1}^{n}\frac{1}{p_i}$。

例 2.8.1　已知独立观测值 L_i 的权是 $p_i(i=1,2,\cdots,n)$。求加权平均值的权。

解：由于

$$\overline{L}=\frac{1}{[p]}(p_1L_1+p_2L_2+\cdots+p_nL_n)$$

根据权倒数传播律有

$$\frac{1}{p_{\overline{L}}}=\left(\frac{1}{[p]}\right)^2\left(p_1^2\frac{1}{p_1}+p_2^2\frac{1}{p_2}+\cdots+p_n^2\frac{1}{p_n}\right)=\left(\frac{1}{[p]}\right)^2[p]=\frac{1}{[p]}$$

所以

$$p_{\overline{L}}=[p]$$

即，加权平均值的权是所有观测值权的和。如果 L_i 是等权观测，其权都为 p，那么加权平均值的权是观测值权的 n 倍。

解答完毕。

例 2.8.2　已知观测值向量 $\boldsymbol{X}_1$ 和 $\boldsymbol{X}_2$ 的协因数矩阵是 $\boldsymbol{Q}_{X_1X_1}$、$\boldsymbol{Q}_{X_2X_2}$，互协因数矩阵是 $\boldsymbol{Q}_{X_1X_2}$，设有函数向量 $\boldsymbol{Y}=\boldsymbol{F}\boldsymbol{X}_1$ 和 $\boldsymbol{Z}=\boldsymbol{K}\boldsymbol{X}_2$，$\boldsymbol{F}$、$\boldsymbol{K}$ 为常系数向量。试求 $\boldsymbol{Y}$ 和 $\boldsymbol{Z}$ 的互协因数矩阵。

解：令观测向量 $\boldsymbol{X}$ 为

$$\boldsymbol{X}=\begin{pmatrix}\boldsymbol{X}_1\\ \boldsymbol{X}_2\end{pmatrix}$$

其协因数矩阵就是

$$Q_{XX}=\begin{bmatrix}Q_{X_1X_1} & Q_{X_1X_2}\\ Q_{X_2X_1} & Q_{X_2X_2}\end{bmatrix}$$

而函数向量可写为

$$\boldsymbol{Y}=(\boldsymbol{F}\quad 0)\begin{pmatrix}\boldsymbol{X}_1\\ \boldsymbol{X}_2\end{pmatrix}=(\boldsymbol{F}\quad 0)\boldsymbol{X},\ \boldsymbol{Z}=(0\quad \boldsymbol{K})\begin{pmatrix}\boldsymbol{X}_1\\ \boldsymbol{X}_2\end{pmatrix}=(0\quad \boldsymbol{K})\boldsymbol{X}$$

根据协因数传播律有

$$Q_{YZ}=(\boldsymbol{F}\quad 0)Q_{XX}\begin{bmatrix}0\\ \boldsymbol{K}^{\mathrm{T}}\end{bmatrix}=(\boldsymbol{F}\quad 0)\begin{bmatrix}Q_{X_1X_1} & Q_{X_1X_2}\\ Q_{X_2X_1} & Q_{X_2X_2}\end{bmatrix}\begin{bmatrix}0\\ \boldsymbol{K}^{\mathrm{T}}\end{bmatrix}=\boldsymbol{F}Q_{X_1X_2}\boldsymbol{K}^{\mathrm{T}}$$

解答完毕。

§2.9　用真误差表示的单位权方差

观测值的绝对数字特征是无法事先确定的，只能够根据一定的测量条件，确定观测值的相对精度指标(即权)。按照某种平差原则平差后得到的平差值，其绝对精度指标也是无法直接确定，但可以通过协因数传播律得到它的协因数。而某一个量的协因数和它的方差只是相差一个比例常数，即单位权方差，因此确定单位权中误差就成为了一个重要的环节。那么如何确定单位权中误差呢?

2.9.1　单位权方差与真误差的关系

设有一系列观测值组成的向量和真误差向量，分别是 $\boldsymbol{L}$ 和 $\boldsymbol{\Delta}=E(\boldsymbol{L})-\boldsymbol{L}$。其中观测值向量 $\boldsymbol{L}$ 的协方差矩阵、权矩阵和协因数矩阵分别是 $\boldsymbol{D}$、$\boldsymbol{P}$ 和 $\boldsymbol{Q}$。并设 σ_0^2 是单位权方差，则它们存在如下关系

$$\boldsymbol{D}=\sigma_0^2\boldsymbol{Q}=\sigma_0^2\boldsymbol{P}^{-1}$$

上式也可写为

$$\sigma_0^2\boldsymbol{D}^{-1}=\boldsymbol{P},\ \underset{n\times n}{\boldsymbol{I}}\sigma_0^2=\boldsymbol{PD}$$

式中，$\underset{n\times n}{\boldsymbol{I}}$ 为单位矩阵。由于 $\boldsymbol{D}=E(\boldsymbol{\Delta\Delta}^{\mathrm{T}})$，这样有

$$\underset{n\times n}{\boldsymbol{I}}\sigma_0^2=\boldsymbol{P}E(\boldsymbol{\Delta\Delta}^{\mathrm{T}})$$

上式两边取矩阵的迹，有

$$\mathrm{tr}(\underset{n\times n}{\boldsymbol{I}})\sigma_0^2=\mathrm{tr}[\boldsymbol{P}E(\boldsymbol{\Delta\Delta}^{\mathrm{T}})]$$

因为 $\mathrm{tr}(\underset{n\times n}{\boldsymbol{I}})=n$，以及

$$\mathrm{tr}[\boldsymbol{P}E(\boldsymbol{\Delta\Delta}^{\mathrm{T}})]=E[\mathrm{tr}(\boldsymbol{P\Delta\Delta}^{\mathrm{T}})]=E[\mathrm{tr}(\boldsymbol{\Delta}^{\mathrm{T}}\boldsymbol{P\Delta})]=E(\boldsymbol{\Delta}^{\mathrm{T}}\boldsymbol{P\Delta})$$

于是得单位权方差和单位权中误差的表达式为

$$\sigma_0^2=\frac{E(\boldsymbol{\Delta}^{\mathrm{T}}\boldsymbol{P\Delta})}{n},\ \hat{\sigma}_0=\sqrt{\frac{\boldsymbol{\Delta}^{\mathrm{T}}\boldsymbol{P\Delta}}{n}}$$

显然，$\hat{\sigma}_0^2$ 是 σ_0^2 的无偏估计。

当各观测值相互独立时，则有

$$\sigma_0^2=\frac{E[p\Delta\Delta]}{n},\ \hat{\sigma}_0=\sqrt{\frac{[p\Delta\Delta]}{n}}$$

当各观测值是独立等精度观测时，其权可视为1，则有

$$\sigma_0^2=\frac{E[\Delta\Delta]}{n},\ \hat{\sigma}_0=\sqrt{\frac{[\Delta\Delta]}{n}}$$

以上这些公式就是真误差与单位权方差的关系。

2.9.2　依双次观测值的差值计算中误差

在一般情况下，由于观测值的真值或数学期望是不知道的，因此真误差也是无法确知的，这时就不能直接利用上面的公式计算单位权方差和单位权中误差了。然而，在某些情况下，由若干个观测量所组成的函数，其真值可能是已知的，因而其真误差是可以求得的，例如闭合差和较差。关于由三角形闭合差求测角中误差，已在2.7节进行了讲述，在此从略。下面介绍由双次观测值的差值计算中误差。

设有 n 对观测值 L_i'、L_i''，权分别记为 p_i' 和 p_i''。由此得观测值之差 $d_i=L_i'-L_i''$ 的权为

$$p_{d_i}=\frac{p_i'p_i''}{p_i'+p_i''}\quad(i=1,2,\cdots,n)$$

因差值 d_i 为真误差，则可得用双次观测值的差值计算的单位权中误差公式

$$\hat{\sigma}_0=\sqrt{\frac{[p_d dd]}{n}}$$

如果 $p_i'=p_i''=p_i$，则有

$$\hat{\sigma}_0=\sqrt{\frac{[p_d dd]}{n}}=\sqrt{\frac{[pdd]}{2n}}$$

在水准测量和距离测量中，一般只求单位距离观测结果的中误差(通常使其与单位权中误差相一致)。对于观测值 L_i'、L_i'' 的中误差则是

$$\hat{\sigma}_{L_i'}=\hat{\sigma}_{L_i''}=\hat{\sigma}_0\sqrt{\frac{1}{p_i}}$$

而第 i 对观测值的平均值

$$\bar{L}_i=\frac{1}{2}(L_1'+L_2'')$$

的中误差为

$$\hat{\sigma}_{L_i}=\frac{\hat{\sigma}_{L_i'}}{\sqrt{2}}=\hat{\sigma}_0\sqrt{\frac{1}{2p_i}}$$

如果所有观测值 L_i'、$L_i''(i=1,2,\cdots,n)$ 都是同等精度的，可令它们的权 $p_i=1$，则得各观测值的中误差为

$$\hat{\sigma}_{L_i'}=\hat{\sigma}_{L_i''}=\sqrt{\frac{[dd]}{2n}}$$

而第 i 对观测值的平均值 $\bar{L}_i$ 的中误差是

$$\hat{\sigma}_{L_i}=\hat{\sigma}_0\sqrt{\frac{1}{2p_i}}=\frac{1}{2}\sqrt{\frac{[dd]}{n}}$$

在实际测量中，用闭合差和较差来计算单位权中误差的应用很广泛。

第3章 平差数学模型与最小二乘原理

假设测量无误差情况下，能够唯一地确定一个几何模型或物理模型所需的观测次数称为必要观测次数，一般用 t 来表示。t 只与模型有关，而与实际观测量无关。在具体测量问题中，对一个模型的测量次数 n 总是大于必要观测次数 t，否则无法确定该模型。即使在 $n=t$ 情况下，虽然能够确定该模型，但由于没有多余观测，就不可能发现测量中存在的误差。为了能及时发现测量中的误差和错误，并提高测量成果的精度，就必须使 $n>t$。一般称 $r=n-t$ 为多余观测次数，多余观测次数在测量中又称自由度。

本章介绍测量平差的基本概念，简要地给出基本平差方法的数学模型，为以后系统地学习各种平差理论打下基础。最后介绍最小二乘原理，这是测量平差方法所遵循的原则。

§3.1 测量平差的数学模型

在日常生活和科学研究中，时常见到很多模型，一般主要有实物的模拟模型和数学模型。测量平差的数学模型包括：函数模型和随机模型。一个实际的平差问题，都要建立某种函数模型，函数模型是描述观测量与未知量之间的数学关系的模型。函数模型分为线性模型和非线性模型两类，测量平差通常是基于线性模型的，当函数模型为非线性函数时，总是将其用泰勒公式展开，并取其一次项化为线性形式。

3.1.1 间接平差法的函数模型

如果选择 t 个独立参数为平差的参数（注意，这 t 个独立参数可以是观测的某些量，也可以是非观测的量），将每一个观测量表达成所选参数的函数，列出 n 个这种函数关系式（观测方程）。以此为平差的函数模型，称为间接平差法，或参数平差法。

在具体测量问题中，观测值的真值向量 $\tilde{\boldsymbol{L}}$ 和参数真值向量 $\tilde{\boldsymbol{X}}$ 的函数关系是

$$\underset{n\times1}{\tilde{\boldsymbol{L}}}=\boldsymbol{F}(\underset{t\times1}{\tilde{\boldsymbol{X}}}) \tag{3.1.1}$$

对上式线性化后可得

$$\underset{n\times1}{\tilde{\boldsymbol{L}}}=\underset{n\times t}{\boldsymbol{B}}\underset{t\times1}{\tilde{\boldsymbol{X}}}+\underset{n\times1}{\boldsymbol{d}} \tag{3.1.2}$$

考虑到 $\tilde{\boldsymbol{L}}=\boldsymbol{L}+\boldsymbol{\Delta}$，上式也可写为

$$\left.\begin{aligned}\underset{n\times1}{\boldsymbol{\Delta}}&=\underset{n\times t}{\boldsymbol{B}}\underset{t\times1}{\tilde{\boldsymbol{X}}}+\underset{n\times1}{\boldsymbol{l}}\\ \underset{n\times1}{\boldsymbol{l}}&=(\underset{n\times1}{\boldsymbol{d}}-\underset{n\times1}{\boldsymbol{L}})\end{aligned}\right\} \tag{3.1.3}$$

式中，$\boldsymbol{B}$ 是 n 行 r 列的常系数矩阵，且是列满秩矩阵，$\boldsymbol{d}$ 是 n 行 1 列的常数向量。

由于真值和真误差是不能够确定的，只能通过某种平差原理进行平差，求出真值 $\tilde{\boldsymbol{L}}$、真误差 $\boldsymbol{\Delta}$ 和 $\tilde{\boldsymbol{X}}$ 的最佳估值或平差值，即 $\hat{\boldsymbol{L}}$、$\boldsymbol{V}$ 和 $\hat{\boldsymbol{X}}$。令

$$\left.\begin{aligned}\hat{\boldsymbol{L}}&=\boldsymbol{L}+\boldsymbol{V}\\ \hat{\boldsymbol{X}}&=\boldsymbol{X}^0+\hat{\boldsymbol{x}}\end{aligned}\right\} \tag{3.1.4}$$

式中，$\hat{\boldsymbol{L}}$ 和 $\boldsymbol{V}$ 分别称为最或然值向量和最或然改正值向量，$\boldsymbol{X}^0$ 为 $\hat{\boldsymbol{X}}$ 的近似值。这样，间接平差的函数模型化为

$$\left.\begin{aligned}\underset{n\times1}{\boldsymbol{V}}&=\underset{n\times t}{\boldsymbol{B}}\underset{t\times1}{\hat{\boldsymbol{x}}}+\underset{n\times1}{\boldsymbol{l}}\\ \underset{n\times1}{\boldsymbol{l}}&=\underset{n\times t}{\boldsymbol{B}}\underset{t\times1}{\boldsymbol{X}^0}+\underset{n\times1}{\boldsymbol{d}}-\underset{n\times1}{\boldsymbol{L}}\end{aligned}\right\}\tag{3.1.5}$$

上式也称误差方程，而 $\boldsymbol{l}$ 称为自由向量。

例 3.1.1　在图 3.1.1 所示的水准网中(箭头指向高端)，设观测高差为 $h_1,h_2,\cdots,h_5$。试按间接平差法列出该水准网的误差方程。

解：由于 $n=5,t=3,r=n-t=2$。因此，令

$$\hat{X}_1=\hat{h}_1=h_1+\hat{x}_1,\ \hat{X}_2=\hat{h}_2=h_2+\hat{x}_2,\ \hat{X}_3=\hat{h}_3=h_3+\hat{x}_3$$

则应有

$$\hat{h}_1=\hat{X}_1,\ \hat{h}_2=\hat{X}_2,\ \hat{h}_3=\hat{X}_3,\ \hat{h}_4=\hat{X}_1+\hat{X}_2,\ \hat{h}_5=-\hat{X}_2+\hat{X}_3$$

代入 $\hat{h}_i=h_i+v_i(i=1,2,\cdots,5)$，则可写成标准形式

$$\boldsymbol{V}=\boldsymbol{B}\hat{\boldsymbol{x}}+\boldsymbol{l},\ \boldsymbol{l}=\boldsymbol{B}\boldsymbol{X}^0+\boldsymbol{d}-\boldsymbol{L}$$

其中

$$\boldsymbol{B}=\begin{pmatrix}1&0&0\\0&1&0\\0&0&1\\1&1&0\\0&-1&1\end{pmatrix},\ \boldsymbol{l}=\begin{pmatrix}0\\0\\0\\h_1+h_2-h_4\\-h_2+h_3-h_5\end{pmatrix}$$

解答完毕。

例 3.1.2　如图 3.1.2 所示，设从三个已知点 P_1、P_2、P_3 对未知点 P 进行距离测量，观测值为 S_1、S_2、S_3。现有三个已知点的坐标 $P_1(x_1,y_1)$、$P_2(x_2,y_2)$、$P_3(x_3,y_3)$，要推求 P 点的坐标(x,y)。试按间接平差法列出误差方程。

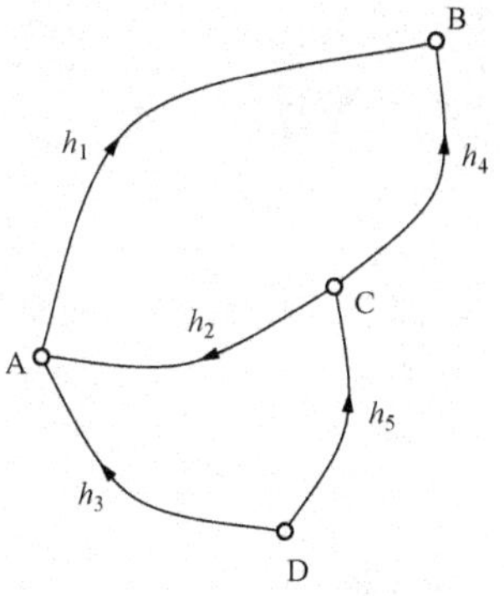

图 3.1.1

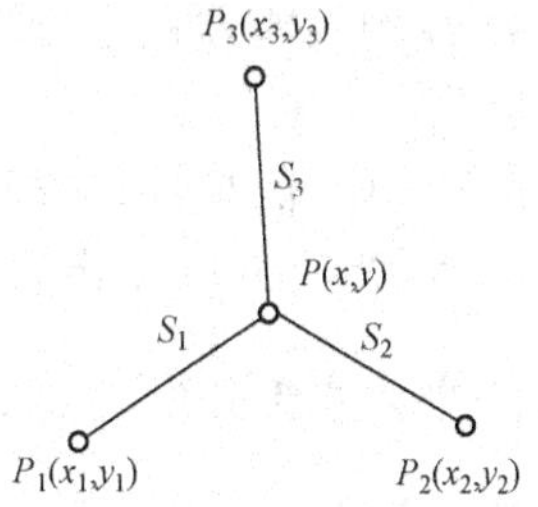

图 3.1.2

解：显然只要有两个观测值，就可以求出 P 点坐标(通常有两组解，舍弃不符实际情况者)。现测了三条边，故有多余观测。我们选取 P 点坐标 x、y 为待定参数，则可列出未知参数与观测值之间的关系式为

$$S_1+v_1=\sqrt{(\hat{x}-x_1)^2+(\hat{y}-y_1)^2}$$

$$S_2+v_2=\sqrt{(\hat{x}-x_2)^2+(\hat{y}-y_3)^2}$$

$$S_3+v_3=\sqrt{(\hat{x}-x_3)^2+(\hat{y}-y_3)^2}$$

或写成

$$v_1=\sqrt{(\hat{x}-x_1)^2+(\hat{y}-y_1)^2}-S_1$$

$$v_2=\sqrt{(\hat{x}-x_2)^2+(\hat{y}-y_3)^2}-S_2$$

$$v_3=\sqrt{(\hat{x}-x_3)^2+(\hat{y}-y_3)^2}-S_3$$

显然以上三个观测方程都是非线性方程，现在利用泰勒展开进行线性化。首先取 P 点坐标，即参数的近似值为(x_0,y_0)，此近似值可由上式中任意两式设 v 为 0 解出。则有

$$\hat{x}=x_0+\hat{x},\ \hat{y}=y_0+\hat{y}$$

这样，误差方程变为

$$v_i=\sqrt{(x_0+\hat{x}-x_i)^2+(y_0+\hat{y}-y_i)^2}-S_i\quad(i=1,2,3)$$

因为 $\delta\hat{x}$、$\delta\hat{y}$ 甚小，按泰勒级数展开，取至一次项，则有

$$v_i=f_{0i}+\left(\frac{\partial f}{\partial \hat{x}}\right)_0\hat{x}+\left(\frac{\partial f}{\partial \hat{y}}\right)_0\hat{y}-S_i$$

并设 $S_{0i}=\sqrt{(x_0-x_i)^2+(y_0-y_i)^2}$，即有

$$v_i=S_{0i}+\frac{x_0-x_i}{S_{0i}}\hat{x}+\frac{y_0-y_i}{S_{0i}}\hat{y}-S_i$$

取

$$a_i=\frac{x_0-x_i}{S_{0i}},\ b_i=\frac{y_0-y_i}{S_{0i}},\ l_i=S_{0i}-S_i$$

则误差方程变为

$$\boldsymbol{V}=\boldsymbol{B}\hat{\boldsymbol{x}}+\boldsymbol{l},\ \boldsymbol{l}=\boldsymbol{B}\boldsymbol{X}^0+\boldsymbol{d}-\boldsymbol{L}$$

其中

$$\boldsymbol{B}=\begin{bmatrix}a_1 & b_1\\ a_2 & b_2\\ a_3 & b_3\end{bmatrix},\ \boldsymbol{l}=\begin{bmatrix}S_{01}-S_1\\ S_{02}-S_2\\ S_{03}-S_3\end{bmatrix}$$

这样，就把原来非线性的误差方程化为线性式。

解答完毕。

在上面所举的例子中，满足条件方程的改正数 $\boldsymbol{V}$ 都有无穷多组。最小二乘条件平差，即依据条件方程式，按 $\boldsymbol{V}^{\mathrm{T}}\boldsymbol{P}\boldsymbol{V}=\min$ 求出改正数及其平差值。

3.1.2 条件平差法的函数模型

对于一个具体的测量问题中，可建立 r 个条件方程，即

$$F_i(\widetilde{\boldsymbol{L}})=\boldsymbol{0}\quad(i=1,2,\cdots,r)\tag{3.1.6}$$

在测量平差中，一般把上式线性化为

$$\underset{r\times n}{\boldsymbol{A}}\underset{n\times 1}{\widetilde{\boldsymbol{L}}}+\underset{r\times 1}{\boldsymbol{A}_0}=\boldsymbol{0}\tag{3.1.7}$$

考虑到 $\widetilde{\boldsymbol{L}}=\boldsymbol{L}+\boldsymbol{\Delta}$，则有

$$\left.\begin{aligned}\underset{r\times n}{\boldsymbol{A}}\underset{n\times 1}{\boldsymbol{\Delta}}+\underset{r\times 1}{\boldsymbol{W}}=\boldsymbol{0}\\ \underset{r\times 1}{\boldsymbol{W}}=\underset{r\times m}{\boldsymbol{A}}\underset{m\times 1}{\boldsymbol{L}}+\underset{r\times 1}{\boldsymbol{A}_0}\end{aligned}\right\}\tag{3.1.8}$$

式中，$\boldsymbol{A}$ 是 r 行 n 列的常系数矩阵，且是行满秩矩阵；$\boldsymbol{A}_0$ 是 r 行 1 列的常向量。

以 $\hat{\boldsymbol{L}}=\boldsymbol{L}+\boldsymbol{V}$ 代替上式的真值 $\widetilde{\boldsymbol{L}}$，则条件平差的函数模型化为

$$\underset{r\times n}{\boldsymbol{A}}\underset{n\times 1}{\hat{\boldsymbol{L}}}+\underset{r\times 1}{\boldsymbol{A}_0}=\boldsymbol{0} \tag{3.1.9}$$

或者

$$\left.\begin{aligned}\underset{r\times n}{\boldsymbol{A}}\underset{n\times 1}{\boldsymbol{V}}+\underset{r\times 1}{\boldsymbol{W}}=\boldsymbol{0}\\ \underset{r\times 1}{\boldsymbol{W}}=\underset{r\times n}{\boldsymbol{A}}\underset{n\times 1}{\boldsymbol{L}}+\underset{r\times 1}{\boldsymbol{A}_0}\end{aligned}\right\} \tag{3.1.10}$$

一般也称 $\boldsymbol{W}$ 为条件方程的闭合差向量。

例 3.1.3　在图 3.1.1 所示的水准网中(箭头指向高端)，设观测高差为 $h_1,h_2,\cdots,h_5$。试按条件平差法列出该水准网的误差方程。

解：由于 $n=5,t=2,r=n-t=2$，因此，可列出两个条件方程。设观测高差的最或然值为 $\hat{h}_1,\hat{h}_2,\cdots,\hat{h}_5$，则应有

$$\left.\begin{aligned}\hat{h}_1+\hat{h}_2-\hat{h}_4=0\\ -\hat{h}_2+\hat{h}_3-\hat{h}_5=0\end{aligned}\right\}$$

代入 $\hat{h}_i=h_i+v_i,(i=1,2,\cdots,5)$，则有

$$\left.\begin{aligned}v_1+v_2-v_4+w_1=0\\ -v_2+v_3-v_5+w_2=0\end{aligned}\right\}$$

其中

$$\left.\begin{aligned}w_1=h_1+h_2-h_4\\ w_2=-h_2+h_3-h_5\end{aligned}\right\}$$

写成标准形式为

$$\boldsymbol{AV}+\boldsymbol{W}=0,\ \boldsymbol{W}=\boldsymbol{AL}+\boldsymbol{A}_0$$

其中

$$\boldsymbol{A}=\begin{pmatrix}1 & 1 & 0 & -1 & 0\\ 0 & -1 & 1 & 0 & -1\end{pmatrix},\ \boldsymbol{W}=\begin{pmatrix}w_1\\ w_2\end{pmatrix}=\begin{pmatrix}h_1+h_2-h_4\\ -h_2+h_3-h_5\end{pmatrix}$$

解答完毕。

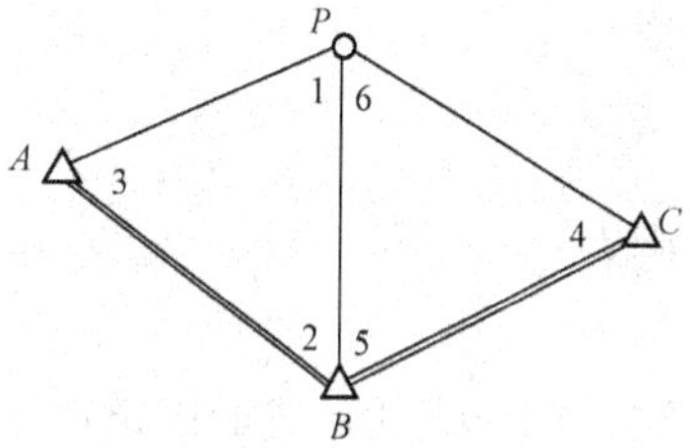

图 3.1.3

例 3.1.4　如图 3.1.3 所示，在三角形中，设有一点插入固定角的图形，其中 A、B、C 为已知点，P 为未知点，设角度观测值为 $L_i(i=1,2,\cdots,6)$。试按条件平差法列出误差方程。

解：由图可知，确定一个未知点，只需要两个观测角就够了，即必需观测有 2 个。现观测值总数为 6 个，故多余观测个数，即条件方程式个数为

$$r=n-t=6-2=4$$

这 4 个条件方程式的具体形式如下：

(1)图形条件 2 个。即平面三角形三内角的最或然值之和应为 180°，其条件方程式为

$$v_1+v_2+v_3+w_1=0,\ w_1=L_1+L_2+L_3-180^\circ$$

$$v_4+v_5+v_6+w_2=0,\ w_2=L_4+L_5+L_6-180^\circ$$

(2)方位角条件 1 个。BA 边及 BC 边的方位角及边长为已知，则由 BA 边的方位角加 $\angle 2$ 及 $\angle 5$，应等于 BC 边的方位角。即

$$v_2+v_5+w_3=0,\ w_3=T_{BA}+L_2+L_5-T_{BC}$$

这个条件也称固定角条件。

(3)固定边条件1个。即由已知边 BA 经过角度的最或然值推算 BP 边长，再由 BP 边长推算出 BC 的边长，且应等于 BC 边的已知值。

由正弦定理知

$$\overline{BP}=\overline{BA}\frac{\sin\hat{L}_3}{\sin\hat{L}_1}$$

$$\overline{BC}=\overline{BP}\frac{\sin\hat{L}_6}{\sin\hat{L}_4}=\overline{BA}\frac{\sin\hat{L}_3\sin\hat{L}_6}{\sin\hat{L}_1\sin\hat{L}_4}$$

即

$$\overline{BA}\frac{\sin\hat{L}_3\sin\hat{L}_6}{\sin\hat{L}_1\sin\hat{L}_4}=\overline{BC}$$

这就是固定边条件的形式。

可以看出，图形条件及方位角条件均为线性形式，而固定边条件则为非线性形式，故应将其线性化，以便和其余的三个条件一起平差。

为展开方便，将上式两边取对数，得

$$\lg\overline{BA}+\lg\sin\hat{L}_3+\lg\sin\hat{L}_6-\lg\sin\hat{L}_1-\lg\sin\hat{L}_4=\lg\overline{BC}$$

式中，$\lg\overline{BA}$ 及 $\lg\overline{BC}$ 为已知值。现就一般情况，将 $\lg\sin\hat{L}_i$ 按泰勒级数展开，取至一次项有

$$\lg\sin\hat{L}_i=\lg\sin(L_i+v_i)=\lg\sin L_i+\left(\frac{\mathrm{d}\lg\sin\hat{L}_i}{\mathrm{d}\hat{L}_i}\right)_{\hat{L}_i=L_i}v_i$$

$$=\lg\sin L_i+\left(\frac{\mathrm{d}\lg\sin\hat{L}_i}{\mathrm{d}\hat{L}_i}\right)_{\hat{L}_i=L_i}\frac{v_i}{\rho}$$

设

$$\delta_i=\left(\frac{\mathrm{d}\lg\sin\hat{L}_i}{\mathrm{d}\hat{L}_i}\right)_{\hat{L}_i=L_i}\frac{1}{\rho}=\frac{\mu}{\rho}\cot L_i,\quad \mu=\frac{1}{\ln 10}=0.4343$$

则有

$$\lg\sin\hat{L}_i=\lg\sin L_i+\delta_i v_i$$

这样可得线性形式的固定边条件为

$$-\delta_1 v_1+\delta_3 v_3-\delta_4 v_4+\delta_6 v_6+w_4=0$$

$$w_4=\lg\overline{BA}+\lg\sin L_3+\lg\sin L_6-\lg\sin L_1-\lg\sin L_4-\lg\overline{BC}$$

为使条件方程的系数不致过大或过小，通常将固定边条件方程式的系数及自由项乘以 10^6。

最后写成标准形式

$$\boldsymbol{AV}+\boldsymbol{W}=\boldsymbol{0},\quad \boldsymbol{W}=\boldsymbol{AL}+\boldsymbol{A}_0$$

其中

$$\boldsymbol{A}=\begin{pmatrix}1 & 1 & 1 & 0 & 0 & 0\\ 0 & 0 & 0 & 1 & 1 & 1\\ 0 & 1 & 1 & 0 & 1 & 0\\ -\delta_1 & 0 & \delta_3 & -\delta_4 & 0 & \delta_6\end{pmatrix},\quad \boldsymbol{W}=\begin{pmatrix}w_1\\ w_2\\ w_3\\ w_4\end{pmatrix}$$

解答完毕。

在上面的两个问题中，满足条件方程的改正数 **V** 都有无穷多组。最小二乘条件平差，即

依据条件方程式，按 $\boldsymbol{V}^{\mathrm{T}}\boldsymbol{PV}=\min$ 求出改正数及其平差值。

之所以有平差问题产生，是由于有多余观测。如果观测都是必需的，则每一观测量都不能由其他观测量表达，因而也就不可能有类似上面的条件方程出现。因此，条件方程式的个数与多余观测有关，每有一个多余观测，就可列出一独立的条件方程式。如例 3.1.1 中，虽然还可列出

$$\hat{h}_1+\hat{h}_3-\hat{h}_4-\hat{h}_5=0$$

但它显然为该问题条件方程式中两式之和，这个条件方程与前两个条件不是互相独立的。

在进行条件平差时，列出的条件方程应相互独立，即其中的任一条件方程都不能由其余的条件方程推导得出，其个数等于多余观测量的个数。

3.1.3　附有参数的条件平差法的函数模型

在平差问题中，可建立 $r=n-t$ 个条件方程。除此之外，如果又增设了 $u(0<u<t)$ 个函数独立的量作为参数一起进行平差，此时每增加一个参数就增加一个条件方程。以含有参数的条件方程作为平差的函数模型，称为附有参数的条件平差法。

在列条件方程时，增加了 u 个独立参数，则总共有 $c=r+u$ 个条件方程，一般形式是

$$F(\underset{n\times1}{\tilde{\boldsymbol{L}}},\underset{u\times1}{\tilde{\boldsymbol{X}}})=\underset{c\times1}{\boldsymbol{0}} \tag{3.1.11}$$

其线性形式是

$$\underset{c\times n}{\boldsymbol{A}}\underset{n\times1}{\tilde{\boldsymbol{L}}}+\underset{c\times u}{\boldsymbol{B}}\underset{u\times1}{\tilde{\boldsymbol{X}}}+\underset{c\times1}{\boldsymbol{A}_0}=\underset{c\times1}{\boldsymbol{0}} \tag{3.1.12}$$

式中，$\boldsymbol{A}$ 是 $c=r+u$ 行 n 列的常系数矩阵，且是行满秩矩阵，$\boldsymbol{B}$ 是 c 行 u 列的常系数矩阵，且是列满秩矩阵，$\boldsymbol{A}_0$ 是 c 行 1 列的常向量。以估值代替真值，即

$$\tilde{\boldsymbol{L}}\to\hat{\boldsymbol{L}}=\boldsymbol{L}+\boldsymbol{V},\ \tilde{\boldsymbol{X}}\to\hat{\boldsymbol{X}}=\boldsymbol{X}^0+\hat{\boldsymbol{x}}$$

这样含有参数的条件方程化为

$$\left.\begin{aligned}&\boldsymbol{AV}+\boldsymbol{B}\hat{\boldsymbol{x}}+\boldsymbol{W}=\boldsymbol{0}\\&\boldsymbol{W}=\boldsymbol{AL}+\boldsymbol{BX}^0+\boldsymbol{A}_0\end{aligned}\right\} \tag{3.1.13}$$

上式就是附有参数的条件平差函数模型，其特点是观测量 $\boldsymbol{L}$ 和参数 $\boldsymbol{X}$ 同时作为模型中的未知量参与平差，是一种间接平差与条件平差的混合模型。

此平差问题，由于选取了 u 个独立参数，方程总数由 r 个增加到了 $c=r+u$ 个，由于多余观测数目不变，故平差的自由度仍然是 $r=c-u$。

例 3.1.5　在平面三角形中，观测了三内角 L_1、L_2、L_3。选择第一个观测内角为平差参数 X。试按附有参数的条件平差法列出误差方程。

解：此时 $r=n-t=1$，因而有一个条件方程。由于增加了一个参数，那么应该再增加一个条件方程。现在列出如下

$$\hat{L}_1+\hat{L}_2+\hat{L}_3-180°=0,\ \hat{L}_1-\hat{X}=0$$

把 $\hat{\boldsymbol{L}}=\boldsymbol{L}+\boldsymbol{V}$，$\hat{\boldsymbol{X}}=L_1+\hat{\boldsymbol{x}}$ 代入上式得

$$v_1+v_2+v_3+(L_1+L_2+L_3-180°)=0,\ v_1-\hat{x}=0$$

写成标准形式为

$$\boldsymbol{AV}+\boldsymbol{B}\hat{\boldsymbol{x}}+\boldsymbol{W}=\boldsymbol{0},\ \boldsymbol{W}=\boldsymbol{AL}+\boldsymbol{BX}^0+\boldsymbol{A}_0$$

其中

$$\boldsymbol{A}=\begin{pmatrix}1 & 1 & 1\\ 1 & 0 & 0\end{pmatrix},\ \boldsymbol{B}=\begin{pmatrix}0\\ -1\end{pmatrix},\ \boldsymbol{W}=\begin{pmatrix}L_1+L_2+L_3-180^\circ\\ 0\end{pmatrix}$$

解答完毕。

3.1.4 具有约束条件的间接平差法

在间接平差中，可列出 n 个误差方程，每个误差方程都是 t 个独立参数的函数。如果在选择参数的时候选择了 $u=t+s$ 个参数（其中包含 t 个独立参数），则多选择的 $s=u-t$ 个参数必然是 t 个独立参数的函数。因此在选定 u 个参数进行间接平差时，除了 n 个误差方程外，还要增加 s 个约束参数的条件方程，故称此平差方法为附有限制条件的间接平差法。

一般而言，具有约束条件的间接平差法的方程是

$$\left.\begin{aligned}\underset{n\times 1}{\widetilde{\boldsymbol{L}}}&=F(\underset{u\times 1}{\widetilde{\boldsymbol{X}}})\\ \Phi(\underset{u\times 1}{\widetilde{\boldsymbol{X}}})&=\underset{s\times 1}{\boldsymbol{0}}\end{aligned}\right\}\tag{3.1.14}$$

这里 $u=t+s$。其线性形式是

$$\left.\begin{aligned}\underset{n\times 1}{\widetilde{\boldsymbol{L}}}&=\underset{n\times u}{\boldsymbol{B}}\underset{u\times 1}{\widetilde{\boldsymbol{X}}}+\underset{n\times 1}{\boldsymbol{d}}\\ \underset{s\times u}{\boldsymbol{C}}\underset{u\times 1}{\widetilde{\boldsymbol{X}}}+\underset{s\times 1}{\boldsymbol{W}}&=\underset{s\times 1}{\boldsymbol{0}}\end{aligned}\right\}\tag{3.1.15}$$

式中，$\boldsymbol{B}$ 是 n 行 $u=s+t$ 列的常系数矩阵，$\boldsymbol{C}$ 是 $s=u-t$ 行 u 列的常系数矩阵，$\boldsymbol{d}$ 和 $\boldsymbol{W}$ 分别是 n 行 1 列、s 行 1 列的常数向量。以估值代替真值，即

$$\widetilde{\boldsymbol{L}}\rightarrow\hat{\boldsymbol{L}}=\boldsymbol{L}+\boldsymbol{V},\ \widetilde{\boldsymbol{X}}\rightarrow\hat{\boldsymbol{X}}=\boldsymbol{X}^0+\hat{\boldsymbol{x}}$$

那么函数模型化为

$$\left.\begin{aligned}&\boldsymbol{V}=\boldsymbol{B}\hat{\boldsymbol{x}}+\boldsymbol{l}\\ &\boldsymbol{C}\hat{\boldsymbol{x}}+\boldsymbol{W}_x=\boldsymbol{0}\\ &\boldsymbol{l}=(\boldsymbol{B}\boldsymbol{X}^0+\boldsymbol{d}-\boldsymbol{L})\\ &\boldsymbol{W}_x=\boldsymbol{C}\boldsymbol{X}^0+\boldsymbol{W}\end{aligned}\right\}\tag{3.1.16}$$

该平差问题的自由度是 $r=n-(u-s)$。

3.1.5 平差的随机模型

随机模型是描述平差问题中的随机量（如观测量）及其相互间统计相关性的模型。

对于以上给出的四种平差方法，最基本的数据都是观测值向量 $\boldsymbol{L}$。在进行平差时，除了建立函数模型外，还要同时考虑到它的随机模型，亦即观测值向量的协方差矩阵

$$\boldsymbol{D}=\sigma_0^2\boldsymbol{Q}=\sigma_0^2\boldsymbol{P}^{-1}\tag{3.1.17}$$

观测值向量 $\boldsymbol{L}$ 的随机性是其真误差向量 $\boldsymbol{\Delta}$ 的随机性决定的，$\boldsymbol{\Delta}$ 是随机向量。$\boldsymbol{\Delta}$ 的方差就是观测值向量 $\boldsymbol{L}$ 的方差，即

$$\boldsymbol{D}_{LL}=\boldsymbol{D}_{\Delta\Delta}=\sigma_0^2\boldsymbol{Q}=\sigma_0^2\boldsymbol{P}^{-1}$$

就是平差的随机模型。

以上讨论是基于平差函数模型中，只有 $\boldsymbol{L}$（即 $\boldsymbol{\Delta}$）是随机向量，而模型中的参数是非随机量的情况，这是平差问题的最普遍情形。如果平差问题中所选择的参数也是随机量，此时随机模型除了上式外，还要考虑参数的先验方差矩阵以及参数与观测值之间的协方差矩阵等。

§3.2　函数模型的线性化

设有函数模型

$$\underset{c\times1}{\boldsymbol{F}}=\underset{c\times1}{\boldsymbol{F}}(\underset{n\times1}{\widetilde{\boldsymbol{L}}},\underset{u\times1}{\widetilde{\boldsymbol{X}}}) \tag{3.2.1}$$

以估值代替真值，并设 $\hat{\boldsymbol{X}}=\boldsymbol{X}^0+\hat{\boldsymbol{x}}$，$\hat{\boldsymbol{L}}=\boldsymbol{L}+\boldsymbol{V}$，其中要求 $\hat{\boldsymbol{x}}$ 和 $\boldsymbol{V}$ 是微小向量。对非线性函数进行泰勒级数展开，且只保留一阶项，于是有：

$$\boldsymbol{F}=F(\boldsymbol{L}+\boldsymbol{V},\boldsymbol{X}^0+\hat{\boldsymbol{x}})=F(\boldsymbol{L},\boldsymbol{X}^0)+\left.\frac{\partial F}{\partial\hat{\boldsymbol{L}}}\right|_{\boldsymbol{L},\boldsymbol{X}^0}\boldsymbol{V}+\left.\frac{\partial F}{\partial\hat{\boldsymbol{X}}}\right|_{\boldsymbol{L},\boldsymbol{X}^0}\hat{\boldsymbol{x}}$$

若令

$$\underset{c\times n}{\boldsymbol{A}}=\left.\frac{\partial F}{\partial\hat{\boldsymbol{L}}}\right|_{\boldsymbol{L},\boldsymbol{X}^0},\quad \underset{c\times u}{\boldsymbol{B}}=\left.\frac{\partial F}{\partial\hat{\boldsymbol{X}}}\right|_{\boldsymbol{L},\boldsymbol{X}^0}$$

则非线性函数改化为

$$\underset{c\times1}{\boldsymbol{F}}=F(\boldsymbol{L},\boldsymbol{X}^0)+\underset{c\times n}{\boldsymbol{A}}\,\underset{n\times1}{\boldsymbol{V}}+\underset{c\times u}{\boldsymbol{B}}\,\underset{u\times1}{\hat{\boldsymbol{x}}} \tag{3.2.2}$$

根据函数线性化过程，很容易将上一节的四种基本平差方法的非线方程转换成线性方程。

(1)间接平差法

$$\underset{n\times1}{\hat{\boldsymbol{L}}}=F(\underset{t\times1}{\hat{\boldsymbol{X}}}),\quad \underset{n\times1}{\hat{\boldsymbol{L}}}=F(\underset{t\times1}{\hat{\boldsymbol{X}}})=F(\boldsymbol{X}^0)+\underset{n\times t}{\boldsymbol{B}}\,\underset{t\times1}{\hat{\boldsymbol{x}}}$$

$$\left.\begin{aligned}\underset{n\times1}{\boldsymbol{V}}&=\underset{n\times t}{\boldsymbol{B}}\,\underset{t\times1}{\hat{\boldsymbol{x}}}+\underset{n\times1}{\boldsymbol{l}}\\ \underset{n\times1}{\boldsymbol{l}}&=[\boldsymbol{F}(\boldsymbol{X}^0)-\boldsymbol{L}]\end{aligned}\right\} \tag{3.2.3}$$

(2)条件平差法

$$\underset{r\times1}{F}(\hat{\boldsymbol{L}})=\boldsymbol{0}$$

$$\left.\begin{aligned}\underset{r\times n}{\boldsymbol{A}}\,\underset{n\times1}{\boldsymbol{V}}+\boldsymbol{W}&=\underset{r\times1}{\boldsymbol{0}}\\ \boldsymbol{W}&=F(\boldsymbol{L})\end{aligned}\right\} \tag{3.2.4}$$

(3)具有参数的条件平差法($c=r+u$，$0<u<t$)

$$\underset{c\times1}{F}(\boldsymbol{L},\ \boldsymbol{X})=\boldsymbol{0},\ \underset{c\times1}{\boldsymbol{F}}(\boldsymbol{L},\boldsymbol{X}^0)+\underset{c\times n}{\boldsymbol{A}}\,\underset{n\times1}{\boldsymbol{V}}+\underset{c\times u}{\boldsymbol{B}}\,\underset{u\times1}{\hat{\boldsymbol{x}}}=\boldsymbol{0}$$

$$\left.\begin{aligned}\underset{c\times n}{\boldsymbol{A}}\,\underset{n\times1}{\boldsymbol{V}}+\underset{c\times u}{\boldsymbol{B}}\,\underset{u\times1}{\hat{\boldsymbol{x}}}+\boldsymbol{W}&=\boldsymbol{0}\\ \boldsymbol{W}&=\underset{c\times1}{F}(\boldsymbol{L},\boldsymbol{X}^0)\end{aligned}\right\} \tag{3.2.5}$$

(4)附有条件的间接平差法($u=t+s$)

$$\left.\begin{aligned}\underset{n\times1}{\hat{\boldsymbol{L}}}&=F(\underset{u\times1}{\hat{\boldsymbol{X}}})\\ \underset{s\times1}{\boldsymbol{\Phi}}(\underset{u\times1}{\hat{\boldsymbol{X}}})&=\boldsymbol{0}\end{aligned}\right\},\quad \left.\begin{aligned}\underset{n\times1}{\hat{\boldsymbol{L}}}&=\boldsymbol{F}(\underset{u\times1}{\boldsymbol{X}^0})+\underset{n\times u}{\boldsymbol{B}}\,\underset{u\times1}{\hat{\boldsymbol{x}}}\\ \underset{s\times1}{\boldsymbol{\Phi}}(\underset{u\times1}{\boldsymbol{X}^0})+\underset{s\times u}{\boldsymbol{C}}\,\underset{u\times1}{\hat{\boldsymbol{x}}}&=\underset{s\times1}{\boldsymbol{0}}\end{aligned}\right\}$$

设有列向量 $\underset{n\times1}{\boldsymbol{X}}$、$\underset{m\times1}{\boldsymbol{Y}}$，若 $\boldsymbol{Y}$ 中元素 y_i 皆为 $x_1,x_2,\cdots,x_n$ 的可导函数，则定义

$$\frac{\mathrm{d}\boldsymbol{Y}}{\mathrm{d}\boldsymbol{X}}=\begin{pmatrix}\frac{\partial y_1}{\partial x_1}&\frac{\partial y_1}{\partial x_2}&\cdots&\frac{\partial y_1}{\partial x_n}\\ \frac{\partial y_2}{\partial x_1}&\frac{\partial y_2}{\partial x_2}&\cdots&\frac{\partial y_2}{\partial x_n}\\ \vdots&\vdots&&\vdots\\ \frac{\partial y_m}{\partial x_1}&\frac{\partial y_m}{\partial x_2}&\cdots&\frac{\partial y_m}{\partial x_n}\end{pmatrix}$$

为 $\boldsymbol{Y}$ 对 $\boldsymbol{X}$ 的导数。

令

$$\underset{s\times u}{\boldsymbol{C}}=\left.\frac{\partial\Phi}{\partial\hat{\boldsymbol{X}}}\right|_{\boldsymbol{X}^0}$$

则有

$$\left.\begin{aligned}\underset{n\times1}{\boldsymbol{V}}&=\underset{n\times u}{\boldsymbol{B}}\underset{u\times1}{\hat{\boldsymbol{x}}}+\underset{n\times1}{\boldsymbol{l}}\\\underset{s\times u}{\boldsymbol{C}}\underset{u\times1}{\hat{\boldsymbol{x}}}&+\underset{s\times1}{\boldsymbol{W}_x}=\underset{s\times1}{\boldsymbol{0}}\\\boldsymbol{l}&=\boldsymbol{F}(\underset{u\times1}{\boldsymbol{X}^0})-\boldsymbol{L}\\\underset{s\times1}{\boldsymbol{W}_x}&=\Phi(\underset{u\times1}{\boldsymbol{X}^0})\end{aligned}\right\}\tag{3.2.6}$$

在各种平差中，所列出的条件方程或观测方程，有的是线性形式，也有的是非线性形式，在进行平差计算时，必须首先将非线性方程按泰勒级数展开，取至一阶项，转换成线性方程。

§3.3 参数估计与最小二乘原理

在测量平差问题中，不论何种平差方法，平差的最终目的都是对所选参数 $\boldsymbol{X}$ 和观测量 $\boldsymbol{L}$ 做出某种估计，并评定其精度。所谓评定精度，就是对未知量的方差与协方差做出估计，统称为对平差模型的参数进行估计。

3.3.1 参数估计概念

在测量工作中，视仅含偶然误差观测值的一切可能取值为母体，则观测就是从中随机抽样，n 个观测值的集合即构成容量为 n 的子样。测量平差的任务，就是依据作为子样的观测值估计被观测量的母体均值（真值）和母体方差。

参数估计分为点估计和区间估计，而获得点估计常用的方法有以下两种。

1. 矩估计法

连续型随机变量的概率密度函数以 $f(x)$ 表示，母体分布函数以 $F(x,\theta_1,\cdots,\theta_m)$ 表示。如果母体 1 至 m 阶原点矩 $\mu_1,\mu_2,\cdots,\mu_m$ 存在，则可构成

$$\left.\begin{aligned}\mu_1(\theta_1,\cdots,\theta_m)&=\hat{\mu}_1\\\mu_2(\theta_1,\cdots,\theta_m)&=\hat{\mu}_2\\&\vdots\\\mu_m(\theta_1,\cdots,\theta_m)&=\hat{\mu}_m\end{aligned}\right\}$$

式中，$\hat{\mu}_1,\hat{\mu}_2,\cdots,\hat{\mu}_m$ 为由子样计算的结果。解此方程组即得一组解：$\hat{\theta}_1,\hat{\theta}_2,\cdots,\hat{\theta}_m$。取这一组解作为 m 个未知参数对应的估计量，这种方法称为参数的矩估计法。

矩估计法实际就是以子样矩作为相应母体矩的估计，以子样矩的函数作为相应母体矩同样函数的估计。例如，母体的一阶原点矩数学期望 μ 和二阶中心矩方差 σ^2，即是以子样均值 $\bar{x}$ 和子样的方差 s^2 为对应的估计量，即

$$\bar{x}=\frac{1}{n}\sum_{i=1}^{n}x_i,\ s^2=\frac{1}{n}\sum_{i=1}^{n}(x_i-\bar{x})^2$$

$\bar{x}$ 与 s^2 又称为统计均值和统计方差。

2. 最大或然法

设概率密度函数为 $f(x,\theta_1,\theta_2,\cdots,\theta_m)$，随机抽取的子样为 $\{x_1,x_2,\cdots,x_n\}$，则在子样邻域之内的概率是

$$P=\prod_{i=1}^{n}f(x_i,\theta_1,\theta_2,\cdots,\theta_m)\mathrm{d}x_i$$

显然待估参数的变化会影响 P 的大小。最大或然法依据

$$\prod_{i=1}^{n}f(x_i,\theta_1,\theta_2,\cdots,\theta_m)=\max \tag{3.3.1}$$

解出未知参数的估计值 $\hat{\theta}_1,\hat{\theta}_2,\cdots,\hat{\theta}_m$。我们以

$$\ln\prod_{i=1}^{n}f(x_i,\theta_1,\theta_2,\cdots,\theta_m)=\sum_{i=1}^{n}\ln f(x_i,\theta_1,\theta_2,\cdots,\theta_m) \tag{3.3.2}$$

代替上式中的连乘，其作用是一样的。因此

$$\prod_{i=1}^{n}f(x_i,\theta_1,\theta_2,\cdots,\theta_m),\ \ln\sum_{i=1}^{n}f(x_i,\theta_1,\theta_2,\cdots,\theta_m)$$

都常称为或然函数。依最大或然法得出的参数估计量，称为最大或然估计量。

例 3.3.1　当母体服从正态分布 $N(\mu,\sigma^2)$ 时，试由子样 $\{x_1,x_2,\cdots,x_n\}$ 推求参数 μ 及 σ^2 的最大或然估计值。

解：由于或然函数为

$$\ln\prod_{i=1}^{n}\frac{1}{\sqrt{2\pi}\sigma}\exp\left[-\frac{1}{2\sigma^2}(x_i-\mu)^2\right]=\sum_{i=1}^{n}\left[\ln\frac{1}{\sqrt{2\pi}}-\ln\sigma-\frac{1}{2\sigma^2}(x_i-\mu)^2\right]$$

$$=n\ln\frac{1}{\sqrt{2\pi}}-n\ln\sigma-\frac{1}{2\sigma^2}\sum_{i=1}^{n}(x_i-\mu)^2$$

分别对 μ 及 σ 求偏导数，并令其为 0 后分别有

$$\frac{1}{\sigma^2}\sum_{i=1}^{n}(x_i-\mu)^2=0,\ -\frac{n}{\sigma}+\frac{1}{\sigma^3}\sum_{i=1}^{n}(x_i-\mu)^2=0$$

由此解得

$$\hat{\mu}=\frac{1}{n}\sum_{i=1}^{n}x_i=\bar{x},\ \hat{\sigma}^2=\frac{1}{n}\sum_{i=1}^{n}(x_i-\bar{x})^2=s^2$$

可见当母体服从正态分布时，子样的算术平均值和子样的方差，就是母体的数学期望及方差的最大或然估计量。

解答完毕。

3.3.2　衡量参数估计的指标

估计量是依据子样得出的，由于子样的随机性，估计量也具有随机性。所以，估计量的优劣需按统计学的观点来比较。

1. 无偏性

若参数 θ 的估计量 $\hat{\theta}(x_1,x_2,\cdots,x_n)$ 的数学期望等于参数 θ，即

$$E(\hat{\theta})=\theta \tag{3.3.3}$$

则称 $\hat{\theta}$ 为 θ 的无偏估计量。

对于服从任何分布的母体，其子样平均值 $\bar{x}$ 总是母体均值 a 的无偏估计量，即

$$E(\bar{x}) = \frac{1}{n}\sum_{i=1}^{n} E(x_i) = a \tag{3.3.4}$$

但是，对于服从任何分布的母体，其子样方差 s^2 并非母体方差 σ^2 的无偏估计量，因为

$$\begin{aligned}
E(s^2) &= E\left[\frac{1}{n}\sum_{i=1}^{n}(x_i - \bar{x})^2\right] \\
&= \frac{1}{n}E\left\{\sum_{i=1}^{n}[(x_i - a) - (\bar{x} - a)]^2\right\} \\
&= \frac{1}{n}E\left\{\sum_{i=1}^{n}[(x_i - a)^2 + (\bar{x} - a)^2 - 2(x_i - a)(\bar{x} - a)]\right\} \\
&= \frac{1}{n}E\left\{\sum_{i=1}^{n}[(x_i - a)^2] + n(\bar{x} - a)^2 - 2(\bar{x} - a)\sum_{i=1}^{n}(x_i - a)\right\} \\
&= \frac{1}{n}\left\{\sum_{i=1}^{n}E[(x_i - a)^2] + n(\bar{x} - a)^2 - 2n(\bar{x} - a)^2\right\} \\
&= \frac{1}{n}\left[\sum_{i=1}^{n}E(x_i - a)^2 - nE(\bar{x} - a)^2\right]
\end{aligned}$$

另外，由于

$$E[(x_i - a)^2] = D(x_i) = \sigma^2$$

$$E[(\bar{x} - a)^2] = D(\bar{x}) = D\left(\frac{1}{n}\sum_{i=1}^{n}x_i\right) = \frac{1}{n^2}\sum_{i=1}^{n}D(x_i) = \frac{\sigma^2}{n}$$

于是

$$E(s^2) = \frac{1}{n}(n\sigma^2 - \sigma^2) = \frac{n-1}{n}\sigma^2 \tag{3.3.5}$$

因此可知 s^2 不是 σ^2 的无偏估计量。若取

$$s_1^2 = \frac{n}{n-1}s^2 = \frac{1}{n-1}\sum_{i=1}^{n}(x_i - \bar{x})^2 \tag{3.3.6}$$

则易知，s_1^2 必为 σ^2 的无偏估计量。令

$$v_i = x_i - \bar{x}, \hat{\sigma}^2 = s_1^2$$

则有

$$\left.\begin{aligned}
\hat{\sigma}^2 &= \frac{1}{n-1}\sum_{i=1}^{n}v_i^2 = \frac{[vv]}{n-1} \\
\hat{\sigma} &= \sqrt{\frac{[vv]}{n-1}}
\end{aligned}\right\} \tag{3.3.7}$$

这就是测量工作中计算观测值中误差的贝塞尔公式。

2. 有效性

设 $\hat{\theta}_n$ 及 $\hat{\theta}'_n$ 都是 θ 的无偏估计量，若对任一 $n(n = 1,2,\cdots)$ 值，$\hat{\theta}_n$ 的方差小于 $\hat{\theta}'_n$ 的方差，即

$$D(\hat{\theta}_n) < D(\hat{\theta}'_n) \tag{3.3.8}$$

则称估计量 $\hat{\theta}_n$ 较 $\hat{\theta}'_n$ 有效。

例如，子样中的任一个体 $x_i(i = 1,2,\cdots,n)$ 与子样平均值 $\bar{x}$ 都是母体均值 a 的无偏估计

量，但由于

$$D(x_i)=\sigma^2,\ D(\bar{x})=\frac{\sigma^2}{n}$$

可知，当 $n>1$ 时，与 x_i 相比较，子样平均值 $\bar{x}$ 是母体均值 a 的较有效估计量。

3. 一致性

如果参数 θ 的估计量 $\hat{\theta}_n$，随着子样容量 n 的增大而随机收敛于 θ，即极限概率满足

$$\lim_{n\to\infty}P(|\hat{\theta}_n-\theta|>\varepsilon)=0 \tag{3.3.9}$$

的估计量 $\hat{\theta}_n$ 为 θ 的一致性估计量，其中 ε 为任意正数。例如，子样平均值 $\bar{x}$ 即为母体均值 a 的一致性估计量，此时 $D(\bar{x})=\dfrac{\sigma^2}{n}$。利用契比雪夫不等式[①]，即得

$$\lim_{n\to\infty}P(|\bar{x}-a|\geqslant\varepsilon)\leqslant\frac{\sigma^2}{\varepsilon^2 n}=0$$

这就证明了子样平均值 $\bar{x}$ 即为母体均值 a 的一致性估计量。

同样，也可证明，子样方差 s^2 及 s_1^2，都是母体方差 σ^2 的一致性估计量。

3.3.3　最小二乘原理与极大似然估计

一般情况下，测量中的观测值是服从正态分布的随机变量，最小二乘原理可用数理统计中的最大似然法来解释，两种估计准则的估值相同。

观测值向量 $\boldsymbol{L}$ 和其估值向量 $\hat{\boldsymbol{L}}$，残差向量 $\boldsymbol{V}=\hat{\boldsymbol{L}}-\boldsymbol{L}$，最小二乘原理指的是

$$\boldsymbol{V}^{\mathrm{T}}\boldsymbol{PV}=\min \tag{3.3.10}$$

根据上式求出的估值称最或然值（或平差值），求出的 $\boldsymbol{V}$ 称最或然改正数向量（或残差向量）。

下面从最大或然法出发，推导最小二乘原理。

设某一个量的 n 个独立非等精度观测结果为 $L_1,L_2,\cdots,L_n$，设观测值服从正态分布，并以中误差 $\hat{\sigma}_i$ 代替均方差 σ_i，以估值 $\hat{L}$ 代替 $E(L)$，组成或然函数为

$$\frac{1}{(\sqrt{2\pi})^n\prod_{i=1}^{n}\hat{\sigma}_i}\exp\left[-\sum_{i=1}^{n}\frac{(L_i-\hat{L})^2}{2\hat{\sigma}_i^2}\right]\mathrm{d}L_1\mathrm{d}L_2\cdots\mathrm{d}L_n=\max \tag{3.3.11}$$

欲使上式取得最大值，只需满足

$$\exp\left[-\sum_{i=1}^{n}\frac{(L_i-\hat{L})^2}{2\hat{\sigma}_i^2}\right]=\max\quad(\text{或}\sum_{i=1}^{n}\frac{(L_i-\hat{L})^2}{2\hat{\sigma}_i^2}=\min)$$

将上式乘以常数 $2\hat{\sigma}_0^2$，对求最小值无影响，于是又得

$$\sum_{i=1}^{n}\frac{\hat{\sigma}_0^2}{\hat{\sigma}_i^2}(L_i-\hat{L})^2=\min$$

根据观测值权的定义：$p_i=\dfrac{\hat{\sigma}_0^2}{\hat{\sigma}_i^2}$，则有

$$\sum_{i=1}^{n}p_i v_i^2=\min\quad(\text{或}[pvv]=\min) \tag{3.3.12}$$

若以矩阵符号表示，就是式(3.3.10)，但此时，权矩阵为对角矩阵。

---

① 契比雪夫不等式为：$P(|x-a|\geqslant\varepsilon)\leqslant\dfrac{\sigma^2}{\varepsilon^2}$（$\varepsilon$ 为任意正数）

当被观测值不是一个量时，应取多维随机变量的概率密度函数，例如观测值向量$\boldsymbol{L}$的正态分布密度函数是

$$f(L_1,L_2,\cdots,L_n)=\frac{1}{(\sqrt{2\pi})^n|\boldsymbol{D}_{LL}|}\exp\left(-\frac{1}{2}\boldsymbol{\Delta}^{\mathrm{T}}\boldsymbol{D}_{LL}^{-1}\boldsymbol{\Delta}\right)$$

式中，$\boldsymbol{\Delta}=\boldsymbol{L}-E(\boldsymbol{L})$，$\boldsymbol{D}_{LL}=E(\boldsymbol{\Delta}\boldsymbol{\Delta}^{\mathrm{T}})$。根据权与相关权的定义

$$p_i=\frac{\sigma_0^2}{\sigma_i^2},\ p_{ij}=\frac{\sigma_0^2}{\sigma_{ij}}\quad(i\neq j)$$

这里σ_0^2为任意正值，那么观测值向量的协方差矩阵可表示为

$$\boldsymbol{D}_{LL}=\sigma_0^2\boldsymbol{Q}=\sigma_0^2\boldsymbol{P}^{-1},\ \boldsymbol{P}=\sigma_0^2\boldsymbol{D}_{LL}^{-1}$$

以估值代替理论值，即$E(\boldsymbol{L})\rightarrow\hat{\boldsymbol{L}}$，$\sigma_0^2\rightarrow\hat{\sigma}_0^2$、$\hat{\boldsymbol{D}}_{LL}=\hat{\sigma}_0^2\boldsymbol{P}^{-1}$，则$\boldsymbol{L}$的正态分布密度函数是

$$f(L_1,L_2,\cdots,L_n)=\frac{1}{(\sqrt{2\pi})^n|\hat{\boldsymbol{D}}_{LL}|}\exp\left(-\frac{1}{2\hat{\sigma}_0^2}\boldsymbol{V}^{\mathrm{T}}\boldsymbol{P}\boldsymbol{V}\right)$$

上式就是观测值估值向量$\hat{\boldsymbol{L}}$的或然函数。显然当此式取得最大值时，有

$$\boldsymbol{V}^{\mathrm{T}}\boldsymbol{P}\boldsymbol{V}=\min \tag{3.3.13}$$

这与前边就一个随机量时的情形完全相同，但这里代表的是相关观测值的最小二乘原理。

当观测量之间相互独立时，有$\sigma_{ij}=0$，此时$\boldsymbol{D}_{LL}$、$\boldsymbol{P}=\sigma_0^2\boldsymbol{D}_{LL}^{-1}$变为对角矩阵。从上式可化为

$$[pvv]=\min$$

即可得出多维独立随机变量的最小二乘原理，这与前面给出的一个量n次独立非等精度观测时的最小二乘原理是完全一致的。

由此可见，当观测值服从正态分布时，最小二乘原理与参数估计的最大或然法是一致的。虽然最小二乘原理可由正态分布为依据导出。但实际上，在科技领域里，最小二乘原理并不局限于随机变量一定要服从正态分布。

例 3.3.2　设对某物理量$\tilde{X}$进行了n次观测得$\underset{n\times1}{\boldsymbol{L}}$，每次观测值的权为$p_i$。请按照最小二乘原理求该物理量的估值。

解：设该物理量的估值是$\hat{X}$，则有

$$v_i=\hat{X}-L_i,\boldsymbol{V}=(v_1,v_2,\cdots,v_n)^{\mathrm{T}},\boldsymbol{P}=\mathrm{diag}(p_1,p_2,\cdots,p_n)$$

按照最小二乘原理要求$\boldsymbol{V}^{\mathrm{T}}\boldsymbol{P}\boldsymbol{V}=\min$。为此，将$\boldsymbol{V}^{\mathrm{T}}\boldsymbol{P}\boldsymbol{V}$对$\hat{X}$取一阶导数，令其为0，得

$$\frac{\mathrm{d}\boldsymbol{V}^{\mathrm{T}}\boldsymbol{P}\boldsymbol{V}}{\mathrm{d}\hat{X}}=2\boldsymbol{V}^{\mathrm{T}}\boldsymbol{P}\frac{\mathrm{d}\boldsymbol{V}}{\mathrm{d}\hat{X}}=2\boldsymbol{V}^{\mathrm{T}}\boldsymbol{P}\begin{pmatrix}1\\1\\\vdots\\1\end{pmatrix}=2\sum_{i=1}^{n}p_iv_i=0$$

即

$$\sum_{i=1}^{n}p_iv_i=[p]\hat{X}-\sum_{i=1}^{n}p_iL_i=0$$

进而可得

$$\hat{X}=\frac{1}{[p]}\sum_{i=1}^{n}p_iL_i$$

解答完毕。

第4章　间接平差

在一个平差问题中，当所选的独立参数 $\boldsymbol{X}$ 的个数等于必要观测数 t 时，可将每个观测值表达成这 t 个参数的函数，组成观测方程(或误差方程)。这种以误差方程为函数模型的平差法就是间接平差法(或参数平差法)。间接平差就是依据误差方程，按最小二乘原理求出各未知参数及观测量的最或然值，并估计精度。

第 3 章已给出了间接平差的函数模型

$$\underset{n\times 1}{\widetilde{\boldsymbol{L}}}=\underset{n\times t}{\boldsymbol{B}}\underset{t\times 1}{\widetilde{\boldsymbol{X}}}+\underset{n\times 1}{\boldsymbol{d}},\ \mathrm{R}(\boldsymbol{B})=t<n$$

以估值代替真值，即

$$\widetilde{\boldsymbol{L}}\rightarrow\hat{\boldsymbol{L}}=\boldsymbol{L}+\boldsymbol{V},\ \widetilde{\boldsymbol{X}}\rightarrow\hat{\boldsymbol{X}}=\boldsymbol{X}^0+\hat{\boldsymbol{x}}$$

则间接平差的函数模型化为

$$\boldsymbol{V}=\boldsymbol{B}\hat{\boldsymbol{x}}+\boldsymbol{l},\ \boldsymbol{l}=\boldsymbol{B}\boldsymbol{X}^0+\boldsymbol{d}-\boldsymbol{L}$$

观测值向量 $\boldsymbol{L}$ 的随机模型为

$$\underset{n\times n}{\boldsymbol{D}}=\sigma_0^2\underset{n\times n}{\boldsymbol{Q}}=\sigma_0^2\underset{n\times n}{\boldsymbol{P}^{-1}},\ \mathrm{R}(\boldsymbol{Q})=n$$

平差准则为最小二乘原理，即

$$\boldsymbol{V}^{\mathrm{T}}\boldsymbol{P}\boldsymbol{V}=\min$$

间接平差就是在最小二乘原理要求下，求出误差方程的待定参数 $\hat{\boldsymbol{x}}$，进而求得 $\boldsymbol{V}$ 值，在数学中就是求多元函数的极值问题。

§4.1　间接平差原理

在间接平差的函数模型中，有 $n=t+r$ 个误差方程，即

$$\underset{n\times 1}{\boldsymbol{V}}=\underset{n\times t}{\boldsymbol{B}}\underset{t\times 1}{\hat{\boldsymbol{x}}}+\underset{n\times 1}{\boldsymbol{l}}$$

而未知数 $\boldsymbol{V}$ 和 $\hat{\boldsymbol{x}}$ 的总个数为 $n+t$ 个。由于 $n<n+t$，因此利用 n 个误差方程不可能解出 $\boldsymbol{V}$ 和 $\hat{\boldsymbol{x}}$ 的唯一解，但可以按照最小二乘原理求 $\boldsymbol{V}$ 和 $\hat{\boldsymbol{x}}$ 的最或然值，从而求得观测值向量的最或然值 $\hat{\boldsymbol{L}}$ 和参数的最或然值 $\hat{\boldsymbol{X}}=\boldsymbol{X}^0+\hat{\boldsymbol{x}}$，也称它们为平差值。

4.1.1　基础方程及其解

根据误差方程

$$\boldsymbol{V}=\boldsymbol{B}\hat{\boldsymbol{x}}+\boldsymbol{l} \tag{4.1.1}$$

按照最小二乘原理，上式的 $\hat{\boldsymbol{x}}$ 必须满足 $\boldsymbol{V}^{\mathrm{T}}\boldsymbol{P}\boldsymbol{V}=\min$ 的要求。间接平差法就是要求在误差方程的基础上，求函数 $\boldsymbol{V}^{\mathrm{T}}\boldsymbol{P}\boldsymbol{V}=\min$ 的 $\boldsymbol{V}$ 和 $\hat{\boldsymbol{x}}$ 值，在数学中是求多元函数的极值问题。因为 t 个参数必须函数独立，故可按求函数自由极值的方法，得

$$\frac{\mathrm{d}\boldsymbol{V}^{\mathrm{T}}\boldsymbol{P}\boldsymbol{V}}{\mathrm{d}\hat{\boldsymbol{x}}}=2\boldsymbol{V}^{\mathrm{T}}\boldsymbol{P}\frac{\mathrm{d}\boldsymbol{V}}{\mathrm{d}\hat{\boldsymbol{x}}}=2\boldsymbol{V}^{\mathrm{T}}\boldsymbol{P}\boldsymbol{B}=\underset{1\times t}{\boldsymbol{0}}$$

这里已考虑到二次型的导数[①]求法。上式转置后得

$$\boldsymbol{B}^{\mathrm{T}}\boldsymbol{P}\boldsymbol{V}=\underset{t\times 1}{\boldsymbol{0}} \tag{4.1.2}$$

把误差方程代入上式，则得到误差方程的法方程为

$$\boldsymbol{B}^{\mathrm{T}}\boldsymbol{P}\boldsymbol{B}\hat{\boldsymbol{x}}+\boldsymbol{B}^{\mathrm{T}}\boldsymbol{P}\boldsymbol{l}=\boldsymbol{0} \tag{4.1.3}$$

令

$$\underset{t\times t}{\boldsymbol{N}_{BB}}=\boldsymbol{B}^{\mathrm{T}}\boldsymbol{P}\boldsymbol{B},\ \underset{t\times 1}{\boldsymbol{W}}=\boldsymbol{B}^{\mathrm{T}}\boldsymbol{P}\boldsymbol{l} \tag{4.1.4}$$

这样法方程可写为

$$\boldsymbol{N}_{BB}\hat{\boldsymbol{x}}+\boldsymbol{W}=\boldsymbol{0} \tag{4.1.5}$$

由于 $\mathrm{R}(\boldsymbol{N}_{BB})=\mathrm{R}(\boldsymbol{B}^{\mathrm{T}}\boldsymbol{P}\boldsymbol{B})=t$，那么 $\hat{\boldsymbol{x}}$ 有唯一解，即

$$\left.\begin{aligned}\hat{\boldsymbol{x}}&=-\boldsymbol{N}_{BB}^{-1}\boldsymbol{W}\\ \hat{\boldsymbol{X}}&=\boldsymbol{X}^{0}+\hat{\boldsymbol{x}}\end{aligned}\right\} \tag{4.1.6}$$

得到 $\hat{\boldsymbol{x}}$ 后，代入误差方程可得残差向量 $\boldsymbol{V}$，进而可得观测值的平差值 $\hat{\boldsymbol{L}}=\boldsymbol{L}+\boldsymbol{V}$。

4.1.2 精度评定

测量平差的目的之一是要评定测量成果的精度。在间接平差中，精度评定包括单位权方差的估值公式、平差值函数的协因数和相应的中误差计算公式。为此，还要导出有关向量平差后的协因数矩阵，或称验后协因数矩阵。

1. $\boldsymbol{V}^{\mathrm{T}}\boldsymbol{P}\boldsymbol{V}$ 的计算

二次型 $\boldsymbol{V}^{\mathrm{T}}\boldsymbol{P}\boldsymbol{V}$ 可以利用已经计算出的 $\boldsymbol{V}$ 和已知的 $\boldsymbol{P}$ 计算，也可以按照式(4.1.7)进行计算。因

$$\boldsymbol{V}=\boldsymbol{B}\hat{\boldsymbol{x}}+\boldsymbol{l},\ \boldsymbol{V}^{\mathrm{T}}\boldsymbol{P}\boldsymbol{B}=\boldsymbol{0},\ \boldsymbol{W}=\boldsymbol{B}^{\mathrm{T}}\boldsymbol{P}\boldsymbol{l},\ \hat{\boldsymbol{x}}=-\boldsymbol{N}_{BB}^{-1}\boldsymbol{W}$$

则

$$\begin{aligned}\boldsymbol{V}^{\mathrm{T}}\boldsymbol{P}\boldsymbol{V}&=\boldsymbol{V}^{\mathrm{T}}\boldsymbol{P}(\boldsymbol{B}\hat{\boldsymbol{x}}+\boldsymbol{l})=\boldsymbol{V}^{\mathrm{T}}\boldsymbol{P}\boldsymbol{B}\hat{\boldsymbol{x}}+\boldsymbol{V}^{\mathrm{T}}\boldsymbol{P}\boldsymbol{l}=\boldsymbol{V}^{\mathrm{T}}\boldsymbol{P}\boldsymbol{l}=(\boldsymbol{B}\hat{\boldsymbol{x}}+\boldsymbol{l})^{\mathrm{T}}\boldsymbol{P}\boldsymbol{l}=\boldsymbol{l}^{\mathrm{T}}\boldsymbol{P}\boldsymbol{l}+\hat{\boldsymbol{x}}^{\mathrm{T}}\boldsymbol{B}^{\mathrm{T}}\boldsymbol{P}\boldsymbol{l}\\&=\boldsymbol{l}^{\mathrm{T}}\boldsymbol{P}\boldsymbol{l}+\hat{\boldsymbol{x}}^{\mathrm{T}}\boldsymbol{W}=\boldsymbol{l}^{\mathrm{T}}\boldsymbol{P}\boldsymbol{l}-\boldsymbol{W}^{\mathrm{T}}\boldsymbol{N}_{BB}^{-1}\boldsymbol{W}=\boldsymbol{l}^{\mathrm{T}}\boldsymbol{P}\boldsymbol{l}-(\boldsymbol{N}_{BB}\hat{\boldsymbol{x}})^{\mathrm{T}}\hat{\boldsymbol{x}}=\boldsymbol{l}^{\mathrm{T}}\boldsymbol{P}\boldsymbol{l}-\hat{\boldsymbol{x}}^{\mathrm{T}}\boldsymbol{N}_{BB}\hat{\boldsymbol{x}}\end{aligned} \tag{4.1.7}$$

以上公式可作为检核用。

2. 单位权方差和中误差的计算

在已知观测值的真值和真误差情况下的误差方程为

$$\boldsymbol{\Delta}=\boldsymbol{B}\tilde{\boldsymbol{x}}+\boldsymbol{l} \tag{4.1.8}$$

利用误差方程和上式，可得

$$\boldsymbol{V}=\boldsymbol{B}(\hat{\boldsymbol{x}}-\tilde{\boldsymbol{x}})+\boldsymbol{\Delta} \tag{4.1.9}$$

以 $(\hat{\boldsymbol{x}}-\tilde{\boldsymbol{x}})\to\hat{\boldsymbol{x}}$，$\boldsymbol{l}\to\boldsymbol{\Delta}$ 组成新的误差方差，则得 $\boldsymbol{W}=\boldsymbol{B}^{\mathrm{T}}\boldsymbol{P}\boldsymbol{\Delta}$。那么有

---

① 在二次型 $\boldsymbol{V}^{\mathrm{T}}\boldsymbol{P}\boldsymbol{V}$ 中，矩阵 $\boldsymbol{P}$ 中的各元素为常数，向量 $\boldsymbol{V}$ 的各元素作为自变量，则该二次型的导数为

$$\mathrm{d}(\boldsymbol{V}^{\mathrm{T}}\boldsymbol{P}\boldsymbol{V})=\mathrm{d}\boldsymbol{V}^{\mathrm{T}}(\boldsymbol{P}\boldsymbol{V})+(\boldsymbol{V}^{\mathrm{T}}\boldsymbol{P})\mathrm{d}\boldsymbol{V}$$

上式右端每一项的值在转置后是不变的，因此得

$$\mathrm{d}\boldsymbol{V}^{\mathrm{T}}(\boldsymbol{P}\boldsymbol{V})=[\mathrm{d}\boldsymbol{V}^{\mathrm{T}}(\boldsymbol{P}\boldsymbol{V})]^{\mathrm{T}}=\boldsymbol{V}^{\mathrm{T}}\boldsymbol{P}^{\mathrm{T}}\mathrm{d}\boldsymbol{V}$$

则

$$\mathrm{d}(\boldsymbol{V}^{\mathrm{T}}\boldsymbol{P}\boldsymbol{V})=\boldsymbol{V}^{\mathrm{T}}(\boldsymbol{P}^{\mathrm{T}}+\boldsymbol{P})\mathrm{d}\boldsymbol{V}$$

当 $\boldsymbol{P}$ 为对称方阵时，$\boldsymbol{P}=\boldsymbol{P}^{\mathrm{T}}$，那么有

$$\mathrm{d}(\boldsymbol{V}^{\mathrm{T}}\boldsymbol{P}\boldsymbol{V})=2\boldsymbol{V}^{\mathrm{T}}\boldsymbol{P}\mathrm{d}\boldsymbol{V}$$

因而有

$$\frac{\mathrm{d}(\boldsymbol{V}^{\mathrm{T}}\boldsymbol{P}\boldsymbol{V})}{\mathrm{d}x}=2\boldsymbol{V}^{\mathrm{T}}\boldsymbol{P}\frac{\mathrm{d}\boldsymbol{V}}{\mathrm{d}x}$$

$$\boldsymbol{V}^{\mathrm{T}}\boldsymbol{P}\boldsymbol{V}=\boldsymbol{l}^{\mathrm{T}}\boldsymbol{P}\boldsymbol{l}-\boldsymbol{W}^{\mathrm{T}}\boldsymbol{N}_{BB}^{-1}\boldsymbol{W}=\boldsymbol{\Delta}^{\mathrm{T}}\boldsymbol{P}\boldsymbol{\Delta}-(\boldsymbol{B}^{\mathrm{T}}\boldsymbol{P}\boldsymbol{\Delta})^{\mathrm{T}}\boldsymbol{N}_{BB}^{-1}\boldsymbol{B}^{\mathrm{T}}\boldsymbol{P}\boldsymbol{\Delta}$$
$$=\mathrm{tr}(\boldsymbol{\Delta}^{\mathrm{T}}\boldsymbol{P}\boldsymbol{\Delta}-\boldsymbol{\Delta}^{\mathrm{T}}\boldsymbol{P}\boldsymbol{B}\boldsymbol{N}_{BB}^{-1}\boldsymbol{B}^{\mathrm{T}}\boldsymbol{P}\boldsymbol{\Delta})$$

上式两边取数学期望，有

$$E(\boldsymbol{V}^{\mathrm{T}}\boldsymbol{P}\boldsymbol{V})=E[\mathrm{tr}(\boldsymbol{\Delta}^{\mathrm{T}}\boldsymbol{P}\boldsymbol{\Delta}-\boldsymbol{\Delta}^{\mathrm{T}}\boldsymbol{P}\boldsymbol{B}\boldsymbol{N}_{BB}^{-1}\boldsymbol{B}^{\mathrm{T}}\boldsymbol{P}\boldsymbol{\Delta})]=E\{\mathrm{tr}[\boldsymbol{\Delta}^{\mathrm{T}}(\underset{n\times n}{\boldsymbol{I}}-\boldsymbol{P}\boldsymbol{B}\boldsymbol{N}_{BB}^{-1}\boldsymbol{B}^{\mathrm{T}})\boldsymbol{P}\boldsymbol{\Delta}]\}$$
$$=E\{\mathrm{tr}[\boldsymbol{P}\boldsymbol{\Delta}\boldsymbol{\Delta}^{\mathrm{T}}(\underset{n\times n}{\boldsymbol{I}}-\boldsymbol{P}\boldsymbol{B}\boldsymbol{N}_{BB}^{-1}\boldsymbol{B}^{\mathrm{T}})]\}=\mathrm{tr}[\boldsymbol{P}E(\boldsymbol{\Delta}\boldsymbol{\Delta}^{\mathrm{T}})(\underset{n\times n}{\boldsymbol{I}}-\boldsymbol{P}\boldsymbol{B}\boldsymbol{N}_{BB}^{-1}\boldsymbol{B}^{\mathrm{T}})]$$
$$=\mathrm{tr}[\boldsymbol{P}\sigma_0^2\boldsymbol{Q}(\underset{n\times n}{\boldsymbol{I}}-\boldsymbol{P}\boldsymbol{B}\boldsymbol{N}_{BB}^{-1}\boldsymbol{B}^{\mathrm{T}})]=\sigma_0^2\,\mathrm{tr}(\underset{n\times n}{\boldsymbol{I}}-\boldsymbol{P}\boldsymbol{B}\boldsymbol{N}_{BB}^{-1}\boldsymbol{B}^{\mathrm{T}})$$
$$=\sigma_0^2[\mathrm{tr}(\underset{n\times n}{\boldsymbol{I}})-\mathrm{tr}(\boldsymbol{P}\boldsymbol{B}\boldsymbol{N}_{BB}^{-1}\boldsymbol{B}^{\mathrm{T}})]=\sigma_0^2[n-\mathrm{tr}(\boldsymbol{B}^{\mathrm{T}}\boldsymbol{P}\boldsymbol{B}\boldsymbol{N}_{BB}^{-1})]$$
$$=\sigma_0^2[n-\mathrm{tr}(\boldsymbol{N}_{BB}\boldsymbol{N}_{BB}^{-1})]=\sigma_0^2(n-\mathrm{tr}(\underset{t\times t}{\boldsymbol{I}}))$$
$$=\sigma_0^2(n-t)$$

那么单位权方差是

$$\sigma_0^2=\frac{E(\boldsymbol{V}^{\mathrm{T}}\boldsymbol{P}\boldsymbol{V})}{n-t} \tag{4.1.10}$$

单位权方差的估值和单位权中误差分别是

$$\left.\begin{aligned}\hat{\sigma}_0^2&=\frac{\boldsymbol{V}^{\mathrm{T}}\boldsymbol{P}\boldsymbol{V}}{n-t}\\ \hat{\sigma}_0&=\sqrt{\frac{\boldsymbol{V}^{\mathrm{T}}\boldsymbol{P}\boldsymbol{V}}{n-t}}\end{aligned}\right\} \tag{4.1.11}$$

我们在下一节将从另一个角度来证明上式。

3. 协因数矩阵

在间接平差中，基本随机向量是 $\boldsymbol{L}$、$\hat{\boldsymbol{x}}$、$\boldsymbol{V}$ 和 $\hat{\boldsymbol{L}}$，即

$$\boldsymbol{L}=\boldsymbol{L}$$
$$\hat{\boldsymbol{x}}=-\boldsymbol{N}_{BB}^{-1}\boldsymbol{W}=-\boldsymbol{N}_{BB}^{-1}\boldsymbol{B}^{\mathrm{T}}\boldsymbol{P}\boldsymbol{l}=\boldsymbol{N}_{BB}^{-1}\boldsymbol{B}^{\mathrm{T}}\boldsymbol{P}\boldsymbol{L}+\cdots$$
$$\boldsymbol{V}=\boldsymbol{B}\hat{\boldsymbol{x}}+\boldsymbol{l}=(\boldsymbol{B}\boldsymbol{N}_{BB}^{-1}\boldsymbol{B}^{\mathrm{T}}\boldsymbol{P}-\boldsymbol{I})\boldsymbol{L}+\cdots$$
$$\hat{\boldsymbol{L}}=\boldsymbol{L}+\boldsymbol{V}=\boldsymbol{B}\boldsymbol{N}_{BB}^{-1}\boldsymbol{B}^{\mathrm{T}}\boldsymbol{P}\boldsymbol{L}+\cdots$$

以上公式中的省略号为常数向量，因此，按照协因数传播律可推导出各随机向量的协因数矩阵及其向量间的协因数矩阵，例如

$$\boldsymbol{Q}_{\hat{X}\hat{X}}=(\boldsymbol{N}_{BB}^{-1}\boldsymbol{B}^{\mathrm{T}}\boldsymbol{P})\boldsymbol{Q}(\boldsymbol{N}_{BB}^{-1}\boldsymbol{B}^{\mathrm{T}}\boldsymbol{P})^{\mathrm{T}}=\boldsymbol{N}_{BB}^{-1}\boldsymbol{B}^{\mathrm{T}}\boldsymbol{P}\boldsymbol{Q}\boldsymbol{P}\boldsymbol{B}\boldsymbol{N}_{BB}^{-1}$$
$$=\boldsymbol{N}_{BB}^{-1}\boldsymbol{B}^{\mathrm{T}}\boldsymbol{P}\boldsymbol{B}\boldsymbol{N}_{BB}^{-1}=\boldsymbol{N}_{BB}^{-1}$$

$$\boldsymbol{Q}_{VV}=(\boldsymbol{B}\boldsymbol{N}_{BB}^{-1}\boldsymbol{B}^{\mathrm{T}}\boldsymbol{P}-\boldsymbol{I})\boldsymbol{Q}(\boldsymbol{B}\boldsymbol{N}_{BB}^{-1}\boldsymbol{B}^{\mathrm{T}}\boldsymbol{P}-\boldsymbol{I})^{\mathrm{T}}=(\boldsymbol{B}\boldsymbol{N}_{BB}^{-1}\boldsymbol{B}^{\mathrm{T}}\boldsymbol{P}-\boldsymbol{I})\boldsymbol{Q}(\boldsymbol{P}\boldsymbol{B}\boldsymbol{N}_{BB}^{-1}\boldsymbol{B}^{\mathrm{T}}-\boldsymbol{I})$$
$$=(\boldsymbol{B}\boldsymbol{N}_{BB}^{-1}\boldsymbol{B}^{\mathrm{T}}-\boldsymbol{Q})(\boldsymbol{P}\boldsymbol{B}\boldsymbol{N}_{BB}^{-1}\boldsymbol{B}^{\mathrm{T}}-\boldsymbol{I})=\boldsymbol{B}\boldsymbol{N}_{BB}^{-1}\boldsymbol{B}^{\mathrm{T}}\boldsymbol{P}\boldsymbol{B}\boldsymbol{N}_{BB}^{-1}\boldsymbol{B}^{\mathrm{T}}-\boldsymbol{B}\boldsymbol{N}_{BB}^{-1}\boldsymbol{B}^{\mathrm{T}}-\boldsymbol{Q}\boldsymbol{P}\boldsymbol{B}\boldsymbol{N}_{BB}^{-1}\boldsymbol{B}^{\mathrm{T}}+\boldsymbol{Q}$$
$$=\boldsymbol{B}\boldsymbol{N}_{BB}^{-1}\boldsymbol{B}^{\mathrm{T}}-\boldsymbol{B}\boldsymbol{N}_{BB}^{-1}\boldsymbol{B}^{\mathrm{T}}-\boldsymbol{B}\boldsymbol{N}_{BB}^{-1}\boldsymbol{B}^{\mathrm{T}}+\boldsymbol{Q}=\boldsymbol{Q}-\boldsymbol{B}\boldsymbol{N}_{BB}^{-1}\boldsymbol{B}^{\mathrm{T}}$$

$$\boldsymbol{Q}_{\hat{L}\hat{L}}=(\boldsymbol{B}\boldsymbol{N}_{BB}^{-1}\boldsymbol{B}^{\mathrm{T}}\boldsymbol{P})\boldsymbol{Q}(\boldsymbol{B}\boldsymbol{N}_{BB}^{-1}\boldsymbol{B}^{\mathrm{T}}\boldsymbol{P})^{\mathrm{T}}=\boldsymbol{B}\boldsymbol{N}_{BB}^{-1}\boldsymbol{B}^{\mathrm{T}}\boldsymbol{P}\boldsymbol{Q}\boldsymbol{P}\boldsymbol{B}\boldsymbol{N}_{BB}^{-1}\boldsymbol{B}^{\mathrm{T}}$$
$$=\boldsymbol{B}\boldsymbol{N}_{BB}^{-1}\boldsymbol{B}^{\mathrm{T}}\boldsymbol{P}\boldsymbol{B}\boldsymbol{N}_{BB}^{-1}\boldsymbol{B}^{\mathrm{T}}=\boldsymbol{B}\boldsymbol{N}_{BB}^{-1}\boldsymbol{B}^{\mathrm{T}}=\boldsymbol{Q}-\boldsymbol{Q}_{VV}$$

因 $\hat{\boldsymbol{X}}=\boldsymbol{X}^0+\hat{\boldsymbol{x}}$，$\boldsymbol{X}^0$ 没有先验统计性质，所以 $\hat{\boldsymbol{X}}$ 和 $\hat{\boldsymbol{x}}$ 的统计性质一样。至于其他协因数矩阵不再推导，将最终结果列于表 4.1.1，以便查阅。

表 4.1.1 间接平差的协因数矩阵

	$\boldsymbol{L}$	$\hat{\boldsymbol{x}}$	$\boldsymbol{V}$	$\hat{\boldsymbol{L}}$
$\boldsymbol{L}$	$\boldsymbol{Q}$	$\boldsymbol{B}\boldsymbol{N}_{BB}^{-1}$	$\boldsymbol{B}\boldsymbol{N}_{BB}^{-1}\boldsymbol{B}^{\mathrm{T}}-\boldsymbol{Q}$	$\boldsymbol{B}\boldsymbol{N}_{BB}^{-1}\boldsymbol{B}^{\mathrm{T}}$
$\hat{\boldsymbol{x}}$		$\boldsymbol{N}_{BB}^{-1}$	$\boldsymbol{0}$	$\boldsymbol{N}_{BB}^{-1}\boldsymbol{B}^{\mathrm{T}}$
$\boldsymbol{V}$			$\boldsymbol{Q}-\boldsymbol{B}\boldsymbol{N}_{BB}^{-1}\boldsymbol{B}^{\mathrm{T}}$	$\boldsymbol{0}$
$\hat{\boldsymbol{L}}$				$\boldsymbol{B}\boldsymbol{N}_{BB}^{-1}\boldsymbol{B}^{\mathrm{T}}$

由表 4.1.1 可知，平差值 $\hat{\boldsymbol{x}}$、$\hat{\boldsymbol{L}}$ 和改正数 $\boldsymbol{V}$ 的互协因数矩阵为 0，说明 $\hat{\boldsymbol{x}}$ 与 $\boldsymbol{V}$、$\hat{\boldsymbol{L}}$ 与 $\boldsymbol{V}$ 统计不相关，这是一个很重要的结果。

4. 参数函数的中误差

设有函数

$$z=f_0+f_1\hat{X}_1+f_2\hat{X}_2+\cdots+f_t\hat{X}_t=f_0+\boldsymbol{F}^{\mathrm{T}}\hat{\boldsymbol{X}} \tag{4.1.12}$$

式中，$\boldsymbol{F}^{\mathrm{T}}=(f_1 \quad f_2 \quad \cdots \quad f_t)$，那么

$$\frac{1}{p_z}=\boldsymbol{F}^{\mathrm{T}}\boldsymbol{Q}_{\hat{X}\hat{X}}\boldsymbol{F}=\boldsymbol{F}^{\mathrm{T}}\boldsymbol{N}_{BB}^{-1}\boldsymbol{F} \tag{4.1.13}$$

为进一步理解间接平差的概念，现说明几点。

(1)任何平差都是在有多余观测的基础上进行的。如没有多余观测，则无平差问题。

(2)按间接平差法平差某一具体问题时，未知参数的数目是固定的，它等于该问题的必要观测量的个数。未知参数的选择，依据实际问题而定。可选取观测量，也可以选取非观测量。未知参数选择方式不同，误差方程的形式不同。

(3)选取未知参数的原则是既要足数，还要保证函数独立。所谓足数，即选取的未知参数应是解决某一平差问题所必需，其个数应等于必需观测量的个数；所谓函数独立，即所选的未知参数中的任意一个都不能与其他参数构成函数关系。如果除必需的参数外，又多选了另外的参数，则多出的参数与必需参数间必然有一定的函数关系。例如，在确定一个平面三角形的形状时，三个内角的观测值分别为 $\boldsymbol{L}_1$、$\boldsymbol{L}_2$ 和 $\boldsymbol{L}_3$。若取三个内角的最或然值作为未知参数，则有

$$\begin{pmatrix} v_1 \\ v_2 \\ v \end{pmatrix}=\begin{pmatrix} 1 & 0 & 0 \\ 0 & 1 & 0 \\ 0 & 0 & 1 \end{pmatrix}\begin{pmatrix} \hat{x}_1 \\ \hat{x}_2 \\ \hat{x}_3 \end{pmatrix}+\begin{pmatrix} -L_1 \\ -L_2 \\ -L_3 \end{pmatrix}$$

显然，参数 $\hat{x}_1$、$\hat{x}_2$ 和 $\hat{x}_3$ 不是独立的，即

$$\hat{x}_1+\hat{x}_2+\hat{x}_3-180°=0$$

若将以上四式一起平差求 $\hat{x}_1$、$\hat{x}_2$ 和 $\hat{x}_3$，这属于附有条件的间接平差。

(4)在确定了未知参数之后，要建立这些未知参数与所有观测值之间的数学关系式，即观测方程。这些观测方程可以是线形的，也可以是非线性的。为使平差简便，在平差中总是将非线性方程线性化。

(5)有了误差方程，按 $\boldsymbol{V}^{\mathrm{T}}\boldsymbol{P}\boldsymbol{V}=\min$，解出各未知参数。

(6)由平差的基本任务知，在求出各未知参数的最或然值后，还要评定观测值和平差结果

的精度，即进行精度估计。

§4.2 平差结果的统计性质

参数估计量最优性质的几个判断标准是无偏性、一致性和有效性。下面证明按最小二乘原理进行平差计算所求得的结果具有上述最优性质。

4.2.1 估计量 $\hat{L}$ 和 $\hat{X}$ 具有无偏性

用真值和真误差表示的间接平差的函数模型是

$$\underset{n\times1}{\boldsymbol{\Delta}}=\underset{n\times t}{\boldsymbol{B}}\underset{t\times1}{\tilde{\boldsymbol{x}}}+\underset{n\times1}{\boldsymbol{l}},\quad \underset{n\times1}{\boldsymbol{l}}=\underset{n\times t}{\boldsymbol{B}}\underset{t\times1}{\boldsymbol{X}^0}+\underset{n\times1}{\boldsymbol{d}}-\underset{n\times1}{\boldsymbol{L}},\quad n=r+t$$

式中，$\boldsymbol{X}^0$ 是参数近似值，是非随机向量；$\boldsymbol{l}$ 为自由常数向量。由于 $E(\boldsymbol{\Delta})=\boldsymbol{0}$，则由上式可得

$$E(\boldsymbol{l})=-\boldsymbol{B}\tilde{\boldsymbol{x}} \tag{4.2.1}$$

由于 $\hat{\boldsymbol{x}}=-\boldsymbol{N}_{BB}^{-1}\boldsymbol{W}$，$\boldsymbol{W}=\boldsymbol{B}^{\mathrm{T}}\boldsymbol{P}\boldsymbol{l}$，那么就有

$$E(\hat{\boldsymbol{x}})=-\boldsymbol{N}_{BB}^{-1}E(\boldsymbol{W})=-\boldsymbol{N}_{BB}^{-1}\boldsymbol{B}^{\mathrm{T}}\boldsymbol{P}E(\boldsymbol{l})=\boldsymbol{N}_{BB}^{-1}\boldsymbol{B}^{\mathrm{T}}\boldsymbol{P}\boldsymbol{B}\tilde{\boldsymbol{x}}=\tilde{\boldsymbol{x}}$$

因而

$$E(\hat{\boldsymbol{X}})=\boldsymbol{X}^0+E(\hat{\boldsymbol{x}})=\boldsymbol{X}^0+\tilde{\boldsymbol{x}}=\tilde{\boldsymbol{X}} \tag{4.2.2}$$

即参数平差值 $\hat{\boldsymbol{X}}$ 具有无偏性。

由于 $\underset{n\times1}{\boldsymbol{V}}=\underset{n\times t}{\boldsymbol{B}}\underset{t\times1}{\hat{\boldsymbol{x}}}+\underset{n\times1}{\boldsymbol{l}}$，那么就有

$$E(\boldsymbol{V})=\boldsymbol{B}E(\hat{\boldsymbol{x}})+E(\boldsymbol{l})=\boldsymbol{B}\tilde{\boldsymbol{x}}-\boldsymbol{B}\tilde{\boldsymbol{x}}=\boldsymbol{0} \tag{4.2.3}$$

即残差的数学期望为 0。那么也有

$$E(\hat{\boldsymbol{L}})=E(\boldsymbol{L})+E(\boldsymbol{V})=E(\boldsymbol{L})=\tilde{\boldsymbol{L}} \tag{4.2.4}$$

这就证明了 $\hat{\boldsymbol{L}}$ 和 $\hat{\boldsymbol{X}}$ 是 $\tilde{\boldsymbol{L}}$ 和 $\tilde{\boldsymbol{X}}$ 的无偏估计量。

4.2.2 估计量 $\hat{X}$ 和 $\hat{L}$ 具有最小方差性

1. 估计量 $\hat{X}$ 具有最小方差性

参数估计量的方差矩阵为

$$\boldsymbol{D}_{\hat{X}\hat{X}}=\hat{\sigma}_0^2\boldsymbol{Q}_{\hat{X}\hat{X}}$$

方差矩阵 $\boldsymbol{D}_{\hat{X}\hat{X}}$ 中的对角线元素是各 $\hat{X}_i(i=1,2,\cdots,t)$ 的方差，要证明参数估计量方差最小，根据矩阵迹的定义可知，也就是要证明

$$\mathrm{tr}(\boldsymbol{D}_{\hat{X}\hat{X}})=\min \quad (\text{或 } \mathrm{tr}(\boldsymbol{Q}_{\hat{X}\hat{X}})=\min)$$

由于利用最小二乘原理求得的参数估计量为

$$\hat{\boldsymbol{x}}=-\boldsymbol{N}_{BB}^{-1}\boldsymbol{W}=-\boldsymbol{Q}_{\hat{X}\hat{X}}\boldsymbol{B}^{\mathrm{T}}\boldsymbol{P}\boldsymbol{l} \tag{4.2.5}$$

因此，可设有另一个参数估计向量 $\hat{\boldsymbol{X}}'=\boldsymbol{X}^0+\hat{\boldsymbol{x}}'$，其中，$\hat{\boldsymbol{x}}'$ 的表达式是

$$\hat{\boldsymbol{x}}'=\underset{t\times n}{\boldsymbol{H}}\boldsymbol{l}$$

并令它满足无偏性，即

$$E(\hat{\boldsymbol{x}}')=\boldsymbol{H}E(\boldsymbol{l})=-\boldsymbol{H}\boldsymbol{B}\tilde{\boldsymbol{x}}=\tilde{\boldsymbol{x}}$$

则有

$$HB+I=0$$

式中，I 为单位矩阵。参数估值向量 $\hat{x}'$ 的方差矩阵是

$$Q_{\hat{X}'\hat{X}'}=HQH^{\mathrm{T}}$$

如果要求 $\hat{x}'$ 具有最小方差性，且满足无偏性，那么必须使得下式成立，即

$$\Phi=\mathrm{tr}(HQH^{\mathrm{T}})+\mathrm{tr}[2(HB+I)\underset{t\times t}{K}]=\min$$

式中，K 是联系系数矩阵。为求 Φ 极小，需将上式对 H 和 K 求偏导数①，并令其为零矩阵。即

$$\frac{\partial\Phi}{\partial H}=2HQ+2K^{\mathrm{T}}B^{\mathrm{T}}=\underset{t\times n}{0}\ ,\quad\left(\frac{\partial\Phi}{\partial K}\right)^{\mathrm{T}}=2(HB+I)=\underset{t\times t}{0}$$

由上两式可解得

$$K^{\mathrm{T}}=N_{BB}^{-1}=Q_{\hat{X}\hat{X}}\ ,\quad H=-K^{\mathrm{T}}B^{\mathrm{T}}P=-Q_{\hat{X}\hat{X}}B^{\mathrm{T}}P$$

因此，参数估值向量 $\hat{x}'$ 的表达式是

$$\hat{x}'=Hl=-Q_{\hat{X}\hat{X}}B^{\mathrm{T}}Pl$$

上式与利用最小二乘原理求出的结果 $\hat{x}$ 完全相同。而 $\hat{x}'$ 是在无偏性和方差最小的条件下导得的，因此可说明 $\hat{x}$ 是无偏估计，且方差最小（有效性），故 $\hat{X}=X^0+\hat{x}$ 是最优线性无偏估计。

2. 估计量 $\hat{L}$ 具有最小方差性

利用最小二乘原理求得的观测值的平差值向量为

$$\hat{L}=L+V=L+B\hat{x}+l=L-(BN_{BB}^{-1}BP-I)l \tag{4.2.6}$$

可设有另一个估值向量 $\hat{L}'$ 是 $\tilde{L}$ 的无偏和最小方差估计量，令其表达式是

$$\hat{L}'=L+\underset{n\times n}{G}l=(I-G)L+\cdots$$

由于 $E(l)=-B\tilde{x}$，如果使得上式满足无偏性，即要求

$$E(\hat{L}')=E(L)-GE(l)=\tilde{L}+GB\tilde{x}$$

也就是要求

$$GB=\underset{n\times t}{0}$$

另外，$\hat{L}'$ 的协因数矩阵是

$$Q_{\hat{L}'\hat{L}'}=(I-G)Q(I-G)^{\mathrm{T}}=Q-QG^{\mathrm{T}}-GQ+GQG^{\mathrm{T}}$$

如果要求 $\hat{L}'$ 具有最小方差性，且满足无偏性，那么必须使得下式成立，即

---

① 已知矩阵 A 和方阵 F，且方阵 F 是包括 A 在内的 n 个矩阵的乘积，则方阵 F 的迹关于矩阵 A 的偏导数是一个矩阵，这个矩阵的各元素是方阵 F 的迹关于矩阵 A 的对应元素的偏导数，即

$$A=(a_{ij})$$

则

$$\frac{\partial\mathrm{tr}(F)}{\partial A}=\left[\frac{\partial\mathrm{tr}(F)}{\partial a_{ij}}\right],\text{而}\frac{\partial\mathrm{tr}(F)}{\partial A^{\mathrm{T}}}=\left[\frac{\partial\mathrm{tr}(F)}{\partial A}\right]^{\mathrm{T}}$$

此外，如果

$$F=AB,\quad\text{则}\frac{\partial\mathrm{tr}(AB)}{\partial A}=\frac{\partial\mathrm{tr}(BA)}{\partial A}=B^{\mathrm{T}}$$

$$F=ABA^{\mathrm{T}},\quad\text{则}\frac{\partial\mathrm{tr}(ABA^{\mathrm{T}})}{\partial A}=A(B+B^{\mathrm{T}})$$

$$F=A^{\mathrm{T}}BA,\quad\text{则}\frac{\partial\mathrm{tr}(A^{\mathrm{T}}BA)}{\partial A}=(B+B^{\mathrm{T}})A$$

$$F=ABA^{\mathrm{T}}C,\ \text{则}\frac{\partial\mathrm{tr}(ABA^{\mathrm{T}}C)}{\partial A}=C^{\mathrm{T}}AB^{\mathrm{T}}+CAB$$

$$\Phi=\mathrm{tr}(Q-QG^{\mathrm{T}}-GQ+GQG^{\mathrm{T}})+\mathrm{tr}(2GB\underset{t\times n}{K})=\min$$

这里 $\boldsymbol{K}$ 为联系系数矩阵。为求 Φ 极小，需将上式对 G 和 K 求偏导数，并令其为零矩阵。即

$$\frac{\partial\Phi}{\partial\boldsymbol{G}}=-2\boldsymbol{Q}+2\boldsymbol{GQ}+2\boldsymbol{K}^{\mathrm{T}}\boldsymbol{B}^{\mathrm{T}}=\underset{n\times n}{\boldsymbol{0}},\quad\left(\frac{\partial\Phi}{\partial\boldsymbol{K}}\right)^{\mathrm{T}}=2\boldsymbol{GB}=\underset{n\times t}{\boldsymbol{0}}$$

由以上两式可解得

$$\boldsymbol{G}=-(\boldsymbol{BN}_{BB}^{-1}\boldsymbol{BP}-\boldsymbol{I}),\quad\boldsymbol{K}^{\mathrm{T}}=\boldsymbol{BN}_{BB}^{-1}$$

因此，观测值的平差值向量 $\hat{\boldsymbol{L}}'$ 的表达式是

$$\hat{\boldsymbol{L}}'=\boldsymbol{L}-(\boldsymbol{BN}_{BB}^{-1}\boldsymbol{BP}-\boldsymbol{I})\boldsymbol{l}$$

上式与最小二乘原理求出的结果完全相同，这说明由最小二乘估计求得的 $\hat{\boldsymbol{L}}$ 也是无偏估计，且有最小的方差，即是最优无偏估计。

4.2.3　单位权方差估值 $\hat{\sigma}_0^2$ 具有无偏性

由数理统计学知，若有服从任意分布的 n 维随机向量 $\boldsymbol{Y}$，其数学期望是 $E(\boldsymbol{Y})=\boldsymbol{\eta}$，协方差矩阵是 $\boldsymbol{D}_{YY}$，则 $\boldsymbol{n}$ 维随机向量 $\boldsymbol{Y}$ 的任一二次型的数学期望是

$$E(\boldsymbol{Y}^{\mathrm{T}}\boldsymbol{MY})=\mathrm{tr}(\boldsymbol{MD}_{YY})+\boldsymbol{\eta}^{\mathrm{T}}\boldsymbol{M\eta}\tag{4.2.7}$$

式中，$\boldsymbol{M}$ 是任一 n 维对称可逆方阵。

现在用残差向量 $\boldsymbol{V}$ 代替 $\boldsymbol{Y}$，权矩阵 $\boldsymbol{P}$ 代替 $\boldsymbol{M}$，则有

$$E(\boldsymbol{V}^{\mathrm{T}}\boldsymbol{PV})=\mathrm{tr}(\boldsymbol{PD}_{VV})+E(\boldsymbol{V})^{\mathrm{T}}\boldsymbol{P}E(\boldsymbol{V})$$

由于 $\boldsymbol{E}(\boldsymbol{V})=\boldsymbol{0}$，且

$$\boldsymbol{D}_{VV}=\sigma_0^2\boldsymbol{Q}_{VV}=\sigma_0^2(\boldsymbol{Q}-\boldsymbol{BN}_{BB}^{-1}\boldsymbol{B}^{\mathrm{T}})$$

所以有

$$\begin{aligned}E(\boldsymbol{V}^{\mathrm{T}}\boldsymbol{PV})&=\mathrm{tr}(\boldsymbol{PD}_{VV})=\sigma_0^2\mathrm{tr}[\boldsymbol{P}(\boldsymbol{Q}-\boldsymbol{BN}_{BB}^{-1}\boldsymbol{B}^{\mathrm{T}})]=\boldsymbol{\sigma}_0^2\mathrm{tr}(\underset{n\times n}{\boldsymbol{I}}-\boldsymbol{PBN}_{BB}^{-1}\boldsymbol{B}^{\mathrm{T}})\\&=\sigma_0^2\mathrm{tr}(\underset{n\times n}{\boldsymbol{I}})-\sigma_0^2\mathrm{tr}(\boldsymbol{PBN}_{BB}^{-1}\boldsymbol{B}^{\mathrm{T}})=\sigma_0^2 n-\sigma_0^2\mathrm{tr}(\boldsymbol{B}^{\mathrm{T}}\boldsymbol{PBN}_{BB}^{-1})\\&=\sigma_0^2 n-\sigma_0^2\mathrm{tr}(\boldsymbol{N}_{BB}\boldsymbol{N}_{BB}^{-1})=\sigma_0^2 n-\sigma_0^2\mathrm{tr}(\underset{t\times t}{\boldsymbol{I}})=\sigma_0^2(n-t)=\sigma_0^2 r\end{aligned}$$

也就是有

$$E(\hat{\sigma}_0^2)=E\left(\frac{\boldsymbol{V}^{\mathrm{T}}\boldsymbol{PV}}{r}\right)=\sigma_0^2\tag{4.2.8}$$

因此，$\hat{\sigma}_0^2$ 是 σ_0^2 的无偏估计。

4.2.4　随机向量 $\hat{\boldsymbol{X}}$、$\hat{\boldsymbol{L}}$ 和 $\boldsymbol{V}$ 的概率分布

由于

$$\boldsymbol{Q}_{\hat{X}\hat{X}}=\boldsymbol{N}_{BB}^{-1},\quad\boldsymbol{Q}_{\hat{L}\hat{L}}=\boldsymbol{BN}_{BB}^{-1}\boldsymbol{B}^{\mathrm{T}},\quad\boldsymbol{Q}_{VV}=\boldsymbol{Q}-\boldsymbol{BN}_{BB}^{-1}\boldsymbol{B}^{\mathrm{T}}$$

则随机向量 $\hat{\boldsymbol{X}}$、$\hat{\boldsymbol{L}}$ 和 $\boldsymbol{V}$ 的权逆矩阵的秩分别为

$$\mathrm{R}(\boldsymbol{Q}_{\hat{X}\hat{X}})=\mathrm{R}(\boldsymbol{N}_{BB}^{-1})=t\tag{4.2.9}$$

$$\mathrm{R}(\boldsymbol{Q}_{\hat{L}\hat{L}})=\mathrm{R}(\boldsymbol{BN}_{BB}^{-1}\boldsymbol{B}^{\mathrm{T}})\leqslant\min[\mathrm{R}(\boldsymbol{B}),\mathrm{R}(\boldsymbol{N}_{BB}^{-1}),\mathrm{R}(\boldsymbol{B}^{\mathrm{T}})]=t$$

而由 $\boldsymbol{B}=\boldsymbol{BN}_{BB}^{-1}\boldsymbol{B}^{\mathrm{T}}\boldsymbol{PB}=\boldsymbol{Q}_{\hat{L}\hat{L}}\boldsymbol{PB}$，可得

$$t=\mathrm{R}(\boldsymbol{B})\leqslant\min[\mathrm{R}(\boldsymbol{Q}_{\hat{L}\hat{L}}),\mathrm{R}(\boldsymbol{P}),\mathrm{R}(\boldsymbol{B})]$$

综合以上两式可得

$$\mathrm{R}(\boldsymbol{Q}_{\hat{L}\hat{L}})=\boldsymbol{t}\tag{4.2.10}$$

另外，由于

$$Q_{VV}PQ_{VV}P=(Q-BN_{BB}^{-1}B^{\mathrm{T}})P(Q-BN_{BB}^{-1}B^{\mathrm{T}})P=Q_{VV}P$$

所以 $F=Q_{VV}P$ 是幂等矩阵。对于幂等矩阵来说，其秩等于它的迹，那么有

$$\mathrm{R}(F)=\mathrm{R}(Q_{VV}P)=\mathrm{tr}(Q_{VV}P)=\mathrm{tr}(\underset{n\times n}{I}-BN_{BB}^{-1}B^{\mathrm{T}}P)=n-t=r$$

因而也有

$$r=\mathrm{R}(F)\leqslant\min[\mathrm{R}(Q_{VV}),\mathrm{R}(P)]$$

根据 $Q_{VV}=FQ$，可得

$$\mathrm{R}(Q_{VV})\leqslant\min[\mathrm{R}(F),\mathrm{R}(P)]=r$$

综合以上两式可得

$$\mathrm{R}(Q_{VV})=r \tag{4.2.11}$$

另外，由于 $\widetilde{L}=L+\Delta$，且

$$\Delta\sim N(0,\sigma_0^2 I),\ E(L)=\widetilde{L},D(L)=\sigma_0^2 Q,\ \mathrm{R}(Q)=n$$

则观测值向量 L 是服从 n 维正态分布的随机向量。由 $l=BX^0+d-L$，可知自由向量 l 也是服从 n 维正态分布的随机向量。那么随机向量

$$\hat{x}=-N_{BB}^{-1}B^{\mathrm{T}}Pl,\ \hat{L}=L+V,\ V=-(BN_{BB}^{-1}B^{\mathrm{T}}P-I)l$$

分别是服从 t 维、t 维和 r 维的正态分布随机向量。

4.2.5 随机变量 $V^{\mathrm{T}}PV$ 的概率分布

1. 用真误差向量 Δ 表示的二次型 $V^{\mathrm{T}}PV$

由于 $V=-(BN_{BB}^{-1}B^{\mathrm{T}}P-I)l$，则

$$V-E(V)=-(BN_{BB}^{-1}B^{\mathrm{T}}P-I)[l-E(l)]$$

而 $l=BX^0+d-L$，$\widetilde{L}=L+\Delta$，则

$$l-E(l)=-[L-E(L)]=-(L-\widetilde{L})=\Delta$$

且有 $E(V)=0$。那么

$$V=-(BN_{BB}^{-1}B^{\mathrm{T}}P-I)\Delta$$

这样有

$$V^{\mathrm{T}}PV=\Delta^{\mathrm{T}}G\Delta \tag{4.2.12}$$

这里

$$G=(BN_{BB}^{-1}B^{\mathrm{T}}P-I)^{\mathrm{T}}P(BN_{BB}^{-1}B^{\mathrm{T}}P-I)=(I-PBN_{BB}^{-1}B^{\mathrm{T}})P \tag{4.2.13}$$

且 n 阶方阵 G 有以下性质

$$\begin{aligned}GQG&=(I-PBN_{BB}^{-1}B^{\mathrm{T}})PQ(I-PBN_{BB}^{-1}B^{\mathrm{T}})P\\&=(I-PBN_{BB}^{-1}B^{\mathrm{T}})(I-PBN_{BB}^{-1}B^{\mathrm{T}})P\\&=(I-PBN_{BB}^{-1}B^{\mathrm{T}})P=G\end{aligned} \tag{4.2.14}$$

方阵 G 的这一性质将在下面用到。

2. 对 Δ 满秩变换后，用新随机变量 Y 表示的二次型 $V^{\mathrm{T}}PV$

对观测值向量 L 的权矩阵 P 做满秩分解，即

$$P=F^{\mathrm{T}}F,\ Q=P^{-1}=F^{-1}(F^{\mathrm{T}})^{-1}$$

式中，F 为 n 阶满秩方阵。再对观测值向量 L 的真误差向量 Δ 做满秩变换，即

$$Y=F\Delta,\ \Delta=F^{-1}Y \tag{4.2.15}$$

新随机向量 Y 的数字特征为

$$E(Y)=FE(\Delta)=0$$

$$Q_{YY}=FQF^{\mathrm{T}}=FF^{-1}(F^{\mathrm{T}})^{-1}F^{\mathrm{T}}=I$$

于是 Y 是服从 n 维正态分布的随机向量，记为

$$Y\sim N(\mathbf{0},\sigma_0^2\underset{n\times n}{I})\tag{4.2.16}$$

这样

$$V^{\mathrm{T}}PV=\Delta^{\mathrm{T}}G\Delta=Y^{\mathrm{T}}(F^{-1})^{\mathrm{T}}GF^{-1}Y=Y^{\mathrm{T}}RY\tag{4.2.17}$$

式中

$$R=(F^{-1})^{\mathrm{T}}GF^{-1}\tag{4.2.18}$$

且方阵 R 有以下性质。因

$$(F^{-1})^{\mathrm{T}}=(F^{\mathrm{T}})^{-1},\ F^{-1}(F^{\mathrm{T}})^{-1}=Q,\ GQG=G$$

则

$$\begin{aligned}R^2&=RR=(F^{-1})^{\mathrm{T}}GF^{-1}(F^{-1})^{\mathrm{T}}GF^{-1}=(F^{-1})^{\mathrm{T}}GF^{-1}(F^{\mathrm{T}})^{-1}GF^{-1}\\&=(F^{-1})^{\mathrm{T}}GQGF^{-1}=(F^{-1})^{\mathrm{T}}GF^{-1}=R\end{aligned}$$

可见 n 阶方阵 R 是一个幂等矩阵，则其秩等于它的迹，即

$$\begin{aligned}\mathrm{R}(R)&=\mathrm{tr}(R)=\mathrm{tr}[(F^{-1})^{\mathrm{T}}GF^{-1}]=\mathrm{tr}[(F^{-1})^{\mathrm{T}}(I-PBN_{BB}^{-1}B^{\mathrm{T}})PF^{-1}]\\&=\mathrm{tr}[F^{-1}(F^{\mathrm{T}})^{-1}(I-PBN_{BB}^{-1}B^{\mathrm{T}})P]=\mathrm{tr}[Q(I-PBN_{BB}^{-1}B^{\mathrm{T}})P]\\&=\mathrm{tr}(\underset{n\times n}{I}-PBN_{BB}^{-1}B^{\mathrm{T}})=n-t=r\end{aligned}\tag{4.2.19}$$

3. 对 Y 进行正交变换后表示的二次型 $V^{\mathrm{T}}PV$

对随机向量 Y 进行正交变换

$$z=SY,\ Y=S^{-1}z=S^{\mathrm{T}}z$$

式中，S 为正交矩阵。那么有

$$V^{\mathrm{T}}PV=Y^{\mathrm{T}}RY=z^{\mathrm{T}}SRSz=z^{\mathrm{T}}Hz$$

由于 R 是幂等矩阵，S 是正交矩阵，则有

$$H=SRS=\begin{bmatrix}\underset{r\times r}{I}&\underset{r\times t}{\mathbf{0}}\\\underset{t\times r}{\mathbf{0}}&\underset{t\times t}{\mathbf{0}}\end{bmatrix}$$

于是

$$V^{\mathrm{T}}PV=z^{\mathrm{T}}Hz=\sum_{i=1}^{r}z_i^2\tag{4.2.20}$$

这就把二次型 $V^{\mathrm{T}}PV$ 表示成随机变量 $z_i(i=1,2,\cdots,r)$ 的平方和。

4. 二次型 $V^{\mathrm{T}}PV$ 的概率分布及其数字特征

随机向量 z 的数字特征是

$$E(z)=SE(Y)=\mathbf{0}$$

$$Q_{zz}=SQ_{YY}S^{\mathrm{T}}=SS^{-1}=\underset{n\times n}{I}$$

且 $z=SY=SF\Delta$，那么可得

$$z\sim N(\mathbf{0},\sigma_0^2\underset{n\times n}{I}),\ \frac{z}{\sigma_0^2}\sim N(\mathbf{0},\underset{n\times n}{I}),\ \frac{z_i}{\sigma_0^2}\sim N(0,1)$$

于是可知

$$\phi=\frac{V^{\mathrm{T}}PV}{\sigma_0^2}=\frac{1}{\sigma_0^2}\sum_{i=1}^{r}z_i^2\sim\chi^2(r)$$

可见 ϕ 是服从自由度为 r 的 χ^2 分布的随机变量。对于随机变量 ϕ，它的数字特征是

$$E(\phi)=r,\ D(\phi)=2r$$

另外

$$\hat{\sigma}_0^2=\frac{\boldsymbol{V}^{\mathrm{T}}\boldsymbol{PV}}{r}$$

由方差传播律有

$$D\left(\frac{\boldsymbol{V}^{\mathrm{T}}\boldsymbol{PV}}{\sigma_0^2}\right)=\frac{1}{\sigma_0^4}D(\boldsymbol{V}^{\mathrm{T}}\boldsymbol{PV}),\ D(\hat{\sigma}_0^2)=\frac{1}{r^2}D(\boldsymbol{V}^{\mathrm{T}}\boldsymbol{PV})$$

那么有

$$D(\boldsymbol{V}^{\mathrm{T}}\boldsymbol{PV})=2r\sigma_0^4,D(\hat{\sigma}_0^2)=\frac{2}{r}\sigma_0^4,E(\boldsymbol{V}^{\mathrm{T}}\boldsymbol{PV})=r\sigma_0^2$$

这也从另一个角度证明了 $\hat{\sigma}_0^2$ 是 σ_0^2 的无偏估值。

§4.3 公式汇编与示例

间接平差是根据具体问题选取一组函数独立的未知数作参数，列出这些未知参数与全部观测量之间的关系式，即误差方程；然后根据最小二乘原理，求出各未知参数及观测量的最或然值，并估计精度。

4.3.1 公式汇编

按间接平差法求平差值的计算步骤可归纳如下。

第一步：根据平差问题的具体情况，选取 t 个函数独立的待定量作为未知参数，t 等于必需观测量的个数，并列出误差方程，即

$$\boldsymbol{V}=\boldsymbol{B}\hat{\boldsymbol{x}}+\boldsymbol{l},\ \boldsymbol{l}=\boldsymbol{BX}^0+\boldsymbol{d}-\boldsymbol{L}$$

第二步：根据具体测量情况，给出观测值向量 $\boldsymbol{L}$ 的权矩阵 $\boldsymbol{P}$。

第三步：列出法方程，并求出参数向量 $\hat{\boldsymbol{X}}$，即

$$\boldsymbol{N}_{BB}\hat{\boldsymbol{x}}+\boldsymbol{W}=\boldsymbol{0},\ \boldsymbol{N}_{BB}=\boldsymbol{B}^{\mathrm{T}}\boldsymbol{PB},\ \boldsymbol{W}=\boldsymbol{B}^{\mathrm{T}}\boldsymbol{Pl}$$

$$\hat{\boldsymbol{x}}=-\boldsymbol{N}_{BB}^{-1}\boldsymbol{W},\ \hat{\boldsymbol{X}}=\boldsymbol{X}^0+\hat{\boldsymbol{x}}$$

第四步：求解残差向量 $\boldsymbol{V}$ 和观测值的平差值向量 $\hat{\boldsymbol{L}}$，即

$$\boldsymbol{V}=\boldsymbol{B}\hat{\boldsymbol{x}}+\boldsymbol{l},\ \hat{\boldsymbol{L}}=\boldsymbol{L}+\boldsymbol{V}$$

第五步：精度评定，即

$$\boldsymbol{V}^{\mathrm{T}}\boldsymbol{PV}=\boldsymbol{l}^{\mathrm{T}}\boldsymbol{Pl}-\boldsymbol{W}^{\mathrm{T}}\boldsymbol{N}_{BB}^{-1}\boldsymbol{W}=\boldsymbol{l}^{\mathrm{T}}\boldsymbol{Pl}-\hat{\boldsymbol{x}}^{\mathrm{T}}\boldsymbol{N}_{BB}\hat{\boldsymbol{x}}$$

$$\hat{\sigma}_0=\sqrt{\frac{\boldsymbol{V}^{\mathrm{T}}\boldsymbol{PV}}{n-t}}$$

$$\boldsymbol{Q}_{\hat{X}\hat{X}}=\boldsymbol{N}_{BB}^{-1},\ \boldsymbol{Q}_{\hat{L}\hat{L}}=\boldsymbol{Q}-\boldsymbol{Q}_{VV}=\boldsymbol{BN}_{BB}^{-1}\boldsymbol{B}^{\mathrm{T}}$$

$$\boldsymbol{D}_{\hat{L}\hat{L}}=\sigma_0^2\boldsymbol{Q}_{\hat{L}\hat{L}}=\sigma_0^2\boldsymbol{P}_{\hat{L}\hat{L}}^{-1}$$

如果有函数

$$z=\boldsymbol{F}^{\mathrm{T}}\hat{\boldsymbol{X}}$$

则可求其平差值函数的权倒数和中误差，即

$$\frac{1}{p_z}=\boldsymbol{F}^{\mathrm{T}}\boldsymbol{Q}_{\hat{X}\hat{X}}\boldsymbol{F},\ \hat{\sigma}_z=\hat{\sigma}_0\sqrt{\frac{1}{p_z}}$$

第六步：平差系统的统计假设检验，内容参见第9章。

4.3.2　应用示例

例4.3.1　对某未知量X进行了n次不同精度，观测值向量和其权矩阵分别是

$$\boldsymbol{L}=(L_1,L_2,\cdots,L_n)^{\mathrm{T}},\boldsymbol{P}=\mathrm{diag}(p_1,p_2,\cdots,p_n)$$

求未知量X的估值和精度。

解：设参数X的近似值为X^0，则X的估值$\hat{X}=X^0+\hat{x}$，误差方程是

$$L_i+v_i=X^0+\hat{x}\quad(i=1,2,\cdots,n)$$

写成矩阵形式是

$$\boldsymbol{V}=\boldsymbol{B}\hat{\boldsymbol{x}}+\boldsymbol{l}$$

式中

$$\boldsymbol{V}=\begin{pmatrix}v_1\\v_2\\\vdots\\v_n\end{pmatrix},\ \boldsymbol{B}=\begin{pmatrix}1\\1\\\vdots\\1\end{pmatrix},\ \boldsymbol{l}=\begin{pmatrix}X^0-L_1\\X^0-L_2\\\vdots\\X^0-L_n\end{pmatrix}$$

那么

$$\boldsymbol{N}_{BB}=\boldsymbol{B}^{\mathrm{T}}\boldsymbol{P}\boldsymbol{B}=\sum_{i=1}^{n}p_i=[p]$$

$$\boldsymbol{W}=\boldsymbol{B}^{\mathrm{T}}\boldsymbol{P}\boldsymbol{l}=\sum_{i=1}^{n}p_i(X^0-L_i)=[p]X^0-[pL]$$

进而就有

$$\hat{x}=-\boldsymbol{N}_{BB}^{-1}\boldsymbol{W}=-X^0+\frac{[pL]}{[p]},\ \hat{X}=X^0+\hat{x}=\frac{[pL]}{[p]}$$

单位权中误差和参数估值的权倒数分别是

$$\hat{\sigma}_0=\sqrt{\frac{\boldsymbol{V}^{\mathrm{T}}\boldsymbol{P}\boldsymbol{V}}{n-t}}=\sqrt{\frac{[pvv]}{n-1}},\boldsymbol{Q}_{\hat{X}\hat{X}}=\boldsymbol{N}_{BB}^{-1}=\frac{1}{[p]}=\frac{1}{p_{\hat{X}}}$$

则参数估值的中误差是

$$\hat{\sigma}_{\hat{X}}=\hat{\sigma}_0\sqrt{\frac{1}{p_{\hat{X}}}}=\sqrt{\frac{1}{[p]}\frac{[pvv]}{n-1}}$$

那么参数最后可表达成

$$\hat{X}=\frac{[pL]}{[p]}\pm\sqrt{\frac{1}{[p]}\frac{[pvv]}{n-1}}$$

当等精度观测时，$\boldsymbol{P}=\boldsymbol{I}$，则此时有

$$\hat{X}=\frac{[L]}{n}\pm\sqrt{\frac{[vv]}{n(n-1)}}$$

解答完毕。

对某个未知量进行多次直接观测，求该量的平差值并评定精度，称为直接平差，显然它是间接平差中具有一个参数的特殊情况。

例4.3.2　为确定一个平面三角形形状，用两种仪器观测了三内角，其观测值和权矩阵分别为

$$\boldsymbol{L}_1=\begin{pmatrix}L_1\\L_2\\L_3\end{pmatrix}=\begin{pmatrix}40°19'57''\\70°40'00''\\68°59'54''\end{pmatrix},\ \boldsymbol{P}_1=\begin{pmatrix}2&&\\&2&\\&&2\end{pmatrix}$$

$$\boldsymbol{L}_2=\begin{pmatrix}L_4\\L_5\\L_6\end{pmatrix}=\begin{pmatrix}40°19'43''\\70°39'55''\\68°59'58''\end{pmatrix},\ \boldsymbol{P}_2=\begin{pmatrix}1&&\\&1&\\&&1\end{pmatrix}$$

按间接平差求三角形三个内角的平差值和精度。

解：设$\angle A=\hat{X}_1$，$\angle B=\hat{X}_2$，并取$X_1^0=L_1$，$X_2^0=L_2$。误差方程和观测值$\boldsymbol{L}$的权矩阵分别为

$$\underset{6\times1}{\boldsymbol{V}}=\underset{6\times2}{\boldsymbol{B}}\ \underset{2\times1}{\hat{\boldsymbol{x}}}+\underset{6\times1}{\boldsymbol{l}},\ \boldsymbol{l}=\begin{pmatrix}\boldsymbol{L}_1\\\boldsymbol{L}_2\end{pmatrix},\ \underset{6\times6}{\boldsymbol{P}}=\begin{pmatrix}\underset{3\times3}{\boldsymbol{P}_1}&\underset{3\times3}{\boldsymbol{0}}\\\underset{3\times3}{\boldsymbol{0}}&\underset{3\times3}{\boldsymbol{P}_2}\end{pmatrix}$$

其中

$$\boldsymbol{B}=\begin{pmatrix}1&0\\0&1\\-1&-1\\1&0\\0&1\\-1&-1\end{pmatrix},\ \boldsymbol{l}=\begin{pmatrix}X_1^0-L_1\\X_2^0-L_2\\180°-(X_1^0+X_2^0+L_3)\\X_1^0-L_4\\X_2^0-L_5\\180°-(X_1^0+X_2^0+L_6)\end{pmatrix}=\begin{pmatrix}0''\\0''\\9''\\14''\\5''\\5''\end{pmatrix}$$

那么

$$\boldsymbol{N}_{BB}=\boldsymbol{B}^{\mathrm{T}}\boldsymbol{P}\boldsymbol{B}=\begin{pmatrix}6&3\\3&6\end{pmatrix},\ \boldsymbol{W}=\boldsymbol{B}^{\mathrm{T}}\boldsymbol{P}\boldsymbol{l}=\begin{pmatrix}-9''\\-18''\end{pmatrix}$$

$$\boldsymbol{N}_{BB}^{-1}=\frac{1}{9}\begin{pmatrix}2&-1\\-1&2\end{pmatrix},\ \hat{\boldsymbol{x}}=-\boldsymbol{N}_{BB}^{-1}\boldsymbol{W}=\begin{pmatrix}0''\\3''\end{pmatrix}$$

$$\boldsymbol{V}=\boldsymbol{B}\hat{\boldsymbol{x}}+\boldsymbol{l}=(0''\quad3''\quad6''\quad14''\quad8''\quad2'')^{\mathrm{T}}$$

$$\boldsymbol{V}^{\mathrm{T}}\boldsymbol{P}\boldsymbol{V}=354('')^2,\ \hat{\sigma}_0=\sqrt{\frac{\boldsymbol{V}^{\mathrm{T}}\boldsymbol{P}\boldsymbol{V}}{n-t}}=9.04''$$

由于$\boldsymbol{Q}_{\hat{X}\hat{X}}=\boldsymbol{N}_{BB}^{-1}$，$\angle C=180°-\hat{X}_1-\hat{X}_2$，则

$$\frac{1}{p_{\angle A}}=\frac{2}{9},\ \frac{1}{p_{\angle B}}=\frac{2}{9},\ \frac{1}{p_{\angle C}}=(-1\quad-1)\boldsymbol{N}_{BB}^{-1}(-1\quad-1)^{\mathrm{T}}=\frac{2}{9}$$

因此有

$$\hat{\sigma}_{\angle A}=\hat{\sigma}_0\sqrt{\frac{1}{p_{\angle A}}}=4.43'',\ \hat{\sigma}_{\angle B}=\hat{\sigma}_0\sqrt{\frac{1}{p_{\angle B}}}=4.43'',\ \hat{\sigma}_{\angle C}=\hat{\sigma}_0\sqrt{\frac{1}{p_{\angle C}}}=4.43''$$

那么最终结果为

$$\angle A=40°19'57''\pm4.43'',\angle B=70°40'03''\pm4.43'',\angle C=69°00'00''\pm4.43''$$

解答完毕。

例 4.3.3 已知$H_A=12.736$ m，为求P_1、P_2点的高程，进行了四条路线的水准测量，结果如图 4.3.1 所示，试用间接平差法求：①P_1、P_2点高程最或然值及其中误差；②平差后P_1、P_2点间高差中误差。其中观测高差和对应两点间的距离如下：

$h_1=4.250$ m，$h_2=8.537$ m，$h_3=12.784$ m，$h_4=8.537$ m；

$s_1=1$ km，$s_2=2$ km，$s_3=1$ km，$s_4=2$ km。

解：设 P_1、P_2 点的高程的最或然值是

$$H_{P_1}=\hat{X}_1=H_A-h_2+\hat{x}_1$$
$$H_{P_2}=\hat{X}_2=H_A+h_1+\hat{x}_2$$

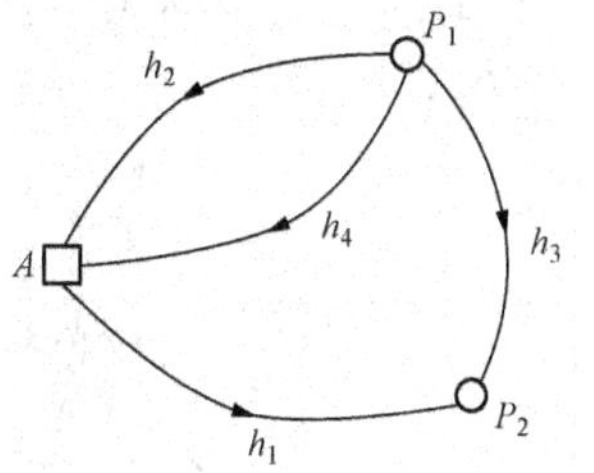

图 4.3.1

则误差方程是

$$\boldsymbol{V}=\boldsymbol{B}\hat{\boldsymbol{x}}+\boldsymbol{l}$$

其中

$$\boldsymbol{B}=\begin{pmatrix}0 & 1\\ -1 & 0\\ -1 & 1\\ -1 & 0\end{pmatrix},\ \boldsymbol{l}=\begin{pmatrix}0\\ 0\\ h_1+h_2-h_3\\ h_2-h_4\end{pmatrix}=\begin{pmatrix}0^{\text{mm}}\\ 0^{\text{mm}}\\ 3^{\text{mm}}\\ 0^{\text{mm}}\end{pmatrix}$$

设 $p_i=\dfrac{2\ \text{km}}{s_i}$，则观测值的权矩阵是 $\boldsymbol{P}=\text{diag}(2,1,2,1)$。那么就有

$$\boldsymbol{N}_{BB}=\boldsymbol{B}^{\text{T}}\boldsymbol{P}\boldsymbol{B}=\begin{pmatrix}4 & -2\\ -2 & 4\end{pmatrix},\ \boldsymbol{W}=\boldsymbol{B}^{\text{T}}\boldsymbol{P}\boldsymbol{l}=\begin{pmatrix}-6^{\text{mm}}\\ 6^{\text{mm}}\end{pmatrix}$$

$$\boldsymbol{N}_{BB}^{-1}=\frac{1}{6}\begin{pmatrix}2 & 1\\ 1 & 2\end{pmatrix},\ \hat{\boldsymbol{x}}=-\boldsymbol{N}_{BB}^{-1}\boldsymbol{W}=\begin{pmatrix}1^{\text{mm}}\\ -1^{\text{mm}}\end{pmatrix}$$

解得

$$H_{P_1}=\hat{X}_1=H_A-h_2+\hat{x}_1=4.200\ \text{m},H_{P_2}=\hat{X}_2=H_A+h_1+\hat{x}_2=16.985\ \text{m}$$

另外

$$\boldsymbol{V}=\boldsymbol{B}\hat{\boldsymbol{x}}+\boldsymbol{l}=(1^{\text{mm}}\quad -1^{\text{mm}}\quad 1^{\text{mm}}\quad -1^{\text{mm}})^{\text{T}},\ \hat{\sigma}_0=\sqrt{\frac{\boldsymbol{V}^{\text{T}}\boldsymbol{P}\boldsymbol{V}}{n-t}}=\sqrt{3}\ \text{mm}$$

由于 $\boldsymbol{Q}_{\hat{X}\hat{X}}=\boldsymbol{N}_{BB}^{-1}$，$\phi=H_{P_2}-H_{P_1}=\hat{X}_2-\hat{X}_1$，则

$$\frac{1}{p_{H_{P_1}}}=\frac{1}{3},\ \frac{1}{p_{H_{P_2}}}=\frac{1}{3},\ \frac{1}{p_\phi}=(-1\quad 1)\boldsymbol{N}_{BB}^{-1}(-1\quad 1)^{\text{T}}=\frac{1}{3}$$

因此有

$$\hat{\sigma}_{H_{P_1}}=\hat{\sigma}_0\sqrt{\frac{1}{p_{H_{P_1}}}}=1\ \text{mm},\ \hat{\sigma}_{H_{P_2}}=\hat{\sigma}_0\sqrt{\frac{1}{p_{H_{P_2}}}}=1\ \text{mm},\ \hat{\sigma}_\phi=\hat{\sigma}_0\sqrt{\frac{1}{p_\phi}}=1\ \text{mm}$$

最终结果为

$$H_{P_1}=4.200\ \text{m}\pm 1\ \text{mm},\ H_{P_2}=16.985\ \text{m}\pm 1\ \text{mm}$$

解答完毕。

§4.4　误差椭圆

平面控制点的点位是通过一组观测值求得的，由于观测值总是带有随机误差，因此求得的点位通常不是其真位置。随着观测值取值的不同，实际求得的点将是分布于待定点真位置周围的一组平面上的随机点。

4.4.1　点位误差

在平面控制测量中，点的位置是由一对平面直角坐标来确定的。如图 4.4.1 所示：设 A

为已知点，它的坐标无误差；P 为待定点的真位置，坐标真值为$(\tilde{x},\tilde{y})$；P'为平差后的位置，坐标为$(\hat{x},\hat{y})$，设

$$\left.\begin{aligned}\Delta x&=\hat{x}-\tilde{x}\\ \Delta y&=\hat{y}-\tilde{y}\end{aligned}\right\} \tag{4.4.1}$$

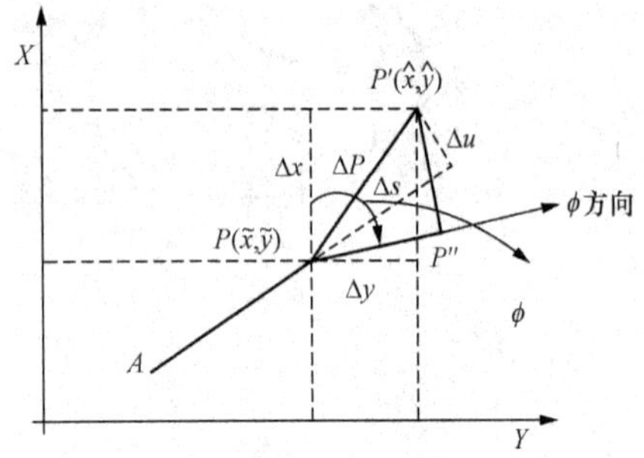

图 4.4.1

由于 Δx、Δy 使 P 点移到了 P'点，产生的点位误差为 $\Delta P=\overline{PP'}$，显然有

$$\Delta P^2=\Delta x^2+\Delta y^2 \tag{4.4.2}$$

由平差结果的统计性质可知，参数的估值 $\hat{\boldsymbol{X}}$ 为真值 $\tilde{\boldsymbol{X}}$ 无偏估计，即有

$$E(\hat{x})=\tilde{x},\ E(\hat{y})=\tilde{y}$$

根据方差定义，并顾及式(4.4.1)，可得坐标估值 $\hat{x}$、$\hat{y}$ 的方差为

$$\left.\begin{aligned}\sigma_{\hat{x}}^2&=E\{[\hat{x}-E(\hat{x})]^2\}=E(\Delta x^2)\\ \sigma_{\hat{y}}^2&=E\{[\hat{y}-E(\hat{y})]^2\}=E(\Delta y^2)\end{aligned}\right\}$$

式(4.4.2)两边取数学期望，得

$$E(\Delta P^2)=E(\Delta x^2)+E(\Delta y^2)=\sigma_{\hat{x}}^2+\sigma_{\hat{y}}^2$$

式中，$E(\Delta P^2)$即为 P 点的点位方差，记为 σ_P^2，则有

$$\sigma_P^2=\sigma_{\hat{x}}^2+\sigma_{\hat{y}}^2 \tag{4.4.3}$$

上式表明，P 点的点位方差等于 P 点在纵横坐标 x、y 方向上的方差之和。

如果将 P 点的点位误差 ΔP 投影到 AP 方向和垂直于 AP 的方向上，则得纵向误差 Δs 和横向误差 Δu，如图 4.4.1 所示。此时有 $\Delta P^2=\Delta s^2+\Delta u^2$，类似于式(4.4.3)可写出

$$\sigma_P^2=\sigma_s^2+\sigma_u^2 \tag{4.4.4}$$

式中，σ_s^2 称为纵向方差，σ_u^2 称为横向方差。

一般称

$$\sigma_P=\sqrt{\sigma_{\hat{x}}^2+\sigma_{\hat{y}}^2} \tag{4.4.5}$$

为 P 点的点位均方差，$\sigma_{\hat{x}}$ 和 $\sigma_{\hat{y}}$ 称为 P 点坐标平差值的均方差，计算公式为

$$\left.\begin{aligned}\sigma_{\hat{x}}&=\sigma_0\sqrt{\frac{1}{p_{\hat{x}}}}=\sigma_0\sqrt{q_{\hat{x}\hat{x}}}\\ \sigma_{\hat{y}}&=\sigma_0\sqrt{\frac{1}{p_{\hat{y}}}}=\sigma_0\sqrt{q_{\hat{y}\hat{y}}}\end{aligned}\right\} \tag{4.4.6}$$

式中，σ_0 为单位权均方差，$q_{\hat{x}\hat{x}}$ 和 $q_{\hat{y}\hat{y}}$ 为 $\hat{x}$、$\hat{y}$ 坐标的权倒数。假设有 p 个待定点，则未知数的权逆矩阵为

$$\underset{2p\times 2p}{\boldsymbol{Q}_{\hat{X}\hat{X}}}=\begin{bmatrix} q_{\hat{x}_1\hat{x}_1} & q_{\hat{x}_1\hat{y}_1} & \cdots & q_{\hat{x}_1\hat{x}_p} & q_{\hat{x}_1\hat{y}_p}\\ q_{\hat{y}_1\hat{x}_1} & q_{\hat{y}_1\hat{y}_1} & \cdots & q_{\hat{y}_1\hat{x}_p} & q_{\hat{y}_1\hat{y}_p}\\ \vdots & \vdots & & \vdots & \vdots\\ q_{\hat{x}_p\hat{x}_1} & q_{\hat{x}_p\hat{y}_1} & \cdots & q_{\hat{x}_p\hat{x}_p} & q_{\hat{x}_p\hat{y}_p}\\ q_{\hat{y}_p\hat{x}_1} & q_{\hat{y}_p\hat{y}_1} & \cdots & q_{\hat{y}_p\hat{x}_p} & q_{\hat{y}_p\hat{y}_p}\end{bmatrix} \tag{4.4.7}$$

$Q_{\hat{X}\hat{X}}$ 的主对角线元素 $q_{\hat{x}_i\hat{x}_i}$、$q_{\hat{y}_i\hat{y}_i}$ 即为待定点 i 坐标 $\hat{x}_i$ 和 $\hat{y}_i$ 的权倒数。$\hat{x}_i$ 与 $\hat{y}_i$ 的相关权倒数相等，即 $q_{\hat{x}\hat{y}}=q_{\hat{y}\hat{x}}$。

对于任一点其权逆矩阵为

$$\underset{2\times 2}{Q_{\hat{X}\hat{X}}}=\begin{pmatrix} q_{\hat{x}\hat{x}} & q_{\hat{x}\hat{y}} \\ q_{\hat{x}\hat{y}} & q_{\hat{y}\hat{y}} \end{pmatrix} \tag{4.4.8}$$

不管采用什么平差方法，应用权逆矩阵传播公式总可求得 $Q_{\hat{X}\hat{X}}$。

4.4.2　点位误差的最大值和最小值及其方向

如图 4.4.1 所示，P' 在 ϕ 方向上的投影为 P'' 点。这样点位误差在 ϕ 方向上的投影值为

$$\Delta\phi=PP''=\Delta x\cos\phi+\Delta y\sin\phi \tag{4.4.9}$$

那么 P'' 点的点位方差为

$$\sigma_\phi^2=\sigma_0^2(\cos\phi \quad \sin\phi)\begin{pmatrix} q_{\hat{x}\hat{x}} & q_{\hat{x}\hat{y}} \\ q_{\hat{x}\hat{y}} & q_{\hat{y}\hat{y}} \end{pmatrix}\begin{pmatrix} \cos\phi \\ \sin\phi \end{pmatrix}$$

展开后为

$$\sigma_\phi^2=\sigma_0^2(q_{\hat{x}\hat{x}}\cos^2\phi+q_{\hat{y}\hat{y}}\sin^2\phi+q_{\hat{x}\hat{y}}\sin 2\phi) \tag{4.4.10}$$

上式为 P 点在给定方向 ϕ 上的点位方差，可看出，在某个方向 ϕ 上，必有一对 σ_ϕ^2 取得最大值和最小值。可证明，这两个值即为权逆矩阵 $Q_{\hat{X}\hat{X}}$ 的两个特征值。下面来求这两个特征值。

协因数矩阵 $Q_{\hat{X}\hat{X}}$ 的特征方程为

$$|Q_{\hat{X}\hat{X}}-q\boldsymbol{I}|=\begin{vmatrix} q_{\hat{x}\hat{x}}-q & q_{\hat{x}\hat{y}} \\ q_{\hat{x}\hat{y}} & q_{\hat{y}\hat{y}}-q \end{vmatrix}=0 \tag{4.4.11}$$

这里 q 为特征根。上式展开得

$$q^2-(q_{\hat{x}\hat{x}}+q_{\hat{y}\hat{y}})q+q_{\hat{x}\hat{x}}q_{\hat{y}\hat{y}}-q_{\hat{x}\hat{y}}^2=0$$

其解为

$$q=\frac{1}{2}(q_{\hat{x}\hat{x}}+q_{\hat{y}\hat{y}})\pm\frac{1}{2}\sqrt{(q_{\hat{x}\hat{x}}-q_{\hat{y}\hat{y}})^2+4q_{\hat{x}\hat{y}}^2} \tag{4.4.12}$$

则 q 最大值和最小值为

$$\left.\begin{aligned} q_E&=\frac{1}{2}(q_{\hat{x}\hat{x}}+q_{\hat{y}\hat{y}}+K) \\ q_F&=\frac{1}{2}(q_{\hat{x}\hat{x}}+q_{\hat{y}\hat{y}}-K) \end{aligned}\right\} \tag{4.4.13}$$

式中

$$K=\sqrt{(q_{\hat{x}\hat{x}}-q_{\hat{y}\hat{y}})^2+4q_{\hat{x}\hat{y}}^2} \tag{4.4.14}$$

由此可得 P 点点位误差的最大值 E 和最小值 F 为

$$\left.\begin{aligned} E&=\sigma_0\sqrt{q_E} \\ F&=\sigma_0\sqrt{q_F} \end{aligned}\right\} \tag{4.4.15}$$

将上两式平方再求和，并顾及式(4.4.13)和式(4.4.14)，得

$$E^2+F^2=\sigma_0^2(q_{\hat{x}\hat{x}}+q_{\hat{y}\hat{y}})=\sigma_{\hat{x}}^2+\sigma_{\hat{y}}^2=\sigma_P^2 \tag{4.4.16}$$

即在 P 点上任意两个相互垂直方向均方差的平方和均相等，且等于 P 点的点位均方差。

q_E 和 q_F 分别表示 P 点在 ϕ_1 和 ϕ_2 方向上的权倒数，在 ϕ_1 方向上点位误差具有最大值，在

ϕ_2 方向上点位误差具有最小值。下面推导计算 ϕ_1 和 ϕ_2 的公式。

实际上，ϕ_1 和 ϕ_2 分别为 $\boldsymbol{Q}_{\hat{X}\hat{X}}$ 的特征值 q_E 和 q_F 对应的特征向量的方向角。$\boldsymbol{Q}_{\hat{X}\hat{X}}$ 的特征向量方程为

$$\left.\begin{array}{l}(\boldsymbol{Q}_{\hat{X}\hat{X}}-q\boldsymbol{I})\boldsymbol{X}=\boldsymbol{0}\\ \boldsymbol{X}=\begin{pmatrix}\hat{x}\\ \hat{y}\end{pmatrix}\end{array}\right\} \tag{4.4.17}$$

式中，$\boldsymbol{X}$ 是与特征根 q_E 和 q_F 对应的特征向量。将 q_E 代入上式得

$$(\boldsymbol{Q}_{\hat{X}\hat{X}}-q_E\boldsymbol{I})\boldsymbol{X}=\boldsymbol{0} \tag{4.4.18}$$

将上式展开得

$$\begin{pmatrix}q_{\hat{x}\hat{x}}-q_E & q_{\hat{x}\hat{y}}\\ q_{\hat{x}\hat{y}} & q_{\hat{y}\hat{y}}-q_E\end{pmatrix}\begin{pmatrix}\hat{x}\\ \hat{y}\end{pmatrix}=\boldsymbol{0} \tag{4.4.19}$$

或者

$$(q_{\hat{x}\hat{x}}-q_E)\hat{x}+q_{\hat{x}\hat{y}}\hat{y}=0,\ q_{\hat{x}\hat{y}}\hat{x}+(q_{\hat{y}\hat{y}}-q_E)\hat{y}=0$$

由此解得点位误差最大值的方向为

$$\tan\phi_1=\frac{\hat{y}}{\hat{x}}=\frac{q_E-q_{\hat{x}\hat{x}}}{q_{\hat{x}\hat{y}}}=\frac{q_{\hat{x}\hat{y}}}{q_E-q_{\hat{y}\hat{y}}} \tag{4.4.20}$$

类似地，用 q_F 代入式(4.4.17)，展开得

$$\begin{array}{l}(q_{\hat{x}\hat{x}}-q_F)\hat{x}+q_{\hat{x}\hat{y}}\hat{y}=0\\ q_{\hat{x}\hat{y}}\hat{x}+(q_{\hat{y}\hat{y}}-q_F)\hat{y}=0\end{array}$$

解得点位误差最小值的方向为

$$\tan\phi_2=\frac{q_F-q_{\hat{x}\hat{x}}}{q_{\hat{x}\hat{y}}}=\frac{q_{\hat{x}\hat{y}}}{q_F-q_{\hat{y}\hat{y}}} \tag{4.4.21}$$

当然 ϕ_1 和 ϕ_2 两方向之差为 90°。

此外，还可由式(4.4.20)和式(4.4.21)求得

$$\tan 2\phi_1=\tan 2\phi_2=\frac{2q_{\hat{x}\hat{y}}}{q_{\hat{x}\hat{x}}-q_{\hat{y}\hat{y}}} \tag{4.4.22}$$

上式也可由式(4.4.10)求导后，令其为 0 得到。

4.4.3 误差椭圆

式(4.4.10)计算的是任意方向 ϕ 上的点位均方差，ϕ 是从纵坐标轴 x 起算的。以不同的 ϕ 和 σ_ϕ 为极坐标点的轨迹，构成为一闭合曲线，该曲线称为点位误差曲线。其形状如图 4.4.2 虚线所示，呈"8"字形。显然，任意方向 ϕ 上的向径 OP 就是该方向的点位中误差 $\hat{\sigma}_\phi$。点位误差曲线表示的是点位误差的分布情况，但不是一条典型曲线，作图也不方便。实际应用中常以点位误差椭圆代替点位误差曲线。

点位误差椭圆是由长轴方向均方差 E，短轴方向均方差 F 及长轴方向 ϕ_1 构成的，E、F、ϕ_1 称为误差椭圆参数，如图 4.4.2 所示。

如图 4.4.3 所示，在点位误差椭圆上可以图解出任意方向 ψ 的点位误差 σ_ψ。其方法是：自椭圆作 ψ 方向的正交切线 P_0D，P_0 为切点，D 为垂点，则 $\hat{\sigma}_\psi=OD$（证明从略）。

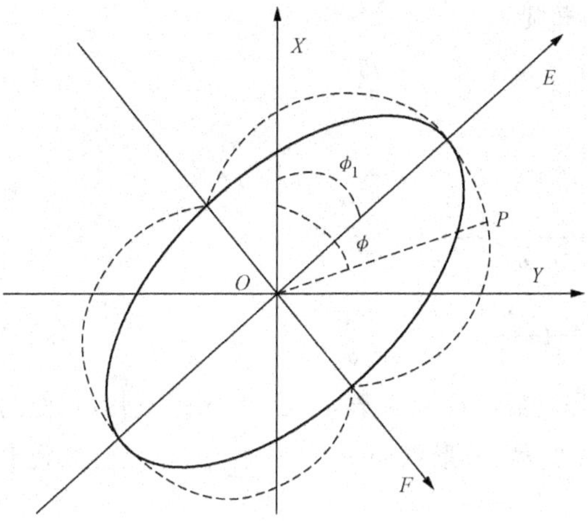

图 4.4.2

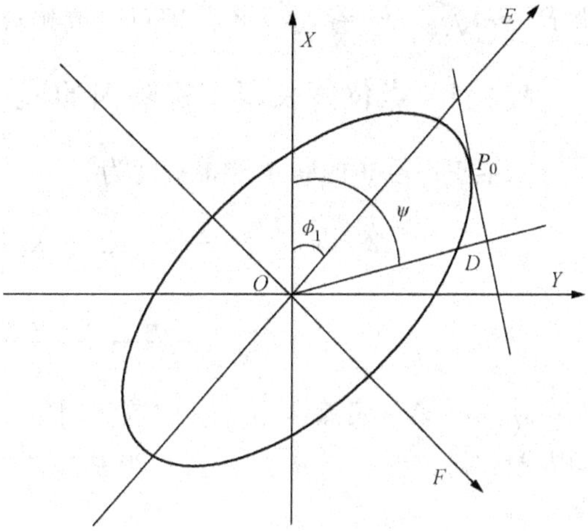

图 4.4.3

4.4.4 相对误差椭圆

为了研究两点坐标间的相对精度,可以利用两点间的相对误差椭圆。设1、2两点间的平差坐标差为

$$\Delta x=\hat{x}_2-\hat{x}_1\,,\ \Delta y=\hat{y}_2-\hat{y}_1$$

写成矩阵形式

$$\begin{bmatrix}\Delta x\\ \Delta y\end{bmatrix}=\begin{bmatrix}-1 & 0 & 1 & 0\\ 0 & -1 & 0 & 1\end{bmatrix}\begin{bmatrix}\hat{x}_1\\ \hat{y}_1\\ \hat{x}_2\\ \hat{y}_2\end{bmatrix} \tag{4.4.23}$$

应用权逆矩阵传播公式可得权逆矩阵为

$$\boldsymbol{Q}=\begin{bmatrix}q_{\Delta x\Delta x} & q_{\Delta x\Delta y}\\ q_{\Delta y\Delta x} & q_{\Delta y\Delta y}\end{bmatrix} \tag{4.4.24}$$

式中

$$\left.\begin{aligned}q_{\Delta x\Delta x}&=q_{\hat{x}_1\hat{x}_1}+q_{\hat{x}_2\hat{x}_2}-2q_{\hat{x}_1\hat{x}_2}\\ q_{\Delta y\Delta y}&=q_{\hat{y}_1\hat{y}_1}+q_{\hat{y}_2\hat{y}_2}-2q_{\hat{y}_1\hat{y}_2}\\ q_{\Delta x\Delta y}&=q_{\hat{x}_1\hat{y}_1}-q_{\hat{x}_1\hat{y}_2}-q_{\hat{x}_2\hat{y}_1}+q_{\hat{x}_2\hat{y}_2}\end{aligned}\right\} \tag{4.4.25}$$

用 $q_{\Delta x\Delta x}$、$q_{\Delta y\Delta y}$、$q_{\Delta x\Delta y}$ 分别代替以上的 $q_{\hat{x}\hat{x}}$、$q_{\hat{y}\hat{y}}$、$q_{\hat{x}\hat{y}}$,可得出相对误差椭圆的有关参数为

$$\left.\begin{aligned}q'_E&=\frac{1}{2}(q_{\Delta x\Delta x}+q_{\Delta y\Delta y}+K')\\ q'_F&=\frac{1}{2}(q_{\Delta x\Delta x}+q_{\Delta y\Delta y}-K')\end{aligned}\right\} \tag{4.4.26}$$

$$K'=\sqrt{(q_{\Delta x\Delta x}-q_{\Delta y\Delta y})^2+4q_{\Delta x\Delta y}^2} \tag{4.4.27}$$

$$\left.\begin{aligned}\tan\phi'_1&=\frac{q'_E-q_{\Delta x\Delta x}}{q_{\Delta x\Delta y}}=\frac{q_{\Delta x\Delta y}}{q'_E-q_{\Delta y\Delta y}}\\ \tan\phi'_2&=\frac{q'_F-q_{\Delta x\Delta x}}{q_{\Delta x\Delta y}}=\frac{q_{\Delta x\Delta y}}{q'_F-q_{\Delta y\Delta y}}\end{aligned}\right\} \tag{4.4.28}$$

由 $E'=\sigma_0\sqrt{q'_E}$、$F'=\sigma_0\sqrt{q'_F}$ 和 ϕ'_1 即可构成相对误差椭圆。

4.4.5 点位落入误差椭圆内的概率

二维正态分布的联合分布密度为

$$f(x,y)=\frac{1}{2\pi\sigma_x\sigma_y\sqrt{1-\rho^2}}\exp\left\{\frac{-1}{2(1-\rho^2)}\left[\frac{(x-\mu_x)^2}{\sigma_x^2}-2\rho\frac{(x-\mu_x)(y-\mu_y)}{\sigma_x\sigma_y}+\frac{(y-\mu_y)^2}{\sigma_y^2}\right]\right\},\ \rho=\frac{\sigma_{xy}}{\sigma_x\sigma_y} \tag{4.4.29}$$

式中，μ_x、μ_y 是待定点坐标 x、y 的数学期望，而 ρ 是它们的相关系数，σ_x、σ_y 和 σ_{xy} 分别为它们的均方差和协方差。函数 $f(x,y)$ 的形状如图 4.4.4 所示，其形状如山岗，在点 (μ_x,μ_y) 上达到最高峰。

用垂直于 xOy 平面的平面截此曲面，得到类似于正态分布的曲线。用平行于 xOy 平面的平面截该分布曲面，将截线投影到平面上，得到一族同心的椭圆，这些椭圆的中心是 (μ_x,μ_y)，由于位于同一椭圆上的点，其数值相等，即

$$f(x,y)=\text{常数}$$

由式(4.4.29)可知，若要满足上式，只要使函数的指数部分等于某一常数即可，即

$$\frac{(x-\mu_x)^2}{\sigma_x^2}-2\rho\frac{(x-\mu_x)(y-\mu_y)}{\sigma_x\sigma_y}+\frac{(y-\mu_y)^2}{\sigma_y^2}=\lambda^2 \tag{4.4.30}$$

式中，λ^2 为一常数。

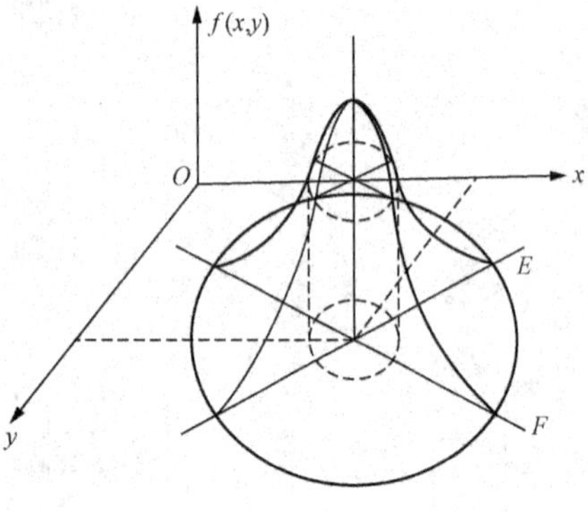

图 4.4.4

在同一椭圆上的所有点，其分布密度 $f(x,y)$ 是相同的，因此这些椭圆称为等密度椭圆。当分布密度 $f(x,y)$（或 λ^2）为不同常数时，得到的是一族分布密度不同的椭圆，这族同心椭圆反映了待定点点位分布情况。因此，也称为误差椭圆。

将坐标原点移到椭圆中心 (μ_x,μ_y) 上，那么上式成为

$$\frac{x^2}{\sigma_x^2}-2\rho\frac{xy}{\sigma_x\sigma_y}+\frac{y^2}{\sigma_y^2}=\lambda^2$$

或者

$$\sigma_y^2x^2-2\rho\,\sigma_x\sigma_y xy+\sigma_x^2y^2=(\lambda\sigma_x\sigma_y)^2 \tag{4.4.31}$$

由解析几何知，当有方程 $Ax^2+Bxy+Cy^2=R^2$ 时，为了消去方程中的 Bxy 项，使其变成标准化形式，则须将坐标系旋转一 θ 角，它应由下式确定

$$\tan 2\theta=\frac{B}{A-C}$$

将式(4.4.31)中的系数代入，则有

$$\tan 2\theta=\frac{-2\rho\,\sigma_x\sigma_y}{\sigma_y^2-\sigma_x^2}=\frac{2\rho\,\sigma_x\sigma_y}{\sigma_x^2-\sigma_y^2}=\frac{2\sigma_{xy}}{\sigma_x^2-\sigma_y^2}=\frac{2q_{xy}}{q_x-q_y} \tag{4.4.32}$$

其中，顾及到 $\rho\sigma_x\sigma_y=\sigma_{xy}$，$\sigma^2=\sigma_0^2q$。由此可见，这里的旋转角 θ 实际上就是式(4.4.22)中确定

的 ϕ_1 和 ϕ_2，而 ϕ_1 和 ϕ_2 是 σ_ϕ 取得极大值或极小值的方向，换句话说，只要坐标轴与 E、F 方向相重合，则式(4.4.31)就可变成标准化形式，即

$$\frac{x^2}{E^2}+\frac{y^2}{F^2}=k^2 \tag{4.4.33}$$

当 k 取不同的值时，就得到一族同心的误差椭圆，记做 B_k。当 $k=1$ 时的误差椭圆称为标准误差椭圆。

经过上述简化后，二维正态分布的密度函数为

$$f(x,y)=\frac{1}{2\pi EF}\exp\left[-\frac{1}{2}\left(\frac{x^2}{E^2}+\frac{y^2}{F^2}\right)\right] \tag{4.4.34}$$

现在讨论待定点落入误差椭圆 B_k（记做 $(x,y)\subset B_k$）内的概率，即

$$P[(x,y)\subset B_k]=\int_{B_k}f(x,y)\mathrm{d}x\mathrm{d}y=\frac{1}{2\pi EF}\int_{B_k}\exp\left[-\frac{1}{2}\left(\frac{x^2}{E^2}+\frac{y^2}{F^2}\right)\right]\mathrm{d}x\mathrm{d}y$$

做变量代换，令

$$u=\frac{x}{E\sqrt{2}},\ v=\frac{y}{F\sqrt{2}}$$

代入式(4.4.33)，有

$$u^2+v^2=\frac{1}{2}k^2$$

上式是以半径为 $\frac{k}{\sqrt{2}}$ 的圆 C_k 的方程。因而，待定点落入椭圆 B_k 内的概率就相当于落入圆 C_k 内的概率，所以有

$$P[(x,y)\subset B_k]=\frac{1}{\pi}\int_{C_k}\mathrm{e}^{-(u^2+v^2)}\mathrm{d}u\mathrm{d}v \tag{4.4.35}$$

再令

$$u=r\cos\theta, v=r\sin\theta,$$

则

$$\mathrm{d}u\mathrm{d}v=r\mathrm{d}r\mathrm{d}\theta$$

代入式(4.4.35)，有

$$P[(x,y)\subset B_k]=\frac{1}{\pi}\int_0^{2\pi}\mathrm{d}\theta\int_0^{\frac{k}{\sqrt{2}}}r\exp(-r^2)\mathrm{d}r=2\int_0^{\frac{k}{\sqrt{2}}}r\exp(-r^2)\mathrm{d}r$$

$$=1-\exp\left(-\frac{k^2}{2}\right) \tag{4.4.36}$$

给予 k 不同的值，就得到相应的概率 p。

将 $k=1,2,3,4$ 的四个相应的椭圆表示在图 4.4.5 中。每一个椭圆上注明在该椭圆内出现待定点的概率，椭圆之间所标明的数字是表示待定点出现在两椭圆之间的概率。

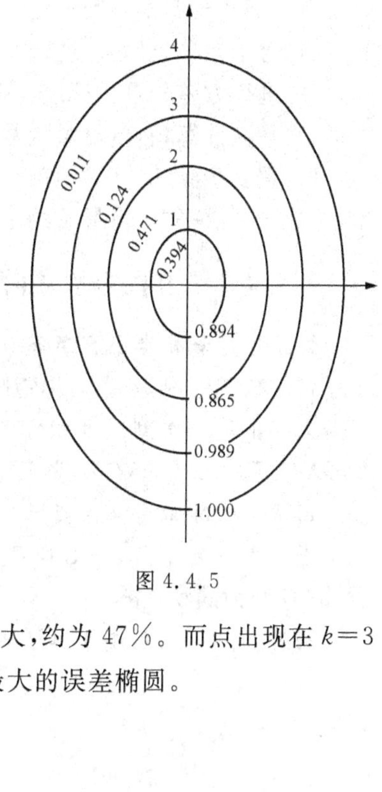

图 4.4.5

由图 4.4.5 可以看出，点出现在 $k=1,2$ 两椭圆之间的概率最大，约为 47%。而点出现在 $k=3$ 椭圆以外的概率很小，约为 1%，即 $k=3$ 椭圆实际上可视为最大的误差椭圆。

§4.5 模型误差与法方程系数矩阵的性质

数学模型是测量平差的基础，它包括函数模型和随机模型两部分。测量平差最后总是归结为解算一组法方程。测量平差中的法方程是一种特殊形式的线性方程组，法方程系数矩阵的结构、性质直接影响法方程解算的精度和可靠性。本节和下节将对法方程系数矩阵的性质及其制约性进行分析，这对如何选择合适的解算方法和平差方法是必要和有益的。

4.5.1 模型误差

对于一个测量问题，要想得到理想的结果，首先必须建立正确的数学模型。然而由于受各种条件的限制，所建立的数学模型往往与客观现实存在着差异，这种差异定义为模型误差，它包括函数模型误差和随机模型误差，用公式表示为

$$\boldsymbol{M}=\boldsymbol{M}_0+\Delta\boldsymbol{M}$$

式中，$\Delta\boldsymbol{M}$ 为模型误差，$\boldsymbol{M}_0$ 为所建立的数学模型，$\boldsymbol{M}$ 为真实模型或现实模型。

模型误差的存在不仅使平差结果产生偏差，而且将会影响评价成果质量的可靠性。测量上通常采用假设检验理论来对未知参数的作用进行显著性检验（见第 9 章），以选择合适的函数模型；随机模型误差主要是由于观测量的先验权矩阵不正确而产生的，通常采用方差-协方差分量估计方法来改善随机模型。由于函数模型误差和随机模型误差相互牵连、互相影响，如果随机模型存在误差而在选择函数模型时不去考虑，那么所得的函数模型并不是最佳的。同时，函数模型误差又将通过方差分量估计技术被随机模型所吸收，从而掩盖了函数模型误差，使平差结果在一定程度上是虚假的、不可靠的。

由于函数模型误差和随机模型误差事先并不能精确知道，实际平差时可采用如下迭代法。

(1)对未知参数作假设检验，以选择较合适的函数模型；

(2)进行方差分量估计改善随机模型；

(3)平差计算，然后再对函数模型进行选择；

(4)重复步骤(2)、(3)，直至方差分量估计满足要求，此时再选一次函数模型作为最佳模型，然后做一次平差，得最后的平差结果。

4.5.2 法方程系数矩阵的性质

1. 正定矩阵和半正定矩阵

在实数范围内，若由对称矩阵 $\boldsymbol{G}$ 及其非零向量 $\boldsymbol{X}$ 组成的二次型满足 $\boldsymbol{X}^{\mathrm{T}}\boldsymbol{G}\boldsymbol{X}\geqslant 0$，则称此二次型为半正定二次型或非负定二次型，$\boldsymbol{G}$ 称做半正定矩阵或非负定矩阵。若 $\boldsymbol{X}^{\mathrm{T}}\boldsymbol{G}\boldsymbol{X}>0$，则 $\boldsymbol{X}^{\mathrm{T}}\boldsymbol{G}\boldsymbol{X}$ 为正定二次型，$\boldsymbol{G}$ 称为正定矩阵。

1)正定矩阵必为满秩矩阵，且其逆矩阵亦为正定矩阵

设 $\boldsymbol{G}$ 为正定矩阵，若 $\boldsymbol{G}$ 降秩，则有非零向量 $\boldsymbol{X}$ 使 $\boldsymbol{G}\boldsymbol{X}=\boldsymbol{0}$，从而 $\boldsymbol{X}^{\mathrm{T}}\boldsymbol{G}\boldsymbol{X}=0$。这与 $\boldsymbol{G}$ 正定矛盾，故 $\boldsymbol{G}$ 必为满秩矩阵。

另外，若 $\boldsymbol{G}$ 正定，由于其逆矩阵 $\boldsymbol{G}^{-1}$ 存在，且为满秩矩阵，故而对任何非零向量 $\boldsymbol{Y}$ 有

$$\boldsymbol{X}=\boldsymbol{G}^{-1}\boldsymbol{Y}\neq\boldsymbol{0}$$

则

$$Y^{\mathrm{T}}G^{-1}Y=X^{\mathrm{T}}GG^{-1}GX=X^{\mathrm{T}}GX>0$$

所以可知 G^{-1} 为正定矩阵。

2)协方差矩阵为半正定矩阵

设 X 的协方差矩阵为 D_{XX}，由于 D_{XX} 为对称矩阵，对任一非零向量 Y 可构成二次型

$$\begin{aligned}Y^{\mathrm{T}}D_{XX}Y&=Y^{\mathrm{T}}E\{[X-E(X)][X-E(X)]^{\mathrm{T}}\}Y\\&=E\{Y^{\mathrm{T}}[X-E(X)][X-E(X)]^{\mathrm{T}}Y\}\end{aligned}$$

如适当选择非零向量 Y 的元素，可使 $(X-E(X))^{\mathrm{T}}Y$ 为 0 或不为 0，故有 $Y^{\mathrm{T}}D_{XX}Y\geqslant 0$。所以可知 D_{XX} 为半正定矩阵。

对于独立观测量，其方差矩阵 D_{LL} 为对角矩阵，对角元素为相应观测值的方差，均大于 0。由此可知独立观测量的方差矩阵 D_{LL} 和其逆矩阵 D_{LL}^{-1} 是正定矩阵；独立观测量的权矩阵 P_{LL} 和权逆矩阵 P_{LL}^{-1} 也是正定矩阵。

若有独立观测量的函数向量

$$\underset{t\times 1}{Z}=\underset{t\times n}{F}\ \underset{n\times 1}{L}$$

如果 D_{LL} 为正定矩阵，那么当系数矩阵 F 行满秩时，所得 Z 的协方差矩阵 D_{ZZ} 及其逆矩阵 D_{ZZ}^{-1}，Z 的权矩阵 P_{ZZ} 及其权逆矩阵 P_{ZZ}^{-1} 均为正定矩阵。

由协方差传播公式得

$$D_{ZZ}=FD_{LL}F^{\mathrm{T}}$$

因 F^{T} 列满秩，故对任意非零向量 X 有 $F^{\mathrm{T}}X\neq \mathbf{0}$，又 D_{LL} 正定，于是有

$$X^{\mathrm{T}}FD_{LL}F^{\mathrm{T}}X=X^{\mathrm{T}}D_{ZZ}X>0$$

即 D_{ZZ} 为正定矩阵。也可知，D_{ZZ}^{-1} 也是正定矩阵。又因为

$$D_{ZZ}=\sigma_0^2P_{ZZ}^{-1}\text{，}P_{ZZ}=\sigma_0^2D_{ZZ}^{-1}$$

即知，Z 的权矩阵 P_{ZZ} 和其权逆矩阵 P_{ZZ}^{-1} 亦为正定矩阵。

2. 法方程系数矩阵的性质

在间接平差中，法方程为

$$B^{\mathrm{T}}PB\hat{x}+B^{\mathrm{T}}Pl=\mathbf{0}$$

法方程系数矩阵 $N=B^{\mathrm{T}}PB$，简称法矩阵，它具有以下性质。

(1)法矩阵是对称矩阵。

(2)当系数矩阵 $\underset{n\times t}{B}(n>t)$ 列满秩，且权矩阵 P 正定时，法矩阵 $N=B^{\mathrm{T}}PB$ 为正定矩阵。

证明：由于 B 为列满秩矩阵，所以其秩 $R(B)=t$，则对任一非零向量 X 有

$$BX=Y\neq \mathbf{0}$$

又因为 P 正定，故二次型

$$Y^{\mathrm{T}}PY=X^{\mathrm{T}}B^{\mathrm{T}}PBX>0$$

即 $N=B^{\mathrm{T}}PB$ 为正定矩阵。证毕。

(3)当 B 非列满秩时，法矩阵 $N=B^{\mathrm{T}}PB$ 为降秩矩阵。

证明：由于 B 的秩 $R(B)<t$，则 B 中必有部分列可由其他列线性表出，设将 B 的列调整后按列分块成

$$\underset{n\times t}{B}=(\underset{n\times s}{B_1}\quad \underset{n\times (t-s)}{B_2})$$

且有 $\boldsymbol{B}_2=\boldsymbol{B}_1 \underset{s\times(t-s)}{\boldsymbol{\Lambda}}$，其中，$\boldsymbol{\Lambda}$ 的每一列元素不全为 0，于是有

$$\boldsymbol{N}=\boldsymbol{B}^{\mathrm{T}}\boldsymbol{P}\boldsymbol{B}=\begin{pmatrix}\boldsymbol{B}_1^{\mathrm{T}}\\ \boldsymbol{B}_2^{\mathrm{T}}\end{pmatrix}\boldsymbol{P}(\boldsymbol{B}_1 \quad \boldsymbol{B}_2)=\begin{pmatrix}\boldsymbol{B}_1^{\mathrm{T}}\\ \boldsymbol{\Lambda}^{\mathrm{T}}\boldsymbol{B}_1^{\mathrm{T}}\end{pmatrix}\boldsymbol{P}(\boldsymbol{B}_1 \quad \boldsymbol{B}_1\boldsymbol{\Lambda})$$

$$=\begin{pmatrix}\boldsymbol{B}_1^{\mathrm{T}}\boldsymbol{P}\boldsymbol{B}_1 & \boldsymbol{B}_1^{\mathrm{T}}\boldsymbol{P}\boldsymbol{B}_1\boldsymbol{\Lambda}\\ \boldsymbol{\Lambda}^{\mathrm{T}}\boldsymbol{B}_1^{\mathrm{T}}\boldsymbol{P}\boldsymbol{B}_1 & \boldsymbol{\Lambda}^{\mathrm{T}}\boldsymbol{B}_1^{\mathrm{T}}\boldsymbol{P}\boldsymbol{B}_1\boldsymbol{\Lambda}\end{pmatrix}$$

由此可以看出，$\boldsymbol{N}=\boldsymbol{B}^{\mathrm{T}}\boldsymbol{P}\boldsymbol{B}$ 的一部分行向量可由另一部分线性表出，故 $\boldsymbol{N}$ 为降秩矩阵。证毕。

(4)当法矩阵正定，法方程解向量 $\hat{\boldsymbol{X}}$ 的函数 $\underset{s\times1}{\boldsymbol{Z}}=\underset{s\times t}{\boldsymbol{F}}\underset{t\times1}{\hat{\boldsymbol{X}}}$，且系数矩阵 $\boldsymbol{F}$ 行满秩时，$\boldsymbol{Z}$ 的权逆矩阵 $\boldsymbol{P}_{\boldsymbol{ZZ}}^{-1}$ 为正定矩阵。

证明：由间接平差可知，参数向量 $\hat{\boldsymbol{X}}$ 的权逆矩阵为 $\boldsymbol{N}^{-1}=(\boldsymbol{B}^{\mathrm{T}}\boldsymbol{P}\boldsymbol{B})^{-1}$，则由协方差矩阵传播公式可得 $\boldsymbol{Z}$ 的权逆矩阵为

$$\boldsymbol{P}_{\boldsymbol{ZZ}}^{-1}=\boldsymbol{F}\boldsymbol{N}^{-1}\boldsymbol{F}^{\mathrm{T}}$$

又 $\boldsymbol{F}$ 行满秩，对任一非零向量 $\boldsymbol{\varphi}$ 有

$$\underset{1\times s}{\boldsymbol{\varphi}}\underset{s\times t}{\boldsymbol{F}}=\boldsymbol{Y}^{\mathrm{T}}\neq\boldsymbol{0}$$

由于 $\boldsymbol{N}$ 正定，则 $\boldsymbol{N}^{-1}$ 也正定，于是有

$$\boldsymbol{Y}^{\mathrm{T}}\boldsymbol{N}^{-1}\boldsymbol{Y}=\boldsymbol{\varphi}\boldsymbol{F}\boldsymbol{N}^{-1}\boldsymbol{F}^{\mathrm{T}}\boldsymbol{\varphi}^{\mathrm{T}}=\boldsymbol{\varphi}\boldsymbol{P}_{\boldsymbol{ZZ}}^{-1}\boldsymbol{\varphi}^{\mathrm{T}}>0$$

由此得 $\boldsymbol{P}_{\boldsymbol{ZZ}}^{-1}$ 为正定矩阵。证毕。

§4.6 法方程的制约性

如果误差方程系数矩阵 $\boldsymbol{B}$ 和自由项 $\boldsymbol{l}$ 的舍入误差对参数 $\boldsymbol{X}$ 解的影响不大，那么就是说法矩阵 $\boldsymbol{N}=\boldsymbol{B}^{\mathrm{T}}\boldsymbol{P}\boldsymbol{B}$ 的性质好。若法矩阵 $\boldsymbol{N}$ 的性质差，则对法矩阵 $\boldsymbol{N}$ 和自由项 $\boldsymbol{l}$ 的元素做很小扰动，参数解值就变动很大，也就是解值 $\boldsymbol{X}$ 对 $\boldsymbol{N}$ 和 $\boldsymbol{l}$ 的变化非常敏感，显然这样的解很不可靠，则称这样的法方程为病态方程，其系数矩阵 $\boldsymbol{N}$ 称为病态矩阵或制约性不好的矩阵。可见，法方程的状态决定了参数的解算精度，而法方程状态的好坏是由法矩阵的性质决定的。

4.6.1 误差方程自由项舍入误差对解的影响

对于误差方程 $\boldsymbol{V}=\boldsymbol{B}\hat{\boldsymbol{x}}+\boldsymbol{l}$，其参数的解为

$$\hat{\boldsymbol{x}}=-(\boldsymbol{B}^{\mathrm{T}}\boldsymbol{P}\boldsymbol{B})^{-1}\boldsymbol{B}^{\mathrm{T}}\boldsymbol{P}\boldsymbol{l}=-\boldsymbol{Q}_{\hat{x}\hat{x}}\boldsymbol{B}^{\mathrm{T}}\boldsymbol{P}\boldsymbol{l}$$

设自由项 $\boldsymbol{l}$ 的舍入误差为 $\mathrm{d}\boldsymbol{l}$，则其对参数解的影响为

$$\mathrm{d}\hat{\boldsymbol{x}}=-\boldsymbol{Q}_{\hat{x}\hat{x}}\boldsymbol{B}^{\mathrm{T}}\boldsymbol{P}\mathrm{d}\boldsymbol{l}$$

因为有多个舍入误差在平差运算中，其对结果的影响具有相互抵消的性质。因此，可视舍入误差是随机变量，应用协方差传播公式，可得

$$\boldsymbol{D}_{\mathrm{d}\hat{x}\mathrm{d}\hat{x}}=\boldsymbol{Q}_{\hat{x}\hat{x}}\boldsymbol{B}^{\mathrm{T}}\boldsymbol{P}\boldsymbol{D}_{\mathrm{d}l\mathrm{d}l}\boldsymbol{P}\boldsymbol{B}\boldsymbol{Q}_{\hat{x}\hat{x}}$$

如果认为 $\boldsymbol{P}=\boldsymbol{I}$，$\boldsymbol{D}_{\mathrm{d}l\mathrm{d}l}=\boldsymbol{I}\sigma_l^2$，代入上式，得

$$\boldsymbol{D}_{\mathrm{d}\hat{x}\mathrm{d}\hat{x}}=\sigma_l^2\boldsymbol{Q}_{\hat{x}\hat{x}} \tag{4.6.1}$$

可看出误差方程自由项舍入误差对参数解的影响。它不仅与自由项的舍入方差 σ_l^2 有关，还与未知数的协因数矩阵 $\boldsymbol{Q}_{\hat{x}\hat{x}}$ 有关。

4.6.2　误差方程系数舍入误差对解的影响

如果认为 $\boldsymbol{P}=\boldsymbol{I}$，则由法方程得

$$\mathrm{d}\boldsymbol{B}^{\mathrm{T}}\boldsymbol{B}\hat{\boldsymbol{x}}+\boldsymbol{B}^{\mathrm{T}}\mathrm{d}\boldsymbol{B}\hat{\boldsymbol{x}}+\boldsymbol{B}^{\mathrm{T}}\boldsymbol{B}\mathrm{d}\hat{\boldsymbol{x}}+\mathrm{d}\boldsymbol{B}^{\mathrm{T}}\boldsymbol{l}=\boldsymbol{0}$$

合并后得

$$\mathrm{d}\boldsymbol{B}^{\mathrm{T}}(\boldsymbol{B}\hat{\boldsymbol{x}}+\boldsymbol{l})+\boldsymbol{B}^{\mathrm{T}}\mathrm{d}\boldsymbol{B}\hat{\boldsymbol{x}}+\boldsymbol{B}^{\mathrm{T}}\boldsymbol{B}\mathrm{d}\hat{\boldsymbol{x}}=\boldsymbol{0}$$

顾及 $\boldsymbol{V}=\boldsymbol{B}\hat{\boldsymbol{x}}+\boldsymbol{l}$，上式化为

$$\boldsymbol{B}^{\mathrm{T}}\mathrm{d}\boldsymbol{B}\hat{\boldsymbol{x}}+\boldsymbol{B}^{\mathrm{T}}\boldsymbol{B}\mathrm{d}\hat{\boldsymbol{x}}+\mathrm{d}\boldsymbol{B}^{\mathrm{T}}\boldsymbol{V}=\boldsymbol{0}$$

从上式可解得 $\mathrm{d}\hat{\boldsymbol{x}}$，即

$$\mathrm{d}\hat{\boldsymbol{x}}=-\boldsymbol{Q}_{\hat{X}\hat{X}}(\boldsymbol{B}^{\mathrm{T}}\mathrm{d}\boldsymbol{B}\hat{\boldsymbol{x}}+\mathrm{d}\boldsymbol{B}^{\mathrm{T}}\boldsymbol{V})$$

因 $\boldsymbol{Q}_{\hat{X}\hat{X}}\mathrm{d}\boldsymbol{B}^{\mathrm{T}}\boldsymbol{V}$ 为二阶微小量，可忽略不计，则有

$$\mathrm{d}\hat{\boldsymbol{x}}\approx-\boldsymbol{Q}_{\hat{X}\hat{X}}\boldsymbol{B}^{\mathrm{T}}\mathrm{d}\boldsymbol{B}\hat{\boldsymbol{x}} \tag{4.6.2}$$

那么 $\mathrm{d}\hat{\boldsymbol{x}}$ 的方差为

$$\boldsymbol{D}_{\mathrm{d}\hat{x}\mathrm{d}\hat{x}}=\boldsymbol{Q}_{\hat{X}\hat{X}}\boldsymbol{B}^{\mathrm{T}}E(\mathrm{d}\boldsymbol{B}\hat{\boldsymbol{x}}\hat{\boldsymbol{x}}^{\mathrm{T}}\mathrm{d}\boldsymbol{B}^{\mathrm{T}})\boldsymbol{B}\boldsymbol{Q}_{\hat{X}\hat{X}} \tag{4.6.3}$$

设 $\boldsymbol{B}_i$ 为 $\boldsymbol{B}$ 矩阵中的第 i 行，它为 1 行 t 列的行向量，所以有 $\mathrm{d}\boldsymbol{B}_i\hat{\boldsymbol{x}}=\hat{\boldsymbol{x}}^{\mathrm{T}}\mathrm{d}\boldsymbol{B}_i^{\mathrm{T}}$，设 $\mathrm{d}\boldsymbol{B}$ 中各元素独立等精度，其方差为 σ_a^2，则有

$$E(\mathrm{d}\boldsymbol{B}\hat{\boldsymbol{x}}\hat{\boldsymbol{x}}^{\mathrm{T}}\mathrm{d}\boldsymbol{B}^{\mathrm{T}})=(\hat{\boldsymbol{x}}^{\mathrm{T}}\hat{\boldsymbol{x}})\sigma_a^2\underset{n\times n}{\boldsymbol{I}}$$

将上式代入式(4.6.3)得

$$\boldsymbol{D}_{\mathrm{d}\hat{x}\mathrm{d}\hat{x}}=\boldsymbol{Q}_{\hat{X}\hat{X}}(\hat{\boldsymbol{x}}^{\mathrm{T}}\hat{\boldsymbol{x}})\sigma_a^2 \tag{4.6.4}$$

可见，$\mathrm{d}\boldsymbol{B}$ 对解的影响除与其方差 σ_a^2 有关外，还与参数的平方和$(\hat{\boldsymbol{x}}^{\mathrm{T}}\hat{\boldsymbol{x}})$及其权逆矩阵 $\boldsymbol{Q}_{\hat{X}\hat{X}}$ 有关。

在计算过程中，σ_l^2、σ_a^2 的大小取决于计算机的字长，计算机字长越长，误差方程的系数和自由项计算的小数位越多，σ_l^2、σ_a^2 就越小。$(\hat{\boldsymbol{x}}^{\mathrm{T}}\hat{\boldsymbol{x}})$的大小取决于参数近似值的精度，参数近似值的精度愈高，$(\hat{\boldsymbol{x}}^{\mathrm{T}}\hat{\boldsymbol{x}})$愈小。而未知数权逆矩阵 $\boldsymbol{Q}_{\hat{X}\hat{X}}$ 元素的大小也直接影响着解的精度，也关系到法矩阵的制约性。

4.6.3　法方程系数矩阵的制约性

由上面的讨论可知，舍入误差对解的影响与法矩阵的逆矩阵 $\boldsymbol{N}^{-1}=\boldsymbol{N}_{BB}^{-1}$ 有关，即与法矩阵的制约性有关，现举两个例子说明。

例一：设法方程为

$$\begin{pmatrix}1 & 10\\ 10 & 101\end{pmatrix}\begin{pmatrix}\hat{x}_1\\ \hat{x}_2\end{pmatrix}=\begin{pmatrix}11\\ 111\end{pmatrix}$$

其解为 $\hat{x}_1=\hat{x}_2=1$。如果系数和自由项都含有 0.01 的舍入误差，则法方程变为

$$\begin{pmatrix}0.99 & 9.99\\ 9.99 & 100.99\end{pmatrix}\begin{pmatrix}\hat{x}_1\\ \hat{x}_2\end{pmatrix}=\begin{pmatrix}11.01\\ 111.01\end{pmatrix}$$

其解为 $\hat{x}_1=16.17$，$\hat{x}_2=-0.5$。

例二：设法方程为

$$\begin{pmatrix}100 & 5\\ 5 & 90\end{pmatrix}\begin{pmatrix}\hat{x}_1\\ \hat{x}_2\end{pmatrix}=\begin{pmatrix}8\\ 9\end{pmatrix}$$

其解为 $\hat{x}_1=0.075$，$\hat{x}_2=0.095$。设系数和自由项都含有 0.01 的舍入误差，则法方程变为

$$\begin{pmatrix}99.99 & 4.99\\ 4.99 & 89.99\end{pmatrix}\begin{pmatrix}\hat{x}_1\\ \hat{x}_2\end{pmatrix}=\begin{pmatrix}8.01\\ 9.01\end{pmatrix}$$

其解为 $\hat{x}_1=0.075$，$\hat{x}_2=0.095$。

由此可见，同样大小的舍入误差，对系数矩阵性质不同的法方程，得出的解差异很大。例一对法方程系数矩阵和自由项的微小扰动非常敏感，解值的变动很大，我们说例一的法方程制约性不好，这样的方程为病态的；而例二对法方程系数矩阵和自由项的微小扰动不敏感，其解没有变化，例二方程的制约性好，这样的方程为良态的。为了能定量判断法方程的状态，下面介绍两种衡量法方程系数矩阵制约性的方法。

1. 行列式法

理论上讲，法方程系数矩阵的行列式不等于 0，法方程就有唯一解，但实际计算中发现，法矩阵的行列式值虽然不为 0，但如果它的绝对值很小，所得的解可能很不可靠，所以可用行列式值来描述法矩阵的性质，即 $\det(\boldsymbol{N})$。实际应用中，一般先将法方程标准化，然后再将标准化后的法矩阵的行列式值与 1 比较：行列式值愈接近于 1，法方程的制约性愈好，即法方程为良态的；若行列式值愈接近于 0，法方程的制约性愈坏，即法方程的病态程度愈严重。标准化的方法很多，我们取

$$\left.\begin{aligned}\det(\boldsymbol{N})_{标} &= \frac{\det(\boldsymbol{N})}{\alpha}\\ \alpha &= \prod_{i=1}^{t}\sqrt{\sum_{j=1}^{t}a_{ij}^2}\end{aligned}\right\} \tag{4.6.5}$$

当 $\det(\boldsymbol{N})_{标}=1$ 时，$\boldsymbol{N}$ 的制约性最好。如前述的例一

$$\boldsymbol{N}=\begin{pmatrix}1 & 10\\ 10 & 101\end{pmatrix}$$

$$\det(\boldsymbol{N})=1,\ \alpha=10.05\times101.49=1\,020,\ \det(\boldsymbol{N})_{标}=0.001\,0$$

对于例二

$$\boldsymbol{N}=\begin{pmatrix}100 & 5\\ 5 & 90\end{pmatrix}$$

$$\det(\boldsymbol{N})=897\,5,\alpha=100.12\times90.14=9\,025,\det(\boldsymbol{N})_{标}=0.994\,5$$

由此可见：第一个方程的制约性不好，为病态方程；第二个方程的制约性好，是良态的。

2. 条件数法

定义

$$K(\boldsymbol{N})=\|\boldsymbol{N}\|\ \ \|\boldsymbol{N}^{-1}\| \tag{4.6.6}$$

为矩阵 $\boldsymbol{N}$ 的条件数。其中，$\|\boldsymbol{N}\|$ 为 $\boldsymbol{N}$ 的二范数。

条件数是目前最为常用的一种度量法方程病态性程度的指标。条件数 $K(\boldsymbol{N})$ 愈小，解值 $\hat{\boldsymbol{X}}$ 的抗干扰性愈强，法方程的制约性愈好。实际应用中，条件数也可用 $\boldsymbol{N}$ 的特征根来表示。因为法矩阵 $\boldsymbol{N}$ 为正定实对称矩阵，若 $\boldsymbol{N}$ 的特征根按从大到小排列为 $\lambda_1>\lambda_2>\cdots>\lambda_t$。可以

证明

$$\| \boldsymbol{N} \| = \lambda_1, \quad \| \boldsymbol{N}^{-1} \| = \frac{1}{\lambda_t}$$

于是条件数 $K(\boldsymbol{N})$可写成

$$K(\boldsymbol{N}) = \frac{\lambda_1}{\lambda_t} \tag{4.6.7}$$

即条件数 $K(\boldsymbol{N})$为 $\boldsymbol{N}$ 的最大和最小特征根之比，显然有 $K(\boldsymbol{N}) \geqslant 1$。条件数较大的法方程称为病态方程，相应的法矩阵称病态矩阵；否则称为良态的。应用中的经验表明，当 $K(\boldsymbol{N}) < 100$ 时，可认为没有病态；若 $100 \leqslant K(\boldsymbol{N}) \leqslant 1\,000$，则认为存在中等程度的病态；当 $K(\boldsymbol{N}) > 1\,000$ 时，则认为存在严重的病态。

上述介绍的衡量法方程系数矩阵制约性的方法在实际应用中存在一定的局限性。实践中还应结合实际进行分析和判断。

4.6.4　改善法方程制约性的途径

如果误差方程的系数矩阵 $\boldsymbol{B} = (\boldsymbol{B}_1 \quad \boldsymbol{B}_2 \quad \cdots \quad \boldsymbol{B}_t)$中的任何两个列向量彼此正交或接近正交，而且$|\boldsymbol{B}_i| \approx |\boldsymbol{B}_j|$，这样 $\boldsymbol{N}_{BB} = \boldsymbol{B}^{\mathrm{T}}\boldsymbol{P}\boldsymbol{B}$ 就接近正交矩阵，而正交矩阵的制约性最好。由于图形结构决定了 $\boldsymbol{B}$ 的状态，因此在测量定位前，就要精心构造最佳定位图形，才能有良好的误差方程。

由于自由项 $\boldsymbol{l}$ 的舍入误差 $\mathrm{d}\boldsymbol{l}$、误差方程系数矩阵 $\boldsymbol{B}$ 的舍入误差 $\mathrm{d}\boldsymbol{B}$ 对参数 $\boldsymbol{X}$ 估值精度的影响是与 $\boldsymbol{Q}_{\hat{X}\hat{X}}$ 有关的。也就是 $\boldsymbol{Q}_{\hat{X}\hat{X}}$ 对角线元素越大，$\mathrm{d}\boldsymbol{l}$ 和 $\mathrm{d}\boldsymbol{B}$ 对平差结果的影响也越大，法方程的制约性也越差。为了减小 $\boldsymbol{Q}_{\hat{X}\hat{X}}$ 值，可采用增加多余观测和均匀配置起算数据的方法。例如，在 GPS 定位中，观测 8 颗卫星定位就比仅观测 4 颗卫星定位的 $\boldsymbol{Q}_{\hat{X}\hat{X}}$ 要小。在无线电测量定位中，跟踪测量站个数越多、距离跟踪目标越近，则定位精度越高，$\boldsymbol{Q}_{\hat{X}\hat{X}}$ 越小。因此，在可能的条件下，增加多余观测和均匀配置已知点是提高定位精度、减小 $\boldsymbol{Q}_{\hat{X}\hat{X}}$ 的有效途径。

对于一个具体问题，从理论上讲任何平差方法都会得到同样正确的结果。但从法方程的制约性来说，不同的平差方法有时会得到不同的平差结果，特别是在大规模网的大地网平差时更是如此。因为法方程阶数愈多，其制约性愈差。因此为了改善法方程的制约性，应选择法方程阶数少的平差方法。间接平差中，法方程的阶数等于未知参数个数 t；条件平差中，法方程的阶数等于多余观测个数 r，而 $r = n - t$。因此，从改善法方程的制约性考虑：当 $r > t$ 时，宜采用间接平差法；而当 $t > r$ 时，宜采用条件平差法。

另外，为改善法方程的制约性，也可从算法上考虑。例如，采用数值稳定性比较好的正交加边法或奇异值分解法解法方程，也可用正交化方法直接解误差方程。

以上主要是就如何构造制约性良好的法方程或如何改善法方程的制约性进行的讨论。应当指出，当法方程严重病态，求出的解严重失真时，将导致估值有偏。为了更好地解决这个问题，可采用近年来提出的有偏估计法。

第5章　条件平差

在测量工作中，为了能及时发现错误和提高测量成果的精度，常进行多余观测，这就产生了平差问题。当取全部观测量的最或然值作为平差的未知数时，由于有多余观测，这些未知数间必然构成一定的数学关系式，即条件方程。依据最小二乘原理求满足条件方程的最或然值，并做出相应的精度评定，这就是条件平差。

在第3章中已给出了条件平差的函数模型为

$$\underset{r\times n}{\boldsymbol{A}}\underset{n\times 1}{\boldsymbol{V}}+\underset{r\times 1}{\boldsymbol{W}}=\underset{r\times 1}{\boldsymbol{0}}\ ,\ \underset{r\times 1}{\boldsymbol{W}}=\underset{r\times n}{\boldsymbol{A}}\underset{n\times 1}{\boldsymbol{L}}+\underset{r\times 1}{\boldsymbol{A}_0}$$

这里 $\hat{\boldsymbol{L}}=\boldsymbol{L}+\boldsymbol{V}$，$\mathrm{R}(\boldsymbol{A})=r$。随机模型为

$$\underset{n\times n}{\boldsymbol{D}}=\sigma_0^2\underset{n\times n}{\boldsymbol{Q}}=\sigma_0^2\underset{n\times n}{\boldsymbol{P}^{-1}}$$

平差的准则为最小二乘原理，即

$$\boldsymbol{V}^{\mathrm{T}}\boldsymbol{P}\boldsymbol{V}=\min$$

条件平差就是要求在满足 r 个条件方程情况下，利用最小二乘原理求 $\boldsymbol{V}$ 值，在数学中就是求函数的条件极值问题。

§5.1　条件平差原理

在条件平差的函数模型中，有 $r=n-t$ 个条件方程，即

$$\boldsymbol{AV}+\boldsymbol{W}=\boldsymbol{0} \tag{5.1.1}$$

而未知数 $\boldsymbol{V}$ 的分量有 n 个。由于 $r<n$，因此利用 r 个条件方程不可能解出 $\boldsymbol{V}$ 的唯一解，但可以按照最小二乘原理求 $\boldsymbol{V}$ 的最或然值，从而求得观测值向量的最或然值 $\hat{\boldsymbol{L}}=\boldsymbol{L}+\boldsymbol{V}$，也称平差值。

5.1.1　基础方程及其解

按函数极值的拉格朗日乘数法，设联系系数向量 $\underset{r\times 1}{\boldsymbol{K}}$ 组成函数

$$\boldsymbol{\Phi}=\boldsymbol{V}^{\mathrm{T}}\boldsymbol{P}V-2\boldsymbol{K}^{\mathrm{T}}(\boldsymbol{AV}+\boldsymbol{W})$$

根据条件平差函数模型的性质，可知 $\boldsymbol{V}^{\mathrm{T}}\boldsymbol{PV}=\min$ 相当于 $\Phi=\min$。将 Φ 对 $\boldsymbol{V}$ 求一阶导数，并令其为零矩阵，得

$$\frac{\mathrm{d}\Phi}{\mathrm{d}\boldsymbol{V}}=2\boldsymbol{V}^{\mathrm{T}}\boldsymbol{P}-2\boldsymbol{K}^{\mathrm{T}}\boldsymbol{A}=\underset{1\times n}{\boldsymbol{0}}$$

将上式两边转置，又因 $\boldsymbol{P}$ 是 n 阶满秩对称方阵，可得

$$\boldsymbol{V}=\boldsymbol{P}^{-1}\boldsymbol{A}^{\mathrm{T}}\boldsymbol{K}=\boldsymbol{Q}\boldsymbol{A}^{\mathrm{T}}\boldsymbol{K}$$

把上式带入到条件方程中有

$$\left.\begin{aligned}\underset{r\times r}{\boldsymbol{N}_{AA}}\underset{r\times 1}{\boldsymbol{K}}+\underset{r\times 1}{\boldsymbol{W}}&=\underset{r\times 1}{\boldsymbol{0}}\\ \underset{r\times r}{\boldsymbol{N}_{AA}}=\underset{r\times n}{\boldsymbol{A}}\underset{n\times n}{\boldsymbol{P}^{-1}}\underset{n\times r}{\boldsymbol{A}^{\mathrm{T}}}&=\underset{r\times n}{\boldsymbol{A}}\underset{n\times n}{\boldsymbol{Q}}\underset{n\times r}{\boldsymbol{A}^{\mathrm{T}}}\end{aligned}\right\} \tag{5.1.2}$$

由于 $R(\boldsymbol{N}_{AA})=r$，即 $\boldsymbol{N}_{AA}$ 是 r 阶满秩方阵，其逆存在。故可解得

$$\boldsymbol{K}=-\boldsymbol{N}_{AA}^{-1}\boldsymbol{W}$$

进而得到

$$\boldsymbol{V}=\boldsymbol{P}^{-1}\boldsymbol{A}^{\mathrm{T}}\boldsymbol{K}=-\boldsymbol{P}^{-1}\boldsymbol{A}^{\mathrm{T}}\boldsymbol{N}_{AA}^{-1}\boldsymbol{W} \tag{5.1.3}$$

$$\hat{\boldsymbol{L}}=\boldsymbol{L}+\boldsymbol{V}=\boldsymbol{L}-\boldsymbol{P}^{-1}\boldsymbol{A}^{\mathrm{T}}\boldsymbol{N}_{AA}^{-1}(\boldsymbol{A}\boldsymbol{L}+\boldsymbol{A}_0) \tag{5.1.4}$$

至此完成了求平差值的工作。

5.1.2　精度评定

测量平差的目的之一是要评定测量成果的精度，在条件平差中，精度评定包括单位权方差的估值公式，平差值及其函数的精度。

1. $\boldsymbol{V}^{\mathrm{T}}\boldsymbol{P}\boldsymbol{V}$ 的计算

二次型 $\boldsymbol{V}^{\mathrm{T}}\boldsymbol{P}\boldsymbol{V}$ 可以利用已经计算出的 $\boldsymbol{V}$ 和已知的 $\boldsymbol{P}$ 计算，也可以按照以下公式进行计算，即

$$\boldsymbol{V}^{\mathrm{T}}\boldsymbol{P}\boldsymbol{V}=(\boldsymbol{P}^{-1}\boldsymbol{A}^{\mathrm{T}}\boldsymbol{K})^{\mathrm{T}}\boldsymbol{P}(\boldsymbol{P}^{-1}\boldsymbol{A}^{\mathrm{T}}\boldsymbol{K})=\boldsymbol{K}^{\mathrm{T}}\boldsymbol{A}\boldsymbol{P}^{-1}\boldsymbol{P}\boldsymbol{P}^{-1}\boldsymbol{A}^{\mathrm{T}}\boldsymbol{K}=\boldsymbol{K}^{\mathrm{T}}\boldsymbol{N}_{AA}\boldsymbol{K} \tag{5.1.5}$$

$$\boldsymbol{V}^{\mathrm{T}}\boldsymbol{P}\boldsymbol{V}=\boldsymbol{V}^{\mathrm{T}}\boldsymbol{P}(\boldsymbol{P}^{-1}\boldsymbol{A}^{\mathrm{T}}\boldsymbol{K})=\boldsymbol{V}^{\mathrm{T}}\boldsymbol{A}^{\mathrm{T}}\boldsymbol{K}=(\boldsymbol{A}\boldsymbol{V})^{\mathrm{T}}\boldsymbol{K}=-\boldsymbol{W}^{\mathrm{T}}\boldsymbol{K}=\boldsymbol{W}^{\mathrm{T}}\boldsymbol{N}_{AA}^{-1}W \tag{5.1.6}$$

二次型函数 $\boldsymbol{V}^{\mathrm{T}}\boldsymbol{P}V$ 是测量平差中的一个主要统计量，在误差统计检验和统计分析中常要用到。

2. 单位权方差和中误差的计算

一般情况下，观测向量 $\boldsymbol{L}$ 的方差矩阵 $\boldsymbol{D}$ 往往是不知道的。为了评定精度，还要利用改正数 $\boldsymbol{V}$ 计算单位权方差的估值 $\hat{\sigma}_0^2$，然后才能计算所需向量的方差矩阵和任何平差结果的精度。

由于

$$\boldsymbol{V}^{\mathrm{T}}\boldsymbol{P}\boldsymbol{V}=\boldsymbol{W}^{\mathrm{T}}\boldsymbol{N}_{AA}^{-1}\boldsymbol{W}$$

且条件平差的函数模型在取真值和真误差情况下是

$$\boldsymbol{A}\tilde{\boldsymbol{L}}+\boldsymbol{A}_0=\boldsymbol{0},\ \boldsymbol{A}\boldsymbol{\Delta}+\boldsymbol{W}=\boldsymbol{0}$$

又 $\boldsymbol{W}=-\boldsymbol{A}\boldsymbol{\Delta}$，则有

$$\boldsymbol{V}^{\mathrm{T}}\boldsymbol{P}\boldsymbol{V}=(-\boldsymbol{A}\boldsymbol{\Delta})^{\mathrm{T}}\boldsymbol{N}_{AA}^{-1}(-\boldsymbol{A}\boldsymbol{\Delta})=\boldsymbol{\Delta}^{\mathrm{T}}\boldsymbol{A}^{\mathrm{T}}\boldsymbol{N}_{AA}^{-1}\boldsymbol{A}\boldsymbol{\Delta}$$

对上式取迹，并考虑到矩阵的迹的性质，有

$$\boldsymbol{V}^{\mathrm{T}}\boldsymbol{P}\boldsymbol{V}=\mathrm{tr}(\boldsymbol{V}^{\mathrm{T}}\boldsymbol{P}\boldsymbol{V})=\mathrm{tr}[(\boldsymbol{\Delta}^{\mathrm{T}}\boldsymbol{A}^{\mathrm{T}}\boldsymbol{N}_{AA}^{-1}\boldsymbol{A})(\boldsymbol{\Delta})]=\mathrm{tr}[(\boldsymbol{\Delta}\boldsymbol{\Delta}^{\mathrm{T}})(\boldsymbol{A}^{\mathrm{T}}\boldsymbol{N}_{AA}^{-1}\boldsymbol{A})]$$

对上式两边取数学期望

$$E(\boldsymbol{V}^{\mathrm{T}}\boldsymbol{P}\boldsymbol{V})=E\{\mathrm{tr}[(\boldsymbol{\Delta}\boldsymbol{\Delta}^{\mathrm{T}})(\boldsymbol{A}^{\mathrm{T}}\boldsymbol{N}_{AA}^{-1}\boldsymbol{A})]\}$$

由于数学期望与矩阵求迹符号可以互换，因此有

$$E(\boldsymbol{V}^{\mathrm{T}}\boldsymbol{P}\boldsymbol{V})=\mathrm{tr}\{E[(\boldsymbol{\Delta}\boldsymbol{\Delta}^{\mathrm{T}})(\boldsymbol{A}^{\mathrm{T}}\boldsymbol{N}_{AA}^{-1}\boldsymbol{A})]\}$$

上式右端只有 $\boldsymbol{\Delta}$ 为随机向量，且有 $E(\boldsymbol{\Delta}\boldsymbol{\Delta}^{\mathrm{T}})=\boldsymbol{D}=\sigma_0^2\boldsymbol{P}^{-1}$，把此式代入上式可得

$$E(\boldsymbol{V}^{\mathrm{T}}\boldsymbol{P}\boldsymbol{V})=\mathrm{tr}(\boldsymbol{\sigma}_0^2\boldsymbol{P}^{-1}\boldsymbol{A}^{\mathrm{T}}\boldsymbol{N}_{AA}^{-1}\boldsymbol{A})=\sigma_0^2\mathrm{tr}(\boldsymbol{A}\boldsymbol{P}^{-1}\boldsymbol{A}^{\mathrm{T}}\boldsymbol{N}_{AA}^{-1})=\sigma_0^2\mathrm{tr}(\boldsymbol{N}_{AA}\boldsymbol{N}_{AA}^{-1})=\sigma_0^2\mathrm{tr}(\underset{r\times r}{\boldsymbol{I}})=r\sigma_0^2$$

这样可得

$$\left.\begin{aligned}\sigma_0^2&=E\left(\frac{\boldsymbol{V}^{\mathrm{T}}\boldsymbol{P}\boldsymbol{V}}{r}\right)\\ \hat{\sigma}_0&=\sqrt{\frac{\boldsymbol{V}^{\mathrm{T}}\boldsymbol{P}\boldsymbol{V}}{r}}\end{aligned}\right\} \tag{5.1.7}$$

以上就是利用残差向量 $\boldsymbol{V}$ 计算单位权方差和中误差的公式。

3. 协因数矩阵

在条件平差中，基本随机向量 $\boldsymbol{L}$、$\boldsymbol{W}$、$\boldsymbol{K}$、$\boldsymbol{V}$、$\hat{\boldsymbol{L}}$ 通过平差计算之后，它们都可以表示为观测向量 $\boldsymbol{L}$ 的函数，即

$$\begin{aligned}
\boldsymbol{L} &= \boldsymbol{L} \\
\boldsymbol{W} &= \boldsymbol{A}\boldsymbol{L} + \boldsymbol{A}_0 \\
\boldsymbol{K} &= -\boldsymbol{N}_{AA}^{-1}\boldsymbol{W} = -\boldsymbol{N}_{AA}^{-1}\boldsymbol{A}\boldsymbol{L} + \cdots \\
\boldsymbol{V} &= \boldsymbol{Q}\boldsymbol{A}^{\mathrm{T}}\boldsymbol{K} = -\boldsymbol{Q}\boldsymbol{A}^{\mathrm{T}}\boldsymbol{N}_{AA}^{-1}\boldsymbol{A}\boldsymbol{L} + \cdots \\
\hat{\boldsymbol{L}} &= \boldsymbol{L} + \boldsymbol{V} = (\boldsymbol{I} - \boldsymbol{Q}\boldsymbol{A}^{\mathrm{T}}\boldsymbol{N}_{AA}^{-1}\boldsymbol{A})\boldsymbol{L} + \cdots
\end{aligned}$$

以上公式中的省略号表示的是常数向量。由于观测向量 $\boldsymbol{L}$ 的协因数矩阵 $\boldsymbol{Q}_{LL} = \boldsymbol{Q}$ 已知，则根据协因数传播律可求各随机向量的协因数矩阵及其向量间的协因数矩阵。例如

$$\begin{aligned}
\boldsymbol{Q}_{WW} &= \boldsymbol{A}\boldsymbol{Q}\boldsymbol{A}^{\mathrm{T}} = \boldsymbol{N}_{AA} \\
\boldsymbol{Q}_{VV} &= (-\boldsymbol{Q}\boldsymbol{A}^{\mathrm{T}}\boldsymbol{N}_{AA}^{-1}\boldsymbol{A})\boldsymbol{Q}(-\boldsymbol{Q}\boldsymbol{A}^{\mathrm{T}}\boldsymbol{N}_{AA}^{-1}\boldsymbol{A})^{\mathrm{T}} = \boldsymbol{Q}\boldsymbol{A}^{\mathrm{T}}\boldsymbol{N}_{AA}^{-1}\boldsymbol{A}\boldsymbol{Q} \\
\boldsymbol{Q}_{\hat{L}\hat{L}} &= (\boldsymbol{I} - \boldsymbol{Q}\boldsymbol{A}^{\mathrm{T}}\boldsymbol{N}_{AA}^{-1}\boldsymbol{A})\boldsymbol{Q}(\boldsymbol{I} - \boldsymbol{Q}\boldsymbol{A}^{\mathrm{T}}\boldsymbol{N}_{AA}^{-1}\boldsymbol{A})^{\mathrm{T}} = \boldsymbol{Q} - \boldsymbol{Q}\boldsymbol{A}^{\mathrm{T}}\boldsymbol{N}_{AA}^{-1}\boldsymbol{A}\boldsymbol{Q} = \boldsymbol{Q} - \boldsymbol{Q}_{VV} \\
\boldsymbol{Q}_{L\hat{L}} &= \boldsymbol{Q}(\boldsymbol{I} - \boldsymbol{Q}\boldsymbol{A}^{\mathrm{T}}\boldsymbol{N}_{AA}^{-1}\boldsymbol{A})^{\mathrm{T}} = \boldsymbol{Q} - \boldsymbol{Q}\boldsymbol{A}^{\mathrm{T}}\boldsymbol{N}_{AA}^{-1}\boldsymbol{A}\boldsymbol{Q} = \boldsymbol{Q} - \boldsymbol{Q}_{VV}
\end{aligned}$$

至于其他协因数矩阵不再推导，将最终结果列于表 5.1.1，以便查询。

表 5.1.1 条件平差的协因数矩阵

	$\boldsymbol{L}$	$\boldsymbol{W}$	$\boldsymbol{K}$	$\boldsymbol{V}$	$\hat{\boldsymbol{L}}$
$\boldsymbol{L}$	$\boldsymbol{Q}$	$\boldsymbol{Q}\boldsymbol{A}^{\mathrm{T}}$	$-\boldsymbol{Q}\boldsymbol{A}^{\mathrm{T}}\boldsymbol{N}_{AA}^{-1}$	$-\boldsymbol{Q}_{VV}$	$\boldsymbol{Q}-\boldsymbol{Q}_{VV}$
$\boldsymbol{W}$		$\boldsymbol{N}_{AA}$	$-\boldsymbol{I}$	$-\boldsymbol{A}\boldsymbol{Q}$	$\boldsymbol{0}$
$\boldsymbol{K}$			$\boldsymbol{N}_{AA}^{-1}$	$\boldsymbol{N}_{AA}^{-1}\boldsymbol{A}\boldsymbol{Q}$	$\boldsymbol{0}$
$\boldsymbol{V}$				$\boldsymbol{Q}\boldsymbol{A}^{\mathrm{T}}\boldsymbol{N}_{AA}^{-1}\boldsymbol{A}\boldsymbol{Q}$	$\boldsymbol{0}$
$\hat{\boldsymbol{L}}$					$\boldsymbol{Q}-\boldsymbol{Q}_{VV}$

由表 5.1.1 看出，平差值向量 $\hat{\boldsymbol{L}}$ 与改正数向量 $\boldsymbol{V}$、闭合差向量 $\boldsymbol{W}$ 和联系系数向量 $\boldsymbol{K}$ 是不相关的统计量。因为它们都是正态随机向量，所以 $\hat{\boldsymbol{L}}$ 和 $\boldsymbol{V}$、$\boldsymbol{W}$ 和 $\boldsymbol{K}$ 相互独立。

在平差计算中，常用到的是

$$\boldsymbol{Q}_{\hat{L}\hat{L}} = \boldsymbol{Q} - \boldsymbol{Q}\boldsymbol{A}^{\mathrm{T}}\boldsymbol{N}_{AA}^{-1}\boldsymbol{A}\boldsymbol{Q} = \boldsymbol{Q} - \boldsymbol{Q}_{VV} \tag{5.1.8}$$

两边乘以单位权方差，由于 $\boldsymbol{D} = \sigma_0^2\boldsymbol{Q} = \sigma_0^2\boldsymbol{P}^{-1}$，即有

$$\boldsymbol{D}_{\hat{L}\hat{L}} = \boldsymbol{D} - \boldsymbol{D}\boldsymbol{A}^{\mathrm{T}}\boldsymbol{N}_{AA}^{-1}\boldsymbol{A}\boldsymbol{D} = \boldsymbol{D} - \boldsymbol{D}_{VV} \tag{5.1.9}$$

由于方差矩阵的主对角线元素代表的是方差，即是大于 0 的量。所以 $\boldsymbol{D}_{\hat{L}\hat{L}}$ 主对角线元素小于 $\boldsymbol{D}$ 的主对角线元素，也就是平差后平差值 $\hat{\boldsymbol{L}}$ 的精度高于观测值 $\boldsymbol{L}$ 的精度。

4. 平差值函数的权倒数和中误差

设有平差值函数

$$\phi = f_0 + f_1\hat{L}_1 + f_2\hat{L}_2 + \cdots + f_n\hat{L}_n = f_0 + \boldsymbol{F}^{\mathrm{T}}\hat{\boldsymbol{L}} \tag{5.1.10}$$

这里

$$\boldsymbol{F}^{\mathrm{T}} = (f_1 \quad f_2 \quad \cdots \quad f_n)$$

所以平差值函数的权倒数为

$$\frac{1}{p_\phi} = \boldsymbol{F}^{\mathrm{T}}\boldsymbol{Q}_{\hat{L}\hat{L}}\boldsymbol{F} = \boldsymbol{F}^{\mathrm{T}}\boldsymbol{Q}\boldsymbol{F} - \boldsymbol{F}^{\mathrm{T}}\boldsymbol{Q}_{VV}\boldsymbol{F} \tag{5.1.11}$$

或者

$$\frac{1}{p_{\phi}}=\boldsymbol{F}^{\mathrm{T}}\boldsymbol{Q}_{\hat{L}\hat{L}}\boldsymbol{F}=\boldsymbol{F}^{\mathrm{T}}\boldsymbol{QF}-(\boldsymbol{AQF})^{\mathrm{T}}\boldsymbol{N}_{AA}^{-1}(\boldsymbol{AQF}) \tag{5.1.12}$$

而关于 ϕ 的中误差为

$$\hat{\sigma}_{\phi}=\hat{\sigma}_0\sqrt{\frac{1}{p_{\phi}}} \tag{5.1.13}$$

至此，条件平差的解算和精度评定介绍完毕。

§5.2　平差结果的统计性质

从统计学角度来看，观测就是抽样，抽样的结果称为子样。由子样值计算得到的待估量的数值称为估计值。根据参数估计最优性质的判断标准可知，评定一个统计量是否具有最优性质，就是要看该量是否满足无偏性、一致性和有效性。本节就是要证明：按最小二乘准则，利用条件平差法求得的结果满足上述最优性质。

5.2.1　估计量 $\hat{L}$ 具有无偏性

由真值和真误差表示的线性化条件方程是：$\boldsymbol{A}\widetilde{\boldsymbol{L}}+\boldsymbol{A}_0=\boldsymbol{0}$，$\widetilde{\boldsymbol{L}}=\boldsymbol{L}+\boldsymbol{\Delta}$，或者

$$\boldsymbol{A\Delta}+\boldsymbol{W}=\boldsymbol{0},\ \boldsymbol{W}=\boldsymbol{AL}+\boldsymbol{A}_0$$

因此可知，$E(\boldsymbol{W})=-\boldsymbol{A}E(\boldsymbol{\Delta})=\boldsymbol{0}$。而

$$\boldsymbol{V}=\boldsymbol{P}^{-\mathrm{T}}\boldsymbol{A}^{\mathrm{T}}\boldsymbol{K}=-\boldsymbol{P}^{-\mathrm{T}}\boldsymbol{A}^{\mathrm{T}}\boldsymbol{N}_{AA}^{-1}\boldsymbol{W}$$

那么就有

$$E(\boldsymbol{V})=\boldsymbol{P}^{-\mathrm{T}}\boldsymbol{A}^{\mathrm{T}}E(\boldsymbol{K})=-\boldsymbol{P}^{-\mathrm{T}}\boldsymbol{A}^{\mathrm{T}}\boldsymbol{N}_{AA}^{-1}E(\boldsymbol{W})=\boldsymbol{0}$$

即残差的数学期望为 0。那么也有

$$E(\hat{\boldsymbol{L}})=E(\boldsymbol{L})+E(\boldsymbol{V})=E(\boldsymbol{L})=\widetilde{\boldsymbol{L}} \tag{5.2.1}$$

这就证明了 $\hat{\boldsymbol{L}}$ 是 $\widetilde{\boldsymbol{L}}$ 的无偏估计量。

5.2.2　估计量 $\hat{L}$ 具有最小方差性

按条件平差法，利用最小二乘原理求出的观测值的平差值是

$$\hat{\boldsymbol{L}}=\boldsymbol{L}+\boldsymbol{V}=\boldsymbol{L}-\boldsymbol{P}^{-\mathrm{T}}\boldsymbol{A}^{\mathrm{T}}\boldsymbol{N}_{AA}^{-1}\boldsymbol{W}$$

因此，可设有另一个平差值向量 $\hat{\boldsymbol{L}}'$，其表达式是

$$\hat{\boldsymbol{L}}'=\boldsymbol{L}+\boldsymbol{HW}$$

这里 $\boldsymbol{H}$ 为 n 行 r 列矩阵。如果上式满足无偏性，即

$$E(\hat{\boldsymbol{L}}')=E(\boldsymbol{L})+\boldsymbol{H}E(\boldsymbol{W})=\widetilde{\boldsymbol{L}}$$

因为 $E(\boldsymbol{W})=\boldsymbol{0}$，所以，任意矩阵 $\boldsymbol{H}$ 都使得上式成立。新平差值向量 $\hat{\boldsymbol{L}}'$ 的权逆矩阵是

$$\boldsymbol{Q}_{\hat{L}'\hat{L}'}=\boldsymbol{Q}+\boldsymbol{HQ}_{WW}\boldsymbol{H}^{\mathrm{T}}+\boldsymbol{Q}_{LW}\boldsymbol{H}^{\mathrm{T}}+\boldsymbol{HQ}_{WL}=\boldsymbol{Q}+\boldsymbol{HN}_{AA}\boldsymbol{H}^{\mathrm{T}}+\boldsymbol{QA}^{\mathrm{T}}\boldsymbol{H}^{\mathrm{T}}+\boldsymbol{HAQ}$$

如果要求 $\hat{\boldsymbol{L}}'$ 具有最小方差性，且满足无偏性，那么必须使得下式成立

$$\Phi=\mathrm{tr}(\boldsymbol{Q}+\boldsymbol{HN}_{AA}\boldsymbol{H}^{\mathrm{T}}+\boldsymbol{QA}^{\mathrm{T}}\boldsymbol{H}^{\mathrm{T}}+\boldsymbol{HAQ})=\min$$

为求 $\boldsymbol{\Phi}$ 极小，需将上式对 $\boldsymbol{H}$ 求偏导数，并令其为零阵。即

$$\frac{\partial\Phi}{\partial\boldsymbol{H}}=2\boldsymbol{HN}_{AA}+2\boldsymbol{QA}^{\mathrm{T}}=\boldsymbol{0}$$

求解上式可得

$$\boldsymbol{H}=-\boldsymbol{Q}\boldsymbol{A}^{\mathrm{T}}\boldsymbol{N}_{AA}^{-1}$$

因此，新平差值向量 $\hat{\boldsymbol{L}}'$ 可写为

$$\hat{\boldsymbol{L}}'=\boldsymbol{L}-\boldsymbol{Q}\boldsymbol{A}^{\mathrm{T}}\boldsymbol{N}_{AA}^{-1}\boldsymbol{W}$$

上式与利用最小二乘原理求出的结果 $\hat{\boldsymbol{L}}$ 完全相同，而 $\hat{\boldsymbol{L}}'$ 是在无偏性和方差最小情况下求得的。这说明 $\hat{\boldsymbol{L}}$ 是无偏估计，且有最小方差，即是最优线性无偏估计量。

5.2.3 单位权方差估值 $\hat{\sigma}_0^2$ 具有无偏性

由于

$$E(\boldsymbol{V}^{\mathrm{T}}\boldsymbol{P}\boldsymbol{V})=\mathrm{tr}(\boldsymbol{P}\boldsymbol{D}_{VV})+E(\boldsymbol{V})^{\mathrm{T}}\boldsymbol{P}E(\boldsymbol{V}),\ E(\boldsymbol{V})=\boldsymbol{0}$$

$$\boldsymbol{D}_{VV}=\sigma_0^2\boldsymbol{Q}_{VV}=\sigma_0^2(\boldsymbol{Q}\boldsymbol{A}^{\mathrm{T}}\boldsymbol{N}_{AA}^{-1}\boldsymbol{A}\boldsymbol{Q})$$

所以有

$$\begin{aligned}E(\boldsymbol{V}^{\mathrm{T}}\boldsymbol{P}\boldsymbol{V})&=\mathrm{tr}(\boldsymbol{P}\boldsymbol{D}_{VV})=\sigma_0^2\mathrm{tr}(\boldsymbol{P}\boldsymbol{Q}_{VV})=\sigma_0^2\mathrm{tr}[\boldsymbol{P}(\boldsymbol{Q}\boldsymbol{A}^{\mathrm{T}}\boldsymbol{N}_{AA}^{-1}\boldsymbol{A}\boldsymbol{Q})]\\&=\sigma_0^2\mathrm{tr}(\boldsymbol{A}^{\mathrm{T}}\boldsymbol{N}_{AA}^{-1}\boldsymbol{A}\boldsymbol{Q})=\sigma_0^2\mathrm{tr}(\boldsymbol{A}\boldsymbol{Q}\boldsymbol{A}^{\mathrm{T}}\boldsymbol{N}_{AA}^{-1})=\sigma_0^2\mathrm{tr}(\boldsymbol{N}_{AA}\boldsymbol{N}_{AA}^{-1})\\&=\sigma_0^2\mathrm{tr}(\underset{r\times r}{\boldsymbol{I}})=\boldsymbol{\sigma}_0^2\boldsymbol{r}\end{aligned}$$

也就是有

$$\boldsymbol{E}(\hat{\sigma}_0^2)=\boldsymbol{E}\left(\frac{\boldsymbol{V}^{\mathrm{T}}\boldsymbol{P}\boldsymbol{V}}{r}\right)=\sigma_0^2 \tag{5.2.2}$$

因此，$\hat{\sigma}_0^2$ 是 σ_0^2 的无偏估计量。

5.2.4 随机向量 $\hat{\boldsymbol{L}}$ 和 $\boldsymbol{V}$ 的概率分布

由于

$$\boldsymbol{Q}_{\hat{L}\hat{L}}=\boldsymbol{Q}-\boldsymbol{Q}\boldsymbol{A}^{\mathrm{T}}\boldsymbol{N}_{AA}^{-1}\boldsymbol{A}\boldsymbol{Q},\ \boldsymbol{Q}_{VV}=\boldsymbol{Q}\boldsymbol{A}^{\mathrm{T}}\boldsymbol{N}_{AA}^{-1}\boldsymbol{A}\boldsymbol{Q}$$

则随机向量 $\hat{\boldsymbol{L}}$ 和 $\boldsymbol{V}$ 权逆矩阵的秩分别满足

$$\mathrm{R}(\boldsymbol{Q}_{VV})\leqslant\min[\mathrm{R}(\boldsymbol{Q}),\mathrm{R}(\boldsymbol{A}),\mathrm{R}(\boldsymbol{N}_{AA}^{-1})]=r$$

而 $\boldsymbol{A}\boldsymbol{Q}_{VV}\boldsymbol{A}^{T}=\boldsymbol{A}\boldsymbol{Q}\boldsymbol{A}^{T}=\boldsymbol{N}_{AA}$，所以

$$r=\mathrm{R}(\boldsymbol{N}_{AA})\leqslant\min[\mathrm{R}(\boldsymbol{A}),\mathrm{R}(\boldsymbol{Q}_{VV})]$$

综上所述有

$$\mathrm{R}(\boldsymbol{Q}_{VV})=r \tag{5.2.3}$$

容易证明 $\boldsymbol{F}=\boldsymbol{I}-\boldsymbol{A}^{\mathrm{T}}\boldsymbol{N}_{AA}^{-1}\boldsymbol{A}\boldsymbol{Q}$ 是一个幂等矩阵(因为 $\boldsymbol{F}^2=\boldsymbol{F}$)，则其秩等于其迹，即

$$\mathrm{R}(\boldsymbol{F})=\mathrm{tr}(\boldsymbol{I}-\boldsymbol{A}^{\mathrm{T}}\boldsymbol{N}_{AA}^{-1}\boldsymbol{A}\boldsymbol{Q})=\mathrm{tr}(\boldsymbol{I})-\mathrm{tr}(\boldsymbol{A}^{\mathrm{T}}\boldsymbol{N}_{AA}^{-1}\boldsymbol{A}\boldsymbol{Q})=n-r=t$$

由于 $\boldsymbol{Q}_{\hat{L}\hat{L}}=\boldsymbol{Q}\boldsymbol{F}$，则有

$$\mathrm{R}(\boldsymbol{Q}_{\hat{L}\hat{L}})\leqslant[\mathrm{R}(\boldsymbol{Q}),\mathrm{R}(\boldsymbol{F})]=n-r=t$$

定义 $\boldsymbol{F}$ 后，可知 $\boldsymbol{F}=\boldsymbol{P}\boldsymbol{Q}_{\hat{L}\hat{L}}$，则有

$$t=\mathrm{R}(\boldsymbol{F})\leqslant\min[\mathrm{R}(\boldsymbol{P}),\mathrm{R}(\boldsymbol{Q}_{\hat{L}\hat{L}})]$$

综上所述有

$$\mathrm{R}(\boldsymbol{Q}_{\hat{L}\hat{L}})=n-r=t \tag{5.2.4}$$

由于 $\widetilde{\boldsymbol{L}}=\boldsymbol{L}+\boldsymbol{\Delta}$，且

$$\boldsymbol{\Delta}\sim\boldsymbol{N}(\boldsymbol{0},\sigma_0^2\boldsymbol{I}),\ E(\boldsymbol{L})=\widetilde{\boldsymbol{L}},\ D(\boldsymbol{L})=\sigma_0^2Q,\ \mathrm{R}(\boldsymbol{Q})=n$$

则观测值向量 $\boldsymbol{L}$ 是服从 n 维正态分布的随机向量。而 $\boldsymbol{V}$ 和 $\hat{\boldsymbol{L}}$ 是 $\boldsymbol{L}$ 的线性函数，$\boldsymbol{V}$ 和 $\hat{\boldsymbol{L}}$ 分别是

服从 r 维和 t 维正态分布的随机向量。

5.2.5　随机变量 $\boldsymbol{V}^{\mathrm{T}}\boldsymbol{P}\boldsymbol{V}$ 的概率分布

1. 用真误差向量 $\boldsymbol{\Delta}$ 表示的二次型 $\boldsymbol{V}^{\mathrm{T}}\boldsymbol{P}\boldsymbol{V}$

由于

$$\boldsymbol{V}=-\boldsymbol{Q}\boldsymbol{A}^{\mathrm{T}}\boldsymbol{N}_{AA}^{-1}\boldsymbol{W},\ \boldsymbol{A}\boldsymbol{\Delta}+\boldsymbol{W}=\boldsymbol{0}$$

则有

$$\boldsymbol{V}^{\mathrm{T}}\boldsymbol{P}\boldsymbol{V}=\boldsymbol{\Delta}^{\mathrm{T}}\boldsymbol{A}^{\mathrm{T}}\boldsymbol{N}_{AA}^{-1}\boldsymbol{A}\boldsymbol{\Delta}=\boldsymbol{\Delta}^{\mathrm{T}}\boldsymbol{G}\boldsymbol{\Delta} \tag{5.2.5}$$

且 n 阶方阵 $\boldsymbol{G}=\boldsymbol{A}^{\mathrm{T}}\boldsymbol{N}_{AA}^{-1}\boldsymbol{A}$ 有以下性质

$$\boldsymbol{G}\boldsymbol{Q}\boldsymbol{G}=\boldsymbol{A}^{\mathrm{T}}\boldsymbol{N}_{AA}^{-1}\boldsymbol{A}\boldsymbol{Q}\boldsymbol{A}^{\mathrm{T}}\boldsymbol{N}_{AA}^{-1}\boldsymbol{A}=\boldsymbol{A}^{\mathrm{T}}\boldsymbol{N}_{AA}^{-1}\boldsymbol{A}=\boldsymbol{G}$$

2. 对 $\boldsymbol{\Delta}$ 满秩变换后，用新随机变量 $\boldsymbol{Y}$ 表示的二次型 $\boldsymbol{V}^{\mathrm{T}}\boldsymbol{P}\boldsymbol{V}$

对观测值向量 $\boldsymbol{L}$ 的权矩阵 $\boldsymbol{P}$ 做满秩分解，即

$$\boldsymbol{P}=\boldsymbol{F}^{\mathrm{T}}\boldsymbol{F},\ \boldsymbol{Q}=\boldsymbol{P}^{-1}=\boldsymbol{F}^{-1}(\boldsymbol{F}^{\mathrm{T}})^{-1}$$

式中，$\boldsymbol{F}$ 为 n 阶满秩方阵。对观测值 $\boldsymbol{L}$ 的真误差向量 $\boldsymbol{\Delta}$ 做满秩变换，即

$$\left.\begin{aligned}\boldsymbol{Y}&=\boldsymbol{F}\boldsymbol{\Delta}\\ \boldsymbol{\Delta}&=\boldsymbol{F}^{-1}\boldsymbol{Y}\end{aligned}\right\} \tag{5.2.6}$$

新随机向量 $\boldsymbol{Y}$ 的数字特征为

$$E(\boldsymbol{Y})=\boldsymbol{F}E(\boldsymbol{\Delta})=\boldsymbol{0}$$

$$\boldsymbol{Q}_{YY}=\boldsymbol{F}\boldsymbol{Q}\boldsymbol{F}^{\mathrm{T}}=\boldsymbol{F}\boldsymbol{F}^{-1}(\boldsymbol{F}^{\mathrm{T}})^{-1}\boldsymbol{F}^{\mathrm{T}}=\boldsymbol{I}$$

于是 $\boldsymbol{Y}$ 是服从 n 维正态分布的随机向量，记为 $\boldsymbol{Y}\sim N(\boldsymbol{0},\sigma_0^2\underset{n\times n}{\boldsymbol{I}})$，这样

$$\boldsymbol{V}^{\mathrm{T}}\boldsymbol{P}\boldsymbol{V}=\boldsymbol{\Delta}^{\mathrm{T}}\boldsymbol{G}\boldsymbol{\Delta}=\boldsymbol{Y}^{\mathrm{T}}(\boldsymbol{F}^{-1})^{\mathrm{T}}\boldsymbol{G}\boldsymbol{F}^{-1}\boldsymbol{Y}=\boldsymbol{Y}^{\mathrm{T}}\boldsymbol{R}\boldsymbol{Y} \tag{5.2.7}$$

式中

$$\boldsymbol{R}=(\boldsymbol{F}^{-1})^{\mathrm{T}}\boldsymbol{G}\boldsymbol{F}^{-1} \tag{5.2.8}$$

且方阵 $\boldsymbol{R}$ 有以下性质。因

$$(\boldsymbol{F}^{-1})^{\mathrm{T}}=(\boldsymbol{F}^{\mathrm{T}})^{-1},\ \boldsymbol{F}^{-1}(\boldsymbol{F}^{\mathrm{T}})=\boldsymbol{Q},\ \boldsymbol{G}\boldsymbol{Q}\boldsymbol{G}=\boldsymbol{G}$$

则

$$\begin{aligned}\boldsymbol{R}^2&=\boldsymbol{R}\boldsymbol{R}=(\boldsymbol{F}^{-1})^{\mathrm{T}}\boldsymbol{G}\boldsymbol{F}^{-1}(\boldsymbol{F}^{-1})^{\mathrm{T}}\boldsymbol{G}\boldsymbol{F}^{-1}=(\boldsymbol{F}^{-1})^{\mathrm{T}}\boldsymbol{G}\boldsymbol{F}^{-1}(\boldsymbol{F}^{\mathrm{T}})^{-1}\boldsymbol{G}\boldsymbol{F}^{-1}\\&=(\boldsymbol{F}^{-1})^{\mathrm{T}}\boldsymbol{G}\boldsymbol{O}\boldsymbol{G}\boldsymbol{F}^{-1}=(\boldsymbol{F}^{-1})^{\mathrm{T}}\boldsymbol{G}\boldsymbol{F}^{-1}=\boldsymbol{R}\end{aligned}$$

可见 n 阶方阵 $\boldsymbol{R}$ 是一个幂等矩阵，则其秩等于它的迹，即

$$\begin{aligned}\mathrm{R}(\boldsymbol{R})&=\mathrm{tr}(\boldsymbol{R})=\mathrm{tr}[(\boldsymbol{F}^{-1})^{\mathrm{T}}\boldsymbol{G}\boldsymbol{F}^{-1}]=\mathrm{tr}[(\boldsymbol{F}^{-1})^{\mathrm{T}}\boldsymbol{A}^{\mathrm{T}}\boldsymbol{N}_{AA}^{-1}\boldsymbol{A}\boldsymbol{F}^{-1}]\\&=\mathrm{tr}[\boldsymbol{F}^{-1}(\boldsymbol{F}^{\mathrm{T}})^{-1}\boldsymbol{A}^{\mathrm{T}}\boldsymbol{N}_{AA}^{-1}\boldsymbol{A}]=\mathrm{tr}(\boldsymbol{Q}\boldsymbol{A}^{\mathrm{T}}\boldsymbol{N}_{AA}^{-1}\boldsymbol{A})\\&=\mathrm{tr}(\boldsymbol{A}\boldsymbol{Q}\boldsymbol{A}^{\mathrm{T}}\boldsymbol{N}_{AA}^{-1})=r\end{aligned} \tag{5.2.9}$$

3. 对 $\boldsymbol{Y}$ 进行正交变换后表示的二次型 $\boldsymbol{V}^{\mathrm{T}}\boldsymbol{P}\boldsymbol{V}$

对随机向量 $\boldsymbol{Y}$ 进行正交变换

$$\boldsymbol{z}=\boldsymbol{S}\boldsymbol{Y},\ \boldsymbol{Y}=\boldsymbol{S}^{-1}\boldsymbol{z}=\boldsymbol{S}^{\mathrm{T}}\boldsymbol{z}$$

式中，$\boldsymbol{S}$ 为正交矩阵。那么有

$$\boldsymbol{V}^{\mathrm{T}}\boldsymbol{P}\boldsymbol{V}=\boldsymbol{Y}^{\mathrm{T}}\boldsymbol{R}\boldsymbol{Y}=\boldsymbol{z}^{\mathrm{T}}\boldsymbol{S}\boldsymbol{R}\boldsymbol{S}\boldsymbol{z}=\boldsymbol{z}^{\mathrm{T}}\boldsymbol{H}\boldsymbol{z}$$

由于 $\boldsymbol{R}$ 是幂等矩阵，且 $\mathrm{R}(\boldsymbol{R})=\boldsymbol{r}$，又 $\boldsymbol{S}$ 是正交矩阵，则有

$$\boldsymbol{H}=\boldsymbol{S}\boldsymbol{R}\boldsymbol{S}=\begin{bmatrix}\underset{r\times r}{\boldsymbol{I}} & \underset{r\times t}{\boldsymbol{0}}\\ \underset{t\times r}{\boldsymbol{0}} & \underset{t\times t}{\boldsymbol{0}}\end{bmatrix}$$

于是

$$\boldsymbol{V}^{\mathrm{T}}\boldsymbol{PV} = \boldsymbol{z}^{\mathrm{T}}\boldsymbol{Hz} = \sum_{i=1}^{r} z_i^2 \tag{5.2.10}$$

这就把二次型 $\boldsymbol{V}^{\mathrm{T}}\boldsymbol{PV}$ 表示成随机变量 $z_i(i=1,2,\cdots r)$ 的平方和。

4. 二次型 $\boldsymbol{V}^{\mathrm{T}}\boldsymbol{PV}$ 的概率分布及其数字特征

随机向量 $\boldsymbol{z}$ 的数字特征是

$$E(\boldsymbol{z})=\boldsymbol{S}E(\boldsymbol{Y})=\boldsymbol{0}$$

$$\boldsymbol{Q}_{zz}=\boldsymbol{SQ}_{YY}\boldsymbol{S}^{\mathrm{T}}=\boldsymbol{SS}^{-1}=\underset{n\times n}{\boldsymbol{I}}$$

且 $\boldsymbol{z}=\boldsymbol{SY}=\boldsymbol{SF\Delta}$，那么可得

$$\boldsymbol{z}\sim N(\boldsymbol{0},\sigma_0^2 \underset{n\times n}{\boldsymbol{I}}),\ \frac{\boldsymbol{z}}{\sigma_0^2}\sim N(\boldsymbol{0},\underset{n\times n}{\boldsymbol{I}}),\ \frac{z_i}{\sigma_0^2}\sim N(0,1)$$

于是可知

$$\phi = \frac{\boldsymbol{V}^{\mathrm{T}}\boldsymbol{PV}}{\sigma_0^2} = \frac{1}{\sigma_0^2}\sum_{i=1}^{r} z_i^2 \sim \chi^2(r)$$

可见 ϕ 是服从自由度为 r 的 χ^2 分布的随机变量。对于随机变量 ϕ，它的数字特征是

$$E(\phi)=r,\ D(\phi)=2r$$

另外

$$\hat{\sigma}_0^2=\frac{\boldsymbol{V}^{\mathrm{T}}\boldsymbol{PV}}{r}$$

由方差传播律有

$$D\left(\frac{\boldsymbol{V}^{\mathrm{T}}\boldsymbol{PV}}{\sigma_0^2}\right)=\frac{1}{\sigma_0^4}D(\boldsymbol{V}^{\mathrm{T}}\boldsymbol{PV}),\ D(\hat{\sigma}_0^2)=\frac{1}{r^2}D(\boldsymbol{V}^{\mathrm{T}}\boldsymbol{PV})$$

那么有

$$D(\boldsymbol{V}^{\mathrm{T}}\boldsymbol{PV})=2r\sigma_0^4,\ D(\hat{\sigma}_0^2)=\frac{2}{r}\sigma_0^4,\ E(\boldsymbol{V}^{\mathrm{T}}\boldsymbol{PV})=r\sigma_0^2$$

这从另一个角度证明了 $\hat{\sigma}_0^2$ 是 σ_0^2 的无偏估值。

§5.3 公式汇编与示例

条件平差是根据观测值所构成的几何条件以及起始数据间的强制条件，按最小二乘原理求得各观测值最或然值的一种平差方法。条件平差法在某些情况下也是应用较广泛的一种平差方法。

5.3.1 公式汇编

按条件平差法求平差值的计算步骤如下。

第一步：根据平差问题的具体情况，判断平差问题中的多余观测个数，即确定 r，并列出相互独立的 r 个条件方程，即

$$\boldsymbol{AV}+\boldsymbol{W}=\boldsymbol{0},\ \boldsymbol{W}=\boldsymbol{AL}+\boldsymbol{A}_0$$

第二步：根据具体情况，给出观测值向量 $\boldsymbol{L}$ 的权矩阵 $\boldsymbol{P}$。

第三步：列出法方程，并求出联系系数向量 $\boldsymbol{K}$，即

$$\boldsymbol{N}_{AA}\boldsymbol{K}+\boldsymbol{W}=\boldsymbol{0},\ \boldsymbol{N}_{AA}=\boldsymbol{AQA}^{\mathrm{T}},\ \boldsymbol{K}=-\boldsymbol{N}_{AA}^{-1}\boldsymbol{W}$$

第四步：求解残差向量 $\boldsymbol{V}$ 和观测值的平差值向量 $\hat{\boldsymbol{L}}$，即

$$\boldsymbol{V}=\boldsymbol{Q}\boldsymbol{A}^{\mathrm{T}}\boldsymbol{K},\ \hat{\boldsymbol{L}}=\boldsymbol{L}+\boldsymbol{V}$$

将得到的 $\boldsymbol{V}$ 代入方程 $\boldsymbol{A}\boldsymbol{V}+\boldsymbol{W}=\boldsymbol{0}$，检核计算的正确性。

第五步：精度评定，即

$$\hat{\sigma}_0=\sqrt{\frac{\boldsymbol{V}^{\mathrm{T}}\boldsymbol{P}\boldsymbol{V}}{r}}$$

$$\boldsymbol{Q}_{\hat{L}\hat{L}}=\boldsymbol{Q}-\boldsymbol{Q}\boldsymbol{A}^{\mathrm{T}}\boldsymbol{N}_{AA}^{-1}\boldsymbol{A}\boldsymbol{Q}=\boldsymbol{Q}-\boldsymbol{Q}_{VV}$$

$$\boldsymbol{D}_{\hat{L}\hat{L}}=\sigma_0^2\boldsymbol{Q}_{\hat{L}\hat{L}}=\sigma_0^2\boldsymbol{P}_{\hat{L}\hat{L}}^{-1}$$

如果有函数

$$Z=\begin{pmatrix} f_1 & f_2 & \cdots & f_n \end{pmatrix}\begin{pmatrix} \hat{L}_1 \\ \hat{L}_2 \\ \vdots \\ \hat{L}_n \end{pmatrix}=\boldsymbol{F}^{\mathrm{T}}\hat{\boldsymbol{L}}$$

则可求其平差值函数的权倒数和中误差，即

$$\frac{1}{p_Z}=\boldsymbol{F}^{\mathrm{T}}\boldsymbol{Q}\boldsymbol{F}-\boldsymbol{F}^{\mathrm{T}}\boldsymbol{Q}_{VV}\boldsymbol{F}=\boldsymbol{F}^{\mathrm{T}}\boldsymbol{Q}_{\hat{L}\hat{L}}\boldsymbol{F},\ \hat{\sigma}_Z=\hat{\sigma}_0\sqrt{\frac{1}{p_Z}}$$

第六步：平差系统的统计假设检验，内容参见第 9 章。

5.3.2　应用举例

例 5.3.1　为确定一个平面三角形的现状，对三个角都进行了独立观测，每个角的观测值和其权分别是 L_1、L_2、L_3，p_1、p_2、p_3。试求这三个角度的最或然值和精度。

解：由于 $n=3$，$t=2$，则 $r=n-t=1$。条件方程如下

$$\boldsymbol{A}\boldsymbol{V}+\boldsymbol{W}=\boldsymbol{0}$$

式中

$$\boldsymbol{A}=\begin{pmatrix} 1 & 1 & 1 \end{pmatrix},\ \boldsymbol{W}=[L]-180^{\circ}=-\Delta$$

式中，Δ 称为闭合差。那么

$$\boldsymbol{N}_{AA}=\boldsymbol{A}\boldsymbol{Q}\boldsymbol{A}^{\mathrm{T}}=[q],\ \boldsymbol{K}=-\boldsymbol{N}_{AA}^{-1}\boldsymbol{W}=\frac{\Delta}{[q]}$$

$$\boldsymbol{V}=\boldsymbol{Q}\boldsymbol{A}^{\mathrm{T}}\boldsymbol{K}=\begin{pmatrix} q_1\frac{\Delta}{[q]} \\ q_2\frac{\Delta}{[q]} \\ q_3\frac{\Delta}{[q]} \end{pmatrix},\ \hat{\boldsymbol{L}}=\boldsymbol{L}+\boldsymbol{V}=\begin{pmatrix} L_1+q_1\frac{\Delta}{[q]} \\ L_2+q_2\frac{\Delta}{[q]} \\ L_3+q_3\frac{\Delta}{[q]} \end{pmatrix}$$

$$\begin{aligned}\boldsymbol{V}^{\mathrm{T}}\boldsymbol{P}\boldsymbol{V}&=p_1\left(q_1\frac{\Delta}{[q]}\right)^2+p_2\left(q_2\frac{\Delta}{[q]}\right)^2+p_3\left(q_3\frac{\Delta}{[q]}\right)^2=q_1\left(\frac{\Delta}{[q]}\right)^2+q_2\left(\frac{\Delta}{[q]}\right)^2+q_3\left(\frac{\Delta}{[q]}\right)^2\\&=[q]\left(\frac{\Delta}{[q]}\right)^2=\frac{\Delta^2}{[q]}\end{aligned}$$

而

$$\hat{\sigma}_0=\sqrt{\frac{\boldsymbol{V}^{\mathrm{T}}\boldsymbol{P}\boldsymbol{V}}{r}}=\Delta\sqrt{\frac{1}{[q]}}$$

$$Q_{VV}=QA^{\mathrm{T}}N_{AA}^{-1}AQ=\frac{1}{[q]}\begin{pmatrix}q_1^2 & q_1q_2 & q_1q_3\\ q_2q_1 & q_2^2 & q_2q_3\\ q_3q_1 & q_3q_2 & q_3^2\end{pmatrix}$$

$$Q_{\hat{L}\hat{L}}=Q-Q_{VV}=\frac{1}{[q]}\begin{pmatrix}q_2^2+q_3^2 & -q_1q_2 & -q_1q_3\\ -q_2q_1 & q_1^2+q_3^2 & -q_2q_3\\ -q_3q_1 & -q_3q_2 & q_1^2+q_2^2\end{pmatrix}$$

因此

$$\hat{\sigma}_{\hat{L}_1}=\hat{\sigma}_0\sqrt{q_{\hat{L}_1}}=\Delta\sqrt{\frac{q_2^2+q_3^2}{[q]^2}}=\Delta\frac{\sqrt{q_2^2+q_3^2}}{[q]}$$

同理可得

$$\hat{\sigma}_{\hat{L}_2}=\Delta\frac{\sqrt{q_1^2+q_3^2}}{[q]},\ \hat{\sigma}_{\hat{L}_3}=\Delta\frac{\sqrt{q_1^2+q_2^2}}{[q]}$$

最后结果写为

$$\hat{L}_1=\left(L_1+q_1\frac{\Delta}{[q]}\right)\pm\Delta\frac{\sqrt{q_2^2+q_3^2}}{[q]},\ \hat{L}_2=\left(L_2+q_2\frac{\Delta}{[q]}\right)\pm\Delta\frac{\sqrt{q_1^2+q_3^2}}{[q]},$$

$$\hat{L}_3=\left(L_3+q_3\frac{\Delta}{[q]}\right)\pm\Delta\frac{\sqrt{q_1^2+q_2^2}}{[q]}$$

如果是等精度观测，则有

$$\hat{L}_1=\left(L_1+\frac{1}{3}\Delta\right)\pm\frac{\sqrt{2}}{3}\Delta,\ \hat{L}_2=\left(L_2+\frac{1}{3}\Delta\right)\pm\frac{\sqrt{2}}{3}\Delta,\ \hat{L}_3=\left(L_3+\frac{1}{3}\Delta\right)\pm\frac{\sqrt{2}}{3}\Delta$$

解答完毕。

例 5.3.2　如图 5.3.1 所示，设在测站 O 独立等精度观测了 OA、OB、OC、OD 四个水平方向，观测方向值分别为 $\alpha_1=0°00'00''$、$\alpha_2=30°35'28''$、$\alpha_3=70°40'30''$、$\alpha_4=128°58'46''$。又知 $\angle AOD=128°58'40''$。试以 L_1、L_2 及 L_3 为平差元素，顾及相关性，按条件平差求各角度最或然值，并估计精度。

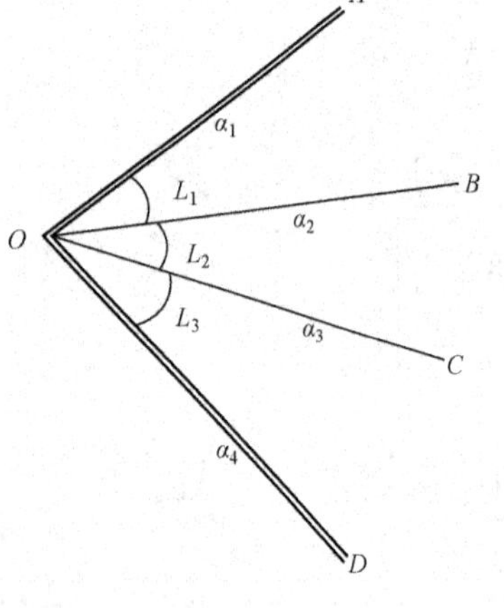

图 5.3.1

解：由于

$$\begin{pmatrix}L_1\\L_2\\L_3\end{pmatrix}=\begin{pmatrix}-1 & 1 & 0 & 0\\ 0 & -1 & 1 & 0\\ 0 & 0 & -1 & 1\end{pmatrix}\begin{pmatrix}\alpha_1\\ \alpha_2\\ \alpha_3\\ \alpha_4\end{pmatrix}$$

则，观测角的权逆矩阵为

$$P^{-1}=\begin{pmatrix}2 & -1 & 0\\ -1 & 2 & -1\\ 0 & -1 & 2\end{pmatrix}$$

条件方程为

$$AV+W=0$$

式中

$$A=(1\quad 1\quad 1),\ W=(L_1+L_2+L_3-\angle AOD)=6''$$

那么有

$$N_{AA}=AP^{-1}A^{T}=2,\ K=-N_{AA}^{-1}W=-3'',\ V=P^{-1}A^{T}K=\begin{pmatrix}-3''\\0''\\-3''\end{pmatrix}$$

精度估计

$$V^{T}PV=-W^{T}K=-6\times(-3)=18,\ \hat{\sigma}_0=\sqrt{18}=4.24('')$$

$$Q_{\hat{L}\hat{L}}=Q-QA^{T}N_{AA}^{-1}AQ=\begin{pmatrix}\frac{3}{2} & -1 & -\frac{1}{2}\\ -1 & 2 & -1\\ -\frac{1}{2} & -1 & \frac{3}{2}\end{pmatrix}$$

$$\hat{\sigma}_{\hat{L}_1}=\hat{\sigma}_0\sqrt{\frac{1}{p_{\hat{L}_1}}}=5.19'',\ \hat{\sigma}_{\hat{L}_2}=\hat{\sigma}_0\sqrt{\frac{1}{p_{\hat{L}_2}}}=6.00'',\ \hat{\sigma}_{\hat{L}_3}=\hat{\sigma}_0\sqrt{\frac{1}{p_{\hat{L}_3}}}=5.19''$$

最后结果表示为

$$\hat{L}_1=30°35'25''\pm5.19'',\ \hat{L}_2=40°05'02''\pm6.00'',\ \hat{L}_3=58°18'13''\pm5.19''$$

解答完毕。

例 5.3.3　用条件平差法平差例 4.3.3。

解：由于 $n=4,t=2$，则可列出 $r=n-t=2$ 个条件方程，例如

$$\hat{h}_1-\hat{h}_3+\hat{h}_4=0,\ \hat{h}_2-\hat{h}_4=0$$

写成矩阵形式

$$AV+W=0$$

式中

$$A=\begin{pmatrix}1 & 0 & -1 & 1\\0 & 1 & 0 & -1\end{pmatrix},\ W=\begin{pmatrix}h_1-h_3+h_4\\h_2-h_4\end{pmatrix}=\begin{pmatrix}3^{mm}\\0^{mm}\end{pmatrix}$$

设 $p_i=\frac{1\ \text{km}}{s_i}$，则观测值的权逆矩阵和权矩阵分别是

$$Q=\text{diag}(1,2,1,2),\ P=\text{diag}(1,0.5,1,0.5)$$

那么就有

$$N_{AA}=AQA^{T}=\begin{pmatrix}4 & -2\\-2 & 4\end{pmatrix},\ N_{AA}^{-1}=\frac{1}{6}\begin{pmatrix}2 & 1\\1 & 2\end{pmatrix}$$

$$K=-N_{AA}^{-1}W=\begin{pmatrix}-1^{mm}\\-0.5^{mm}\end{pmatrix},\ V=QA^{T}K=\begin{pmatrix}-1^{mm}\\-1^{mm}\\1^{mm}\\-1^{mm}\end{pmatrix}$$

$$V^{T}PV=3(\text{mm})^2,\ \hat{\sigma}_0=\sqrt{\frac{V^{T}PV}{n-t}}=\sqrt{\frac{3}{2}}\ \text{mm}$$

由此可得

$$H_{P_1}=H_A-\hat{h}_2=H_A-(h_2+v_2)=4.200\ \text{m}$$
$$H_{P_2}=H_A+\hat{h}_1=H_A+(h_1+v_1)=16.985\ \text{m}$$

$$\phi=\hat{h}_3(P_1 \text{ 与 } P_2 \text{ 之间的高差平差值})$$

有关向量的权逆矩阵是

$$\boldsymbol{Q}_{VV}=\boldsymbol{Q}\boldsymbol{A}^{\mathrm{T}}\boldsymbol{N}_{AA}^{-1}\boldsymbol{A}\boldsymbol{Q}=\frac{1}{3}\begin{pmatrix}1 & 1 & -1 & 1\\ 1 & 4 & -1 & -2\\ -1 & -1 & 1 & -1\\ 1 & -2 & -1 & 4\end{pmatrix}$$

$$\boldsymbol{Q}_{\hat{L}\hat{L}}=\boldsymbol{Q}-\boldsymbol{Q}_{VV}=\frac{1}{3}\begin{pmatrix}2 & -1 & 1 & -1\\ -1 & 2 & 1 & 2\\ 1 & 1 & 2 & 1\\ -1 & 2 & 1 & 2\end{pmatrix}$$

则有

$$\frac{1}{p_{H_{P_1}}}=(0 \quad -1 \quad 0 \quad 0)\boldsymbol{Q}_{\hat{L}\hat{L}}(0 \quad -1 \quad 0 \quad 0)^{\mathrm{T}}=\frac{2}{3}$$

$$\frac{1}{p_{H_{P_2}}}=(1 \quad 0 \quad 0 \quad 0)\boldsymbol{Q}_{\hat{L}\hat{L}}(1 \quad 0 \quad 0 \quad 0)^{\mathrm{T}}=\frac{2}{3}$$

$$\frac{1}{p_{\phi}}=(0 \quad 0 \quad 1 \quad 0)\boldsymbol{Q}_{\hat{L}\hat{L}}(0 \quad 0 \quad 1 \quad 0)^{\mathrm{T}}=\frac{2}{3}$$

因此有

$$\hat{\sigma}_{H_{P_1}}=\hat{\sigma}_0\sqrt{\frac{1}{p_{H_{P_1}}}}=1\ \mathrm{mm},\hat{\sigma}_{H_{P_2}}=\hat{\sigma}_0\sqrt{\frac{1}{p_{H_{P_2}}}}=1\ \mathrm{mm},\ \hat{\sigma}_{\phi}=\hat{\sigma}_0\sqrt{\frac{1}{p_{\phi}}}=1\ \mathrm{mm}$$

那么最终结果为

$$H_{P_1}=4.200\ \mathrm{m}\pm 1\ \mathrm{mm},\ H_{P_2}=16.985\ \mathrm{m}\pm 1\ \mathrm{mm}$$

解答完毕。

§5.4 条件平差与间接平差的关系

对于具体一个平差问题，不可能因采用的平差方法不同而导致最后的平差结果产生差异，也就是最终的平差值和其精度估计与采用的平差方法无关。基于这一原则，我们可导出间接平差与条件平差的某些关系。

5.4.1 法矩阵之间的关系

在间接平差中，有

$$\boldsymbol{V}=\boldsymbol{B}\hat{\boldsymbol{x}}+\boldsymbol{l},\ \boldsymbol{l}=\boldsymbol{B}\boldsymbol{X}^0+\boldsymbol{d}-\boldsymbol{L}$$

$$\hat{\boldsymbol{x}}=-\boldsymbol{N}_{BB}^{-1}\boldsymbol{B}^{\mathrm{T}}\boldsymbol{P}\boldsymbol{l},\ \boldsymbol{V}=(\boldsymbol{I}-\boldsymbol{B}\boldsymbol{N}_{BB}^{-1}\boldsymbol{B}^{\mathrm{T}}\boldsymbol{P})\boldsymbol{l}$$

在条件平差中，有

$$\boldsymbol{A}\boldsymbol{V}+\boldsymbol{W}=\boldsymbol{0},\boldsymbol{W}=\boldsymbol{A}\boldsymbol{L}+\boldsymbol{A}_0,\ \boldsymbol{V}=-\boldsymbol{Q}\boldsymbol{A}^{\mathrm{T}}\boldsymbol{N}_{AA}^{-1}\boldsymbol{W}$$

对于残差 $\boldsymbol{V}$ 来讲，两种平差方法的结果应一致，即有

$$(\boldsymbol{I}-\boldsymbol{B}\boldsymbol{N}_{BB}^{-1}\boldsymbol{B}^{\mathrm{T}}\boldsymbol{P})\boldsymbol{l}=-\boldsymbol{Q}\boldsymbol{A}^{\mathrm{T}}\boldsymbol{N}_{AA}^{-1}\boldsymbol{W}$$

利用误差方程和条件方程，把上式改化

$$(\boldsymbol{I}-\boldsymbol{B}\boldsymbol{N}_{BB}^{-1}\boldsymbol{B}^{\mathrm{T}}\boldsymbol{P})(\boldsymbol{V}-\boldsymbol{B}\hat{\boldsymbol{x}})=\boldsymbol{Q}\boldsymbol{A}^{\mathrm{T}}\boldsymbol{N}_{AA}^{-1}\boldsymbol{A}\boldsymbol{V}$$

$$(\boldsymbol{I}-\boldsymbol{B}\boldsymbol{N}_{BB}^{-1}\boldsymbol{B}^{\mathrm{T}}\boldsymbol{P})\boldsymbol{V}-(\boldsymbol{I}-\boldsymbol{B}\boldsymbol{N}_{BB}^{-1}\boldsymbol{B}^{\mathrm{T}}\boldsymbol{P})\boldsymbol{B}\hat{\boldsymbol{x}}=\boldsymbol{Q}\boldsymbol{A}^{\mathrm{T}}\boldsymbol{N}_{AA}^{-1}\boldsymbol{A}\boldsymbol{V}$$

$$(\boldsymbol{I}-\boldsymbol{B}\boldsymbol{N}_{BB}^{-1}\boldsymbol{B}^{\mathrm{T}}\boldsymbol{P})\boldsymbol{V}=\boldsymbol{Q}\boldsymbol{A}^{\mathrm{T}}\boldsymbol{N}_{AA}^{-1}\boldsymbol{A}\boldsymbol{V}$$

$$\boldsymbol{V}=\boldsymbol{B}\boldsymbol{N}_{BB}^{-1}\boldsymbol{B}^{\mathrm{T}}\boldsymbol{P}\boldsymbol{V}+\boldsymbol{Q}\boldsymbol{A}^{\mathrm{T}}\boldsymbol{N}_{AA}^{-1}\boldsymbol{A}\boldsymbol{V}$$

$$\boldsymbol{V}=(\boldsymbol{B}\boldsymbol{N}_{BB}^{-1}\boldsymbol{B}^{\mathrm{T}}\boldsymbol{P}+\boldsymbol{Q}\boldsymbol{A}^{\mathrm{T}}\boldsymbol{N}_{AA}^{-1}\boldsymbol{A})\boldsymbol{V}$$

那么应该有

$$\boldsymbol{B}\boldsymbol{N}_{BB}^{-1}\boldsymbol{B}^{\mathrm{T}}\boldsymbol{P}+\boldsymbol{Q}\boldsymbol{A}^{\mathrm{T}}\boldsymbol{N}_{AA}^{-1}\boldsymbol{A}=\boldsymbol{I} \tag{5.4.1}$$

这就是两种平差方法之间法矩阵应该满足的关系。

5.4.2　系数矩阵之间的关系

对式(5.4.1)等号两边右乘以矩阵 $\boldsymbol{B}$，左乘以矩阵 $\boldsymbol{A}$，则有

$$\boldsymbol{A}\boldsymbol{B}\boldsymbol{N}_{BB}^{-1}\boldsymbol{B}^{\mathrm{T}}\boldsymbol{P}\boldsymbol{B}+\boldsymbol{A}\boldsymbol{Q}\boldsymbol{A}^{\mathrm{T}}\boldsymbol{N}_{AA}^{-1}\boldsymbol{A}\boldsymbol{B}=\boldsymbol{A}\boldsymbol{B}$$

$$\boldsymbol{A}\boldsymbol{B}+\boldsymbol{A}\boldsymbol{B}=\boldsymbol{A}\boldsymbol{B}$$

则有

$$\boldsymbol{A}\boldsymbol{B}=\underset{r\times t}{\boldsymbol{0}} \tag{5.4.2}$$

这就是两种平差方法系数矩阵之间应该满足的关系。

5.4.3　自由向量之间的关系

间接平差中，由于

$$\boldsymbol{V}=(\boldsymbol{I}-\boldsymbol{B}\boldsymbol{N}_{BB}^{-1}\boldsymbol{B}^{\mathrm{T}}\boldsymbol{P})\boldsymbol{l}$$

上式两边左乘以矩阵 $\boldsymbol{A}$，则有

$$\boldsymbol{A}\boldsymbol{V}=(\boldsymbol{A}-\boldsymbol{A}\boldsymbol{B}\boldsymbol{N}_{BB}^{-1}\boldsymbol{B}^{\mathrm{T}}\boldsymbol{P})\boldsymbol{l}=\boldsymbol{A}\boldsymbol{l}$$

在条件平差中的条件方程是 $\boldsymbol{A}\boldsymbol{V}+\boldsymbol{W}=\boldsymbol{0}$，结合上式可得

$$\boldsymbol{W}=-\boldsymbol{A}\boldsymbol{l} \tag{5.4.3}$$

这就是条件平差中自由向量 $\boldsymbol{W}$ 与间接平差中自由向量 $\boldsymbol{l}$ 应该满足的关系。

将 $\boldsymbol{W}=\boldsymbol{A}\boldsymbol{L}+\boldsymbol{A}_0$，$\boldsymbol{l}=\boldsymbol{B}\boldsymbol{X}^0+\boldsymbol{d}-\boldsymbol{L}$ 代入式(5.4.3)，也可得两种平差常数向量之间的关系

$$\boldsymbol{A}\boldsymbol{L}+\boldsymbol{A}_0=-\boldsymbol{A}\boldsymbol{B}\boldsymbol{X}^0-\boldsymbol{A}\boldsymbol{d}+\boldsymbol{A}\boldsymbol{L}$$

可得

$$\boldsymbol{A}_0=-\boldsymbol{A}\boldsymbol{d} \tag{5.4.4}$$

这是常数向量之间应该满足的关系。

第 6 章　附有参数的条件平差

在一个平差问题中，如果观测个数为 n，必要观测数为 t，则多余观测数 $r=n-t$。若不增选参数，只需列出 r 个独立的条件方程，这就是条件平差法。如果又选了 u 个独立量为参数 $(0<u<t)$ 参加平差计算，就可建立含有参数的条件方程作为平差的函数模型，这就是附有参数的条件平差。

在第 3 章中已给出了附有参数的条件平差的函数模型为

$$\underset{c\times n}{\boldsymbol{A}}\underset{n\times 1}{\tilde{\boldsymbol{L}}}+\underset{c\times u}{\boldsymbol{B}}\underset{u\times 1}{\tilde{\boldsymbol{X}}}+\underset{c\times 1}{\boldsymbol{A}_0}=\underset{c\times 1}{\boldsymbol{0}},\ c=r+u$$

以估值代替真值，即

$$\tilde{\boldsymbol{L}}\to\hat{\boldsymbol{L}}=\boldsymbol{L}+\boldsymbol{V},\ \tilde{\boldsymbol{X}}\to\hat{\boldsymbol{X}}=\boldsymbol{X}^0+\hat{\boldsymbol{x}}$$

则附有参数的条件平差的函数模型化为

$$\boldsymbol{AV}+\boldsymbol{B}\hat{\boldsymbol{x}}+\boldsymbol{W}=\boldsymbol{0},\ \boldsymbol{W}=\boldsymbol{AL}+\boldsymbol{BX}^0+\boldsymbol{A}_0$$

$$\mathrm{R}(\boldsymbol{A})=c=u+r<n,\ \mathrm{R}(\boldsymbol{B})=u$$

观测值向量 $\boldsymbol{L}$ 的随机模型为

$$\underset{n\times n}{\boldsymbol{D}}=\boldsymbol{\sigma}_0^2\underset{n\times n}{\boldsymbol{Q}}=\boldsymbol{\sigma}_0^2\underset{n\times n}{\boldsymbol{P}^{-1}}$$

平差的准则为

$$\boldsymbol{V}^{\mathrm{T}}\boldsymbol{PV}=\min$$

在满足 $\boldsymbol{c}$ 个条件方程下，利用最小二乘原理求 $\boldsymbol{V}$ 值，在数学中就是求函数的条件极值问题。

§6.1　平差原理

在附有参数的条件平差的函数模型中，有 $c=r+u<n$ 个条件方程，即

$$\underset{c\times n}{\boldsymbol{A}}\underset{n\times 1}{\boldsymbol{V}}+\underset{c\times u}{\boldsymbol{B}}\underset{u\times 1}{\hat{\boldsymbol{x}}}+\underset{c\times 1}{\boldsymbol{W}}=\underset{c\times 1}{\boldsymbol{0}}\tag{6.1.1}$$

而未知数 $\boldsymbol{V}$、$\hat{\boldsymbol{x}}$ 的个数总共为 $n+u$ 个。由于 $c=r+u<n+u$，因此利用 c 个条件方程不可能解出 $\boldsymbol{V}$ 和 $\hat{\boldsymbol{x}}$ 的唯一解，但可以按照最小二乘原理求 $\boldsymbol{V}$ 和 $\hat{\boldsymbol{x}}$ 的最或然值，从而求得观测值向量的最或然值 $\hat{\boldsymbol{L}}=\boldsymbol{L}+\boldsymbol{V}$ 和参数的最或然值 $\hat{\boldsymbol{X}}=\boldsymbol{X}^0+\hat{\boldsymbol{x}}$，也称它们为平差值。

6.1.1　基础方程及其解

按函数极值的拉格朗日乘数法，设联系系数向量 $\underset{c\times 1}{\boldsymbol{K}}$ 并组成函数

$$\Phi=\boldsymbol{V}^{\mathrm{T}}\boldsymbol{PV}-2\boldsymbol{K}^{\mathrm{T}}(\boldsymbol{AV}+\boldsymbol{B}\hat{\boldsymbol{x}}+\boldsymbol{W})$$

根据函数模型可知，最小二乘原理 $\boldsymbol{V}^{\mathrm{T}}\boldsymbol{PV}=\min$ 也相当于 $\Phi=\min$。因此，求 Φ 对向量 $\boldsymbol{V}$ 和 $\hat{\boldsymbol{x}}$ 的导数，并令其为零矩阵，即

$$\frac{\partial\Phi}{\partial\boldsymbol{V}}=2\boldsymbol{V}^{\mathrm{T}}\boldsymbol{P}-2\boldsymbol{K}^{\mathrm{T}}\boldsymbol{A}=\underset{1\times n}{\boldsymbol{0}},\ \frac{\partial\Phi}{\partial\hat{\boldsymbol{x}}}=-2\boldsymbol{K}^{\mathrm{T}}\boldsymbol{B}=\underset{1\times u}{\boldsymbol{0}}$$

上两式转置后分别有

$$\boldsymbol{V}=\boldsymbol{P}^{-1}\boldsymbol{A}^{\mathrm{T}}\boldsymbol{K}=\boldsymbol{Q}\boldsymbol{A}^{\mathrm{T}}\boldsymbol{K},\ \boldsymbol{B}^{\mathrm{T}}\boldsymbol{K}=\underset{u\times 1}{\boldsymbol{0}}$$

把上式第一式代入函数模型当中得

$$\boldsymbol{N}_{AA}\boldsymbol{K}+\boldsymbol{B}\hat{\boldsymbol{x}}+\boldsymbol{W}=\boldsymbol{0},\ \underset{c\times c}{\boldsymbol{N}_{AA}}=\boldsymbol{A}\boldsymbol{P}^{-1}\boldsymbol{A}^{\mathrm{T}}=\boldsymbol{A}\boldsymbol{Q}\boldsymbol{A}^{\mathrm{T}}$$

由上式连同 $\boldsymbol{B}^{\mathrm{T}}\boldsymbol{K}=\boldsymbol{0}$一起可组成如下法方程组

$$\begin{pmatrix}\underset{c\times c}{\boldsymbol{N}_{AA}} & \underset{c\times u}{\boldsymbol{B}}\\ \underset{u\times c}{\boldsymbol{B}^{\mathrm{T}}} & \underset{u\times u}{\boldsymbol{0}}\end{pmatrix}\begin{pmatrix}\underset{c\times 1}{\boldsymbol{K}}\\ \underset{u\times 1}{\hat{\boldsymbol{x}}}\end{pmatrix}=-\begin{pmatrix}\underset{c\times 1}{\boldsymbol{W}}\\ \underset{u\times 1}{\boldsymbol{0}}\end{pmatrix} \tag{6.1.2}$$

由于 $\mathrm{R}(\boldsymbol{A})=c$，$\mathrm{R}(\boldsymbol{B})=u$，因此，上式左端的系数方阵是可逆的。进而可求出 $\boldsymbol{K}$ 和 $\hat{\boldsymbol{x}}$，再利用公式 $\boldsymbol{V}=\boldsymbol{P}^{-1}\boldsymbol{A}^{\mathrm{T}}\boldsymbol{K}$ 可求得观测值的残差向量 $\boldsymbol{V}$。

下面采用另一种方法求解，根据 $\boldsymbol{N}_{AA}\boldsymbol{K}+\boldsymbol{B}\hat{\boldsymbol{x}}+\boldsymbol{W}=\boldsymbol{0}$，有

$$\boldsymbol{K}=-\boldsymbol{N}_{AA}^{-1}(\boldsymbol{B}\hat{\boldsymbol{x}}+\boldsymbol{W})$$

把上式代入 $\boldsymbol{B}^{\mathrm{T}}\boldsymbol{K}=\boldsymbol{0}$又可得

$$\boldsymbol{N}_{BB}\hat{\boldsymbol{x}}+\boldsymbol{B}^{\mathrm{T}}\boldsymbol{N}_{AA}^{-1}\boldsymbol{W}=\underset{u\times 1}{\boldsymbol{0}},\ \underset{u\times u}{\boldsymbol{N}_{BB}}=\boldsymbol{B}^{\mathrm{T}}\boldsymbol{N}_{AA}^{-1}\boldsymbol{B}$$

由于 $\mathrm{R}(\boldsymbol{N}_{BB})=u$，则可得

$$\hat{\boldsymbol{x}}=-\boldsymbol{N}_{BB}^{-1}\boldsymbol{B}^{\mathrm{T}}\boldsymbol{N}_{AA}^{-1}\boldsymbol{W} \tag{6.1.3}$$

利用上式可得

$$\boldsymbol{K}=-\boldsymbol{N}_{AA}^{-1}(\boldsymbol{B}\hat{\boldsymbol{x}}+\boldsymbol{W})=\boldsymbol{N}_{AA}^{-1}(\boldsymbol{B}\boldsymbol{N}_{BB}^{-1}\boldsymbol{B}^{\mathrm{T}}\boldsymbol{N}_{AA}^{-1}-\boldsymbol{I})\boldsymbol{W} \tag{6.1.4}$$

$$\boldsymbol{V}=\boldsymbol{P}^{-1}\boldsymbol{A}^{\mathrm{T}}\boldsymbol{K}=\boldsymbol{P}^{-1}\boldsymbol{A}^{\mathrm{T}}\boldsymbol{N}_{AA}^{-1}(\boldsymbol{B}\boldsymbol{N}_{BB}^{-1}\boldsymbol{B}^{\mathrm{T}}\boldsymbol{N}_{AA}^{-1}-\boldsymbol{I})\boldsymbol{W} \tag{6.1.5}$$

进而可求得 $\hat{\boldsymbol{L}}=\boldsymbol{L}+\boldsymbol{V}$，$\hat{\boldsymbol{X}}=\boldsymbol{X}^{0}+\hat{\boldsymbol{x}}$。

6.1.2　精度评定

在附有参数的条件平差中，精度评定同样包括单位权方差的估值公式、平差值函数的协因数和相应中误差的计算公式。为此，还要导出有关向量平差后的协因数矩阵，或称验后协因数矩阵。

1. $\boldsymbol{V}^{\mathrm{T}}\boldsymbol{P}\boldsymbol{V}$ 的计算

二次型 $\boldsymbol{V}^{\mathrm{T}}\boldsymbol{P}\boldsymbol{V}$ 的计算，除直接由向量 $\boldsymbol{V}$ 和矩阵 $\boldsymbol{P}$ 计算外，还可根据 $\boldsymbol{V}=\boldsymbol{P}^{-1}\boldsymbol{A}^{\mathrm{T}}\boldsymbol{K}$、函数模型和 $\boldsymbol{B}^{\mathrm{T}}\boldsymbol{K}=\boldsymbol{0}$得到如下的公式计算，即

$$\begin{aligned}\boldsymbol{V}^{\mathrm{T}}\boldsymbol{P}\boldsymbol{V}&=\boldsymbol{V}^{\mathrm{T}}(\boldsymbol{A}^{\mathrm{T}}\boldsymbol{K})=(\boldsymbol{A}\boldsymbol{V})^{\mathrm{T}}\boldsymbol{K}=-(\boldsymbol{B}\hat{\boldsymbol{x}}+\boldsymbol{W})^{\mathrm{T}}\boldsymbol{K}\\&=-\hat{\boldsymbol{x}}^{\mathrm{T}}\boldsymbol{B}^{\mathrm{T}}\boldsymbol{K}-\boldsymbol{W}^{\mathrm{T}}\boldsymbol{K}=-\boldsymbol{W}^{\mathrm{T}}\boldsymbol{K}\end{aligned} \tag{6.1.6}$$

再利用 $\boldsymbol{K}=-\boldsymbol{N}_{AA}^{-1}(\boldsymbol{B}\hat{\boldsymbol{x}}+\boldsymbol{W})$和 $\boldsymbol{N}_{BB}\hat{\boldsymbol{x}}+\boldsymbol{B}^{\mathrm{T}}\boldsymbol{N}_{AA}^{-1}\boldsymbol{W}=\boldsymbol{0}$，有

$$\begin{aligned}\boldsymbol{V}^{\mathrm{T}}\boldsymbol{P}\boldsymbol{V}&=-\boldsymbol{W}^{\mathrm{T}}\mathrm{K}=\boldsymbol{W}^{\mathrm{T}}\boldsymbol{N}_{AA}^{-1}(\boldsymbol{B}\hat{\boldsymbol{x}}+\boldsymbol{W})=\boldsymbol{W}^{\mathrm{T}}\boldsymbol{N}_{AA}^{-1}\boldsymbol{W}+\boldsymbol{W}^{\mathrm{T}}\boldsymbol{N}_{AA}^{-1}\boldsymbol{B}\hat{\boldsymbol{x}}=\boldsymbol{W}^{\mathrm{T}}\boldsymbol{N}_{AA}^{-1}\boldsymbol{W}+(\boldsymbol{B}^{\mathrm{T}}\boldsymbol{N}_{AA}^{-1}\boldsymbol{W})^{\mathrm{T}}\hat{\boldsymbol{x}}\\&=\boldsymbol{W}^{\mathrm{T}}\boldsymbol{N}_{AA}^{-1}\boldsymbol{W}+(-\boldsymbol{N}_{BB}\hat{\boldsymbol{x}})^{\mathrm{T}}\hat{\boldsymbol{x}}=\boldsymbol{W}^{\mathrm{T}}\boldsymbol{N}_{AA}^{-1}\boldsymbol{W}-\hat{\boldsymbol{x}}^{\mathrm{T}}\boldsymbol{N}_{BB}\hat{\boldsymbol{x}}\end{aligned} \tag{6.1.7}$$

以上两式可作为检核用。

2. 单位权方差和中误差的计算

由于观测向量 $\boldsymbol{L}$ 的协方差矩阵 $\boldsymbol{D}$ 事先是不知道的，为了评定精度，还要利用改正数向量 $\boldsymbol{V}$ 计算单位权方差 σ_0^2 和其估值 $\hat{\sigma}_0^2$，然后才能计算所需向量的协方差矩阵和任何平差结果的精度。

单位权方差及其估值公式是

$$\left.\begin{aligned}\sigma_0^2&=E\left(\frac{\boldsymbol{V}^{\mathrm{T}}\boldsymbol{PV}}{c-u}\right)\\ \hat{\sigma}_0^2&=\frac{\boldsymbol{V}^{\mathrm{T}}\boldsymbol{PV}}{c-u}=\frac{\boldsymbol{V}^{\mathrm{T}}\boldsymbol{PV}}{r}\end{aligned}\right\}\tag{6.1.8}$$

它与平差时是否选取参数 $\boldsymbol{X}$ 无关。关于上式的严格证明稍后进行。

3.协因数矩阵

由于附有参数的条件平差中各基本向量的表达式为

$$\begin{aligned}\boldsymbol{L}&=\boldsymbol{L}\\ \boldsymbol{W}&=\boldsymbol{AL}+\boldsymbol{BX}^0+\boldsymbol{A}_0\\ \hat{\boldsymbol{x}}&=-\boldsymbol{N}_{BB}^{-1}\boldsymbol{B}^{\mathrm{T}}\boldsymbol{N}_{AA}^{-1}\boldsymbol{W}\\ \boldsymbol{K}&=\boldsymbol{N}_{AA}^{-1}(\boldsymbol{BN}_{BB}^{-1}\boldsymbol{B}^{\mathrm{T}}\boldsymbol{N}_{AA}^{-1}-\boldsymbol{I})\boldsymbol{W}\\ \boldsymbol{V}&=\boldsymbol{P}^{-1}\boldsymbol{A}^{\mathrm{T}}\boldsymbol{N}_{AA}^{-1}(\boldsymbol{BN}_{BB}^{-1}\boldsymbol{B}^{\mathrm{T}}\boldsymbol{N}_{AA}^{-1}-\boldsymbol{I})\boldsymbol{W}\\ \hat{\boldsymbol{L}}&=\boldsymbol{L}+\boldsymbol{V}\end{aligned}$$

且观测值向量 $\boldsymbol{L}$ 的协因数矩阵是 $\boldsymbol{Q}_{LL}=\boldsymbol{Q}$,那么根据协因数矩阵传播律就有

$$\boldsymbol{Q}_{WW}=\boldsymbol{AQA}^{\mathrm{T}}=\boldsymbol{N}_{AA}$$

其余随机向量都可表示为 $\boldsymbol{W}$ 的函数,它们的协因数矩阵见表 6.1.1。

表 6.1.1 附有参数的条件平差协因数矩阵

	$\boldsymbol{L}$	$\boldsymbol{W}$	$\hat{\boldsymbol{X}}$	$\boldsymbol{K}$	$\boldsymbol{V}$	$\hat{\boldsymbol{L}}$
$\boldsymbol{L}$	$\boldsymbol{Q}$	$\boldsymbol{QA}^{\mathrm{T}}$	$-\boldsymbol{QA}^{\mathrm{T}}\boldsymbol{N}_{AA}^{-1}\boldsymbol{BN}_{BB}^{-1}$	$-\boldsymbol{QA}^{\mathrm{T}}\boldsymbol{Q}_{KK}$	$-\boldsymbol{Q}_{VV}$	$\boldsymbol{Q}-\boldsymbol{Q}_{VV}$
$\boldsymbol{W}$		$\boldsymbol{N}_{AA}$	$-\boldsymbol{BN}_{BB}^{-1}$	$-\boldsymbol{N}_{AA}\boldsymbol{Q}_{KK}$	$-\boldsymbol{N}_{AA}\boldsymbol{Q}_{KK}\boldsymbol{AQ}$	$\boldsymbol{BN}_{BB}^{-1}\boldsymbol{B}^{\mathrm{T}}\boldsymbol{N}_{AA}^{-1}\boldsymbol{AQ}$
$\hat{\boldsymbol{X}}$			$\boldsymbol{N}_{BB}^{-1}$	$\boldsymbol{0}$	$\boldsymbol{0}$	$-\boldsymbol{N}_{BB}^{-1}\boldsymbol{B}^{\mathrm{T}}\boldsymbol{N}_{AA}^{-1}\boldsymbol{AQ}$
$\boldsymbol{K}$				$\boldsymbol{N}_{AA}^{-1}-\boldsymbol{N}_{AA}^{-1}\boldsymbol{BN}_{BB}^{-1}\boldsymbol{B}^{\mathrm{T}}\boldsymbol{N}_{AA}^{-1}$	$\boldsymbol{Q}_{KK}\boldsymbol{AQ}$	$\boldsymbol{0}$
$\boldsymbol{V}$					$\boldsymbol{QA}^{\mathrm{T}}\boldsymbol{Q}_{KK}\boldsymbol{AQ}$	$\boldsymbol{0}$
$\hat{\boldsymbol{L}}$						$\boldsymbol{Q}-\boldsymbol{Q}_{VV}$

从表 6.1.1 中可看出

$$\boldsymbol{Q}_{\hat{L}\hat{L}}=\boldsymbol{Q}_{L\hat{L}}=\boldsymbol{Q}-\boldsymbol{Q}_{VV}$$

$$\boldsymbol{Q}_{K\hat{X}}=\boldsymbol{0},\ \boldsymbol{Q}_{K\hat{L}}=\boldsymbol{0},\boldsymbol{Q}_{\hat{X}V}=\boldsymbol{0},\ \boldsymbol{Q}_{V\hat{L}}=\boldsymbol{0}$$

说明联系系数向量 $\boldsymbol{K}$ 与平差值 $\hat{\boldsymbol{X}}$、$\hat{\boldsymbol{L}}$,平差值 $\hat{\boldsymbol{X}}$、$\hat{\boldsymbol{L}}$ 与残差 $\boldsymbol{V}$ 统计不相关。

4.单位权方差计算公式的证明

在附有参数的条件平差的函数模型中,所选参数的近似值是非随机向量,且由于观测值仅存在偶然误差,即 $E(\boldsymbol{L})=\tilde{\boldsymbol{L}}$,那么也就有

$$E(\boldsymbol{W})=\boldsymbol{A}\tilde{\boldsymbol{L}}+\boldsymbol{BX}^0+\boldsymbol{A}_0$$

再根据真值情况下的函数模型

$$\underset{c\times n}{\boldsymbol{A}}\ \underset{n\times 1}{\tilde{\boldsymbol{L}}}+\underset{c\times u}{\boldsymbol{B}}\ \underset{u\times 1}{\tilde{\boldsymbol{X}}}+\underset{c\times 1}{\boldsymbol{A}_0}=\underset{c\times 1}{\boldsymbol{0}}$$

以及 $\tilde{\boldsymbol{X}}=\boldsymbol{X}^0+\tilde{\boldsymbol{x}}$,可得

$$E(\boldsymbol{W})=-\boldsymbol{B}\tilde{\boldsymbol{x}}$$

利用上式，并根据 $\hat{x}=-N_{BB}^{-1}B^{\mathrm{T}}N_{AA}^{-1}W$，$K=N_{AA}^{-1}(BN_{BB}^{-1}B^{\mathrm{T}}N_{AA}^{-1}-I)W$，进一步可得

$$E(\hat{x})=-N_{BB}^{-1}B^{\mathrm{T}}N_{AA}^{-1}E(W)=N_{BB}^{-1}B^{\mathrm{T}}N_{AA}^{-1}B\tilde{x}=\tilde{x}$$

$$E(K)=-N_{AA}^{-1}[BE(\hat{x})+E(W)]=-N_{AA}^{-1}(B\tilde{x}-B\tilde{x})=\underset{c\times 1}{0}$$

利用 $V=P^{-1}A^{\mathrm{T}}K$ 可得

$$E(V)=P^{-1}A^{\mathrm{T}}E(K)=\underset{n\times 1}{0}$$

因此，也有

$$E(\hat{L})=E(L)+E(V)=\tilde{L},\ E(\hat{X})=E(X^0)+E(\hat{x})=X^0+\tilde{x}=\tilde{X}$$

根据随机向量方差矩阵的定义和 $E(K)=0$ 可知

$$D_{KK}=E[(K-E(K))(K-E(K))^{\mathrm{T}}]=E(KK^{\mathrm{T}})=\sigma_0^2Q_{KK} \tag{6.1.9}$$

根据 $V=P^{-1}A^{\mathrm{T}}K$、$N_{AA}=AP^{-1}A^{\mathrm{T}}$，有

$$\begin{aligned}V^{\mathrm{T}}PV&=(P^{-1}A^{\mathrm{T}}K)^{\mathrm{T}}P(P^{-1}A^{\mathrm{T}}K)=K^{\mathrm{T}}AP^{-1}A^{\mathrm{T}}K\\&=K^{\mathrm{T}}N_{AA}K=\mathrm{tr}(K^{\mathrm{T}}N_{AA}K)=\mathrm{tr}(KK^{\mathrm{T}}N_{AA})\end{aligned}$$

上式两边取数学期望，并根据式(6.1.9)得

$$E(V^{\mathrm{T}}PV)=E[\mathrm{tr}(KK^{\mathrm{T}}N_{AA})]=\mathrm{tr}[E(KK^{\mathrm{T}})N_{AA}]=\mathrm{tr}(\sigma_0^2Q_{KK}N_{AA})=\sigma_0^2\mathrm{tr}(Q_{KK}N_{AA})$$

把 Q_{KK} 的表达式代入上式，即有

$$\begin{aligned}E(V^{\mathrm{T}}PV)&=\sigma_0^2\mathrm{tr}[(N_{AA}^{-1}-N_{AA}^{-1}BN_{BB}^{-1}B^{\mathrm{T}}N_{AA}^{-1})N_{AA}]=\sigma_0^2\mathrm{tr}[\underset{c\times c}{I}-N_{AA}^{-1}BN_{BB}^{-1}B^{\mathrm{T}}]\\&=\sigma_0^2[\mathrm{tr}(\underset{c\times c}{I})-\mathrm{tr}(N_{AA}^{-1}BN_{BB}^{-1}B^{\mathrm{T}})]=\sigma_0^2[c-\mathrm{tr}(B^{\mathrm{T}}N_{AA}^{-1}BN_{BB}^{-1})]\\&=\sigma_0^2[c-\mathrm{tr}(N_{BB}N_{BB}^{-1})]=\sigma_0^2[c-\mathrm{tr}(\underset{u\times u}{I})]\\&=\sigma_0^2(c-u)=\sigma_0^2r\end{aligned}$$

这样就有

$$\sigma_0^2=E\left(\frac{V^{\mathrm{T}}PV}{c-u}\right)=E\left(\frac{V^{\mathrm{T}}PV}{r}\right) \tag{6.1.10}$$

因此，式(6.1.8)成立。

5. 平差值函数的权倒数和中误差

设有线性函数

$$z=z_0+F^{\mathrm{T}}\hat{L}+K^{\mathrm{T}}\hat{X} \tag{6.1.11}$$

根据协因数传播律就有

$$\frac{1}{p_z}=(F^{\mathrm{T}}\quad K^{\mathrm{T}})\begin{pmatrix}Q_{LL} & Q_{L\hat{X}}\\Q_{\hat{X}L} & Q_{\hat{X}\hat{X}}\end{pmatrix}\begin{pmatrix}F\\K\end{pmatrix} \tag{6.1.12}$$

平差值函数的中误差为

$$\hat{\sigma}_z=\hat{\sigma}_0\sqrt{\frac{1}{p_z}} \tag{6.1.13}$$

至此，附有参数的条件平差的解算和精度评定介绍完毕。

§6.2　平差结果的统计性质

下面将要证明，按最小二乘准则，利用附有参数的条件平差法求得的结果，满足评定一个统计量具有的最优性质，即满足无偏性、一致性和有效性。

6.2.1 估计量 $\hat{X}$ 和 $\hat{L}$ 具有无偏性

在 6.1.2 小节的第四问题中，实际上已经证明了 $\hat{X}$ 和 $\hat{L}$ 满足无偏性，下面将从另一个角度来证明。由于用真值和真误差表示的附有参数的条件平差的函数模型为

$$\boldsymbol{A\Delta}+\boldsymbol{B}\tilde{\boldsymbol{x}}+\boldsymbol{W}=\boldsymbol{0},\ \boldsymbol{W}=\boldsymbol{AL}+\boldsymbol{BX}^0+\boldsymbol{A}_0,\ E(\boldsymbol{\Delta})=\boldsymbol{0}$$

所以有 $E(\boldsymbol{W})=-\boldsymbol{B}\tilde{\boldsymbol{x}}$。由于 $\hat{\boldsymbol{x}}=-\boldsymbol{N}_{BB}^{-1}\boldsymbol{B}^{\mathrm{T}}\boldsymbol{N}_{AA}^{-1}\boldsymbol{W},\boldsymbol{N}_{BB}=\boldsymbol{B}^{\mathrm{T}}\boldsymbol{N}_{AA}^{-1}\boldsymbol{B}$，则有

$$E(\hat{\boldsymbol{x}})=-\boldsymbol{N}_{BB}^{-1}\boldsymbol{B}^{\mathrm{T}}\boldsymbol{N}_{AA}^{-1}E(\boldsymbol{W})=\boldsymbol{N}_{BB}^{-1}\boldsymbol{B}^{\mathrm{T}}\boldsymbol{N}_{AA}^{-1}\boldsymbol{B}\tilde{\boldsymbol{x}}=\tilde{\boldsymbol{x}}$$

由于 $\hat{\boldsymbol{X}}=\boldsymbol{X}^0+\hat{\boldsymbol{x}}$，则有

$$E(\hat{\boldsymbol{X}})=\boldsymbol{X}^0+E(\hat{\boldsymbol{x}})=\boldsymbol{X}^0+\tilde{\boldsymbol{x}}=\tilde{\boldsymbol{X}} \tag{6.2.1}$$

由于 $\boldsymbol{V}=\boldsymbol{QA}^{\mathrm{T}}\boldsymbol{N}_{AA}^{-1}(\boldsymbol{BN}_{BB}^{-1}\boldsymbol{B}^{\mathrm{T}}\boldsymbol{N}_{AA}^{-1}-\boldsymbol{I})\boldsymbol{W}$，则有

$$\begin{aligned}E(\boldsymbol{V})&=\boldsymbol{QA}^{\mathrm{T}}\boldsymbol{N}_{AA}^{-1}(\boldsymbol{BN}_{BB}^{-1}\boldsymbol{B}^{\mathrm{T}}\boldsymbol{N}_{AA}^{-1}-\boldsymbol{I})E(\boldsymbol{W})=\boldsymbol{QA}^{\mathrm{T}}\boldsymbol{N}_{AA}^{-1}(\boldsymbol{BN}_{BB}^{-1}\boldsymbol{B}^{\mathrm{T}}\boldsymbol{N}_{AA}^{-1}\boldsymbol{B}-\boldsymbol{B})\tilde{\boldsymbol{x}}\\&=\boldsymbol{QA}^{\mathrm{T}}\boldsymbol{N}_{AA}^{-1}(\boldsymbol{B}-\boldsymbol{B})\tilde{\boldsymbol{x}}=\boldsymbol{0}\end{aligned}$$

由于 $\hat{\boldsymbol{L}}=\boldsymbol{L}+\boldsymbol{V}$，可知

$$E(\hat{\boldsymbol{L}})=E(\boldsymbol{L})+E(\boldsymbol{V})=\tilde{\boldsymbol{L}} \tag{6.2.2}$$

至此证明了 $\hat{\boldsymbol{X}}$ 和 $\hat{\boldsymbol{L}}$ 满足无偏性。

6.2.2 估计量 $\hat{L}$ 和 $\hat{X}$ 具有最小方差性

由于根据最小二乘原理得到

$$\hat{\boldsymbol{L}}=\boldsymbol{L}+\boldsymbol{QA}^{\mathrm{T}}\boldsymbol{N}_{AA}^{-1}(\boldsymbol{BN}_{BB}^{-1}\boldsymbol{B}^{\mathrm{T}}\boldsymbol{N}_{AA}^{-1}-\boldsymbol{I})\boldsymbol{W}$$

现在假设有另一个新的估值向量 $\hat{\boldsymbol{L}}'$

$$\hat{\boldsymbol{L}}'=\boldsymbol{L}+\underset{n\times c}{\boldsymbol{R}}\underset{c\times 1}{\boldsymbol{W}}$$

令它满足无偏性，即 $E(\hat{\boldsymbol{L}}')=E(\boldsymbol{L})+\boldsymbol{R}E(\boldsymbol{W})=\tilde{\boldsymbol{L}}-\boldsymbol{RB}\tilde{\boldsymbol{x}}$，那么必有 $\boldsymbol{RB}=\boldsymbol{0}$。

由于 $\boldsymbol{Q}_{WW}=\boldsymbol{N}_{AA},\boldsymbol{Q}_{LW}=\boldsymbol{QA}^{\mathrm{T}}$，则 $\hat{\boldsymbol{L}}'$ 的权逆矩阵是

$$\boldsymbol{Q}_{\hat{L}'\hat{L}'}=\boldsymbol{Q}+\boldsymbol{RN}_{AA}\boldsymbol{R}^{\mathrm{T}}+\boldsymbol{QA}^{\mathrm{T}}\boldsymbol{R}^{\mathrm{T}}+\boldsymbol{RAQ}$$

如果要使得 $\hat{\boldsymbol{L}}'$ 既满足无偏性又满足最小方差性，那么就等价于

$$\phi=\mathrm{tr}(\boldsymbol{Q}_{\hat{L}'\hat{L}'})+\mathrm{tr}(2\boldsymbol{RB}\underset{n\times n}{\boldsymbol{K}})=\min$$

按函数极值的拉格朗日乘数法，$\boldsymbol{K}$ 为联系系数矩阵。分别对上式 $\boldsymbol{R}$ 和 $\underset{n\times n}{\boldsymbol{K}}$ 求偏导数，并令其为零矩阵，得

$$\frac{\partial\phi}{\partial\boldsymbol{R}}=2\boldsymbol{RN}_{AA}+2\boldsymbol{QA}^{\mathrm{T}}+2\boldsymbol{K}^{\mathrm{T}}\boldsymbol{B}^{\mathrm{T}}=\underset{n\times c}{\boldsymbol{0}},\ \left(\frac{\partial\phi}{\partial\boldsymbol{K}}\right)^{\mathrm{T}}=2\boldsymbol{RB}=\underset{n\times n}{\boldsymbol{0}}$$

由上式第一式解得 $\boldsymbol{R}=-(\boldsymbol{QA}^{\mathrm{T}}+\boldsymbol{K}^{\mathrm{T}}\boldsymbol{B}^{\mathrm{T}})\boldsymbol{N}_{AA}^{-1}$，代入第二式后有 $\boldsymbol{K}^{\mathrm{T}}=-\boldsymbol{QA}^{\mathrm{T}}\boldsymbol{N}_{AA}^{-1}\boldsymbol{BN}_{BB}$。由此可得

$$\boldsymbol{R}=\boldsymbol{QA}^{\mathrm{T}}\boldsymbol{N}_{AA}^{-1}(\boldsymbol{BN}_{BB}\boldsymbol{B}^{\mathrm{T}}\boldsymbol{N}_{AA}^{-1}-\boldsymbol{I})$$

可见得到的 $\hat{\boldsymbol{L}}'$ 与利用最小二乘原理求出的结果 $\hat{\boldsymbol{L}}$ 完全相同，而 $\hat{\boldsymbol{L}}'$ 是在无偏性和方差最小情况下求得的。这说明 $\hat{\boldsymbol{L}}$ 是无偏估计，且有最小的方差，即是最优无偏估计。

关于 $\hat{\boldsymbol{X}}$ 的最优无偏估计，请读者自证。

6.2.3 单位权方差估值 $\hat{\sigma}_0^2$ 具有无偏性

由于

$$E(\boldsymbol{V}^{\mathrm{T}}\boldsymbol{P}\boldsymbol{V})=\mathrm{tr}(\boldsymbol{P}\boldsymbol{D}_{VV})+E(\boldsymbol{V})^{\mathrm{T}}\boldsymbol{P}E(\boldsymbol{V}),\ E(\boldsymbol{V})=\boldsymbol{0}$$

$$\boldsymbol{Q}_{VV}=\boldsymbol{Q}\boldsymbol{A}^{\mathrm{T}}(\boldsymbol{N}_{AA}^{-1}-\boldsymbol{N}_{AA}^{-1}\boldsymbol{B}\boldsymbol{N}_{BB}^{-1}\boldsymbol{B}^{\mathrm{T}}\boldsymbol{N}_{AA}^{-1})\boldsymbol{A}\boldsymbol{Q}$$

那么

$$\boldsymbol{D}_{VV}=\sigma_0^2\boldsymbol{Q}_{VV}=\sigma_0^2[\boldsymbol{Q}\boldsymbol{A}^{\mathrm{T}}(\boldsymbol{N}_{AA}^{-1}-\boldsymbol{N}_{AA}^{-1}\boldsymbol{B}\boldsymbol{N}_{BB}^{-1}\boldsymbol{B}^{\mathrm{T}}\boldsymbol{N}_{AA}^{-1})\boldsymbol{A}\boldsymbol{Q}]$$

所以有

$$\begin{aligned}E(\boldsymbol{V}^{\mathrm{T}}\boldsymbol{P}\boldsymbol{V})&=\mathrm{tr}(\boldsymbol{P}\boldsymbol{D}_{VV})=\sigma_0^2\,\mathrm{tr}[\boldsymbol{P}\boldsymbol{Q}\boldsymbol{A}^{\mathrm{T}}(\boldsymbol{N}_{AA}^{-1}-\boldsymbol{N}_{AA}^{-1}\boldsymbol{B}\boldsymbol{N}_{BB}^{-1}\boldsymbol{B}^{\mathrm{T}}\boldsymbol{N}_{AA}^{-1})\boldsymbol{A}\boldsymbol{Q}]\\&=\sigma_0^2\,\mathrm{tr}[\boldsymbol{A}\boldsymbol{Q}\boldsymbol{A}^{\mathrm{T}}(\boldsymbol{N}_{AA}^{-1}-\boldsymbol{N}_{AA}^{-1}\boldsymbol{B}\boldsymbol{N}_{BB}^{-1}\boldsymbol{B}^{\mathrm{T}}\boldsymbol{N}_{AA}^{-1})]=\sigma_0^2\,\mathrm{tr}(\underset{c\times c}{\boldsymbol{I}}-\boldsymbol{B}\boldsymbol{N}_{BB}^{-1}\boldsymbol{B}^{\mathrm{T}}\boldsymbol{N}_{AA}^{-1})\\&=\sigma_0^2\,\mathrm{tr}(\underset{c\times c}{\boldsymbol{I}})-\sigma_0^2\,\mathrm{tr}(\boldsymbol{B}^{\mathrm{T}}\boldsymbol{N}_{AA}^{-1}\boldsymbol{B}\boldsymbol{N}_{BB}^{-1})=\sigma_0^2\,\mathrm{tr}(\underset{c\times c}{\boldsymbol{I}})-\sigma_0^2\,\mathrm{tr}(\underset{u\times u}{\boldsymbol{I}})\\&=\sigma_0^2(c-u)=\sigma_0^2 r\end{aligned}$$

也就有

$$E(\hat{\sigma}_0^2)=E\left(\frac{\boldsymbol{V}^{\mathrm{T}}\boldsymbol{P}\boldsymbol{V}}{r}\right)=\sigma_0^2 \tag{6.2.3}$$

因此，$\hat{\sigma}_0^2$ 是 σ_0^2 的无偏估计量。

6.2.4 随机向量 $\hat{\boldsymbol{X}}$、$\boldsymbol{V}$ 和 $\hat{\boldsymbol{L}}$ 的概率分布

首先求解 $\boldsymbol{Q}_{\hat{X}\hat{X}}$、$\boldsymbol{Q}_{VV}$ 和 $\boldsymbol{Q}_{\hat{L}\hat{L}}$ 的秩。由于

$$\boldsymbol{Q}_{\hat{X}\hat{X}}=\boldsymbol{N}_{BB}^{-1},\ \boldsymbol{Q}_{VV}=\boldsymbol{Q}\boldsymbol{A}^{\mathrm{T}}(\underset{c\times c}{\boldsymbol{I}}-\boldsymbol{N}_{AA}^{-1}\boldsymbol{B}\boldsymbol{N}_{BB}^{-1}\boldsymbol{B}^{\mathrm{T}})\boldsymbol{N}_{AA}^{-1}\boldsymbol{A}\boldsymbol{Q},\ \boldsymbol{Q}_{\hat{L}\hat{L}}=\boldsymbol{Q}-\boldsymbol{Q}_{VV}$$

显然

$$\mathrm{R}(\boldsymbol{Q}_{\hat{X}\hat{X}})=\mathrm{R}(\boldsymbol{N}_{BB}^{-1})=u \tag{6.2.4}$$

下面求解 $\boldsymbol{Q}_{VV}$ 的秩。令 $\boldsymbol{F}=\boldsymbol{N}_{AA}^{-1}\boldsymbol{B}\boldsymbol{N}_{BB}^{-1}\boldsymbol{B}^{\mathrm{T}}$，则有

$$\boldsymbol{F}^2=\boldsymbol{F}\boldsymbol{F}=\boldsymbol{N}_{AA}^{-1}\boldsymbol{B}\boldsymbol{N}_{BB}^{-1}\boldsymbol{B}^{\mathrm{T}}\boldsymbol{N}_{AA}^{-1}\boldsymbol{B}\boldsymbol{N}_{BB}^{-1}\boldsymbol{B}^{\mathrm{T}}=\boldsymbol{N}_{AA}^{-1}\boldsymbol{B}\boldsymbol{N}_{BB}^{-1}\boldsymbol{B}^{\mathrm{T}}=\boldsymbol{F}$$

所以 $\boldsymbol{F}$ 为幂等矩阵，其秩等于其迹

$$\mathrm{R}(\boldsymbol{F})=\mathrm{tr}(\boldsymbol{N}_{AA}^{-1}\boldsymbol{B}\boldsymbol{N}_{BB}^{-1}\boldsymbol{B}^{\mathrm{T}})=\mathrm{tr}(\boldsymbol{B}^{\mathrm{T}}\boldsymbol{N}_{AA}^{-1}\boldsymbol{B}\boldsymbol{N}_{BB}^{-1})=\mathrm{tr}(\underset{u\times u}{\boldsymbol{I}})=\boldsymbol{u}$$

也可证 $\boldsymbol{H}=(\boldsymbol{I}-\boldsymbol{F})$ 为幂等矩阵。那么有

$$\mathrm{R}(\boldsymbol{H})=\mathrm{tr}(\underset{c\times c}{\boldsymbol{I}}-\boldsymbol{F})=\mathrm{tr}(\boldsymbol{I})-\mathrm{tr}(\boldsymbol{F})=c-u=r$$

这样 $\boldsymbol{Q}_{VV}=\boldsymbol{Q}\boldsymbol{A}^{\mathrm{T}}\boldsymbol{H}\boldsymbol{N}_{AA}^{-1}\boldsymbol{A}\boldsymbol{Q}$ 的秩满足如下一些关系，即

$$\mathrm{R}(\boldsymbol{Q}_{VV})\leqslant\min[\mathrm{R}(\boldsymbol{Q}),\mathrm{R}(\boldsymbol{A}),\mathrm{R}(\boldsymbol{H}),\mathrm{R}(\boldsymbol{N}_{AA}^{-1})]=c-u=r$$

另外

$$\boldsymbol{A}\boldsymbol{Q}_{VV}\boldsymbol{A}^{\mathrm{T}}=\boldsymbol{A}\boldsymbol{Q}\boldsymbol{A}^{\mathrm{T}}\boldsymbol{H}\boldsymbol{N}_{AA}^{-1}\boldsymbol{A}\boldsymbol{Q}\boldsymbol{A}^{\mathrm{T}}=\boldsymbol{N}_{AA}\boldsymbol{H}$$

或者

$$\boldsymbol{H}=\boldsymbol{N}_{AA}^{-1}\boldsymbol{A}\boldsymbol{Q}_{VV}\boldsymbol{A}^{\mathrm{T}}$$

所以有

$$\mathrm{r}=\mathrm{R}(\boldsymbol{H})\leqslant\min[\mathrm{R}(\boldsymbol{N}_{AA}^{-1}),\mathrm{R}(\boldsymbol{A}),\mathrm{R}(\boldsymbol{Q}_{VV})]$$

综上所述有

$$\mathrm{R}(\boldsymbol{Q}_{VV})=c-u=r \tag{6.2.5}$$

下面再求解 $\boldsymbol{Q}_{\hat{L}\hat{L}}$ 的秩。如果也令

$$\boldsymbol{F}=\boldsymbol{N}_{AA}^{-1}\boldsymbol{B}\boldsymbol{N}_{BB}^{-1}\boldsymbol{B}^{\mathrm{T}},\ \boldsymbol{H}=(\boldsymbol{I}-\boldsymbol{F}),\ \mathrm{R}(\boldsymbol{H})=r$$

这里 $\boldsymbol{F}$、$\boldsymbol{H}$ 都是幂等矩阵。这样 $\boldsymbol{Q}_{\hat{L}\hat{L}}$ 写为

$$\boldsymbol{Q}_{\hat{L}\hat{L}}=\boldsymbol{Q}-\boldsymbol{Q}\boldsymbol{A}^{\mathrm{T}}\boldsymbol{H}\boldsymbol{N}_{AA}^{-1}\boldsymbol{A}\boldsymbol{Q}=\boldsymbol{Q}(\underset{n\times n}{\boldsymbol{I}}-\boldsymbol{A}^{\mathrm{T}}\boldsymbol{H}\boldsymbol{N}_{AA}^{-1}\boldsymbol{A}\boldsymbol{Q})$$

再令 $\boldsymbol{G}=\boldsymbol{A}^{\mathrm{T}}\boldsymbol{H}\boldsymbol{N}_{AA}^{-1}\boldsymbol{A}\boldsymbol{Q}$，那么有

$$\boldsymbol{G}^2=\boldsymbol{G}\boldsymbol{G}=\boldsymbol{A}^{\mathrm{T}}\boldsymbol{H}\boldsymbol{N}_{AA}^{-1}\boldsymbol{A}\boldsymbol{Q}\boldsymbol{A}^{\mathrm{T}}\boldsymbol{H}\boldsymbol{N}_{AA}^{-1}\boldsymbol{A}\boldsymbol{Q}=\boldsymbol{A}^{\mathrm{T}}\boldsymbol{H}\boldsymbol{H}\boldsymbol{N}_{AA}^{-1}\boldsymbol{A}\boldsymbol{Q}=\boldsymbol{A}^{\mathrm{T}}\mathrm{H}\boldsymbol{N}_{AA}^{-1}\boldsymbol{A}\boldsymbol{Q}=\boldsymbol{G}$$

可见 $\boldsymbol{G}$ 同样是幂等矩阵，则其秩等于其迹

$$\mathrm{R}(\boldsymbol{G})=\mathrm{tr}(\boldsymbol{A}^{\mathrm{T}}\boldsymbol{H}\boldsymbol{N}_{AA}^{-1}\boldsymbol{A}\boldsymbol{Q})=\mathrm{tr}(\boldsymbol{H}\boldsymbol{N}_{AA}^{-1}\boldsymbol{A}\boldsymbol{Q}\boldsymbol{A}^{\mathrm{T}})=\mathrm{tr}(\boldsymbol{H})=r$$

这样 $\boldsymbol{Q}_{\hat{L}\hat{L}}$ 还可写为

$$\boldsymbol{Q}_{\hat{L}\hat{L}}=\boldsymbol{Q}(\underset{n\times n}{\boldsymbol{I}}-\underset{n\times n}{\boldsymbol{G}})=\boldsymbol{Q}\boldsymbol{J}$$

式中，$\boldsymbol{J}=\boldsymbol{I}-\boldsymbol{G}$。同样可证明 $\boldsymbol{J}$ 也为幂等矩阵，则其秩等于其迹

$$\mathrm{R}(\boldsymbol{J})=\mathrm{tr}(\underset{n\times n}{\boldsymbol{I}})-\mathrm{tr}(\underset{n\times n}{\boldsymbol{G}})=\boldsymbol{n}-\boldsymbol{r}$$

这时

$$\mathrm{R}(\boldsymbol{Q}_{\hat{L}\hat{L}})\leqslant\min[\mathrm{R}(\boldsymbol{Q}),\mathrm{R}(\boldsymbol{J})]=n-r$$

由 $\boldsymbol{J}=\boldsymbol{P}\boldsymbol{Q}_{\hat{L}\hat{L}}$ 可得

$$n-r=\mathrm{R}(\boldsymbol{J})\leqslant\min[\mathrm{R}(\boldsymbol{P}),\mathrm{R}(\boldsymbol{Q}_{\hat{L}\hat{L}})]$$

综上所述可得

$$\mathrm{R}(\boldsymbol{Q}_{\hat{L}\hat{L}})=n-r=t \tag{6.2.6}$$

由于 $\tilde{\boldsymbol{L}}=\boldsymbol{L}+\boldsymbol{\Delta}$，且

$$\boldsymbol{\Delta}\sim N(\boldsymbol{0},\sigma_0^2\boldsymbol{I}),\ E(\boldsymbol{L})=\tilde{\boldsymbol{L}},\ D(\boldsymbol{L})=\sigma_0^2\boldsymbol{Q},\ \mathrm{R}(\boldsymbol{Q})=n$$

则观测值向量 $\boldsymbol{L}$ 是服从 n 维正态分布的随机向量。而 $\hat{\boldsymbol{X}}$、$\boldsymbol{V}$ 和 $\hat{\boldsymbol{L}}$ 是 $\boldsymbol{L}$ 的线性函数，所以它们分别是服从 u 维、r 维和 t 维的正态分布随机向量。

6.2.5 随机变量 $\boldsymbol{V}^{\mathrm{T}}\boldsymbol{P}\boldsymbol{V}$ 的概率分布

1. 用真误差向量 $\boldsymbol{\Delta}$ 表示的二次型 $\boldsymbol{V}^{\mathrm{T}}\boldsymbol{P}\boldsymbol{V}$

由于

$$\boldsymbol{A}\boldsymbol{\Delta}+\boldsymbol{B}\tilde{\boldsymbol{x}}+\boldsymbol{W}=\boldsymbol{0},\ \boldsymbol{W}=\boldsymbol{A}\boldsymbol{L}+\boldsymbol{B}\boldsymbol{X}^0+\boldsymbol{A}_0,\ E(\Delta)=\boldsymbol{0}$$

$$\boldsymbol{V}=\boldsymbol{Q}\boldsymbol{A}^{\mathrm{T}}\boldsymbol{N}_{AA}^{-1}(\boldsymbol{B}\boldsymbol{N}_{BB}^{-1}\boldsymbol{B}^{\mathrm{T}}\boldsymbol{N}_{AA}^{-1}-\boldsymbol{I})\boldsymbol{W},\ E(\boldsymbol{V})=\boldsymbol{0}$$

则有

$$\boldsymbol{V}-E(\boldsymbol{V})=\boldsymbol{Q}\boldsymbol{A}^{\mathrm{T}}\boldsymbol{N}_{AA}^{-1}(\boldsymbol{B}\boldsymbol{N}_{BB}^{-1}\boldsymbol{B}^{\mathrm{T}}\boldsymbol{N}_{AA}^{-1}-\boldsymbol{I})[\boldsymbol{W}-E(\boldsymbol{W})]$$

那么

$$\boldsymbol{V}=\boldsymbol{Q}\boldsymbol{A}^{\mathrm{T}}\boldsymbol{N}_{AA}^{-1}(\boldsymbol{B}\boldsymbol{N}_{BB}^{-1}\boldsymbol{B}^{\mathrm{T}}\boldsymbol{N}_{AA}^{-1}-\boldsymbol{I})\boldsymbol{A}(\boldsymbol{L}-\tilde{\boldsymbol{L}})=\boldsymbol{Q}\boldsymbol{A}^{\mathrm{T}}\boldsymbol{N}_{AA}^{-1}(\boldsymbol{I}-\boldsymbol{B}\boldsymbol{N}_{BB}^{-1}\boldsymbol{B}^{\mathrm{T}}\boldsymbol{N}_{AA}^{-1})\boldsymbol{A}\boldsymbol{\Delta}=\boldsymbol{Q}\boldsymbol{G}\boldsymbol{\Delta}$$

式中，$\boldsymbol{G}$ 为 n 阶方阵，并设

$$\boldsymbol{G}=\boldsymbol{A}^{\mathrm{T}}\boldsymbol{N}_{AA}^{-1}(\boldsymbol{I}-\boldsymbol{B}\boldsymbol{N}_{BB}^{-1}\boldsymbol{B}^{\mathrm{T}}\boldsymbol{N}_{AA}^{-1})\boldsymbol{A}$$

则有

$$\boldsymbol{V}^{\mathrm{T}}\boldsymbol{P}\boldsymbol{V}=(\boldsymbol{\Delta}^{\mathrm{T}}\boldsymbol{G}^{\mathrm{T}}\boldsymbol{Q})\boldsymbol{P}(\boldsymbol{Q}\boldsymbol{G}\boldsymbol{\Delta})=\boldsymbol{\Delta}^{\mathrm{T}}\boldsymbol{G}^{\mathrm{T}}\boldsymbol{Q}\boldsymbol{G}\boldsymbol{\Delta}$$

由于

$$\begin{aligned}\boldsymbol{G}^{\mathrm{T}}\boldsymbol{Q}\boldsymbol{G}&=\boldsymbol{A}^{\mathrm{T}}(\boldsymbol{I}-\boldsymbol{N}_{AA}^{-1}\boldsymbol{B}\boldsymbol{N}_{BB}^{-1}\boldsymbol{B}^{\mathrm{T}})\boldsymbol{N}_{AA}^{-1}\boldsymbol{A}\boldsymbol{Q}\boldsymbol{A}^{\mathrm{T}}\boldsymbol{N}_{AA}^{-1}(\boldsymbol{I}-\boldsymbol{B}\boldsymbol{N}_{BB}^{-1}\boldsymbol{B}^{\mathrm{T}}\boldsymbol{N}_{AA}^{-1})\boldsymbol{A}\\&=\boldsymbol{A}^{\mathrm{T}}(\boldsymbol{I}-\boldsymbol{N}_{AA}^{-1}\boldsymbol{B}\boldsymbol{N}_{BB}^{-1}\boldsymbol{B}^{\mathrm{T}})\boldsymbol{N}_{AA}^{-1}(\boldsymbol{I}-\boldsymbol{B}\boldsymbol{N}_{BB}^{-1}\boldsymbol{B}^{\mathrm{T}}\boldsymbol{N}_{AA}^{-1})\boldsymbol{A}\\&=\boldsymbol{A}^{\mathrm{T}}(\boldsymbol{N}_{AA}^{-1}-2\boldsymbol{N}_{AA}^{-1}\boldsymbol{B}\boldsymbol{N}_{BB}^{-1}\boldsymbol{B}^{\mathrm{T}}\boldsymbol{N}_{AA}^{-1}+\boldsymbol{N}_{AA}^{-1}\boldsymbol{B}\boldsymbol{N}_{BB}^{-1}\boldsymbol{B}^{\mathrm{T}}\boldsymbol{N}_{AA}^{-1}\boldsymbol{B}\boldsymbol{N}_{BB}^{-1}\boldsymbol{B}^{\mathrm{T}}\boldsymbol{N}_{AA}^{-1})\boldsymbol{A}\\&=\boldsymbol{A}^{\mathrm{T}}(\boldsymbol{N}_{AA}^{-1}-\boldsymbol{N}_{AA}^{-1}\boldsymbol{B}\boldsymbol{N}_{BB}^{-1}\boldsymbol{B}^{\mathrm{T}}\boldsymbol{N}_{AA}^{-1})\boldsymbol{A}=\boldsymbol{G}\end{aligned}$$

那么就有

$$\boldsymbol{V}^{\mathrm{T}}\boldsymbol{P}\boldsymbol{V}=\boldsymbol{\Delta}^{\mathrm{T}}\boldsymbol{G}\boldsymbol{\Delta} \tag{6.2.7}$$

这样就把残差的二次型表示为真误差的二次型。

2. 对 $\boldsymbol{\Delta}$ 满秩变换后，用新随机变量 $\boldsymbol{Y}$ 表示的二次型 $\boldsymbol{V}^{\mathrm{T}}\boldsymbol{P}\boldsymbol{V}$

对观测值向量 $\boldsymbol{L}$ 的权矩阵 $\boldsymbol{P}$ 做满秩分解，即

$$\boldsymbol{P}=\boldsymbol{F}^{\mathrm{T}}\boldsymbol{F},\ \boldsymbol{Q}=\boldsymbol{P}^{-1}=\boldsymbol{F}^{-1}(\boldsymbol{F}^{\mathrm{T}})^{-1}$$

式中，$\boldsymbol{F}$ 为 n 阶满秩方阵。对观测值向量 $\boldsymbol{L}$ 的真误差向量 $\boldsymbol{\Delta}$ 做满秩变换，即

$$\boldsymbol{Y}=\boldsymbol{F}\boldsymbol{\Delta},\ \boldsymbol{\Delta}=\boldsymbol{F}^{-1}\boldsymbol{Y}$$

新随机向量 $\boldsymbol{Y}$ 的数字特征为

$$E(\boldsymbol{Y})=\boldsymbol{F}E(\boldsymbol{\Delta})=\boldsymbol{0}$$

$$\boldsymbol{Q}_{YY}=\boldsymbol{F}\boldsymbol{Q}\boldsymbol{F}^{\mathrm{T}}=\boldsymbol{F}\boldsymbol{F}^{-1}(\boldsymbol{F}^{\mathrm{T}})^{-1}\boldsymbol{F}^{\mathrm{T}}=\boldsymbol{I}$$

于是 $\boldsymbol{Y}$ 是服从 n 维正态分布的随机向量，记为 $\boldsymbol{Y}\sim N(\boldsymbol{0},\sigma_0^2\underset{n\times n}{\boldsymbol{I}})$。这样

$$\boldsymbol{V}^{\mathrm{T}}\boldsymbol{P}\boldsymbol{V}=\boldsymbol{\Delta}^{\mathrm{T}}\boldsymbol{G}\boldsymbol{\Delta}=\boldsymbol{Y}^{\mathrm{T}}(\boldsymbol{F}^{-1})^{\mathrm{T}}\boldsymbol{G}\boldsymbol{F}^{-1}\boldsymbol{Y}=\boldsymbol{Y}^{\mathrm{T}}\boldsymbol{R}\boldsymbol{Y} \tag{6.2.8}$$

式中

$$\boldsymbol{R}=(\boldsymbol{F}^{-1})^{\mathrm{T}}\boldsymbol{G}\boldsymbol{F}^{-1} \tag{6.2.9}$$

且方阵 $\boldsymbol{R}$ 有以下性质。因

$$(\boldsymbol{F}^{-1})^{\mathrm{T}}=(\boldsymbol{F}^{\mathrm{T}})^{-1},\ \boldsymbol{F}^{-1}(\boldsymbol{F}^{\mathrm{T}})^{-1}=\boldsymbol{Q},\boldsymbol{G}\boldsymbol{Q}\boldsymbol{G}=\boldsymbol{G}$$

则

$$\begin{aligned}\boldsymbol{R}^2&=\boldsymbol{R}\boldsymbol{R}=(\boldsymbol{F}^{-1})^{\mathrm{T}}\boldsymbol{G}\boldsymbol{F}^{-1}(\boldsymbol{F}^{-1})^{\mathrm{T}}\boldsymbol{G}\boldsymbol{F}^{-1}=(\boldsymbol{F}^{-1})^{\mathrm{T}}\boldsymbol{G}\boldsymbol{F}^{-1}(\boldsymbol{F}^{\mathrm{T}})^{-1}\boldsymbol{G}\boldsymbol{F}^{-1}\\&=(\boldsymbol{F}^{-1})^{\mathrm{T}}\boldsymbol{G}\boldsymbol{Q}\boldsymbol{G}\boldsymbol{F}^{-1}=(\boldsymbol{F}^{-1})^{\mathrm{T}}\boldsymbol{G}\boldsymbol{F}^{-1}=\boldsymbol{R}\end{aligned}$$

可见 n 阶方阵 $\boldsymbol{R}$ 是一个幂等矩阵，则其秩等于它的迹，即

$$\begin{aligned}\mathrm{R}(\boldsymbol{R})&=\mathrm{tr}(\boldsymbol{R})=\mathrm{tr}[(\boldsymbol{F}^{-1})^{\mathrm{T}}\boldsymbol{G}\boldsymbol{F}^{-1}]=\mathrm{tr}[(\boldsymbol{F}^{-1})^{\mathrm{T}}\boldsymbol{A}^{\mathrm{T}}\boldsymbol{N}_{AA}^{-1}(\boldsymbol{I}-\boldsymbol{B}\boldsymbol{N}_{BB}^{-1}\boldsymbol{B}^{\mathrm{T}}\boldsymbol{N}_{AA}^{-1})\boldsymbol{A}\boldsymbol{F}^{-1}]\\&=\mathrm{tr}[\boldsymbol{A}\boldsymbol{F}^{-1}(\boldsymbol{F}^{-1})^{\mathrm{T}}\boldsymbol{A}^{\mathrm{T}}\boldsymbol{N}_{AA}^{-1}(\boldsymbol{I}-\boldsymbol{B}\boldsymbol{N}_{BB}^{-1}\boldsymbol{B}^{\mathrm{T}}\boldsymbol{N}_{AA}^{-1})]=\mathrm{tr}[\boldsymbol{A}\boldsymbol{Q}\boldsymbol{A}^{\mathrm{T}}\boldsymbol{N}_{AA}^{-1}(\boldsymbol{I}-\boldsymbol{B}\boldsymbol{N}_{BB}^{-1}\boldsymbol{B}^{\mathrm{T}}\boldsymbol{N}_{AA}^{-1})]\\&=\mathrm{tr}(\underset{c\times c}{\boldsymbol{I}}-\boldsymbol{B}\boldsymbol{N}_{BB}^{-1}\boldsymbol{B}^{\mathrm{T}}\boldsymbol{N}_{AA}^{-1})=c-\mathrm{tr}(\boldsymbol{B}^{\mathrm{T}}\boldsymbol{N}_{AA}^{-1}\boldsymbol{B}\boldsymbol{N}_{BB}^{-1})\\&=c-\mathrm{tr}(\underset{u\times u}{\boldsymbol{I}})=c-u=r\end{aligned} \tag{6.2.10}$$

3. 对 $\boldsymbol{Y}$ 进行正交变换后表示的二次型 $\boldsymbol{V}^{\mathrm{T}}\boldsymbol{P}\boldsymbol{V}$

对随机向量 $\boldsymbol{Y}$ 进行正交变换

$$\boldsymbol{z}=\boldsymbol{S}\boldsymbol{Y},\ \boldsymbol{Y}=\boldsymbol{S}^{-1}\boldsymbol{z}=\boldsymbol{S}^{\mathrm{T}}\boldsymbol{z}$$

式中，$\boldsymbol{S}$ 为正交矩阵。那么有

$$\boldsymbol{V}^{\mathrm{T}}\boldsymbol{P}\boldsymbol{V}=\boldsymbol{Y}^{\mathrm{T}}\boldsymbol{R}\boldsymbol{Y}=\boldsymbol{z}^{\mathrm{T}}\boldsymbol{S}\boldsymbol{R}\boldsymbol{S}\boldsymbol{z}=\boldsymbol{z}^{\mathrm{T}}\boldsymbol{H}\boldsymbol{z}$$

由于 $\boldsymbol{R}$ 是幂等矩阵，且 $\mathrm{R}(\boldsymbol{R})=r$，又 $\boldsymbol{S}$ 是正交矩阵，则有

$$\boldsymbol{H}=\boldsymbol{S}\boldsymbol{R}\boldsymbol{S}=\begin{bmatrix}\underset{r\times r}{\boldsymbol{I}} & \underset{r\times t}{\boldsymbol{0}}\\ \underset{t\times r}{\boldsymbol{0}} & \underset{t\times t}{\boldsymbol{0}}\end{bmatrix}$$

于是

$$\boldsymbol{V}^{\mathrm{T}}\boldsymbol{P}\boldsymbol{V}=\boldsymbol{z}^{\mathrm{T}}\boldsymbol{H}\boldsymbol{z}=\sum_{i=1}^{r}z_i^2 \tag{6.2.11}$$

这就把二次型 $\boldsymbol{V}^{\mathrm{T}}\boldsymbol{P}\boldsymbol{V}$ 表示成随机变量 $z_i(i=1,2,\cdots,r)$ 的平方和。

4. 二次型 $\boldsymbol{V}^{\mathrm{T}}\boldsymbol{P}\boldsymbol{V}$ 的概率分布及其数字特征

随机向量 z 的数字特征是

$$E(\boldsymbol{z})=\boldsymbol{S}E(\boldsymbol{Y})=\boldsymbol{0}$$

$$\boldsymbol{Q}_{zz}=\boldsymbol{S}\boldsymbol{Q}_{YY}\boldsymbol{S}^{\mathrm{T}}=\boldsymbol{S}\boldsymbol{S}^{-1}=\underset{n\times n}{\boldsymbol{I}}$$

且 $\boldsymbol{z}=\boldsymbol{S}\boldsymbol{Y}=\boldsymbol{S}\boldsymbol{F}\boldsymbol{\Delta}$，那么可得

$$\boldsymbol{z}\sim N(\boldsymbol{0},\sigma_0^2\underset{n\times n}{\boldsymbol{I}}),\ \frac{\boldsymbol{z}}{\sigma_0^2}\sim N(\boldsymbol{0},\underset{n\times n}{\boldsymbol{I}}),\ \frac{z_i}{\sigma_0^2}\sim N(0,1)$$

于是可知

$$\phi=\frac{\boldsymbol{V}^{\mathrm{T}}\boldsymbol{P}\boldsymbol{V}}{\sigma_0^2}=\frac{1}{\sigma_0^2}\sum_{i=1}^{r}z_i^2\sim\chi^2(r)$$

可见 ϕ 是服从自由度为 r 的 χ^2 分布的随机变量。类似于前几章的论述，可得

$$D(\boldsymbol{V}^{\mathrm{T}}\boldsymbol{P}\boldsymbol{V})=2r\sigma_0^4,\ D(\hat{\sigma}_0^2)=\frac{2}{r}\sigma_0^4,\ E(\boldsymbol{V}^{\mathrm{T}}\boldsymbol{P}\boldsymbol{V})=r\sigma_0^2$$

这从另一个角度证明了 $\hat{\sigma}_0^2$ 是 σ_0^2 的无偏估值。

§6.3 公式汇编和示例

一般来说，根据具体问题的需要既可采用间接平差法，又可采用条件平差法进行平差，并得出相同的平差结果。但是在某些情况下，平差的函数模型并不单纯的是上述两种基本形式。如间接平差中，所选择的参数间并不函数独立，而有一定的函数关系；条件平差中，除全部观测量被采用作为未知数外，还有非观测量的参数作为未知量。也就是在一个平差问题中，既有误差方程式，又有条件方程式，需要联合处理。附有参数的条件平差就是其中的一种。

6.3.1 公式汇编

按附有参数的条件平差法求平差值的计算步骤如下。

第一步：根据平差问题的具体情况，判断平差问题中的必要观测数 t，设置 u 个独立量为参数（$0<u<t$），建立含有参数的条件方程作为平差的函数模型，即

$$\boldsymbol{A}\boldsymbol{V}+\boldsymbol{B}\hat{\boldsymbol{x}}+\boldsymbol{W}=\boldsymbol{0},\ \boldsymbol{W}=\boldsymbol{A}\boldsymbol{L}+\boldsymbol{B}\boldsymbol{X}^0+\boldsymbol{A}_0$$

式中，$\mathrm{R}(\boldsymbol{A})=c=u+r<n$，$\mathrm{R}(\boldsymbol{B})=u$。

第二步：根据具体情况，给出观测值向量 $\boldsymbol{L}$ 的权矩阵 $\boldsymbol{P}$。

第三步：令 $\boldsymbol{N}_{AA}=\boldsymbol{A}\boldsymbol{Q}\boldsymbol{A}^{\mathrm{T}}$，$\boldsymbol{N}_{BB}=\boldsymbol{B}^{\mathrm{T}}\boldsymbol{N}_{AA}^{-1}\boldsymbol{B}$。列出法方程，并求出参数向量 $\hat{\boldsymbol{x}}$ 和联系系数向量 $\boldsymbol{K}$，即

$$\hat{\boldsymbol{x}}=-\boldsymbol{N}_{BB}^{-1}\boldsymbol{B}^{\mathrm{T}}\boldsymbol{N}_{AA}^{-1}\boldsymbol{W}$$

$$\boldsymbol{K}=-\boldsymbol{N}_{AA}^{-1}(\boldsymbol{B}\hat{\boldsymbol{x}}+\boldsymbol{W})=\boldsymbol{N}_{AA}^{-1}(\boldsymbol{B}\boldsymbol{N}_{BB}^{-1}\boldsymbol{B}^{\mathrm{T}}\boldsymbol{N}_{AA}^{-1}-\boldsymbol{I})\boldsymbol{W}$$

第四步：求解残差向量 $\boldsymbol{V}$ 和观测值的平差值向量 $\hat{\boldsymbol{L}}$，即

$$\boldsymbol{V}=\boldsymbol{Q}\boldsymbol{A}^{\mathrm{T}}\boldsymbol{K}=\boldsymbol{Q}\boldsymbol{A}^{\mathrm{T}}\boldsymbol{N}_{AA}^{-1}(\boldsymbol{B}\boldsymbol{N}_{BB}^{-1}\boldsymbol{B}^{\mathrm{T}}\boldsymbol{N}_{AA}^{-1}-\boldsymbol{I})\boldsymbol{W}$$

$$\hat{\boldsymbol{L}}=\boldsymbol{L}+\boldsymbol{V},\ \hat{\boldsymbol{X}}=\boldsymbol{X}^0+\hat{\boldsymbol{x}}$$

将此时得到的 $\boldsymbol{V}$ 和 $\hat{\boldsymbol{x}}$ 代入方程 $\boldsymbol{A}\boldsymbol{V}+\boldsymbol{B}\hat{\boldsymbol{x}}+\boldsymbol{W}=\boldsymbol{0}$，检核计算的正确性。

第五步：精度评定，即

$$\hat{\sigma}_0=\sqrt{\frac{V^TPV}{r}}=\sqrt{\frac{V^TPV}{c-u}}$$

$$Q_{KK}=N_{AA}^{-1}-N_{AA}^{-1}BN_{BB}^{-1}B^TN_{AA}^{-1},\ Q_{\hat{X}\hat{X}}=N_{BB}^{-1}$$

$$Q_{\hat{L}\hat{L}}=Q-QA^TQ_{KK}AQ,\ Q_{\hat{L}\hat{X}}=-QA^TN_{AA}^{-1}BN_{BB}^{-1}$$

如果有函数

$$z=(F^T\quad K^T)\begin{pmatrix}L\\ \hat{X}\end{pmatrix}$$

则可求其平差值函数的权倒数和中误差，即

$$\frac{1}{p_z}=(F^T\quad K^T)\begin{pmatrix}Q_{LL} & Q_{L\hat{X}}\\ Q_{\hat{X}L} & Q_{\hat{X}\hat{X}}\end{pmatrix}\begin{pmatrix}F\\ K\end{pmatrix},\ \hat{\sigma}_z=\hat{\sigma}_0\sqrt{\frac{1}{p_z}}$$

第六步：平差系统的统计假设检验，内容参见第 9 章。

6.3.2　平差示例

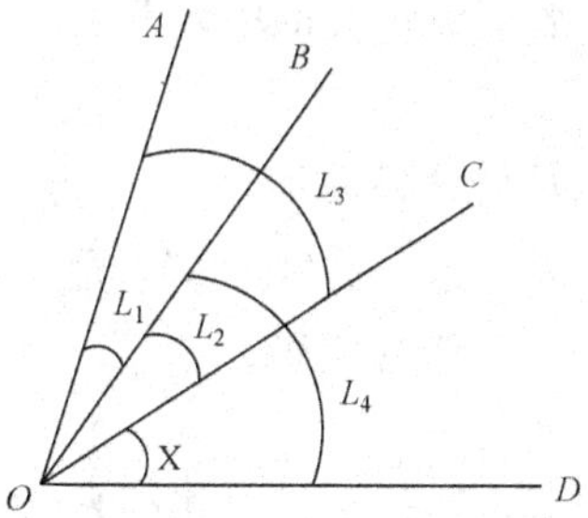

图 6.3.1

例 6.3.1　如图 6.3.1 所示，在测站 O 观测了四个角，各观测角独立、等权，观测值为

$L_1=15°10'19''$，$L_2=25°19'09''$，$L_3=40°29'31''$，$L_4=60°40'50''$

求各角最或然值及其中误差。

解：此图形多余观测数为 1，即只有一个条件方程式

$$\hat{L}_1+\hat{L}_2-\hat{L}_3=0$$

若多设一个参数 $\hat{X}=\angle COD$，则增加一个条件，即

$$\hat{L}_2+\hat{X}-\hat{L}_4=0$$

设 $X^0=L_4-L_2$，则组成的函数模型为

$$AV+B\hat{x}+W=0$$

其中

$$A=\begin{pmatrix}1 & 1 & -1 & 0\\ 0 & 1 & 0 & -1\end{pmatrix},\ B=\begin{pmatrix}0\\ 1\end{pmatrix},\ W=\begin{pmatrix}L_1+L_2-L_3\\ L_2+X^0-L_4\end{pmatrix}=\begin{pmatrix}-3''\\ 0''\end{pmatrix}$$

那么有

$$N_{AA}=AQA^T=\begin{pmatrix}3 & 1\\ 1 & 2\end{pmatrix},\ N_{AA}^{-1}=\frac{1}{5}\begin{pmatrix}2 & -1\\ -1 & 3\end{pmatrix},\ N_{BB}=B^TN_{AA}^{-1}B=\frac{3}{5}$$

$$\hat{x}=-N_{BB}^{-1}B^TN_{AA}^{-1}W=-1'',\ K=-N_{AA}^{-1}(B\hat{x}+W)=\begin{pmatrix}1''\\ 0''\end{pmatrix}$$

$$V=QA^TK=(1''\quad 1''\quad -1''\quad 0'')^T,\ \hat{\sigma}_0=\sqrt{\frac{V^TPV}{r}}=\sqrt{3}''$$

有关向量的权逆矩阵为

$$Q_{KK}=N_{AA}^{-1}-N_{AA}^{-1}BN_{BB}^{-1}B^TN_{AA}^{-1}=\frac{1}{3}\begin{pmatrix}1 & 0\\ 0 & 0\end{pmatrix}$$

$$Q_{VV}=QA^{\mathrm{T}}Q_{KK}AQ=\frac{1}{3}\begin{pmatrix}1 & 1 & -1 & 0\\ 1 & 1 & -1 & 0\\ -1 & -1 & 1 & 0\\ 0 & 0 & 0 & 0\end{pmatrix}$$

$$Q_{\hat{L}\hat{L}}=Q-Q_{VV}=\frac{1}{3}\begin{pmatrix}2 & -1 & 1 & 0\\ -1 & 2 & 1 & 0\\ 1 & 1 & 2 & 0\\ 0 & 0 & 0 & 3\end{pmatrix}$$

各观测角度的中误差是

$$\hat{\sigma}_{L_1}=\hat{\sigma}_{L_2}=\hat{\sigma}_{L_3}=\hat{\sigma}_0\sqrt{q_{\hat{L}_1}}=\sqrt{2}\,'' ,\ \hat{\sigma}_{L_4}=\hat{\sigma}_0\sqrt{q_{\hat{L}_4}}=\sqrt{3}\,''$$

最后结果表示为

$\hat{L}_1=15°10'20''\pm\sqrt{2}\,''$，$\hat{L}_2=25°19'10''\pm\sqrt{2}\,''$，$\hat{L}_3=40°29'30''\pm\sqrt{2}\,''$，$\hat{L}_4=60°40'50''\pm\sqrt{3}\,''$

解答完毕。

§6.4　附有参数条件平差的分组平差

如果平差的规模很大，即观测值可分为两组或多组。当各组观测值之间相互独立，且都能与共同的附加参数发生关系时，可以进行分组平差。也就是在引入参数且观测值分组后，可使解算一个大的方程组演变成解算两个小的方程组，从而达到节省存储空间和计算时间的目的。

分组后附有参数的条件方程化为

$$\begin{pmatrix}\underset{c_1\times n_1}{A_1} & \underset{c_1\times n_2}{0}\\ \underset{c_2\times n_1}{0} & \underset{c_2\times n_2}{A_2}\end{pmatrix}\begin{pmatrix}\underset{n_1\times 1}{V_1}\\ \underset{n_2\times 1}{V_2}\end{pmatrix}+\begin{pmatrix}\underset{c_1\times u}{B_1}\\ \underset{c_2\times u}{B_2}\end{pmatrix}(\underset{u\times 1}{\hat{x}})+\begin{pmatrix}\underset{c_1\times 1}{W_1}\\ \underset{c_2\times 1}{W_2}\end{pmatrix}=\begin{pmatrix}\underset{c_1\times 1}{0}\\ \underset{c_2\times 1}{0}\end{pmatrix}\tag{6.4.1}$$

这里 $n=n_1+n_2$，$c=c_1+c_2$。设观测值的协因数矩阵为

$$Q=\begin{pmatrix}\underset{n_1\times n_1}{Q_1} & \underset{n_1\times n_2}{0}\\ \underset{n_2\times n_1}{0} & \underset{n_2\times n_2}{Q_2}\end{pmatrix}\tag{6.4.2}$$

令 $N_1=A_1Q_1A_1^{\mathrm{T}}$，$N_2=A_2Q_2A_2^{\mathrm{T}}$；并根据 $V=QA^{\mathrm{T}}K$ 可得

$$V_1=Q_1A_1^{\mathrm{T}}K_1,\ V_2=Q_2A_2^{\mathrm{T}}K_2$$

代入式(6.4.1)得

$$\begin{pmatrix}N_1 & 0 & B_1\\ 0 & N_2 & B_2\end{pmatrix}\begin{pmatrix}K_1\\ K_2\\ \hat{x}\end{pmatrix}+\begin{pmatrix}W_1\\ W_2\end{pmatrix}=0\tag{6.4.3}$$

再根据 $B^{\mathrm{T}}K=0$，可得

$$\begin{pmatrix}B_1^{\mathrm{T}} & B_2^{\mathrm{T}} & 0\end{pmatrix}\begin{pmatrix}K_1\\ K_2\\ \hat{x}\end{pmatrix}=0\tag{6.4.4}$$

至此可建立方程组

$$\begin{pmatrix} \boldsymbol{N}_1 & \boldsymbol{0} & \boldsymbol{B}_1 \\ \boldsymbol{0} & \boldsymbol{N}_2 & \boldsymbol{B}_2 \\ \boldsymbol{B}_1^{\mathrm{T}} & \boldsymbol{B}_2^{\mathrm{T}} & \boldsymbol{0} \end{pmatrix}\begin{pmatrix} \boldsymbol{K}_1 \\ \boldsymbol{K}_2 \\ \hat{\boldsymbol{x}} \end{pmatrix}+\begin{pmatrix} \boldsymbol{W}_1 \\ \boldsymbol{W}_2 \\ \boldsymbol{0} \end{pmatrix}=\boldsymbol{0} \tag{6.4.5}$$

将上式的第一个方程左乘以$-\boldsymbol{B}_1^{\mathrm{T}}\boldsymbol{N}_1^{-1}$，第二个方程左乘以$-\boldsymbol{B}_2^{\mathrm{T}}\boldsymbol{N}_2^{-1}$，则有

$$\begin{pmatrix} -\boldsymbol{B}_1^{\mathrm{T}} & \boldsymbol{0} & -\boldsymbol{B}_1^{\mathrm{T}}\boldsymbol{N}_1^{-1}\boldsymbol{B}_1 \\ \boldsymbol{0} & -\boldsymbol{B}_2^{\mathrm{T}} & -\boldsymbol{B}_2\boldsymbol{N}_2^{-1}\boldsymbol{B}_2 \\ \boldsymbol{B}_1^{\mathrm{T}} & \boldsymbol{B}_2^{\mathrm{T}} & \boldsymbol{0} \end{pmatrix}\begin{pmatrix} \boldsymbol{K}_1 \\ \boldsymbol{K}_2 \\ \hat{\boldsymbol{x}} \end{pmatrix}+\begin{pmatrix} -\boldsymbol{B}_1^{\mathrm{T}}\boldsymbol{N}_1^{-1}\boldsymbol{W}_1 \\ -\boldsymbol{B}_2^{\mathrm{T}}\boldsymbol{N}_2^{-1}\boldsymbol{W}_2 \\ \boldsymbol{0} \end{pmatrix}=\boldsymbol{0}$$

将上式三个方程相加可得

$$(\boldsymbol{B}_1^{\mathrm{T}}\boldsymbol{N}_1^{-1}\boldsymbol{B}_1+\boldsymbol{B}_2^{\mathrm{T}}\boldsymbol{N}_2^{-1}\boldsymbol{B}_2)\hat{\boldsymbol{x}}+(\boldsymbol{B}_1^{\mathrm{T}}\boldsymbol{N}_1^{-1}\boldsymbol{W}_1+\boldsymbol{B}_2^{\mathrm{T}}\boldsymbol{N}_2^{-1}\boldsymbol{W}_2)=\boldsymbol{0} \tag{6.4.6}$$

因此就有

$$\hat{\boldsymbol{x}}=-(\boldsymbol{B}_1^{\mathrm{T}}\boldsymbol{N}_1^{-1}\boldsymbol{B}_1+\boldsymbol{B}_2^{\mathrm{T}}\boldsymbol{N}_2^{-1}\boldsymbol{B}_2)^{-1}(\boldsymbol{B}_1^{\mathrm{T}}\boldsymbol{N}_1^{-1}\boldsymbol{W}_1+\boldsymbol{B}_2^{\mathrm{T}}\boldsymbol{N}_2^{-1}\boldsymbol{W}_2)$$

在得到 $\hat{\boldsymbol{x}}$ 情况下，把它代入式(6.4.5)的第一、第二方程分别可得

$$\boldsymbol{K}_1=-\boldsymbol{N}_1^{-1}(\boldsymbol{B}_1\hat{\boldsymbol{x}}+\boldsymbol{W}_1),\ \boldsymbol{K}_2=-\boldsymbol{N}_2^{-1}(\boldsymbol{B}_2\hat{\boldsymbol{x}}+\boldsymbol{W}_2)$$

进而可得残差向量

$$\boldsymbol{V}_1=\boldsymbol{P}_1^{-1}\boldsymbol{A}_1^{\mathrm{T}}\boldsymbol{K}_1,\ \boldsymbol{V}_2=\boldsymbol{P}_2^{-1}\boldsymbol{A}_2^{\mathrm{T}}\boldsymbol{K}_2$$

如果将式(6.4.1)的第一式单独按附有参数的条件平差，组成法方程，可得

$$\left.\begin{aligned} &\boldsymbol{N}_1\boldsymbol{K}_1+\boldsymbol{B}_1\hat{\boldsymbol{x}}+\boldsymbol{W}_1=\boldsymbol{0} \\ &\boldsymbol{B}_1^{\mathrm{T}}\boldsymbol{K}_1=\boldsymbol{0} \end{aligned}\right\}$$

消去联系数 $\boldsymbol{K}_1$，得

$$\boldsymbol{B}_1^{\mathrm{T}}\boldsymbol{N}_1^{-1}\boldsymbol{B}_1\hat{\boldsymbol{x}}+\boldsymbol{B}_1^{\mathrm{T}}\boldsymbol{N}_1^{-1}\boldsymbol{W}_1=\boldsymbol{0}$$

同样由式(6.4.1)的第二式可得

$$\boldsymbol{B}_2^{\mathrm{T}}\boldsymbol{N}_2^{-1}\boldsymbol{B}_2\hat{\boldsymbol{x}}+\boldsymbol{B}_2^{\mathrm{T}}\boldsymbol{N}_2^{-1}\boldsymbol{W}_2=\boldsymbol{0}$$

将上两式相加即为式(6.4.6)。

第 7 章　具有约束条件的间接平差

在一个平差问题中，观测数为 n，多余观测数为 $r=n-t$，t 为必要观测次数。如果在平差问题中，不是选 t 个而是选择 $u>t$ 个参数，其中包含 t 个独立参数，则多选择的 $s=u-t$ 个参数必然是 t 个独立参数的函数，亦即在 u 个参数之间存在着 $s=u-t$ 个函数关系，它们用来约束参数之间应该满足的关系。因此在选定 $u>t$ 个参数进行间接平差时，除了 n 个观测方程外，还要增加 $s=u-t$ 个约束参数的条件方程，故称此平差方法为具有约束条件的间接平差法。

第 3 章已给出了具有约束条件的间接平差线性化的函数模型

$$\left.\begin{aligned} \underset{n\times 1}{\boldsymbol{V}} &= \underset{n\times u}{\boldsymbol{B}}\,\underset{u\times 1}{\hat{\boldsymbol{x}}} + \underset{n\times 1}{\boldsymbol{l}} \\ \underset{s\times u}{\boldsymbol{C}}\,\underset{u\times 1}{\hat{\boldsymbol{x}}} &+ \underset{s\times 1}{\boldsymbol{W}_X} = \underset{s\times 1}{\boldsymbol{0}} \\ \boldsymbol{l} &= \boldsymbol{B}\boldsymbol{X}^0 + \boldsymbol{d} - \boldsymbol{L} \\ \boldsymbol{W}_X &= \boldsymbol{C}\boldsymbol{X}^0 + \boldsymbol{U} \end{aligned}\right\} \tag{7.1.1}$$

$$\mathrm{R}(\boldsymbol{B})=u=s+t,\ \mathrm{R}(\boldsymbol{C})=s,\ s<u<n$$

式中，$\boldsymbol{d}$ 和 $\boldsymbol{U}$ 分别是 n 行 1 列和 s 行 1 列的常数向量。该问题的自由度仍是 $r=n-(u-s)$。

观测值向量 $\boldsymbol{L}$ 的随机模型为

$$\underset{n\times n}{\boldsymbol{D}}=\sigma_0^2\underset{n\times n}{\boldsymbol{Q}}=\sigma_0^2\underset{n\times n}{\boldsymbol{P}^{-1}}$$

平差的准则为

$$\boldsymbol{V}^{\mathrm{T}}\boldsymbol{P}\boldsymbol{V}=\min$$

具有约束条件的间接平差就是要求在满足 n 个误差方程和 s 个参数条件方程下，利用最小二乘原理求 $\boldsymbol{V}$ 值，在数学中就是求函数的条件极值问题。

§7.1　平差原理

具有约束条件的间接平差的函数模型，一共有 $n+s$ 个方程；而未知数有 n 个观测值的残差和所选择的 u 个参数，即一共有 $n+u$ 个待求未知量。由于方程个数 $n+s<n+u$，因此式(7.1.1)是具有无穷多组解的一组方程。为此应在无穷多组解中求出使 $\boldsymbol{V}^{\mathrm{T}}\boldsymbol{P}\boldsymbol{V}=\min$ 的一组解。

7.1.1　基础方程及其解

按函数极值的拉格朗日乘数法，设联系系数向量 $\underset{s\times 1}{\boldsymbol{K}_s}$ 组成函数

$$\Phi=\boldsymbol{V}^{\mathrm{T}}\boldsymbol{P}\boldsymbol{V}+2\boldsymbol{K}_s^{\mathrm{T}}(\boldsymbol{C}\hat{\boldsymbol{x}}+\boldsymbol{W}_X)$$

为求 Φ 的极小值，将上式对 $\hat{\boldsymbol{x}}$ 求一阶导数，并令其为零矩阵有

$$\frac{\partial\Phi}{\partial\hat{\boldsymbol{x}}}=2\boldsymbol{V}^{\mathrm{T}}\boldsymbol{P}\frac{\partial\boldsymbol{V}}{\partial\hat{x}}+2\boldsymbol{K}_s^{\mathrm{T}}\boldsymbol{C}=2\boldsymbol{V}^{\mathrm{T}}\boldsymbol{P}\boldsymbol{B}+2\boldsymbol{K}_s^{\mathrm{T}}\boldsymbol{C}=\boldsymbol{0}$$

转置后得

$$\underset{u\times n}{\boldsymbol{B}^{\mathrm{T}}}\underset{n\times n}{\boldsymbol{P}}\underset{n\times 1}{\boldsymbol{V}}+\underset{u\times s}{\boldsymbol{C}^{\mathrm{T}}}\underset{s\times 1}{\boldsymbol{K}_s}=\underset{u\times 1}{\boldsymbol{0}}$$

将函数模型的第一式代入上式，并令

$$\underset{u\times u}{\boldsymbol{N}_{BB}}=\boldsymbol{B}^{\mathrm{T}}\boldsymbol{P}\boldsymbol{B},\ \underset{u\times 1}{\boldsymbol{W}}=\boldsymbol{B}^{\mathrm{T}}\boldsymbol{P}\boldsymbol{l}$$

则可组成以下法方程组

$$\left.\begin{aligned}&\boldsymbol{N}_{BB}\hat{\boldsymbol{x}}+\boldsymbol{C}^{\mathrm{T}}\boldsymbol{K}_s+\boldsymbol{W}=\boldsymbol{0}\\&\boldsymbol{C}\hat{\boldsymbol{x}}+\boldsymbol{W}_X=\boldsymbol{0}\end{aligned}\right\}\tag{7.1.2}$$

由于 $\mathrm{R}(\boldsymbol{N}_{BB})=u$，所以由法方程组的第一式可得

$$\hat{\boldsymbol{x}}=-\boldsymbol{N}_{BB}^{-1}(\boldsymbol{C}^{\mathrm{T}}\boldsymbol{K}_s+\boldsymbol{W})\tag{7.1.3}$$

代入法方程组的第二式有

$$\boldsymbol{N}_{CC}\boldsymbol{K}_s=-\boldsymbol{C}\boldsymbol{N}_{BB}^{-1}\boldsymbol{W}+\boldsymbol{W}_X\tag{7.1.4}$$

式中

$$\underset{s\times s}{\boldsymbol{N}_{CC}}=\boldsymbol{C}\boldsymbol{N}_{BB}^{-1}\boldsymbol{C}^{\mathrm{T}}$$

由于 $\mathrm{R}(\boldsymbol{N}_{CC})=s$，即 $\boldsymbol{N}_{CC}$ 为满秩对称方阵，其逆存在。则有

$$\boldsymbol{K}_s=-\boldsymbol{N}_{CC}^{-1}(\boldsymbol{C}\boldsymbol{N}_{BB}^{-1}\boldsymbol{W}-\boldsymbol{W}_X)\tag{7.1.5}$$

把上式代入式(7.1.3)后，可解得

$$\begin{aligned}\hat{\boldsymbol{x}}&=-\boldsymbol{N}_{BB}^{-1}[-\boldsymbol{C}^{\mathrm{T}}\boldsymbol{N}_{CC}^{-1}(\boldsymbol{C}\boldsymbol{N}_{BB}^{-1}\boldsymbol{W}-\boldsymbol{W}_X)+\boldsymbol{W}]\\&=(\boldsymbol{N}_{BB}^{-1}\boldsymbol{C}^{\mathrm{T}}\boldsymbol{N}_{CC}^{-1}\boldsymbol{C}\boldsymbol{N}_{BB}^{-1}-\boldsymbol{N}_{BB}^{-1})\boldsymbol{W}-\boldsymbol{N}_{BB}^{-1}\boldsymbol{C}^{\mathrm{T}}\boldsymbol{N}_{CC}^{-1}\boldsymbol{W}_X\end{aligned}\tag{7.1.6}$$

进而可得

$$\hat{\boldsymbol{X}}=\boldsymbol{X}^0+\hat{\boldsymbol{x}},\ \boldsymbol{V}=\boldsymbol{B}\hat{\boldsymbol{x}}+\boldsymbol{l},\ \hat{\boldsymbol{L}}=\boldsymbol{L}+\boldsymbol{V}$$

至此所有待求量全部解出。

7.1.2　精度估计

在具有约束条件的间接平差中，精度评定同样包括单位权方差的估值公式、平差值函数的协因数和相应中误差的计算公式。为此，还要导出有关向量平差后的协因数矩阵，或称验后协因数矩阵。

1. $\boldsymbol{V}^{\mathrm{T}}\boldsymbol{P}\boldsymbol{V}$ 的计算

$\boldsymbol{V}^{\mathrm{T}}\boldsymbol{P}\boldsymbol{V}$ 的计算，除直接由向量 $\boldsymbol{V}$ 和矩阵 $\boldsymbol{P}$ 计算外，还可用下述公式计算。因

$$\boldsymbol{B}^{\mathrm{T}}\boldsymbol{P}\boldsymbol{V}+\boldsymbol{C}^{\mathrm{T}}\boldsymbol{K}_s=\boldsymbol{0},\ \boldsymbol{V}=\boldsymbol{B}\hat{\boldsymbol{x}}+\boldsymbol{l},\ \boldsymbol{C}\hat{\boldsymbol{x}}+\boldsymbol{W}_X=\boldsymbol{0},\ \boldsymbol{W}=\boldsymbol{B}^{\mathrm{T}}\boldsymbol{P}\boldsymbol{l}$$

则

$$\begin{aligned}\boldsymbol{V}^{\mathrm{T}}\boldsymbol{P}\boldsymbol{V}&=\boldsymbol{V}^{\mathrm{T}}\boldsymbol{P}(\boldsymbol{B}\hat{\boldsymbol{x}}+\boldsymbol{l})=\boldsymbol{V}^{\mathrm{T}}\boldsymbol{P}\boldsymbol{B}\hat{\boldsymbol{x}}+\boldsymbol{V}^{\mathrm{T}}\boldsymbol{P}\boldsymbol{l}=(\boldsymbol{B}^{\mathrm{T}}\boldsymbol{P}\boldsymbol{V})^{\mathrm{T}}\hat{\boldsymbol{x}}+\boldsymbol{V}^{\mathrm{T}}\boldsymbol{P}\boldsymbol{l}\\&=-\boldsymbol{K}_s^{\mathrm{T}}\boldsymbol{C}\hat{\boldsymbol{x}}+\boldsymbol{V}^{\mathrm{T}}\boldsymbol{P}\boldsymbol{l}=-\boldsymbol{K}_s^{\mathrm{T}}\boldsymbol{C}\hat{\boldsymbol{x}}+(\boldsymbol{B}\hat{\boldsymbol{x}}+\boldsymbol{l})^{\mathrm{T}}\boldsymbol{P}\boldsymbol{l}\\&=-\boldsymbol{K}_s^{\mathrm{T}}\boldsymbol{C}\hat{\boldsymbol{x}}+\hat{\boldsymbol{x}}^{\mathrm{T}}\boldsymbol{B}^{\mathrm{T}}\boldsymbol{P}\boldsymbol{l}+\boldsymbol{l}^{\mathrm{T}}\boldsymbol{P}\boldsymbol{l}=\boldsymbol{l}^{\mathrm{T}}\boldsymbol{P}\boldsymbol{l}+\boldsymbol{K}_s^{\mathrm{T}}\boldsymbol{W}_X+\hat{\boldsymbol{x}}^{\mathrm{T}}\boldsymbol{B}^{\mathrm{T}}\boldsymbol{P}\boldsymbol{l}\\&=\boldsymbol{l}^{\mathrm{T}}\boldsymbol{P}\boldsymbol{l}+\boldsymbol{K}_s^{\mathrm{T}}\boldsymbol{W}_X+\hat{\boldsymbol{x}}^{\mathrm{T}}\boldsymbol{W}=\boldsymbol{l}^{\mathrm{T}}\boldsymbol{P}\boldsymbol{l}+\boldsymbol{W}_X^{\mathrm{T}}\boldsymbol{K}_s+\boldsymbol{W}^{\mathrm{T}}\hat{\boldsymbol{x}}\end{aligned}\tag{7.1.7}$$

上式可作为检核用。

2. 单位权方差的计算

单位权方差的估值公式仍然是残差加权平方和除以平差问题的自由度(多余观测数)，即

$$\hat{\sigma}_0^2=\frac{V^{\mathrm T}PV}{r}=\frac{V^{\mathrm T}PV}{n-t}=\frac{V^{\mathrm T}PV}{n-(u-s)} \tag{7.1.8}$$

它与平差时如何选取参数 $\hat{X}$ 无关。关于上式的一个严格证明方法如下。

证明：因为具有约束条件的间接平差的函数模型为

$$\left.\begin{aligned}V&=B\hat{x}+l\\ C\hat{x}+W_X&=0\end{aligned}\right\}$$

式中，$l=BX^0+d-L$，$W_X=CX^0+U$。如果以真值表示，则为

$$\left.\begin{aligned}\Delta&=B\tilde{x}+l\\ C\tilde{x}+W_X&=0\end{aligned}\right\}$$

以上两式相减有

$$\left.\begin{aligned}V&=B(\hat{x}-\tilde{x})+\Delta\\ C(\hat{x}-\tilde{x})+W'_X&=0\end{aligned}\right\}$$

以

$$(\hat{x}-\tilde{x})\to\hat{x},\ l\to\Delta,\ W'_X=0\to W_X$$

组成新的函数模型，则得 $W=B^{\mathrm T}P\Delta$，进而根据式(7.1.7)有

$$V^{\mathrm T}PV=l^{\mathrm T}Pl+W_X^{\mathrm T}K_s+W^{\mathrm T}\hat{x}=\Delta^{\mathrm T}P\Delta+\Delta^{\mathrm T}PB\hat{x}$$

另外，由式(7.1.6)可得

$$\hat{x}=(N_{BB}^{-1}C^{\mathrm T}N_{CC}^{-1}CN_{BB}^{-1}-N_{BB}^{-1})W-N_{BB}^{-1}C^{\mathrm T}N_{CC}^{-1}W_X=(N_{BB}^{-1}C^{\mathrm T}N_{CC}^{-1}CN_{BB}^{-1}-N_{BB}^{-1})B^{\mathrm T}P\Delta$$

则

$$\begin{aligned}V^{\mathrm T}PV&=\Delta^{\mathrm T}P\Delta+\Delta^{\mathrm T}PB\hat{x}=\Delta^{\mathrm T}P\Delta-\Delta^{\mathrm T}PB(N_{BB}^{-1}-N_{BB}^{-1}C^{\mathrm T}N_{CC}^{-1}CN_{BB}^{-1})B^{\mathrm T}P\Delta\\ &=\mathrm{tr}[\Delta^{\mathrm T}P\Delta-\Delta^{\mathrm T}PB(N_{BB}^{-1}-N_{BB}^{-1}C^{\mathrm T}N_{CC}^{-1}CN_{BB}^{-1})B^{\mathrm T}P\Delta]\end{aligned}$$

上式两边取数学期望，有

$$\begin{aligned}E(V^{\mathrm T}PV)&=E\{\mathrm{tr}[\Delta^{\mathrm T}P\Delta-\Delta^{\mathrm T}PB(N_{BB}^{-1}-N_{BB}^{-1}C^{\mathrm T}N_{CC}^{-1}CN_{BB}^{-1})B^{\mathrm T}P\Delta]\}\\ &=E\{\mathrm{tr}[\Delta^{\mathrm T}(\underset{n\times n}{I}-PB(N_{BB}^{-1}-N_{BB}^{-1}C^{\mathrm T}N_{CC}^{-1}CN_{BB}^{-1})B^{\mathrm T})P\Delta]\}\\ &=E\{\mathrm{tr}[P\Delta\Delta^{\mathrm T}(\underset{n\times n}{I}-PB(N_{BB}^{-1}-N_{BB}^{-1}C^{\mathrm T}N_{CC}^{-1}CN_{BB}^{-1})B^{\mathrm T})]\}\\ &=\mathrm{tr}\{E[P\Delta\Delta^{\mathrm T}(\underset{n\times n}{I}-PB(N_{BB}^{-1}-N_{BB}^{-1}C^{\mathrm T}N_{CC}^{-1}CN_{BB}^{-1})B^{\mathrm T})]\}\\ &=\sigma_0^2\,\mathrm{tr}[\underset{n\times n}{I}-PB(N_{BB}^{-1}-N_{BB}^{-1}C^{\mathrm T}N_{CC}^{-1}CN_{BB}^{-1})B^{\mathrm T}]\\ &=\sigma_0^2\{n-\mathrm{tr}[PB(N_{BB}^{-1}-N_{BB}^{-1}C^{\mathrm T}N_{CC}^{-1}CN_{BB}^{-1})B^{\mathrm T}]\}\\ &=\sigma_0^2\{n-\mathrm{tr}[B^{\mathrm T}PB(N_{BB}^{-1}-N_{BB}^{-1}C^{\mathrm T}N_{CC}^{-1}CN_{BB}^{-1})]\}\\ &=\sigma_0^2\{n-[\mathrm{tr}(\underset{u\times u}{I})-\mathrm{tr}(C^{\mathrm T}N_{CC}^{-1}CN_{BB}^{-1})]\}\\ &=\sigma_0^2\{n-[u-\mathrm{tr}(CN_{BB}^{-1}C^{\mathrm T}N_{CC}^{-1})]\}\\ &=\sigma_0^2\{n-[u-\mathrm{tr}(\underset{s\times s}{I})]\}=\sigma_0^2[n-(u-s)]\end{aligned}$$

那么单位权方差是

$$\sigma_0^2=E\left[\frac{V^{\mathrm T}PV}{n-(u-s)}\right]=E\left(\frac{V^{\mathrm T}PV}{r}\right) \tag{7.1.9}$$

证毕。

3. 协因数矩阵

在具有约束条件的间接平差中，基本向量为 $\boldsymbol{L}$、$\boldsymbol{W}$、$\boldsymbol{K}_s$、$\hat{\boldsymbol{X}}$、$\boldsymbol{V}$ 和 $\hat{\boldsymbol{L}}$。顾及

$$\boldsymbol{Q}_{LL}=\boldsymbol{Q}$$

即可推求各随机向量的协因数矩阵及其向量间的互协因数矩阵。由于

$$\begin{aligned}
\boldsymbol{L}&=\boldsymbol{L}\\
\boldsymbol{W}&=\boldsymbol{B}^{\mathrm{T}}\boldsymbol{P}\boldsymbol{l}=\boldsymbol{B}^{\mathrm{T}}\boldsymbol{P}(\boldsymbol{B}\boldsymbol{X}^{0}+\boldsymbol{d}-\boldsymbol{L})=-\boldsymbol{B}^{\mathrm{T}}\boldsymbol{P}\boldsymbol{L}+\cdots\\
\boldsymbol{K}_s&=\boldsymbol{N}_{CC}^{-1}(\boldsymbol{C}\boldsymbol{N}_{BB}^{-1}\boldsymbol{W}+\boldsymbol{W}_X)=-\boldsymbol{N}_{CC}^{-1}\boldsymbol{C}\boldsymbol{N}_{BB}^{-1}\boldsymbol{B}^{\mathrm{T}}\boldsymbol{P}\boldsymbol{L}+\cdots\\
\hat{\boldsymbol{x}}&=(\boldsymbol{N}_{BB}^{-1}\boldsymbol{C}^{\mathrm{T}}\boldsymbol{N}_{CC}^{-1}\boldsymbol{C}\boldsymbol{N}_{BB}^{-1}-\boldsymbol{N}_{BB}^{-1})\boldsymbol{W}-\boldsymbol{N}_{BB}^{-1}\boldsymbol{C}^{\mathrm{T}}\boldsymbol{N}_{CC}^{-1}\boldsymbol{W}_X\\
&=(\boldsymbol{N}_{BB}^{-1}-\boldsymbol{N}_{BB}^{-1}\boldsymbol{C}^{\mathrm{T}}\boldsymbol{N}_{CC}^{-1}\boldsymbol{C}\boldsymbol{N}_{BB}^{-1})\boldsymbol{B}^{\mathrm{T}}\boldsymbol{P}\boldsymbol{L}+\cdots\\
\boldsymbol{V}&=\boldsymbol{B}\hat{\boldsymbol{x}}+\boldsymbol{l}=[\boldsymbol{B}(\boldsymbol{N}_{BB}^{-1}-\boldsymbol{N}_{BB}^{-1}\boldsymbol{C}^{\mathrm{T}}\boldsymbol{N}_{CC}^{-1}\boldsymbol{C}\boldsymbol{N}_{BB}^{-1})\boldsymbol{B}^{\mathrm{T}}\boldsymbol{P}-\boldsymbol{I}]\boldsymbol{L}+\cdots\\
\hat{\boldsymbol{L}}&=\boldsymbol{L}+\boldsymbol{V}=\boldsymbol{B}(\boldsymbol{N}_{BB}^{-1}-\boldsymbol{N}_{BB}^{-1}\boldsymbol{C}^{\mathrm{T}}\boldsymbol{N}_{CC}^{-1}\boldsymbol{C}\boldsymbol{N}_{BB}^{-1})\boldsymbol{B}^{\mathrm{T}}\boldsymbol{P}\boldsymbol{L}+\cdots
\end{aligned}$$

以上公式中的省略号表示的是常数向量。根据协因数矩阵传播律可推导有关随机向量的协因数矩阵和互协因数矩阵，例如

$$\begin{aligned}
\boldsymbol{Q}_{WW}&=\boldsymbol{B}^{\mathrm{T}}\boldsymbol{P}\boldsymbol{Q}\boldsymbol{P}\boldsymbol{B}=\boldsymbol{N}_{BB}\\
\boldsymbol{Q}_{K_sK_s}&=\boldsymbol{N}_{CC}^{-1}\boldsymbol{C}\boldsymbol{N}_{BB}^{-1}\boldsymbol{B}^{\mathrm{T}}\boldsymbol{P}\boldsymbol{Q}\boldsymbol{P}\boldsymbol{B}\boldsymbol{N}_{BB}^{-1}\boldsymbol{C}^{\mathrm{T}}\boldsymbol{N}_{CC}^{-1}=\boldsymbol{N}_{CC}^{-1}\boldsymbol{C}\boldsymbol{N}_{BB}^{-1}\boldsymbol{C}^{\mathrm{T}}\boldsymbol{N}_{CC}^{-1}=\boldsymbol{N}_{CC}^{-1}\\
\boldsymbol{Q}_{\hat{X}\hat{X}}&=(\boldsymbol{N}_{BB}^{-1}-\boldsymbol{N}_{BB}^{-1}\boldsymbol{C}^{\mathrm{T}}\boldsymbol{N}_{CC}^{-1}\boldsymbol{C}\boldsymbol{N}_{BB}^{-1})\boldsymbol{B}^{\mathrm{T}}\boldsymbol{P}\boldsymbol{Q}[(\boldsymbol{N}_{BB}^{-1}-\boldsymbol{N}_{BB}^{-1}\boldsymbol{C}^{\mathrm{T}}\boldsymbol{N}_{CC}^{-1}\boldsymbol{C}\boldsymbol{N}_{BB}^{-1})\boldsymbol{B}^{\mathrm{T}}\boldsymbol{P}]^{\mathrm{T}}\\
&=(\boldsymbol{N}_{BB}^{-1}\boldsymbol{B}^{\mathrm{T}}-\boldsymbol{N}_{BB}^{-1}\boldsymbol{C}^{T}\boldsymbol{N}_{CC}^{-1}\boldsymbol{C}\boldsymbol{N}_{BB}^{-1}\boldsymbol{B}^{\mathrm{T}})(\boldsymbol{N}_{BB}^{-1}\boldsymbol{B}^{\mathrm{T}}\mathrm{P}-\boldsymbol{N}_{BB}^{-1}\boldsymbol{C}^{T}\boldsymbol{N}_{CC}^{-1}\boldsymbol{C}\boldsymbol{N}_{BB}^{-1}\boldsymbol{B}^{\mathrm{T}}\boldsymbol{P})^{\mathrm{T}}\\
&=(\boldsymbol{N}_{BB}^{-1}\boldsymbol{B}^{\mathrm{T}}-\boldsymbol{N}_{BB}^{-1}\boldsymbol{C}^{\mathrm{T}}\boldsymbol{N}_{CC}^{-1}\boldsymbol{C}\boldsymbol{N}_{BB}^{-1}\boldsymbol{B}^{\mathrm{T}})(\boldsymbol{P}\boldsymbol{B}\boldsymbol{N}_{BB}^{-1}-\boldsymbol{P}\boldsymbol{B}\boldsymbol{N}_{BB}^{-1}\boldsymbol{C}^{\mathrm{T}}\boldsymbol{N}_{CC}^{-1}\boldsymbol{C}\boldsymbol{N}_{BB}^{-1})\\
&=\boldsymbol{N}_{BB}^{-1}\boldsymbol{B}^{\mathrm{T}}\boldsymbol{P}\boldsymbol{B}\boldsymbol{N}_{BB}^{-1}-\boldsymbol{N}_{BB}^{-1}\boldsymbol{B}^{\mathrm{T}}\boldsymbol{P}\boldsymbol{B}\boldsymbol{N}_{BB}^{-1}\boldsymbol{C}^{\mathrm{T}}\boldsymbol{N}_{CC}^{-1}\boldsymbol{C}\boldsymbol{N}_{BB}^{-1}-\boldsymbol{N}_{BB}^{-1}\boldsymbol{C}^{\mathrm{T}}\boldsymbol{N}_{CC}^{-1}\boldsymbol{C}\boldsymbol{N}_{BB}^{-1}\boldsymbol{B}^{\mathrm{T}}\boldsymbol{P}\boldsymbol{B}\boldsymbol{N}_{BB}^{-1}+\\
&\quad\boldsymbol{N}_{BB}^{-1}\boldsymbol{C}^{\mathrm{T}}\boldsymbol{N}_{CC}^{-1}\boldsymbol{C}\boldsymbol{N}_{BB}^{-1}\boldsymbol{B}^{\mathrm{T}}\boldsymbol{P}\boldsymbol{B}\boldsymbol{N}_{BB}^{-1}\boldsymbol{C}^{\mathrm{T}}\boldsymbol{N}_{CC}^{-1}\boldsymbol{C}\boldsymbol{N}_{BB}^{-1}\\
&=\boldsymbol{N}_{BB}^{-1}-\boldsymbol{N}_{BB}^{-1}\boldsymbol{C}^{\mathrm{T}}\boldsymbol{N}_{CC}^{-1}\boldsymbol{C}\boldsymbol{N}_{BB}^{-1}-\boldsymbol{N}_{BB}^{-1}\boldsymbol{C}^{\mathrm{T}}\boldsymbol{N}_{CC}^{-1}\boldsymbol{C}\boldsymbol{N}_{BB}^{-1}+\boldsymbol{N}_{BB}^{-1}\boldsymbol{C}^{\mathrm{T}}\boldsymbol{N}_{CC}^{-1}\boldsymbol{C}\boldsymbol{N}_{BB}^{-1}\boldsymbol{C}^{\mathrm{T}}\boldsymbol{N}_{CC}^{-1}\boldsymbol{C}\boldsymbol{N}_{BB}^{-1}\\
&=\boldsymbol{N}_{BB}^{-1}-\boldsymbol{N}_{BB}^{-1}\boldsymbol{C}^{\mathrm{T}}\boldsymbol{N}_{CC}^{-1}\boldsymbol{C}\boldsymbol{N}_{BB}^{-1}-\boldsymbol{N}_{BB}^{-1}\boldsymbol{C}^{\mathrm{T}}\boldsymbol{N}_{CC}^{-1}\boldsymbol{C}\boldsymbol{N}_{BB}^{-1}+\boldsymbol{N}_{BB}^{-1}\boldsymbol{C}^{\mathrm{T}}\boldsymbol{N}_{CC}^{-1}\boldsymbol{C}\boldsymbol{N}_{BB}^{-1}\\
&=\boldsymbol{N}_{BB}^{-1}-\boldsymbol{N}_{BB}^{-1}\boldsymbol{C}^{\mathrm{T}}\boldsymbol{N}_{CC}^{-1}\boldsymbol{C}\boldsymbol{N}_{BB}^{-1}
\end{aligned}$$

也就是

$$\boldsymbol{Q}_{\hat{X}\hat{X}}=\boldsymbol{N}_{BB}^{-1}-\boldsymbol{N}_{BB}^{-1}\boldsymbol{C}^{\mathrm{T}}\boldsymbol{N}_{CC}^{-1}\boldsymbol{C}\boldsymbol{N}_{BB}^{-1}\tag{7.1.10}$$

至于其他协因数矩阵不再推导，将所有向量的协因数矩阵列于表 7.1.1 中，以便查用。

表 7.1.1　具有约束条件的间接平差的协因数矩阵

	$\boldsymbol{L}$	$\boldsymbol{W}$	$\boldsymbol{K}_s$	$\hat{\boldsymbol{X}}$	$\boldsymbol{V}$	$\hat{\boldsymbol{L}}$
$\boldsymbol{L}$	$\boldsymbol{Q}$	$\boldsymbol{B}$	$\boldsymbol{B}\boldsymbol{N}_{BB}^{-1}\boldsymbol{C}^{\mathrm{T}}\boldsymbol{N}_{CC}^{-1}$	$\boldsymbol{B}\boldsymbol{Q}_{\hat{X}\hat{X}}$	$\boldsymbol{B}\boldsymbol{Q}_{\hat{X}\hat{X}}\boldsymbol{B}^{\mathrm{T}}-\boldsymbol{Q}$	$\boldsymbol{B}\boldsymbol{Q}_{\hat{X}\hat{X}}\boldsymbol{B}^{\mathrm{T}}$
$\boldsymbol{W}$		$\boldsymbol{N}_{BB}$	$\boldsymbol{C}^{\mathrm{T}}\boldsymbol{N}_{CC}^{-1}$	$\boldsymbol{N}_{BB}\boldsymbol{Q}_{\hat{X}\hat{X}}$	$(\boldsymbol{N}_{BB}\boldsymbol{Q}_{\hat{X}\hat{X}}-\boldsymbol{I})\boldsymbol{B}^{\mathrm{T}}-\boldsymbol{N}_{CC}^{-1}\boldsymbol{C}\boldsymbol{N}_{BB}^{-1}\boldsymbol{B}^{\mathrm{T}}$	$\boldsymbol{N}_{BB}\boldsymbol{Q}_{\hat{X}\hat{X}}\boldsymbol{B}^{\mathrm{T}}$
$\boldsymbol{K}_s$			$\boldsymbol{N}_{CC}^{-1}$	$\boldsymbol{0}$		$\boldsymbol{0}$
$\hat{\boldsymbol{X}}$				$\boldsymbol{N}_{BB}^{-1}-\boldsymbol{N}_{BB}^{-1}\boldsymbol{C}^{\mathrm{T}}\boldsymbol{N}_{CC}^{-1}\boldsymbol{C}\boldsymbol{N}_{BB}^{-1}$	$\boldsymbol{0}$	$\boldsymbol{Q}_{\hat{X}\hat{X}}\boldsymbol{B}^{\mathrm{T}}$
$\boldsymbol{V}$					$\boldsymbol{Q}-\boldsymbol{B}\boldsymbol{Q}_{\hat{X}\hat{X}}\boldsymbol{B}^{\mathrm{T}}$	$\boldsymbol{0}$
$\hat{\boldsymbol{L}}$						$\boldsymbol{B}\boldsymbol{Q}_{\hat{X}\hat{X}}\boldsymbol{B}^{\mathrm{T}}$

从表 7.1.1 中可看出

$$\boldsymbol{Q}_{\hat{L}\hat{L}}=\boldsymbol{Q}_{L\hat{L}}=-\boldsymbol{Q}_{LV}=\boldsymbol{Q}-\boldsymbol{Q}_{VV}\tag{7.1.11}$$

$$\boldsymbol{Q}_{K_s\hat{X}}=\boldsymbol{0},\ \boldsymbol{Q}_{K_s\hat{L}}=\boldsymbol{0},\ \boldsymbol{Q}_{\hat{X}V}=\boldsymbol{0},\ \boldsymbol{Q}_{V\hat{L}}=\boldsymbol{0}\tag{7.1.12}$$

说明联系系数向量 $\boldsymbol{K}_s$、残差向量 $\boldsymbol{V}$ 与平差值 $\hat{\boldsymbol{X}}$、$\hat{\boldsymbol{L}}$ 是不相关的统计量。

4. 平差值函数的权导数和中误差

设有 u 个参数的线性函数

$$z = f_0 + \sum_{i=1}^{u} f_i \hat{X}_i = f_0 + \boldsymbol{F}^{\mathrm{T}} \hat{\boldsymbol{X}}$$

则函数 z 的权倒数和中误差是

$$\left.\begin{aligned} \frac{1}{p_z} &= \boldsymbol{F}^{\mathrm{T}} \boldsymbol{Q}_{\hat{X}\hat{X}} \boldsymbol{F} \\ \sigma_z &= \hat{\sigma}_0 \sqrt{\frac{1}{p_z}} \end{aligned}\right\} \tag{7.1.13}$$

至此，具有约束条件的间接平差的解算和精度评定介绍完毕。

§7.2　平差结果的统计性质

下面将要证明，按最小二乘准则，利用具有约束条件的间接平差法求得的结果，满足统计学要求的最优性质，即满足无偏性、一致性和有效性。

7.2.1　估计量 $\hat{X}$、$\hat{L}$ 具有无偏性

以真值和真误差表示的函数模型是

$$\left.\begin{aligned} &\boldsymbol{\Delta} = \boldsymbol{B}\tilde{\boldsymbol{x}} + \boldsymbol{l} \\ &\boldsymbol{C}\tilde{\boldsymbol{x}} + \boldsymbol{W}_X = \boldsymbol{0} \\ &\boldsymbol{l} = \boldsymbol{B}\boldsymbol{X}^0 + \boldsymbol{d} - \boldsymbol{L} \\ &\boldsymbol{W}_X = \boldsymbol{C}\boldsymbol{X}^0 + \boldsymbol{U} \end{aligned}\right\},\ E(\boldsymbol{\Delta}) = \boldsymbol{0}$$

则有 $E(\boldsymbol{l}) = -\boldsymbol{B}\tilde{\boldsymbol{x}}, \boldsymbol{W}_X = -\boldsymbol{C}\tilde{\boldsymbol{x}}$。另外，根据 $\boldsymbol{W} = \boldsymbol{B}^{\mathrm{T}}\boldsymbol{P}\boldsymbol{l}$，有

$$E(\boldsymbol{W}) = \boldsymbol{B}^{\mathrm{T}}\boldsymbol{P}E(\boldsymbol{l}) = -\boldsymbol{B}^{\mathrm{T}}\boldsymbol{P}\boldsymbol{B}\tilde{\boldsymbol{x}} = -\boldsymbol{N}_{BB}\tilde{\boldsymbol{x}}$$

这样

$$\begin{aligned} E(\hat{\boldsymbol{x}}) &= (\boldsymbol{N}_{BB}^{-1}\boldsymbol{C}^{\mathrm{T}}\boldsymbol{N}_{CC}^{-1}\boldsymbol{C}\boldsymbol{N}_{BB}^{-1} - \boldsymbol{N}_{BB}^{-1})E(\boldsymbol{W}) - \boldsymbol{N}_{BB}^{-1}\boldsymbol{C}^{\mathrm{T}}\boldsymbol{N}_{CC}^{-1}\boldsymbol{W}_X \\ &= (\boldsymbol{N}_{BB}^{-1} - \boldsymbol{N}_{BB}^{-1}\boldsymbol{C}^{\mathrm{T}}\boldsymbol{N}_{CC}^{-1}\boldsymbol{C}\boldsymbol{N}_{BB}^{-1})\boldsymbol{N}_{BB}\tilde{\boldsymbol{x}} + \boldsymbol{N}_{BB}^{-1}\boldsymbol{C}^{\mathrm{T}}\boldsymbol{N}_{CC}^{-1}\boldsymbol{C}\tilde{\boldsymbol{x}} = \tilde{\boldsymbol{x}} \end{aligned}$$

根据 $\boldsymbol{V} = \boldsymbol{B}\hat{\boldsymbol{x}} + \boldsymbol{l}$，可得

$$E(\boldsymbol{V}) = \boldsymbol{B}E(\hat{\boldsymbol{x}}) + E(\boldsymbol{l}) = \boldsymbol{B}\tilde{\boldsymbol{x}} - \boldsymbol{B}\tilde{\boldsymbol{x}} = \boldsymbol{0}$$

进而有

$$\left.\begin{aligned} E(\hat{\boldsymbol{X}}) &= \hat{\boldsymbol{X}}^0 + E(\hat{\boldsymbol{x}}) = \hat{\boldsymbol{X}}^0 + \tilde{\boldsymbol{x}} = \tilde{\boldsymbol{X}} \\ E(\hat{\boldsymbol{L}}) &= E(\boldsymbol{L}) + E(\boldsymbol{V}) = \tilde{\boldsymbol{L}} \end{aligned}\right\} \tag{7.2.1}$$

这就证明了 $\hat{\boldsymbol{X}}$ 和 $\hat{\boldsymbol{L}}$ 满足无偏性。

7.2.2　估计量 $\hat{X}$、$\hat{L}$ 具有最小方差性

1. 估计量 $\hat{x}$ 具有最小方差性

由于根据最小二乘原理得到的 $\hat{\boldsymbol{x}}$ 表达式是

$$\hat{\boldsymbol{x}} = (\boldsymbol{N}_{BB}^{-1}\boldsymbol{C}^{\mathrm{T}}\boldsymbol{N}_{CC}^{-1}\boldsymbol{C}\boldsymbol{N}_{BB}^{-1} - \boldsymbol{N}_{BB}^{-1})\boldsymbol{B}^{\mathrm{T}}\boldsymbol{P}\boldsymbol{l} - \boldsymbol{N}_{BB}^{-1}\boldsymbol{C}^{\mathrm{T}}\boldsymbol{N}_{CC}^{-1}\boldsymbol{W}_X$$

设有一个新参数 $\hat{\boldsymbol{x}}'$，其表达式为

$$\hat{\boldsymbol{x}}'=\underset{u\times n}{\boldsymbol{H}_1}\boldsymbol{l}+\underset{u\times s}{\boldsymbol{H}_2}\boldsymbol{W}_X$$

由于 $E(\boldsymbol{l})=-\boldsymbol{B}\tilde{\boldsymbol{x}}$，$\boldsymbol{W}_X=-\boldsymbol{C}\tilde{\boldsymbol{x}}$，要使得上式满足无偏性，则应该满足

$$\boldsymbol{H}_1\boldsymbol{B}+\boldsymbol{H}_2\boldsymbol{C}+\boldsymbol{I}=\underset{u\times u}{\boldsymbol{0}}$$

由于 $\boldsymbol{Q}_{ll}=\boldsymbol{Q}$，则新参数 $\hat{\boldsymbol{x}}'$ 的协因数矩阵是

$$\boldsymbol{Q}_{\hat{x}'\hat{x}'}=\boldsymbol{H}_1\boldsymbol{Q}\boldsymbol{H}_1^{\mathrm{T}}$$

如果要使得新参数 $\hat{\boldsymbol{x}}'$ 满足无偏性和最小方差性，等价于

$$\phi=\mathrm{tr}(\boldsymbol{H}_1\boldsymbol{Q}\boldsymbol{H}_1^{\mathrm{T}})+2\mathrm{tr}[(\boldsymbol{H}_1\boldsymbol{B}+\boldsymbol{H}_2\boldsymbol{C}+\boldsymbol{I})\underset{u\times u}{\boldsymbol{K}}]=\min$$

上式分别对 $\boldsymbol{H}_1$ 和 $\boldsymbol{H}_2$ 求偏导数，并令其为零矩阵，有

$$\frac{\partial\phi}{\partial\boldsymbol{H}_1}=2\boldsymbol{H}_1\boldsymbol{Q}+2\boldsymbol{K}^{\mathrm{T}}\boldsymbol{B}^{\mathrm{T}}=\underset{u\times n}{\boldsymbol{0}},\quad\frac{\partial\boldsymbol{\phi}}{\partial\boldsymbol{H}_2}=2\boldsymbol{K}^{\mathrm{T}}\boldsymbol{C}^{\mathrm{T}}=\underset{u\times s}{\boldsymbol{0}}$$

由上式第一式得 $\boldsymbol{H}_1=-\boldsymbol{K}^{\mathrm{T}}\boldsymbol{B}^{\mathrm{T}}\boldsymbol{P}$，并代入 $\boldsymbol{H}_1\boldsymbol{B}+\boldsymbol{H}_2\boldsymbol{C}+\boldsymbol{I}=\boldsymbol{0}$后，有

$$\boldsymbol{K}^{\mathrm{T}}=(\boldsymbol{H}_2\boldsymbol{C}+\boldsymbol{I})\boldsymbol{N}_{BB}^{-1}$$

由此有

$$\boldsymbol{H}_2=-\boldsymbol{N}_{BB}^{-1}\boldsymbol{C}^{\mathrm{T}}\boldsymbol{N}_{CC}^{-1}$$

$$\boldsymbol{H}_1=-\boldsymbol{K}^{\mathrm{T}}\boldsymbol{B}^{\mathrm{T}}\boldsymbol{P}=(\boldsymbol{N}_{BB}^{-1}\boldsymbol{C}^{\mathrm{T}}\boldsymbol{N}_{CC}^{-1}\boldsymbol{C}\boldsymbol{N}_{BB}^{-1}-\boldsymbol{N}_{BB}^{-1})\boldsymbol{B}^{\mathrm{T}}\boldsymbol{P}$$

可见在满足无偏性和最小方差性要求下得到的新参数 $\hat{\boldsymbol{x}}'$ 与最小二乘原理得到的结果 $\hat{\boldsymbol{x}}$ 完全一致，这说明利用最小二乘原理得到的结果满足最优性。

2. 估计量 $\hat{\boldsymbol{L}}$ 具有最小方差性

由于

$$\hat{\boldsymbol{L}}=\boldsymbol{L}+\boldsymbol{V}=\boldsymbol{L}+\boldsymbol{B}\hat{\boldsymbol{x}}+\boldsymbol{l}=\boldsymbol{L}+(\boldsymbol{B}\boldsymbol{N}_{BB}^{-1}\boldsymbol{C}^{\mathrm{T}}\boldsymbol{N}_{CC}^{-1}\boldsymbol{C}\boldsymbol{N}_{BB}^{-1}\boldsymbol{B}^{\mathrm{T}}\boldsymbol{P}-\boldsymbol{B}\boldsymbol{N}_{BB}^{-1}\boldsymbol{B}^{\mathrm{T}}\boldsymbol{P}+\boldsymbol{I})\boldsymbol{l}-\boldsymbol{B}\boldsymbol{N}_{BB}^{-1}\boldsymbol{C}^{\mathrm{T}}\boldsymbol{N}_{CC}^{-1}\boldsymbol{W}_X$$

设有一个新平差向量 $\hat{\boldsymbol{L}}'$，其表达式为

$$\hat{\boldsymbol{L}}'=\boldsymbol{L}+\underset{n\times n}{\boldsymbol{H}_1}\boldsymbol{l}+\underset{n\times s}{\boldsymbol{H}_2}\boldsymbol{W}_X$$

由于 $E(\boldsymbol{l})=-\boldsymbol{B}\tilde{\boldsymbol{x}}$，$E(\boldsymbol{L})=\tilde{\boldsymbol{L}}$，$\boldsymbol{W}_X=-\boldsymbol{C}\tilde{\boldsymbol{x}}$，要使得新平差向量 $\hat{\boldsymbol{L}}'$ 满足无偏性，即要求

$$\boldsymbol{H}_1\boldsymbol{B}+\boldsymbol{H}_2\boldsymbol{C}=\underset{n\times u}{\boldsymbol{0}}$$

新平差向量 $\hat{\boldsymbol{L}}'$ 的协因数矩阵是

$$\boldsymbol{Q}_{\hat{L}'\hat{L}'}=\boldsymbol{Q}+\boldsymbol{H}_1\boldsymbol{Q}\boldsymbol{H}_1^{\mathrm{T}}-\boldsymbol{Q}\boldsymbol{H}_1^{\mathrm{T}}-\boldsymbol{H}_1\boldsymbol{Q}$$

如果要使得新平差向量 $\hat{\boldsymbol{L}}'$ 满足无偏性和最小方差性，等价于

$$\phi=\mathrm{tr}(\boldsymbol{Q}_{\hat{L}'\hat{L}'})+2\mathrm{tr}[(\boldsymbol{H}_1\boldsymbol{B}+\boldsymbol{H}_2\boldsymbol{C})\underset{u\times n}{\boldsymbol{K}}]=\min$$

式中，$\boldsymbol{K}$ 为联系系数矩阵。分别对上式 $\boldsymbol{H}_1$ 和 $\boldsymbol{H}_2$ 求偏导数，并令其为零矩阵，有

$$\frac{\partial\phi}{\partial\boldsymbol{H}_1}=2\boldsymbol{H}_1\boldsymbol{Q}-2\boldsymbol{Q}+2\boldsymbol{K}^{\mathrm{T}}\boldsymbol{B}^{\mathrm{T}}=\underset{n\times n}{\boldsymbol{0}},\quad\frac{\partial\phi}{\partial\boldsymbol{H}_2}=2\boldsymbol{K}^{\mathrm{T}}\boldsymbol{C}^{\mathrm{T}}=\underset{n\times s}{\boldsymbol{0}}$$

由上式第一式可解出 $\boldsymbol{H}_1=(\boldsymbol{Q}-\boldsymbol{K}^{\mathrm{T}}\boldsymbol{B}^{\mathrm{T}})\boldsymbol{P}$，并代入 $\boldsymbol{H}_1\boldsymbol{B}+\boldsymbol{H}_2\boldsymbol{C}=\boldsymbol{0}$，可得

$$\boldsymbol{K}^{\mathrm{T}}=(\boldsymbol{H}_2\boldsymbol{C}+\boldsymbol{B})\boldsymbol{N}_{BB}^{-1}$$

由此有

$$\boldsymbol{H}_2=-\boldsymbol{B}\boldsymbol{N}_{BB}^{-1}\boldsymbol{C}^{\mathrm{T}}\boldsymbol{N}_{CC}^{-1}$$

$$\begin{aligned}\boldsymbol{H}_1&=(\boldsymbol{Q}-\boldsymbol{K}^{\mathrm{T}}\boldsymbol{B}^{\mathrm{T}})\boldsymbol{P}=(\boldsymbol{Q}-\boldsymbol{H}_2\boldsymbol{C}\boldsymbol{N}_{BB}^{-1}\boldsymbol{B}^{\mathrm{T}}-\boldsymbol{B}\boldsymbol{N}_{BB}^{-1}\boldsymbol{B}^{\mathrm{T}})\boldsymbol{P}\\&=(\boldsymbol{B}\boldsymbol{N}_{BB}^{-1}\boldsymbol{C}^{\mathrm{T}}\boldsymbol{N}_{CC}^{-1}\boldsymbol{C}\boldsymbol{N}_{BB}^{-1}\boldsymbol{B}^{\mathrm{T}}\boldsymbol{P}-\boldsymbol{B}\boldsymbol{N}_{BB}^{-1}\boldsymbol{B}^{\mathrm{T}}\boldsymbol{P}+\boldsymbol{I})\end{aligned}$$

可见在要求满足无偏性和最小方差性要求下得到的新平差向量 $\hat{\boldsymbol{L}}'$ 与利用最小二乘原理得到的结果 $\hat{\boldsymbol{L}}$ 是完全一致的，这说明 $\hat{\boldsymbol{L}}$ 满足最优性。

7.2.3 单位权方差估值 $\hat{\sigma}_0^2$ 是 σ_0^2 的无偏估计量

由于

$$E(\boldsymbol{V}^{\mathrm{T}}\boldsymbol{P}\boldsymbol{V})=\mathrm{tr}(\boldsymbol{P}\boldsymbol{D}_{VV})+E(\boldsymbol{V})^{\mathrm{T}}\boldsymbol{P}E(\boldsymbol{V})$$

$$\boldsymbol{Q}_{VV}=\boldsymbol{Q}-\boldsymbol{B}\boldsymbol{Q}_{\hat{X}\hat{X}}\boldsymbol{B}^{\mathrm{T}}=\boldsymbol{Q}-\boldsymbol{B}(\boldsymbol{N}_{BB}^{-1}-\boldsymbol{N}_{BB}^{-1}\boldsymbol{C}^{\mathrm{T}}\boldsymbol{N}_{CC}^{-1}\boldsymbol{C}\boldsymbol{N}_{BB}^{-1})\boldsymbol{B}^{\mathrm{T}}$$

$$\boldsymbol{D}_{VV}=\sigma_0^2\boldsymbol{Q}_{VV}=\sigma_0^2[\boldsymbol{Q}-\boldsymbol{B}(\boldsymbol{N}_{BB}^{-1}-\boldsymbol{N}_{BB}^{-1}\boldsymbol{C}^{\mathrm{T}}\boldsymbol{N}_{CC}^{-1}\boldsymbol{C}\boldsymbol{N}_{BB}^{-1})\boldsymbol{B}^{\mathrm{T}}]$$

以及 $\mathrm{E}(\boldsymbol{V})=\boldsymbol{0}$，所以有

$$\begin{aligned}E(\boldsymbol{V}^{\mathrm{T}}\boldsymbol{P}\boldsymbol{V})&=\mathrm{tr}(\boldsymbol{P}\boldsymbol{D}_{VV})=\sigma_0^2\,\mathrm{tr}[\boldsymbol{P}\boldsymbol{Q}-\boldsymbol{P}\boldsymbol{B}(\boldsymbol{N}_{BB}^{-1}-\boldsymbol{N}_{BB}^{-1}\boldsymbol{C}^{\mathrm{T}}\boldsymbol{N}_{CC}^{-1}\boldsymbol{C}\boldsymbol{N}_{BB}^{-1})\boldsymbol{B}^{\mathrm{T}}]\\&=\sigma_0^2\,\mathrm{tr}[\underset{n\times n}{\boldsymbol{I}}-\boldsymbol{B}^{\mathrm{T}}\boldsymbol{P}\boldsymbol{B}(\boldsymbol{N}_{BB}^{-1}-\boldsymbol{N}_{BB}^{-1}\boldsymbol{C}^{\mathrm{T}}\boldsymbol{N}_{CC}^{-1}\boldsymbol{C}\boldsymbol{N}_{BB}^{-1})]\\&=\sigma_0^2\,\mathrm{tr}[\underset{n\times n}{\boldsymbol{I}}-(\underset{u\times u}{\boldsymbol{I}}-\boldsymbol{C}^{\mathrm{T}}\boldsymbol{N}_{CC}^{-1}\boldsymbol{C}\boldsymbol{N}_{BB}^{-1})]\\&=\sigma_0^2\,\mathrm{tr}[\underset{n\times n}{\boldsymbol{I}}-(\underset{u\times u}{\boldsymbol{I}}-\boldsymbol{C}\boldsymbol{N}_{BB}^{-1}\boldsymbol{C}^{\mathrm{T}}\boldsymbol{N}_{CC}^{-1})]=\sigma_0^2\,\mathrm{tr}[\underset{n\times n}{\boldsymbol{I}}-(\underset{u\times u}{\boldsymbol{I}}-\underset{s\times s}{\boldsymbol{I}})]\\&=\sigma_0^2(n-(u-s))\end{aligned}$$

也就是有

$$E(\hat{\sigma}_0^2)=\boldsymbol{E}\left(\frac{\boldsymbol{V}^{\mathrm{T}}\boldsymbol{P}\boldsymbol{V}}{n-(u-s)}\right)=E\left(\frac{\boldsymbol{V}^{\mathrm{T}}\boldsymbol{P}\boldsymbol{V}}{r}\right)=\sigma_0^2 \tag{7.2.2}$$

因此，$\hat{\sigma}_0^2$ 是 σ_0^2 的无偏估计量。

7.2.4 随机向量 $\hat{\boldsymbol{X}}$、$\boldsymbol{V}$ 和 $\hat{\boldsymbol{L}}$ 的概率分布

首先求解 $\boldsymbol{Q}_{\hat{X}\hat{X}}$ 的秩。由于

$$\boldsymbol{Q}_{\hat{X}\hat{X}}=\boldsymbol{N}_{BB}^{-1}-\boldsymbol{N}_{BB}^{-1}\boldsymbol{C}^{\mathrm{T}}\boldsymbol{N}_{CC}^{-1}\boldsymbol{C}\boldsymbol{N}_{BB}^{-1}=(\underset{u\times u}{\boldsymbol{I}}-\boldsymbol{N}_{BB}^{-1}\boldsymbol{C}^{\mathrm{T}}\boldsymbol{N}_{CC}^{-1}\boldsymbol{C})\boldsymbol{N}_{BB}^{-1}=\boldsymbol{J}\boldsymbol{N}_{BB}^{-1}$$

式中，$\boldsymbol{J}=\boldsymbol{I}-\boldsymbol{N}_{BB}^{-1}\boldsymbol{C}^{\mathrm{T}}\boldsymbol{N}_{CC}^{-1}\boldsymbol{C}$，考虑到 $\boldsymbol{N}_{CC}=\boldsymbol{C}\boldsymbol{N}_{BB}^{-1}\boldsymbol{C}^{\mathrm{T}}$，可证明 $\underset{u\times u}{\boldsymbol{J}}$ 为幂等矩阵，那么有

$$\mathrm{R}(\boldsymbol{J})=\mathrm{tr}(\underset{u\times u}{\boldsymbol{I}}-\boldsymbol{N}_{BB}^{-1}\boldsymbol{C}^{\mathrm{T}}\boldsymbol{N}_{CC}^{-1}\boldsymbol{C})=u-s$$

再考虑到 $\mathrm{R}(\boldsymbol{N}_{BB}^{-1})=u$，$\boldsymbol{Q}_{\hat{X}\hat{X}}=\boldsymbol{J}\boldsymbol{N}_{BB}^{-1}$，$\boldsymbol{J}=\boldsymbol{Q}_{\hat{X}\hat{X}}\boldsymbol{N}_{BB}$，可得如下关系式

$$\mathrm{R}(\boldsymbol{Q}_{\hat{X}\hat{X}})\leqslant\min[\mathrm{R}(\boldsymbol{J}),\mathrm{R}(\boldsymbol{N}_{BB}^{-1})]=u-s$$

$$u-s=\mathrm{R}(\boldsymbol{J})\leqslant\min[\mathrm{R}(\boldsymbol{Q}_{\hat{X}\hat{X}}),\mathrm{R}(\boldsymbol{N}_{BB}^{-1})]$$

综上所述有

$$\mathrm{R}(\boldsymbol{Q}_{\hat{X}\hat{X}})=u-s=t \tag{7.2.3}$$

下面求解 $\boldsymbol{Q}_{VV}$ 的秩。由于

$$\begin{aligned}\boldsymbol{Q}_{VV}&=\boldsymbol{Q}-\boldsymbol{B}\boldsymbol{Q}_{\hat{X}\hat{X}}\boldsymbol{B}^{\mathrm{T}}=\boldsymbol{Q}-\boldsymbol{B}(\boldsymbol{N}_{BB}^{-1}-\boldsymbol{N}_{BB}^{-1}\boldsymbol{C}^{\mathrm{T}}\boldsymbol{N}_{CC}^{-1}\boldsymbol{C}\boldsymbol{N}_{BB}^{-1})\boldsymbol{B}^{\mathrm{T}}\\&=\boldsymbol{Q}[\underset{n\times n}{\boldsymbol{I}}-\boldsymbol{P}\boldsymbol{B}(\underset{u\times u}{\boldsymbol{I}}-\boldsymbol{N}_{BB}^{-1}\boldsymbol{C}^{\mathrm{T}}\boldsymbol{N}_{CC}^{-1}\boldsymbol{C})\boldsymbol{N}_{BB}^{-1}\boldsymbol{B}^{\mathrm{T}}]=\boldsymbol{Q}\boldsymbol{J}_1\end{aligned}$$

式中，$\boldsymbol{J}_1=\underset{n\times n}{\boldsymbol{I}}-\boldsymbol{P}\boldsymbol{B}(\underset{u\times u}{\boldsymbol{I}}-\boldsymbol{N}_{BB}^{-1}\boldsymbol{C}^{\mathrm{T}}\boldsymbol{N}_{CC}^{-1}\boldsymbol{C})\boldsymbol{N}_{BB}^{-1}\boldsymbol{B}^{\mathrm{T}}$，同样可证明 $\boldsymbol{J}_1$ 为幂等矩阵。那么有

$$\begin{aligned}\mathrm{R}(\boldsymbol{J}_1)&=\mathrm{tr}[\underset{n\times n}{\boldsymbol{I}}-\boldsymbol{P}\boldsymbol{B}(\underset{u\times u}{\boldsymbol{I}}-\boldsymbol{N}_{BB}^{-1}\boldsymbol{C}^{\mathrm{T}}\boldsymbol{N}_{CC}^{-1}\boldsymbol{C})\boldsymbol{N}_{BB}^{-1}\boldsymbol{B}^{\mathrm{T}}]=\mathrm{tr}[\underset{n\times n}{\boldsymbol{I}}-\boldsymbol{N}_{BB}^{-1}\boldsymbol{B}^{\mathrm{T}}\boldsymbol{P}\boldsymbol{B}(\underset{u\times u}{\boldsymbol{I}}-\boldsymbol{N}_{BB}^{-1}\boldsymbol{C}^{\mathrm{T}}\boldsymbol{N}_{CC}^{-1}\boldsymbol{C})]\\&=\mathrm{tr}[\underset{n\times n}{\boldsymbol{I}}-(\underset{u\times u}{\boldsymbol{I}}-\boldsymbol{N}_{BB}^{-1}\boldsymbol{C}^{\mathrm{T}}\boldsymbol{N}_{CC}^{-1}\boldsymbol{C})]=\mathrm{tr}[\underset{n\times n}{\boldsymbol{I}}-(\underset{u\times u}{\boldsymbol{I}}-\boldsymbol{N}_{CC}^{-1}\boldsymbol{C}\boldsymbol{N}_{BB}^{-1}\boldsymbol{C}^{\mathrm{T}})]\\&=\mathrm{tr}[\underset{n\times n}{\boldsymbol{I}}-(\underset{u\times u}{\boldsymbol{I}}-\underset{s\times s}{\boldsymbol{I}})]=n-(u-s)=n-t=r\end{aligned}$$

考虑到 $\mathrm{R}(\boldsymbol{Q})=n$，$\boldsymbol{Q}_{VV}=\boldsymbol{Q}\boldsymbol{J}_1$，$\boldsymbol{J}_1=\boldsymbol{P}\boldsymbol{Q}_{VV}$，可得如下关系式

$$\mathrm{R}(\boldsymbol{Q}_{VV})\leqslant\min[\mathrm{R}(\boldsymbol{J}_1),\mathrm{R}(\boldsymbol{Q})]=r$$

$$r=\mathrm{R}(\boldsymbol{J}_1)\leqslant\min[\mathrm{R}(\boldsymbol{Q}_{VV}),\mathrm{R}(\boldsymbol{P})]$$

综上所述，有

$$R(Q_{VV})=r \tag{7.2.4}$$

下面求解 $Q_{\hat{L}\hat{L}}$ 的秩。由于

$$Q_{\hat{L}\hat{L}}=Q-Q_{VV}=QJ_2$$

式中，$J_2=PB(\underset{u\times u}{I}-N_{BB}^{-1}C^{T}N_{CC}^{-1}C)N_{BB}^{-1}B^{T}$。可证明 J_2 为幂等矩阵，则

$$R(J_2)=\mathrm{tr}(J_2)=u-s=t$$

考虑到 $R(Q)=n$，$Q_{\hat{L}\hat{L}}=QJ_2$，$J_2=PQ_{\hat{L}\hat{L}}$，可得如下关系式

$$R(Q_{\hat{L}\hat{L}})\leqslant\min[R(J_2),R(Q)]=t$$
$$t=R(J_2)\leqslant\min[R(Q_{\hat{L}\hat{L}}),R(P)]$$

综上所述，有

$$R(Q_{\hat{L}\hat{L}})=t \tag{7.2.5}$$

由于 $\tilde{L}=L+\Delta$，且

$$\Delta\sim N(0,\sigma_0^2 I),\ E(L)=\tilde{L},\ D(L)=\sigma_0^2 Q,\ R(Q)=n$$

则观测值向量 L 是服从 n 维正态分布的随机向量。而 $\hat{X}$、V 和 $\hat{L}$ 是 L 的线性函数，所以它们分别是服从 t 维、r 维和 t 维的正态分布随机向量。

7.2.5　随机变量 $V^{T}PV$ 的概率分布

1. 用真误差向量 Δ 表示的二次型 $V^{T}PV$

由于

$$\left.\begin{aligned}&V=B\hat{x}+l\\&C\hat{x}+W_X=0\\&l=BX^0+d-L\\&W_X=CX^0+U\end{aligned}\right\}$$

按最小二乘原理求得的解是

$$\hat{x}=(N_{BB}^{-1}C^{T}N_{CC}^{-1}CN_{BB}^{-1}-N_{BB}^{-1})B^{T}Pl-N_{BB}^{-1}C^{T}N_{CC}^{-1}W_X$$

则，残差可表示为

$$V=(BN_{BB}^{-1}C^{T}N_{CC}^{-1}CN_{BB}^{-1}B^{T}P-BN_{BB}^{-1}B^{T}P+I)l-BN_{BB}^{-1}C^{T}N_{CC}^{-1}W_X$$

考虑到 $E(V)=0$ 后，有

$$V-E(V)=(BN_{BB}^{-1}C^{T}N_{CC}^{-1}CN_{BB}^{-1}B^{T}P-BN_{BB}^{-1}B^{T}P+I)[l-E(l)]$$

也就是

$$\begin{aligned}V&=(BN_{BB}^{-1}C^{T}N_{CC}^{-1}CN_{BB}^{-1}B^{T}P-BN_{BB}^{-1}B^{T}P+I)[E(L)-L]\\&=(BN_{BB}^{-1}C^{T}N_{CC}^{-1}CN_{BB}^{-1}B^{T}P-BN_{BB}^{-1}B^{T}P+I)\Delta\end{aligned}$$

则有

$$V^{T}PV=\Delta^{T}G\Delta \tag{7.2.6}$$

这里 n 阶方阵 G 为

$$G=P(BN_{BB}^{-1}C^{T}N_{CC}^{-1}CN_{BB}^{-1}B^{T}P-BN_{BB}^{-1}B^{T}P+I)$$

且有以下性质

$$GQG=G$$

上式证明从略。

2. 对 $\boldsymbol{\Delta}$ 满秩变换后，用新随机变量 $\boldsymbol{Y}$ 表示的二次型 $\boldsymbol{V}^{\mathrm{T}}\boldsymbol{PV}$

对观测值向量 $\boldsymbol{L}$ 的权矩阵 $\boldsymbol{P}$ 做满秩分解，即

$$\boldsymbol{P}=\boldsymbol{F}^{\mathrm{T}}\boldsymbol{F},\ \boldsymbol{Q}=\boldsymbol{P}^{-1}=\boldsymbol{F}^{-1}(\boldsymbol{F}^{\mathrm{T}})^{-1}$$

式中，$\boldsymbol{F}$ 为 n 阶满秩方阵。再对观测值向量 $\boldsymbol{L}$ 的真误差向量 $\boldsymbol{\Delta}$ 做满秩变换，即

$$\left.\begin{aligned}\boldsymbol{Y}&=\boldsymbol{F\Delta}\\ \boldsymbol{\Delta}&=\boldsymbol{F}^{-1}\boldsymbol{Y}\end{aligned}\right\}\tag{7.2.7}$$

新随机向量 $\boldsymbol{Y}$ 的数字特征为

$$E(\boldsymbol{Y})=\boldsymbol{F}E(\boldsymbol{\Delta})=\boldsymbol{0}$$

$$\boldsymbol{Q}_{YY}=\boldsymbol{FQF}^{\mathrm{T}}=\boldsymbol{FF}^{-1}(\boldsymbol{F}^{\mathrm{T}})^{-1}\boldsymbol{F}^{\mathrm{T}}=\boldsymbol{I}$$

于是 $\boldsymbol{Y}$ 是服从 n 维正态分布的随机向量，记为 $\boldsymbol{Y}\sim N(\boldsymbol{0},\sigma_0^2\underset{n\times n}{\boldsymbol{I}})$。这样

$$\boldsymbol{V}^{\mathrm{T}}\boldsymbol{PV}=\boldsymbol{\Delta}^{\mathrm{T}}\boldsymbol{G\Delta}=\boldsymbol{Y}^{\mathrm{T}}(\boldsymbol{F}^{-1})^{\mathrm{T}}\boldsymbol{GF}^{-1}\boldsymbol{Y}=\boldsymbol{Y}^{\mathrm{T}}\boldsymbol{RY}\tag{7.2.8}$$

式中

$$\boldsymbol{R}=(\boldsymbol{F}^{-1})^{\mathrm{T}}\boldsymbol{GF}^{-1}\tag{7.2.9}$$

且方阵 $\boldsymbol{R}$ 有以下性质

$$\begin{aligned}\boldsymbol{R}^2&=\boldsymbol{RR}=(\boldsymbol{F}^{-1})^{\mathrm{T}}\boldsymbol{GF}^{-1}(\boldsymbol{F}^{-1})^{\mathrm{T}}\boldsymbol{GF}^{-1}=(\boldsymbol{F}^{-1})^{\mathrm{T}}\boldsymbol{GF}^{-1}(\boldsymbol{F}^{\mathrm{T}})^{-1}\boldsymbol{GF}^{-1}\\&=(\boldsymbol{F}^{-1})^{\mathrm{T}}\boldsymbol{GQGF}^{-1}=(\boldsymbol{F}^{-1})^{\mathrm{T}}\boldsymbol{GF}^{-1}=\boldsymbol{R}\end{aligned}$$

可见 n 阶方阵 $\boldsymbol{R}$ 是一个幂等矩阵。对幂等矩阵来说，它的秩等于它的迹，即

$$\begin{aligned}\mathrm{R}(\boldsymbol{R})&=\mathrm{tr}(\boldsymbol{R})=\mathrm{tr}[(\boldsymbol{F}^{-1})^{\mathrm{T}}\boldsymbol{GF}^{-1}]\\&=\mathrm{tr}[(\boldsymbol{F}^{-1})^{\mathrm{T}}\boldsymbol{P}(\boldsymbol{BN}_{BB}^{-1}\boldsymbol{C}^{\mathrm{T}}\boldsymbol{N}_{CC}^{-1}\boldsymbol{CN}_{BB}^{-1}\boldsymbol{B}^{\mathrm{T}}\boldsymbol{P}-\boldsymbol{BN}_{BB}^{-1}\boldsymbol{B}^{\mathrm{T}}\boldsymbol{P}+\boldsymbol{I})\boldsymbol{F}^{-1}]\\&=\mathrm{tr}[\boldsymbol{F}^{-1}(\boldsymbol{F}^{\mathrm{T}})^{-1}\boldsymbol{P}(\boldsymbol{BN}_{BB}^{-1}\boldsymbol{C}^{\mathrm{T}}\boldsymbol{N}_{CC}^{-1}\boldsymbol{CN}_{BB}^{-1}\boldsymbol{B}^{\mathrm{T}}\boldsymbol{P}-\boldsymbol{BN}_{BB}^{-1}\boldsymbol{B}^{\mathrm{T}}\boldsymbol{P}+\boldsymbol{I})]\\&=\mathrm{tr}(\underset{n\times n}{\boldsymbol{I}}+\boldsymbol{BN}_{BB}^{-1}\boldsymbol{C}^{\mathrm{T}}\boldsymbol{N}_{CC}^{-1}\boldsymbol{CN}_{BB}^{-1}\boldsymbol{B}^{\mathrm{T}}\boldsymbol{P}-\boldsymbol{BN}_{BB}^{-1}\boldsymbol{B}^{\mathrm{T}}\boldsymbol{P})\\&=\mathrm{tr}(\underset{n\times n}{\boldsymbol{I}}-\boldsymbol{B}^{\mathrm{T}}\boldsymbol{PBN}_{BB}^{-1}+\boldsymbol{B}^{\mathrm{T}}\boldsymbol{PBN}_{BB}^{-1}\boldsymbol{C}^{\mathrm{T}}\boldsymbol{N}_{CC}^{-1}\boldsymbol{CN}_{BB}^{-1})=\mathrm{tr}(\underset{n\times n}{\boldsymbol{I}}-\underset{u\times u}{\boldsymbol{I}}+\boldsymbol{C}^{\mathrm{T}}\boldsymbol{N}_{CC}^{-1}\boldsymbol{CN}_{BB}^{-1})\\&=\mathrm{tr}(\underset{n\times n}{\boldsymbol{I}}-\underset{u\times u}{\boldsymbol{I}}+\boldsymbol{CN}_{BB}^{-1}\boldsymbol{C}^{\mathrm{T}}\boldsymbol{N}_{CC}^{-1})=\mathrm{tr}(\underset{n\times n}{\boldsymbol{I}}-\underset{u\times u}{\boldsymbol{I}}+\underset{s\times s}{\boldsymbol{I}})\\&=n-(u-s)=n-t=r\end{aligned}\tag{7.2.10}$$

3. 对 $\boldsymbol{Y}$ 进行正交变换后表示的二次型 $\boldsymbol{V}^{\mathrm{T}}\boldsymbol{PV}$

对随机向量 $\boldsymbol{Y}$ 进行正交变换

$$\boldsymbol{z}=\boldsymbol{SY},\ \boldsymbol{Y}=\boldsymbol{S}^{-1}\boldsymbol{z}=\boldsymbol{S}^{\mathrm{T}}\boldsymbol{z}$$

式中，$\boldsymbol{S}$ 为正交矩阵。那么有

$$\boldsymbol{V}^{\mathrm{T}}\boldsymbol{PV}=\boldsymbol{Y}^{\mathrm{T}}\boldsymbol{RY}=\boldsymbol{z}^{\mathrm{T}}\boldsymbol{SRSz}=\boldsymbol{z}^{\mathrm{T}}\boldsymbol{Hz}$$

由于 $\boldsymbol{R}$ 是幂等矩阵，且 $\mathrm{R}(\boldsymbol{R})=r$，又 $\boldsymbol{S}$ 是正交矩阵，则有

$$\boldsymbol{H}=\boldsymbol{SRS}=\begin{bmatrix}\underset{r\times r}{\boldsymbol{I}} & \underset{r\times t}{\boldsymbol{0}}\\ \underset{t\times r}{\boldsymbol{0}} & \underset{t\times t}{\boldsymbol{0}}\end{bmatrix}$$

于是

$$\boldsymbol{V}^{\mathrm{T}}\boldsymbol{PV}=\boldsymbol{z}^{\mathrm{T}}\boldsymbol{Hz}=\sum_{i=1}^{r}z_i^2\tag{7.2.11}$$

这就把二次型 $\boldsymbol{V}^{\mathrm{T}}\boldsymbol{PV}$ 表示成随机变量 $z_i(i=1,2,\cdots,r)$ 的平方和。

4. 二次型 $\boldsymbol{V}^{\mathrm{T}}\boldsymbol{PV}$ 的概率分布及其数字特征

随机向量 $\boldsymbol{z}$ 的数字特征是

$$E(\boldsymbol{z})=\boldsymbol{S}E(\boldsymbol{Y})=\boldsymbol{0}$$

$$Q_{zz}=SQ_{YY}S^{\mathrm{T}}=SS^{-1}=\underset{n\times n}{I}$$

且 $z=SY=SF\Delta$，那么可得

$$z\sim N(\mathbf{0},\sigma_0^2\underset{n\times n}{I}),\ \frac{z}{\sigma_0^2}\sim N(\mathbf{0},\underset{n\times n}{I}),\ \frac{z_i}{\sigma_0^2}\sim N(0,1)$$

于是可知

$$\phi=\frac{V^{\mathrm{T}}PV}{\sigma_0^2}=\frac{1}{\sigma_0^2}\sum_{i=1}^{r}z_i^2\sim\chi^2(r)$$

可见 ϕ 是服从自由度为 r 的 χ^2 分布的随机变量。类似于前几章的论述，可得

$$D(V^{\mathrm{T}}PV)=2r\sigma_0^4,\ D(\hat{\sigma}_0^2)=\frac{2}{r}\sigma_0^4,\ E(V^{\mathrm{T}}PV)=r\sigma_0^2$$

这从另一个角度证明了 $\hat{\sigma}_0^2$ 是 σ_0^2 的无偏估值。

§7.3　公式汇编与示例

在间接平差中，当所选择的 u 个参数间函数不独立时，则多选择的 $s=u-t$ 个参数必然是 t 个独立参数的函数，亦即在 u 个参数之间存在着 $s=u-t$ 个函数关系。这样在一个平差问题中，既有误差方程式，又有条件方程式。具有约束条件的间接平差就是解决这一问题，在某些情况下它也是应用较广泛的一种平差方法。

7.3.1　公式汇编

按具有约束条件的间接平差法求平差值的计算步骤如下。

第一步：根据平差问题的具体情况，判断平差问题中的必要观测数 t，选择 $u>t$ 个参数（其中包含 t 个独立参数），列出具有约束条件的间接平差法的函数模型，即

$$\left.\begin{aligned}\underset{n\times 1}{V}&=\underset{n\times u}{B}\underset{u\times 1}{\hat{x}}+\underset{n\times 1}{l}\\ \underset{s\times u}{C}\underset{u\times 1}{\hat{x}}&+\underset{s\times 1}{W_X}=\underset{s\times 1}{\mathbf{0}}\\ l&=BX^0+d-L\\ W_X&=CX^0+U\end{aligned}\right\}$$

式中，$\mathrm{R}(B)=u=s+t$，$\mathrm{R}(C)=s$，$s<u<n$。这里 d 和 U 分别是 n 行 1 列和 s 行 1 列的常数向量。

第二步：根据具体情况，给出观测值向量 L 的权矩阵 P。

第三步：令 $N_{BB}=B^{\mathrm{T}}PB$，$N_{CC}=CN_{BB}^{-1}C^{\mathrm{T}}$，求出参数向量 $\hat{x}$，即

$$\begin{aligned}\hat{x}&=(N_{BB}^{-1}C^{\mathrm{T}}N_{CC}^{-1}CN_{BB}^{-1}-N_{BB}^{-1})B^{\mathrm{T}}Pl-N_{BB}^{-1}C^{\mathrm{T}}N_{CC}^{-1}W_X\\&=-Q_{\hat{X}\hat{X}}W-N_{BB}^{-1}C^{\mathrm{T}}N_{CC}^{-1}W_X\end{aligned}$$

第四步：求解残差向量 V、观测值的平差值向量 $\hat{L}$ 和参数向量 $\hat{X}$，即

$$V=B\hat{x}+l,\ \hat{L}=L+V,\ \hat{X}=X^0+\hat{x}$$

将此时得到的 $\hat{x}$ 代入方程 $C\hat{x}+W_x=\mathbf{0}$，检核计算的正确性。

第五步：精度评定，即

$$\hat{\sigma}_0=\sqrt{\frac{V^{\mathrm{T}}PV}{r}}=\sqrt{\frac{V^{\mathrm{T}}PV}{n-t}}=\sqrt{\frac{V^{\mathrm{T}}PV}{n-(u-s)}}$$

$$Q_{\hat{X}\hat{X}}=N_{BB}^{-1}-N_{BB}^{-1}C^{\mathrm{T}}N_{CC}^{-1}CN_{BB}^{-1}$$

$$Q_{VV}=Q-BQ_{\hat{X}\hat{X}}B^{\mathrm{T}},\ Q_{\hat{L}\hat{L}}=Q-Q_{VV}$$

如果有函数

$$z=F^{\mathrm{T}}\hat{X}$$

则可求其平差值函数的权倒数和中误差

$$\frac{1}{p_z}=F^{\mathrm{T}}Q_{\hat{X}\hat{X}}F,\ \hat{\sigma}_z=\hat{\sigma}_0\sqrt{\frac{1}{p_z}}$$

第六步:平差系统的统计假设检验,内容参见第 9 章。

7.3.2 示例

例 7.3.1 如图 7.3.1 所示,等精度观测了三个角度,观测值向量为 $L_1=15°23'21''$,$L_2=22°12'12''$,$L_3=37°35'39''$。且有一个固定角$\angle AOB=37°35'49''$。试用具有约束条件的间接平差法进行平差。

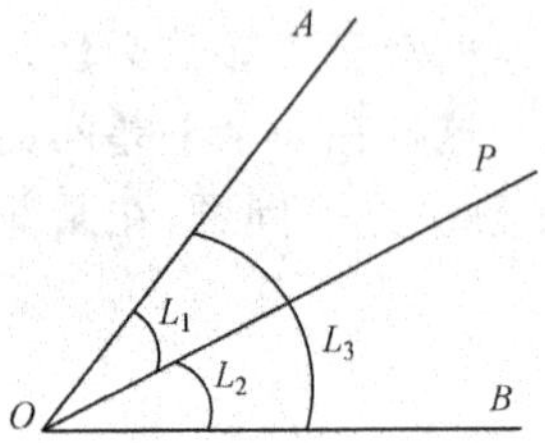

图 7.3.1

解:独立参数只有一个,若选取两个参数,则产生一个条件。现在取参数

$$\hat{X}_1=\angle AOP=L_1+\hat{x}_1,\ \hat{X}_2=\angle BOP=L_2+\hat{x}_2$$

则可列出如下方程

$$\left.\begin{aligned}V&=B\hat{x}+l\\C\hat{x}+W_X&=0\end{aligned}\right\}$$

式中

$$B=\begin{pmatrix}1&0\\0&1\\1&1\end{pmatrix},\ C=(1\quad 1),\ l=\begin{pmatrix}0\\0\\-6''\end{pmatrix},\ W_X=(-16'')$$

由于等精度观测,即 $P=I$,那么就有

$$N_{BB}=B^{\mathrm{T}}PB=\begin{pmatrix}2&1\\1&2\end{pmatrix},\ N_{BB}^{-1}=\frac{1}{3}\begin{pmatrix}2&-1\\-1&2\end{pmatrix}$$

$$W=B^{\mathrm{T}}Pl=\begin{pmatrix}-6\\-6\end{pmatrix}(''),\ N_{CC}=CN_{BB}^{-1}C^{\mathrm{T}}=\frac{2}{3}$$

如此可解得

$$Q_{\hat{X}\hat{X}}=N_{BB}^{-1}-N_{BB}^{-1}C^{\mathrm{T}}N_{CC}^{-1}CN_{BB}^{-1}=\frac{1}{2}\begin{pmatrix}1&-1\\-1&1\end{pmatrix}$$

$$\hat{x}=-Q_{\hat{X}\hat{X}}W-N_{BB}^{-1}C^{\mathrm{T}}N_{CC}^{-1}W_X=\begin{pmatrix}8''\\8''\end{pmatrix}$$

$$V=B\hat{x}+l=\begin{pmatrix}8''\\8''\\10''\end{pmatrix}$$

$$L_1=15°23'29'',\ L_2=22°12'20'',\ L_3=37°35'49''$$

单位权中误差

$$\hat{\sigma}_0=\sqrt{\frac{\boldsymbol{V}^{\mathrm{T}}\boldsymbol{P}\boldsymbol{V}}{r}}=10.67''$$

$$\boldsymbol{Q}_{VV}=\boldsymbol{Q}-\boldsymbol{B}\boldsymbol{Q}_{\hat{x}\hat{x}}\boldsymbol{B}^{\mathrm{T}}=\frac{1}{2}\begin{pmatrix}1&1&0\\1&1&0\\0&0&2\end{pmatrix}$$

$$\boldsymbol{Q}_{\hat{L}\hat{L}}=\boldsymbol{Q}-\boldsymbol{Q}_{VV}=\frac{1}{2}\begin{pmatrix}1&-1&0\\-1&1&0\\0&0&0\end{pmatrix}$$

$$\hat{\sigma}_{\hat{L}_1}=\hat{\sigma}_0\sqrt{q_{\hat{L}_1}}=15.10'',\ \hat{\sigma}_{\hat{L}_2}=\hat{\sigma}_0\sqrt{q_{\hat{L}_2}}=15.10''$$

解答完毕。

第 8 章　参数加权分组平差

前面讲述的四种平差方法(间接平差、条件平差、附有参数的条件平差,以及具有约束条件的间接平差)都假设只有观测值向量 $\boldsymbol{L}$ 具有验前统计性质(即 $D(\boldsymbol{L})>\boldsymbol{0}$),而参数的近似值 $\boldsymbol{X}^0$ 没有验前统计性质(即 $D(\boldsymbol{X}^0)=\boldsymbol{0}$)。在实际平差中会经常遇到以下情况:把前期观测数据和后期观测数据分成两组,第一组单独平差后,将第一组单独平差得到的参数平差值 $\boldsymbol{X}^{(1)}$ 及协方差矩阵 $D(\boldsymbol{X}^{(1)})$ 视为第二组平差时的参数先验值及先验协方差矩阵,再进行第二组观测值的平差。在第二组单独平差时,参数就可视为随机量,需顾及其权矩阵,这就是参数加权平差。参数加权平差实质上仍是相关平差,但也有自身的一些特点,所以本章专门介绍。

§8.1　全部参数加权分组平差

间接平差是目前应用最广泛的一种平差方法。因此,我们只针对间接平差方法来讨论参数近似值具有验前统计性质时的平差原理,且本节假设全部参数近似值都具有验前统计性质,同时也导出了分组平差的估值公式。

8.1.1　观测值分组后整体平差

设有一组观测值 $\boldsymbol{L}$,在选定 t 个独立参数的情况下,误差方程为

$$\left.\begin{aligned}&\boldsymbol{V}=\boldsymbol{B}\hat{\boldsymbol{x}}+\boldsymbol{l}\\&\boldsymbol{l}=\boldsymbol{B}\boldsymbol{X}^0+\boldsymbol{d}-\boldsymbol{L}\\&\mathrm{R}(\boldsymbol{B})=t<n\end{aligned}\right\}\tag{8.1.1}$$

现将观测值向量 $\boldsymbol{L}$ 分为两组,并设 $\boldsymbol{L}_1$、$\boldsymbol{L}_2$ 不相关,权矩阵为

$$\underset{n\times1}{\boldsymbol{L}}=\begin{pmatrix}\underset{n_1\times1}{\boldsymbol{L}_1}\\\underset{n_2\times1}{\boldsymbol{L}_2}\end{pmatrix},\ \boldsymbol{P}=\begin{pmatrix}\boldsymbol{P}_1&\boldsymbol{0}\\\boldsymbol{0}&\boldsymbol{P}_2\end{pmatrix}=\begin{pmatrix}\boldsymbol{Q}_1^{-1}&\boldsymbol{0}\\\boldsymbol{0}&\boldsymbol{Q}_2^{-1}\end{pmatrix}$$

式中,$n=n_1+n_2$。误差方程改写为

$$\begin{pmatrix}\boldsymbol{V}_1\\\boldsymbol{V}_2\end{pmatrix}=\begin{pmatrix}\boldsymbol{B}_1\\\boldsymbol{B}_2\end{pmatrix}\hat{\boldsymbol{x}}+\begin{pmatrix}\boldsymbol{l}_1\\\boldsymbol{l}_2\end{pmatrix}\tag{8.1.2}$$

式中

$$\boldsymbol{l}_1=\boldsymbol{B}_1\boldsymbol{X}^0+\boldsymbol{d}_1-\boldsymbol{L}_1,\ \boldsymbol{l}_2=\boldsymbol{B}_2\boldsymbol{X}^0+\boldsymbol{d}_2-\boldsymbol{L}_2$$

组成法方程为

$$(\boldsymbol{B}_1^{\mathrm{T}}\quad\boldsymbol{B}_2^{\mathrm{T}})\begin{pmatrix}\boldsymbol{P}_1&\boldsymbol{0}\\\boldsymbol{0}&\boldsymbol{P}_2\end{pmatrix}\begin{pmatrix}\boldsymbol{B}_1\\\boldsymbol{B}_2\end{pmatrix}\hat{\boldsymbol{x}}+(\boldsymbol{B}_1^{\mathrm{T}}\quad\boldsymbol{B}_2^{\mathrm{T}})\begin{pmatrix}\boldsymbol{P}_1&\boldsymbol{0}\\\boldsymbol{0}&\boldsymbol{P}_2\end{pmatrix}\begin{pmatrix}\boldsymbol{l}_1\\\boldsymbol{l}_2\end{pmatrix}=\boldsymbol{0}$$

$$(\boldsymbol{B}_1^{\mathrm{T}}\boldsymbol{P}_1\boldsymbol{B}_1+\boldsymbol{B}_2^{\mathrm{T}}\boldsymbol{P}_2\boldsymbol{B}_2)\hat{\boldsymbol{x}}+(\boldsymbol{B}_1^{\mathrm{T}}\boldsymbol{P}_1\boldsymbol{l}_1+\boldsymbol{B}_2^{\mathrm{T}}\boldsymbol{P}_2\boldsymbol{l}_2)=\boldsymbol{0}\tag{8.1.3}$$

其解为

$$\hat{x}=-(B_1^{T}P_1B_1+B_2^{T}P_2B_2)^{-1}(B_1^{T}P_1l_1+B_2^{T}P_2l_2) \tag{8.1.4}$$

由于 X^0 没有先验统计性质，因此有

$$Q_{\hat{X}\hat{X}}=(B_1^{T}P_1B_1+B_2^{T}P_2B_2)^{-1} \tag{8.1.5}$$

单位权方差估值公式为

$$\hat{\sigma}_0^2=\frac{V_1^{T}P_1V_1+V_2^{T}P_2V_2}{n_1+n_2-t} \tag{8.1.6}$$

可以看出，在两组观测值互不相关的情况下，分别组成误差方程和法方程，然后将系数矩阵和自由项向量取和就构成整体平差的法方程。

8.1.2　观测值逐次分组后的参数加权平差

1. 第一组单独平差

先进行第一组单独平差，其误差方程是

$$V_1^{(1)}=B_1\hat{x}^{(1)}+l_1,\ l_1=B_1X^0+d_1-L_1,\ \hat{X}^{(1)}=X^0+\hat{x}^{(1)}$$

这里 X^0 没有先验统计性质，因此

$$\left.\begin{aligned}\hat{x}^{(1)}&=-Q_{\hat{X}^{(1)}\hat{X}^{(1)}}B_1^{T}P_1l_1\\ Q_{\hat{X}^{(1)}\hat{X}^{(1)}}&=Q_{\hat{x}^{(1)}\hat{x}^{(1)}}=(B_1^{T}P_1B_1)^{-1}\end{aligned}\right\} \tag{8.1.7}$$

2. 第二组单独平差

参数近似值取为 $\hat{X}^{(1)}$。

1)误差方程及其解算

下面进行第二组单独平差，但是参数近似值取为 $\hat{X}^{(1)}$。其误差方程是

$$V_2^{(2)}=B_2\hat{x}^{(2)}+l_2^{(1)},\ l_2^{(1)}=B_2\hat{X}^{(1)}+d_2-L_2,\ \hat{X}^{(2)}=\hat{X}^{(1)}+\hat{x}^{(2)}$$

随机模型为

$$\begin{gathered}E(\hat{x}^{(2)})=0,\ E(\hat{X}^{(1)})=E(\hat{X}^{(2)})=\tilde{X}\\ \tilde{L}_2=L_2+\Delta_2,\ Q_2=P_2^{-1}>0,\ D_{\hat{x}^{(2)}\Delta_2}=0\\ Q_{l_2^{(1)}l_2^{(1)}}=Q_2+B_2Q_{\hat{X}^{(1)}\hat{X}^{(1)}}B_2^{T}\end{gathered} \tag{8.1.8}$$

式中，Δ_2 是第二组观测值的真误差向量，该式的含义是观测值 L_2 为其真值 $\tilde{L}_2$ 的无偏观测值；$\hat{x}^{(2)}$ 是参数误差向量，含义是 $\hat{X}^{(1)}$、$\hat{X}^{(2)}$ 为参数 X 的无偏估值。L_2 与 $\hat{X}^{(1)}$ 不相关。

参数加权平差准则为

$$\Phi=V_2^{(2)T}P_2V_2^{(2)}+\hat{x}^{(2)T}P_{\hat{X}^{(1)}\hat{X}^{(1)}}\hat{x}^{(2)}=\min \tag{8.1.9}$$

考虑到函数模型后，将 Φ 对 $\hat{x}^{(2)}$ 求导，令其为零矩阵，得

$$\frac{\partial\Phi}{\partial\hat{x}^{(2)}}=2V_2^{(2)T}P_2B_2+2\hat{x}^{(2)T}P_{\hat{X}^{(1)}\hat{X}^{(1)}}=0$$

或者

$$B_2^{T}P_2V_2^{(2)}+P_{\hat{X}^{(1)}\hat{X}^{(1)}}\hat{x}^{(2)}=\underset{t\times1}{0}$$

把函数模型 $V_2^{(2)}=B_2\hat{x}^{(2)}+l_2^{(1)}$ 代入上式后可得

$$(B_2^{T}P_2B_2+P_{\hat{X}^{(1)}\hat{X}^{(1)}})\hat{x}^{(2)}=-B_2^{T}P_2l_2^{(1)}$$

进而有

$$\hat{x}^{(2)}=-(B_2^{T}P_2B_2+P_{\hat{X}^{(1)}\hat{X}^{(1)}})^{-1}B_2^{T}P_2l_2^{(1)} \tag{8.1.10}$$

由矩阵反演公式

$$(\boldsymbol{P}_{\hat{X}^{(1)}\hat{X}^{(1)}}+\boldsymbol{B}_2^{\mathrm{T}}\boldsymbol{P}_2\boldsymbol{B}_2)^{-1}\boldsymbol{B}_2^{\mathrm{T}}\boldsymbol{P}_2=\boldsymbol{Q}_{\hat{X}^{(1)}\hat{X}^{(1)}}\boldsymbol{B}_2^{\mathrm{T}}(\boldsymbol{Q}_2+\boldsymbol{B}_2\boldsymbol{Q}_{\hat{X}^{(1)}\hat{X}^{(1)}}\boldsymbol{B}_2^{\mathrm{T}})^{-1}=\boldsymbol{Q}_{\hat{X}^{(1)}\hat{X}^{(1)}}\boldsymbol{B}_2^{\mathrm{T}}\boldsymbol{Q}_{l_2^{(1)}l_2^{(1)}}^{-1}$$

也可得

$$\hat{\boldsymbol{x}}^{(2)}=-\boldsymbol{Q}_{\hat{X}^{(1)}\hat{X}^{(1)}}\boldsymbol{B}_2^{\mathrm{T}}\boldsymbol{Q}_{l_2^{(1)}l_2^{(1)}}^{-1}\boldsymbol{l}_2^{(1)} \tag{8.1.11}$$

因此,参数最后的平差值是

$$\hat{\boldsymbol{X}}^{(2)}=\hat{\boldsymbol{X}}^{(1)}+\hat{\boldsymbol{x}}^{(2)}=\boldsymbol{X}^0+\hat{\boldsymbol{x}}^{(1)}+\hat{\boldsymbol{x}}^{(2)} \tag{8.1.12}$$

下面证明($\hat{\boldsymbol{x}}^{(1)}+\hat{\boldsymbol{x}}^{(2)}$)就是整体平差结果,即式(8.1.4)中 $\hat{\boldsymbol{x}}$ 的表达式。

证明:由于

$$\hat{\boldsymbol{x}}^{(1)}=-\boldsymbol{Q}_{\hat{X}^{(1)}\hat{X}^{(1)}}\boldsymbol{B}_1^{\mathrm{T}}\boldsymbol{P}_1\boldsymbol{l}_1$$

$$\begin{aligned}\boldsymbol{l}_2^{(1)}&=\boldsymbol{B}_2\hat{\boldsymbol{X}}^{(1)}+\boldsymbol{d}_2-\boldsymbol{L}_2=(\boldsymbol{B}_2\boldsymbol{X}^0+\boldsymbol{d}_2-\boldsymbol{L}_2)+\boldsymbol{B}_2\hat{\boldsymbol{x}}^{(1)}\\&=\boldsymbol{l}_2+\boldsymbol{B}_2\hat{\boldsymbol{x}}^{(1)}=\boldsymbol{l}_2-\boldsymbol{B}_2\boldsymbol{Q}_{\hat{X}^{(1)}\hat{X}^{(1)}}\boldsymbol{B}_1^{\mathrm{T}}\boldsymbol{P}_1\boldsymbol{l}_1\end{aligned}$$

因此就有

$$\begin{aligned}\hat{\boldsymbol{x}}^{(1)}+\hat{\boldsymbol{x}}^{(2)}&=-\boldsymbol{Q}_{\hat{X}^{(1)}\hat{X}^{(1)}}\boldsymbol{B}_1^{\mathrm{T}}\boldsymbol{P}_1\boldsymbol{l}_1-(\boldsymbol{B}_2^{\mathrm{T}}\boldsymbol{P}_2\boldsymbol{B}_2+\boldsymbol{P}_{\hat{X}^{(1)}\hat{X}^{(1)}})^{-1}\boldsymbol{B}_2^{\mathrm{T}}\boldsymbol{P}_2\boldsymbol{l}_2^{(1)}\\&=[(\boldsymbol{B}_2^{\mathrm{T}}\boldsymbol{P}_2\boldsymbol{B}_2+\boldsymbol{P}_{\hat{X}^{(1)}\hat{X}^{(1)}})^{-1}\boldsymbol{B}_2^{\mathrm{T}}\boldsymbol{P}_2\boldsymbol{B}_2\boldsymbol{Q}_{\hat{X}^{(1)}\hat{X}^{(1)}}-\boldsymbol{Q}_{\hat{X}^{(1)}\hat{X}^{(1)}}]\boldsymbol{B}_1^{\mathrm{T}}\boldsymbol{P}_1\boldsymbol{l}_1-\\&\quad(\boldsymbol{B}_2^{\mathrm{T}}\boldsymbol{P}_2\boldsymbol{B}_2+\boldsymbol{P}_{\hat{X}^{(1)}\hat{X}^{(1)}})^{-1}\boldsymbol{B}_2^{\mathrm{T}}\boldsymbol{P}_2\boldsymbol{l}_2\\&=(\boldsymbol{B}_2^{\mathrm{T}}\boldsymbol{P}_2\boldsymbol{B}_2+\boldsymbol{P}_{\hat{X}^{(1)}\hat{X}^{(1)}})^{-1}[\boldsymbol{B}_2^{\mathrm{T}}\boldsymbol{P}_2\boldsymbol{B}_2\boldsymbol{Q}_{\hat{X}^{(1)}\hat{X}^{(1)}}-(\boldsymbol{B}_2^{\mathrm{T}}\boldsymbol{P}_2\boldsymbol{B}_2+\boldsymbol{P}_{\hat{X}^{(1)}\hat{X}^{(1)}})\boldsymbol{Q}_{\hat{X}^{(1)}\hat{X}^{(1)}}]\boldsymbol{B}_1^{\mathrm{T}}\boldsymbol{P}_1\boldsymbol{l}_1-\\&\quad(\boldsymbol{B}_2^{\mathrm{T}}\boldsymbol{P}_2\boldsymbol{B}_2+\boldsymbol{P}_{\hat{X}^{(1)}\hat{X}^{(1)}})^{-1}\boldsymbol{B}_2^{\mathrm{T}}\boldsymbol{P}_2\boldsymbol{l}_2\\&=-(\boldsymbol{B}_2^{\mathrm{T}}\boldsymbol{P}_2\boldsymbol{B}_2+\boldsymbol{P}_{\hat{X}^{(1)}\hat{X}^{(1)}})^{-1}(\boldsymbol{B}_1^{\mathrm{T}}\boldsymbol{P}_1\boldsymbol{l}_1+\boldsymbol{B}_2^{\mathrm{T}}\boldsymbol{P}_2\boldsymbol{l}_2)=\hat{\boldsymbol{x}}\end{aligned}$$

证毕。

这就说明,虽然在第二组单独平差时,没有采用第一组观测值,但参数近似值使用了第一组平差后的参数值,并顾及其先验统计性质,则第二组单独平差结果与整体平差结果是一致的。

2)单位权方差估值公式

由于

$$\begin{aligned}\boldsymbol{V}_2&=\boldsymbol{B}_2\hat{\boldsymbol{x}}+\boldsymbol{l}_2=\boldsymbol{B}_2(\hat{\boldsymbol{x}}^{(1)}+\hat{\boldsymbol{x}}^{(2)})+(\boldsymbol{l}_2^{(1)}-\boldsymbol{B}_2\hat{\boldsymbol{x}}^{(1)})\\&=(\boldsymbol{B}_2\hat{\boldsymbol{x}}^{(1)}+\boldsymbol{B}_2\hat{\boldsymbol{x}}^{(2)})+(\boldsymbol{l}_2^{(1)}-\boldsymbol{B}_2\hat{\boldsymbol{x}}^{(1)})=\boldsymbol{B}_2\hat{\boldsymbol{x}}^{(2)}+\boldsymbol{l}_2^{(1)}=\boldsymbol{V}_2^{(2)}\end{aligned}$$

以及

$$\boldsymbol{V}_1=\boldsymbol{B}_1\hat{\boldsymbol{x}}+\boldsymbol{l}_1=\boldsymbol{B}_1(\hat{\boldsymbol{x}}^{(1)}+\hat{\boldsymbol{x}}^{(2)})+\boldsymbol{l}_1=\boldsymbol{B}_1\hat{\boldsymbol{x}}^{(1)}+\boldsymbol{B}_1\hat{\boldsymbol{x}}^{(2)}+\boldsymbol{l}_1=\boldsymbol{V}_1^{(1)}+\boldsymbol{B}_1\hat{\boldsymbol{x}}^{(2)}$$

那么

$$\boldsymbol{V}_1^{\mathrm{T}}\boldsymbol{P}_1\boldsymbol{V}_1=\boldsymbol{V}_1^{(1)\mathrm{T}}\boldsymbol{P}_1\boldsymbol{V}_1^{(1)}+\hat{\boldsymbol{x}}^{(2)\mathrm{T}}\boldsymbol{B}_1^{\mathrm{T}}\boldsymbol{P}_1\boldsymbol{B}_1\hat{\boldsymbol{x}}^{(2)}=\boldsymbol{V}_1^{(1)\mathrm{T}}\boldsymbol{P}_1\boldsymbol{V}_1^{(1)}+\hat{\boldsymbol{x}}^{(2)\mathrm{T}}\boldsymbol{P}_{\hat{X}^{(1)}\hat{X}^{(1)}}\hat{\boldsymbol{x}}^{(2)}$$

这样根据 $\boldsymbol{V}_1^{\mathrm{T}}\boldsymbol{P}_1\boldsymbol{V}_1+\boldsymbol{V}_2^{\mathrm{T}}\boldsymbol{P}_2\boldsymbol{V}_2=\hat{\sigma}_0^2(n_1+n_2-t)$,以及以上公式可得

$$\hat{\sigma}_0^2=\frac{\boldsymbol{V}_1^{(1)\mathrm{T}}\boldsymbol{P}_1\boldsymbol{V}_1^{(1)}+\hat{\boldsymbol{x}}^{(2)\mathrm{T}}\boldsymbol{P}_{\hat{X}^{(1)}\hat{X}^{(1)}}\hat{\boldsymbol{x}}^{(2)}+\boldsymbol{V}_2^{(2)\mathrm{T}}\boldsymbol{P}_2\boldsymbol{V}_2^{(2)}}{n_1+n_2-t} \tag{8.1.13}$$

如果认为

$$\boldsymbol{V}_1^{(1)\mathrm{T}}\boldsymbol{P}_1\boldsymbol{V}_1^{(1)}=(n_1-t)\hat{\sigma}_0^2$$

则有

$$\hat{\sigma}_0^2=\frac{\hat{\boldsymbol{x}}^{(2)\mathrm{T}}\boldsymbol{P}_{\hat{X}^{(1)}\hat{X}^{(1)}}\hat{\boldsymbol{x}}^{(2)}+\boldsymbol{V}_2^{(2)\mathrm{T}}\boldsymbol{P}_2\boldsymbol{V}_2^{(2)}}{n_2} \tag{8.1.14}$$

可见,此时单位权方差的计算不需要知道第一组观测值单独平差的结果。

3)有关向量的权逆矩阵

根据 $\hat{x}^{(2)}=-Q_{\hat{X}^{(1)}\hat{X}^{(1)}}B_2^{T}Q_{l_2^{(1)}l_2^{(1)}}^{-1}l_2^{(1)}$，可得

$$Q_{\hat{x}^{(2)}\hat{x}^{(2)}}=Q_{\hat{X}^{(1)}\hat{X}^{(1)}}B_2^{T}Q_{l_2^{(1)}l_2^{(1)}}^{-1}B_2Q_{\hat{X}^{(1)}\hat{X}^{(1)}} \tag{8.1.15}$$

另外，根据

$$\begin{aligned}\hat{X}=\hat{X}^{(2)}=\hat{X}^{(1)}+\hat{x}^{(2)}&=\hat{X}^{(1)}-Q_{\hat{X}^{(1)}\hat{X}^{(1)}}B_2^{T}Q_{l_2^{(1)}l_2^{(1)}}^{-1}l_2^{(1)}\\&=\hat{X}^{(1)}-Q_{\hat{X}^{(1)}\hat{X}^{(1)}}B_2^{T}Q_{l_2^{(1)}l_2^{(1)}}^{-1}(B_2\hat{X}^{(1)}+d_2-L_2)\\&=(I-Q_{\hat{X}^{(1)}\hat{X}^{(1)}}B_2^{T}Q_{l_2^{(1)}l_2^{(1)}}^{-1}B_2)\hat{X}^{(1)}+Q_{\hat{X}^{(1)}\hat{X}^{(1)}}B_2^{T}Q_{l_2^{(1)}l_2^{(1)}}^{-1}L_2+Q_{\hat{X}^{(1)}\hat{X}^{(1)}}B_2^{T}Q_{l_2^{(1)}l_2^{(1)}}^{-1}d_2\end{aligned}$$

并考虑到 $Q_{l_2^{(1)}l_2^{(1)}}=Q_2+B_2Q_{\hat{X}^{(1)}\hat{X}^{(1)}}B_2^{T}$，可得到

$$\begin{aligned}Q_{\hat{X}\hat{X}}=&(I-Q_{\hat{X}^{(1)}\hat{X}^{(1)}}B_2^{T}Q_{l_2^{(1)}l_2^{(1)}}^{-1}B_2)Q_{\hat{X}^{(1)}\hat{X}^{(1)}}(I-Q_{\hat{X}^{(1)}\hat{X}^{(1)}}B_2^{T}Q_{l_2^{(1)}l_2^{(1)}}^{-1}B_2)^{T}+\\&(Q_{\hat{X}^{(1)}\hat{X}^{(1)}}B_2^{T}Q_{l_2^{(1)}l_2^{(1)}}^{-1})Q_2(Q_{\hat{X}^{(1)}\hat{X}^{(1)}}B_2^{T}Q_{l_2^{(1)}l_2^{(1)}}^{-1})^{T}\\=&Q_{\hat{X}^{(1)}\hat{X}^{(1)}}-2Q_{\hat{X}^{(1)}\hat{X}^{(1)}}B_2^{T}Q_{l_2^{(1)}l_2^{(1)}}^{-1}B_2Q_{\hat{X}^{(1)}\hat{X}^{(1)}}+\\&Q_{\hat{X}^{(1)}\hat{X}^{(1)}}B_2^{T}Q_{l_2^{(1)}l_2^{(1)}}^{-1}B_2Q_{\hat{X}^{(1)}\hat{X}^{(1)}}B_2^{T}Q_{l_2^{(1)}l_2^{(1)}}^{-1}B_2Q_{\hat{X}^{(1)}\hat{X}^{(1)}}+\\&Q_{\hat{X}^{(1)}\hat{X}^{(1)}}B_2^{T}Q_{l_2^{(1)}l_2^{(1)}}^{-1}Q_2Q_{l_2^{(1)}l_2^{(1)}}^{-1}B_2Q_{\hat{X}^{(1)}\hat{X}^{(1)}}\\=&Q_{\hat{X}^{(1)}\hat{X}^{(1)}}-2Q_{\hat{X}^{(1)}\hat{X}^{(1)}}B_2^{T}Q_{l_2^{(1)}l_2^{(1)}}^{-1}B_2Q_{\hat{X}^{(1)}\hat{X}^{(1)}}+\\&Q_{\hat{X}^{(1)}\hat{X}^{(1)}}B_2^{T}Q_{l_2^{(1)}l_2^{(1)}}^{-1}(Q_{l_2^{(1)}l_2^{(1)}}-Q_2)Q_{l_2^{(1)}l_2^{(1)}}^{-1}B_2Q_{\hat{X}^{(1)}\hat{X}^{(1)}}+\\&Q_{\hat{X}^{(1)}\hat{X}^{(1)}}B_2^{T}Q_{l_2^{(1)}l_2^{(1)}}^{-1}Q_2Q_{l_2^{(1)}l_2^{(1)}}^{-1}B_2Q_{\hat{X}^{(1)}\hat{X}^{(1)}}\\=&Q_{\hat{X}^{(1)}\hat{X}^{(1)}}-Q_{\hat{X}^{(1)}\hat{X}^{(1)}}B_2^{T}Q_{l_2^{(1)}l_2^{(1)}}^{-1}B_2Q_{\hat{X}^{(1)}\hat{X}^{(1)}}\\=&Q_{\hat{X}^{(1)}\hat{X}^{(1)}}-Q_{\hat{x}^{(2)}\hat{x}^{(2)}}\end{aligned}$$

也就是

$$Q_{\hat{X}\hat{X}}=Q_{\hat{X}^{(1)}\hat{X}^{(1)}}-Q_{\hat{x}^{(2)}\hat{x}^{(2)}} \tag{8.1.16}$$

下面证明上式得到的 $Q_{\hat{X}\hat{X}}$ 与整体平差的结果 $Q_{\hat{X}\hat{X}}=(B_1^{T}P_1B_1+B_2^{T}P_2B_2)^{-1}$ 是一致的。

证明：

$$\begin{aligned}Q_{\hat{X}\hat{X}}=Q_{\hat{X}^{(1)}\hat{X}^{(1)}}-Q_{\hat{x}^{(2)}\hat{x}^{(2)}}&=Q_{\hat{X}^{(1)}\hat{X}^{(1)}}-Q_{\hat{X}^{(1)}\hat{X}^{(1)}}B_2^{T}Q_{l_2^{(1)}l_2^{(1)}}^{-1}B_2Q_{\hat{X}^{(1)}\hat{X}^{(1)}}\\&=Q_{\hat{X}^{(1)}\hat{X}^{(1)}}-(P_{\hat{X}^{(1)}\hat{X}^{(1)}}+B_2^{T}P_2B_2)^{-1}B_2^{T}P_2B_2Q_{\hat{X}^{(1)}\hat{X}^{(1)}}\\&=(P_{\hat{X}^{(1)}\hat{X}^{(1)}}+B_2^{T}P_2B_2)^{-1}[(P_{\hat{X}^{(1)}\hat{X}^{(1)}}+B_2^{T}P_2B_2)Q_{\hat{X}^{(1)}\hat{X}^{(1)}}-B_2^{T}P_2B_2Q_{\hat{X}^{(1)}\hat{X}^{(1)}}]\\&=(P_{\hat{X}^{(1)}\hat{X}^{(1)}}+B_2^{T}P_2B_2)^{-1}\end{aligned}$$

证毕。

因此，参数平差后的权逆矩阵也可写为

$$Q_{\hat{X}\hat{X}}=(P_{\hat{X}^{(1)}\hat{X}^{(1)}}+B_2^{T}P_2B_2)^{-1} \tag{8.1.17}$$

至此，全部参数加权分组平差介绍完毕。

8.1.3 逐次分组加权平差的扩展

上述公式为两组逐次平差时的估值公式。当再有新的观测值时，可将前两次平差结果作

为第一组，依新观测值再次进行平差。在有 m 组观测值进行逐次平差时，上述参数解向量及精度估计公式可扩展为

$$\left.\begin{aligned}&\hat{\boldsymbol{x}}^{(m)}=-(\boldsymbol{P}_{\hat{X}\hat{X}}^{(m-1)}+\boldsymbol{B}_m^{\mathrm{T}}\boldsymbol{P}_m\boldsymbol{B}_m)^{-1}\boldsymbol{B}_m^{\mathrm{T}}\boldsymbol{P}_m\boldsymbol{l}^{(m)}\\&\hat{\boldsymbol{X}}=\hat{\boldsymbol{X}}^{(m-1)}+\hat{\boldsymbol{x}}^{(m)}\\&\boldsymbol{P}_{\hat{X}\hat{X}}^{(m-1)}=\boldsymbol{B}_1^{\mathrm{T}}\boldsymbol{P}_1\boldsymbol{B}_1+\boldsymbol{B}_2^{\mathrm{T}}\boldsymbol{P}_2\boldsymbol{B}_2+\cdots+\boldsymbol{B}_{m-1}^{\mathrm{T}}\boldsymbol{P}_{m-1}\boldsymbol{B}_{m-1}\\&\hat{\sigma}_0^2=\frac{\hat{\boldsymbol{x}}^{(m)\mathrm{T}}\boldsymbol{P}_{\hat{X}\hat{X}}^{(m-1)}\hat{\boldsymbol{x}}^{(m)}+\boldsymbol{V}_m^{\mathrm{T}}\boldsymbol{P}_m\boldsymbol{V}_m}{n_m}\\&\boldsymbol{Q}_{\hat{X}\hat{X}}=(\boldsymbol{P}_{\hat{X}\hat{X}}^{(m-1)}+\boldsymbol{B}_m^{\mathrm{T}}\boldsymbol{P}_m\boldsymbol{B}_m)^{-1}\end{aligned}\right\}\tag{8.1.18}$$

可见这是一组规律性很强的公式。

例 8.1.1 按逐次分组平差求解例 4.3.2。

解：设$\angle A=\hat{X}_1$，$\angle B=\hat{X}_2$，并取 $X_1^0=L_1$，$X_2^0=L_2$。

第一组单独平差，误差方程为

$$\boldsymbol{V}_1^{(1)}=\boldsymbol{B}_1\hat{\boldsymbol{x}}^{(1)}+\boldsymbol{l}_1,\ \boldsymbol{B}_1=\begin{pmatrix}1&0\\0&1\\-1&-1\end{pmatrix},\ \boldsymbol{l}_1=\begin{pmatrix}0''\\0''\\9''\end{pmatrix}$$

法方程及其解为

$$\boldsymbol{B}_1^{\mathrm{T}}\boldsymbol{P}_1\boldsymbol{B}_1\hat{\boldsymbol{x}}^{(1)}+\boldsymbol{B}_1^{\mathrm{T}}\boldsymbol{P}_1\boldsymbol{l}_1=\boldsymbol{0}$$

$$\boldsymbol{B}_1^{\mathrm{T}}\boldsymbol{P}_1\boldsymbol{B}_1=\begin{pmatrix}4&2\\2&4\end{pmatrix},\ \boldsymbol{B}_1^{\mathrm{T}}\boldsymbol{P}_1\boldsymbol{l}_1=\begin{pmatrix}-18''\\-18''\end{pmatrix},\ (\boldsymbol{B}_1^{\mathrm{T}}\boldsymbol{P}_1\boldsymbol{B}_1)^{-1}=\frac{1}{6}\begin{pmatrix}2&-1\\-1&2\end{pmatrix}$$

$$\hat{\boldsymbol{x}}^{(1)}=-(\boldsymbol{B}_1^{\mathrm{T}}\boldsymbol{P}_1\boldsymbol{B}_1)^{-1}\boldsymbol{B}_1^{\mathrm{T}}\boldsymbol{P}_1\boldsymbol{l}_1=\begin{pmatrix}3''\\3''\end{pmatrix},\ \hat{\boldsymbol{X}}^{(1)}=\boldsymbol{X}^0+\hat{\boldsymbol{x}}^{(1)}=\begin{pmatrix}40°20'00''\\70°40'03''\end{pmatrix}$$

$$\boldsymbol{Q}_{\hat{X}^{(1)}\hat{X}^{(1)}}=(\boldsymbol{B}_1^{\mathrm{T}}\boldsymbol{P}_1\boldsymbol{B}_1)^{-1}=\frac{1}{6}\begin{pmatrix}2&-1\\-1&2\end{pmatrix},\ \boldsymbol{V}_1^{(1)}=\boldsymbol{B}_1\hat{\boldsymbol{x}}^{(1)}+\boldsymbol{l}_1=\begin{pmatrix}3''\\3''\\3''\end{pmatrix}$$

以第一组平差值作参数近似值，进行第二组观测值的单独平差，由于

$$\boldsymbol{B}_2=\boldsymbol{B}_1,\ \boldsymbol{B}_2^{\mathrm{T}}\boldsymbol{P}_2\boldsymbol{B}_2=\begin{pmatrix}2&1\\1&2\end{pmatrix}$$

$$\boldsymbol{l}_2^{(1)}=\boldsymbol{B}_2\boldsymbol{X}_2^{(1)}+\boldsymbol{d}_2-\boldsymbol{L}_2=\begin{pmatrix}17''\\8''\\-1''\end{pmatrix},\ \boldsymbol{B}_2^{\mathrm{T}}\boldsymbol{P}_2\boldsymbol{l}_2^{(1)}=\begin{pmatrix}18''\\9''\end{pmatrix}$$

因此

$$\hat{\boldsymbol{x}}^{(2)}=-(\boldsymbol{B}_2^{\mathrm{T}}\boldsymbol{P}_2\boldsymbol{B}_2+\boldsymbol{P}_{\hat{X}^{(1)}\hat{X}^{(1)}})^{-1}\boldsymbol{B}_2^{\mathrm{T}}\boldsymbol{P}_2\boldsymbol{l}_2^{(1)}=\begin{pmatrix}-3''\\0''\end{pmatrix}$$

$$\hat{\boldsymbol{X}}=\hat{\boldsymbol{X}}^{(1)}+\hat{\boldsymbol{x}}^{(2)}=\begin{pmatrix}40°19'57''\\70°40'03''\end{pmatrix}$$

$$\boldsymbol{V}_2=\boldsymbol{B}_2\hat{\boldsymbol{x}}^{(2)}+\boldsymbol{l}_2^{(1)}=\begin{pmatrix}1&0\\0&1\\-1&-1\end{pmatrix}\begin{pmatrix}-3\\0\end{pmatrix}+\begin{pmatrix}17\\8\\-1\end{pmatrix}=\begin{pmatrix}14\\8\\2\end{pmatrix}$$

参数平差值的权矩阵是

$$P_{\hat{X}\hat{X}} = (P_{\hat{X}^{(1)}\hat{X}^{(1)}} + B_2^{\mathrm{T}} P_2 B_2) = \begin{pmatrix} 6 & 3 \\ 3 & 6 \end{pmatrix}$$

单位权中误差：如果根据式(8.1.13)计算，则有

$$\hat{\sigma}_0^2 = \frac{V_1^{(1)\mathrm{T}} P_1 V_1^{(1)} + \hat{x}^{(2)\mathrm{T}} P_{\hat{X}^{(1)}\hat{X}^{(1)}} \hat{x}^{(2)} + V_2^{(2)\mathrm{T}} P_2 V_2^{(2)}}{n_1 + n_2 - t} = \frac{54 + 36 + 264}{4},\ \hat{\sigma}_0 = 9.04''$$

因此逐次分组加权平差的结果与整体平差结果是完全一致的。如果根据式(8.1.14)计算，则有

$$\hat{\sigma}_0^2 = \frac{\hat{x}^{(2)\mathrm{T}} P_{\hat{X}^{(1)}\hat{X}^{(1)}} \hat{x}^{(2)} + V_2^{(2)\mathrm{T}} P_2 V_2^{(2)}}{n_2} = \frac{36 + 264}{3},\ \hat{\sigma}_0 = 10.00''$$

此时的单位权方差估值与整体平差结果是不一致的，说明在令 $V_1^{(1)\mathrm{T}} P_1 V_1^{(1)} = (n_1 - t)\hat{\sigma}_0^2$ 的时候是有一定问题的。但是假设上式成立，会建立一套规律性很强的式(8.1.18)，而且对单位权中误差的计算不会带来太大的偏差。

解答完毕。

§8.2　部分参数加权分组平差

在测量实际中可能会有这种情况，在全部未知参数中，有一部分参数具有先验统计特性，而另一部分参数没有先验统计特性。对于这种情况，应该按部分参数加权平差进行平差。同时也可导出分组平差的估值公式。

8.2.1　观测值分组后整体平差

设有一组观测值 L，在选定 $t = t_1 + t_2$ 个独立参数的情况下，误差方程为

$$\left.\begin{aligned} \underset{n_1\times 1}{V_1} &= \underset{n_1\times t_1}{A}\,\underset{t_1\times 1}{\hat{x}_1} + \underset{n_1\times 1}{l_1} \\ \underset{n_2\times 1}{V_2} &= \underset{n_2\times t_1}{B}\,\underset{t_1\times 1}{\hat{x}_1} + \underset{n_2\times t_2}{C}\,\underset{t_2\times 1}{\hat{x}_2} + \underset{n_2\times 1}{l_2} \\ \underset{n_1\times 1}{l_1} &= \underset{n_1\times t_1}{A}\,\underset{t_1\times 1}{X_1^0} + \underset{n_1\times 1}{d_1} - \underset{n_1\times 1}{L_1} \\ \underset{n_2\times 1}{l_2} &= \underset{n_2\times t_1}{B}\,\underset{t_1\times 1}{X_1^0} + \underset{n_2\times t_2}{C}\,\underset{t_2\times 1}{X_2^0} + \underset{n_2\times 1}{d_2} - \underset{n_2\times 1}{L_2} \end{aligned}\right\} \tag{8.2.1}$$

式中，$\mathrm{R}(A) = t_1$，$\mathrm{R}(B) = t_1$，$\mathrm{R}(C) = t_2$；观测值向量 L 分为两组 L_1、L_2，且不相关，其权矩阵分别为 $P_1 = Q_1^{-1}$，$P_2 = Q_2^{-1}$，$Q_{12} = 0$。显然，上式误差方程的观测次数为 $n = n_1 + n_2$，必要观测数为 $t = t_1 + t_2$。上式也可写为

$$\begin{pmatrix} V_1 \\ V_2 \end{pmatrix} = \begin{pmatrix} A & 0 \\ B & C \end{pmatrix} \begin{pmatrix} \hat{x}_1 \\ \hat{x}_2 \end{pmatrix} + \begin{pmatrix} l_1 \\ l_2 \end{pmatrix}$$

组成法方程为

$$\begin{pmatrix} A^{\mathrm{T}} & B^{\mathrm{T}} \\ 0 & C^{\mathrm{T}} \end{pmatrix} \begin{pmatrix} P_1 & 0 \\ 0 & P_2 \end{pmatrix} \begin{pmatrix} A & 0 \\ B & C \end{pmatrix} \begin{pmatrix} \hat{x}_1 \\ \hat{x}_2 \end{pmatrix} + \begin{pmatrix} A^{\mathrm{T}} & B^{\mathrm{T}} \\ 0 & C^{\mathrm{T}} \end{pmatrix} \begin{pmatrix} P_1 & 0 \\ 0 & P_2 \end{pmatrix} \begin{pmatrix} l_1 \\ l_2 \end{pmatrix} = 0$$

或

$$\begin{pmatrix} A^{T}P_1A+B^{T}P_2B & B^{T}P_2C \\ C^{T}P_2B & C^{T}P_2C \end{pmatrix}\begin{pmatrix} \hat{x}_1 \\ \hat{x}_2 \end{pmatrix}+\begin{pmatrix} A^{T}P_1l_1+B^{T}P_2l_2 \\ C^{T}P_2l_2 \end{pmatrix}=0 \tag{8.2.2}$$

令

$$\underset{t\times t}{\Phi}=\begin{pmatrix} A^{T}P_1A+B^{T}P_2B & B^{T}P_2C \\ C^{T}P_2B & C^{T}P_2C \end{pmatrix}$$

那么法方程的解为

$$\left.\begin{aligned} \begin{pmatrix} \hat{x}_1 \\ \hat{x}_2 \end{pmatrix} &= -\Phi^{-1}\begin{pmatrix} A^{T}P_1l_1+B^{T}P_2l_2 \\ C^{T}P_2l_2 \end{pmatrix} \\ \begin{pmatrix} \hat{X}_1 \\ \hat{X}_2 \end{pmatrix} &= \begin{pmatrix} X_1^0 \\ X_2^0 \end{pmatrix}+\begin{pmatrix} \hat{x}_1 \\ \hat{x}_2 \end{pmatrix} \end{aligned}\right\} \tag{8.2.3}$$

由于 X_1^0、X_2^0 没有先验统计性质,因此有

$$Q_{\begin{pmatrix}\hat{x}_1\\ \hat{x}_2\end{pmatrix}}=Q_{\begin{pmatrix}\hat{x}_1\\ \hat{x}_2\end{pmatrix}}=\Phi^{-1} \tag{8.2.4}$$

单位权方差估值公式为

$$\hat{\sigma}_0^2=\frac{V_1^{T}P_1V_1+V_2^{T}P_2V_2}{n_1+n_2-t_1-t_2} \tag{8.2.5}$$

以上就是整体平差过程。

8.2.2 逐次分组加权平差

1. 第一组单独平差

先对第一组观测值单独平差,其误差方程是

$$V_1^{(1)}=A\hat{x}_1^{(1)}+l_1,\ l_1=AX_1^0+d_1-L_1$$

其解为

$$\left.\begin{aligned} \hat{x}_1^{(1)} &= -(A^{T}P_1A)^{-1}A^{T}P_1l_1 \\ \hat{X}_1^{(1)} &= X_1^0+\hat{x}_1^{(1)} \end{aligned}\right\} \tag{8.2.6}$$

这里 X_1^0 没有先验统计性质,因此

$$\left.\begin{aligned} Q_{\hat{X}_1^{(1)}\hat{X}_1^{(1)}} &= Q_{\hat{x}_1^{(1)}\hat{x}_1^{(1)}}=(A^{T}P_1A)^{-1} \\ E(V_1^{(1)T}P_1V_1^{(1)}) &\approx \sigma_0^2(n_1-t_1) \end{aligned}\right\} \tag{8.2.7}$$

以上是第一组观测值单独平差的结果。

2. 第二组单独平差

1)误差方程及其解算

误差方程是

$$V_2^{(2)}=B\hat{x}_1^{(2)}+C\hat{x}_2+l_2^{(1)},\ l_2^{(1)}=B\hat{X}_1^{(1)}+CX_2^0+d_2-L_2$$

$$\hat{X}_1^{(2)}=\hat{X}_1^{(1)}+\hat{x}_1^{(2)},\ \hat{X}_2=X_2^0+\hat{x}_2$$

随机模型为

$$E(\hat{x}_1^{(2)})=0,\ E(\hat{X}_1^{(1)})=E(\hat{X}_1^{(2)})=\tilde{X}_1$$

$$\tilde{L}_2=L_2+\Delta_2,\ Q_2=P_2^{-1}>0,\ D_{\hat{x}_1^{(2)}\Delta_2}=0$$

$$Q_{l_2^{(1)}l_2^{(1)}}=Q_2+BQ_{\hat{X}_1^{(1)}\hat{X}_1^{(1)}}B^{\mathrm{T}} \tag{8.2.8}$$

不难看出，$\boldsymbol{\Delta}_2$ 是观测值的真误差向量，该式的含义是观测值 $\boldsymbol{L}_2$ 为其真值 $\widetilde{\boldsymbol{L}}_2$ 的无偏观测值；$\hat{\boldsymbol{x}}^{(2)}$ 表示的是参数误差向量，含义是 $\hat{\boldsymbol{X}}_1^{(1)}$、$\hat{\boldsymbol{X}}_1^{(2)}$ 为参数 $\boldsymbol{X}_1$ 的无偏估值。$\boldsymbol{L}_2$ 与 $\hat{\boldsymbol{X}}_1^{(1)}$ 不相关。

参数加权平差准则为

$$\Phi=V_2^{(2)\mathrm{T}}P_2V_2^{(2)}+\hat{x}_1^{(2)\mathrm{T}}P_{\hat{X}^{(1)}\hat{X}^{(1)}}\hat{x}_1^{(2)}=\min \tag{8.2.9}$$

考虑到函数模型后，将 Φ 对 $\hat{x}_1^{(2)}$、$\hat{x}_2$ 求偏导数，令其为零矩阵，得

$$\frac{\partial\Phi}{\partial\hat{x}_1^{(2)}}=2V_2^{(2)\mathrm{T}}P_2B+2\hat{x}_1^{(2)\mathrm{T}}P_{\hat{X}_1^{(1)}\hat{X}_1^{(1)}}=\mathbf{0},\ \frac{\partial\Phi}{\partial\hat{x}_2}=2V_2^{(2)\mathrm{T}}P_2C=\mathbf{0}$$

或者

$$B^{\mathrm{T}}P_2V_2^{(2)}+P_{\hat{X}_1^{(1)}\hat{X}_1^{(1)}}\hat{x}_1^{(2)}=\mathbf{0},\ C^{\mathrm{T}}P_2V_2^{(2)}=\mathbf{0}$$

把 $V_2^{(2)}=B\hat{x}_1^{(2)}+C\hat{x}_2+l_2^{(1)}$ 代入上两式得法方程组

$$\left.\begin{aligned}(B^{\mathrm{T}}P_2B+P_{\hat{X}_1^{(1)}\hat{X}_1^{(1)}})\hat{x}_1^{(2)}+B^{\mathrm{T}}P_2C\hat{x}_2+B^{\mathrm{T}}P_2l_2^{(1)}=\mathbf{0}\\ C^{\mathrm{T}}P_2B\hat{x}_1^{(2)}+C^{\mathrm{T}}P_2C\hat{x}_2+C^{\mathrm{T}}P_2l_2^{(1)}=\mathbf{0}\end{aligned}\right\}$$

其解为

$$\begin{pmatrix}\hat{x}_1^{(2)}\\ \hat{x}_2\end{pmatrix}=-\begin{pmatrix}A^{\mathrm{T}}P_1A+B^{\mathrm{T}}P_2B & B^{\mathrm{T}}P_2C\\ C^{\mathrm{T}}P_2B & C^{\mathrm{T}}P_2C\end{pmatrix}^{-1}\begin{pmatrix}B^{\mathrm{T}}P_2l_2^{(1)}\\ C^{\mathrm{T}}P_2l_2^{(1)}\end{pmatrix}=-\boldsymbol{\Phi}^{-1}\begin{pmatrix}B^{\mathrm{T}}P_2l_2^{(1)}\\ C^{\mathrm{T}}P_2l_2^{(1)}\end{pmatrix}$$

那么

$$\left.\begin{aligned}\hat{X}_1^{(2)}&=\hat{X}_1^{(1)}+\hat{x}_1^{(2)}=X_1^0+\hat{x}_1^{(1)}+\hat{x}_1^{(2)}\\ \hat{X}_2&=X_2^0+\hat{x}_2\end{aligned}\right\} \tag{8.2.10}$$

下面证明

$$\begin{pmatrix}\hat{x}_1\\ \hat{x}_2\end{pmatrix}=\begin{pmatrix}\hat{x}_1^{(1)}+\hat{x}_1^{(2)}\\ \hat{x}_2\end{pmatrix}=\begin{pmatrix}\hat{x}_1^{(1)}\\ \mathbf{0}\end{pmatrix}+\begin{pmatrix}\hat{x}_1^{(2)}\\ \hat{x}_2\end{pmatrix} \tag{8.2.11}$$

也就是有 $\hat{X}_1=\hat{X}_1^{(2)}$ 或 $\hat{x}_1=\hat{x}_1^{(1)}+\hat{x}_1^{(2)}$。

证明：由于

$$l_2^{(1)}=B\hat{X}_1^{(1)}+CX_2^0+d_2-L_2=BX_1^0+CX_2^0+d_2-L_2+B\hat{x}_1^{(1)}=l_2+B\hat{x}_1^{(1)}$$

那么

$$\begin{aligned}\begin{pmatrix}\hat{x}_1^{(1)}\\ \mathbf{0}\end{pmatrix}+\begin{pmatrix}\hat{x}_1^{(2)}\\ \hat{x}_2\end{pmatrix}&=-\begin{pmatrix}(A^{\mathrm{T}}P_1A)^{-1}A^{\mathrm{T}}P_1l_1\\ \mathbf{0}\end{pmatrix}-\boldsymbol{\Phi}^{-1}\begin{pmatrix}B^{\mathrm{T}}P_2l_2^{(1)}\\ C^{\mathrm{T}}P_2l_2^{(1)}\end{pmatrix}\\
&=-\begin{pmatrix}(A^{\mathrm{T}}P_1A)^{-1}A^{\mathrm{T}}P_1l_1\\ \mathbf{0}\end{pmatrix}-\boldsymbol{\Phi}^{-1}\begin{pmatrix}B^{\mathrm{T}}P_2l_2+B^{\mathrm{T}}P_2B\hat{x}_1^{(1)}\\ C^{\mathrm{T}}P_2l_2+C^{\mathrm{T}}P_2B\hat{x}_1^{(1)}\end{pmatrix}\\
&=-\boldsymbol{\Phi}^{-1}\left[\boldsymbol{\Phi}\begin{pmatrix}(A^{\mathrm{T}}P_1A)^{-1}A^{\mathrm{T}}P_1l_1\\ \mathbf{0}\end{pmatrix}+\begin{pmatrix}B^{\mathrm{T}}P_2l_2+B^{\mathrm{T}}P_2B\hat{x}_1^{(1)}\\ C^{\mathrm{T}}P_2l_2+C^{\mathrm{T}}P_2B\hat{x}_1^{(1)}\end{pmatrix}\right]\\
&=-\boldsymbol{\Phi}^{-1}\left[\begin{pmatrix}(A^{\mathrm{T}}P_1A+B^{\mathrm{T}}P_2B)(A^{\mathrm{T}}P_1A)^{-1}A^{\mathrm{T}}P_1l_1\\ C^{\mathrm{T}}P_2B(A^{\mathrm{T}}P_1A)^{-1}A^{\mathrm{T}}P_1l_1\end{pmatrix}\right.\\
&\qquad\left.+\begin{pmatrix}B^{\mathrm{T}}P_2l_2-B^{\mathrm{T}}P_2B(A^{\mathrm{T}}P_1A)^{-1}A^{\mathrm{T}}P_1l_1\\ C^{\mathrm{T}}P_2l_2-C^{\mathrm{T}}P_2B(A^{\mathrm{T}}P_1A)^{-1}A^{\mathrm{T}}P_1l_1\end{pmatrix}\right]\\
&=-\begin{pmatrix}A^{\mathrm{T}}P_1A+B^{\mathrm{T}}P_2B & B^{\mathrm{T}}P_2C\\ C^{\mathrm{T}}P_2B & C^{\mathrm{T}}P_2C\end{pmatrix}^{-1}\begin{pmatrix}A^{\mathrm{T}}P_1l_1+B^{\mathrm{T}}P_2l_2\\ C^{\mathrm{T}}P_2l_2\end{pmatrix}=\begin{pmatrix}\hat{x}_1\\ \hat{x}_2\end{pmatrix}\end{aligned}$$

证毕。

这说明，虽然在第二组单独平差时，没有采用第一组观测值，但参数近似值使用了第一组平差后的参数值，并顾及其先验统计性质，则第二组单独平差结果与整体平差结果是一致的。

2)单位权方差估值公式

由于 $\hat{\boldsymbol{x}}_1=\hat{\boldsymbol{x}}_1^{(1)}+\hat{\boldsymbol{x}}_1^{(2)}$，$\boldsymbol{l}_2^{(1)}=\boldsymbol{l}_2+\boldsymbol{B}\hat{\boldsymbol{x}}_1^{(1)}$。那么有

$$\begin{aligned}\boldsymbol{V}_2^{(2)}&=\boldsymbol{B}\hat{\boldsymbol{x}}_1^{(2)}+\boldsymbol{C}\hat{\boldsymbol{x}}_2+\boldsymbol{l}_2^{(1)}=\boldsymbol{B}\hat{\boldsymbol{x}}_1^{(2)}+\boldsymbol{C}\hat{\boldsymbol{x}}_2+\boldsymbol{l}_2+\boldsymbol{B}\hat{\boldsymbol{x}}_1^{(1)}\\&=\boldsymbol{B}(\hat{\boldsymbol{x}}_1^{(1)}+\hat{\boldsymbol{x}}_1^{(2)})+\boldsymbol{C}\hat{\boldsymbol{x}}_2+\boldsymbol{l}_2=\boldsymbol{B}\hat{\boldsymbol{x}}_1+\boldsymbol{C}\hat{\boldsymbol{x}}_2+\boldsymbol{l}_2=\boldsymbol{V}_2\end{aligned}$$

以及

$$\boldsymbol{V}_1=\boldsymbol{B}_1\hat{\boldsymbol{x}}_1+\boldsymbol{l}_1=\boldsymbol{B}_1(\hat{\boldsymbol{x}}_1^{(1)}+\hat{\boldsymbol{x}}_1^{(2)})+\boldsymbol{l}_1=\boldsymbol{B}_1\hat{\boldsymbol{x}}_1^{(1)}+\boldsymbol{l}_1+\boldsymbol{B}_1\hat{\boldsymbol{x}}_1^{(2)}=\boldsymbol{V}_1^{(1)}+\boldsymbol{B}_1\hat{\boldsymbol{x}}_1^{(2)}$$

那么

$$\boldsymbol{V}_1^{\mathrm{T}}\boldsymbol{P}_1\boldsymbol{V}_1=\boldsymbol{V}_1^{(1)\mathrm{T}}\boldsymbol{P}_1\boldsymbol{V}_1^{(1)}+\hat{\boldsymbol{x}}_1^{(2)\mathrm{T}}\boldsymbol{B}_1^{\mathrm{T}}\boldsymbol{P}_1\boldsymbol{B}_1\hat{\boldsymbol{x}}_1^{(2)}$$

这样根据

$$E(\boldsymbol{V}_1^{\mathrm{T}}\boldsymbol{P}_1\boldsymbol{V}_1+\boldsymbol{V}_2^{\mathrm{T}}\boldsymbol{P}_2\boldsymbol{V})_2=\sigma_0^2(n_1+n_2-t_1-t_2)$$

以及以上公式可得

$$\sigma_0^2=E\left(\frac{\boldsymbol{V}_1^{(1)\mathrm{T}}\boldsymbol{P}_1\boldsymbol{V}_1^{(1)}+\hat{\boldsymbol{x}}_1^{(2)\mathrm{T}}\boldsymbol{B}_1^{\mathrm{T}}\boldsymbol{P}_1\boldsymbol{B}_1\hat{\boldsymbol{x}}_1^{(2)}+\boldsymbol{V}_2^{(2)\mathrm{T}}\boldsymbol{P}_2\boldsymbol{V}_2^{(2)}}{n_1+n_2-t_1-t_2}\right)\tag{8.2.12}$$

如果认为

$$E(\boldsymbol{V}_1^{(1)\mathrm{T}}\boldsymbol{P}_1\boldsymbol{V}_1^{(1)})\approx\sigma_0^2(n_1-t_1)$$

则有

$$\hat{\sigma}_0^2=\frac{\hat{\boldsymbol{x}}_1^{(2)\mathrm{T}}\boldsymbol{B}_1^{\mathrm{T}}\boldsymbol{P}_1\boldsymbol{B}_1\hat{\boldsymbol{x}}_1^{(2)}+\boldsymbol{V}_2^{(2)\mathrm{T}}\boldsymbol{P}_2\boldsymbol{V}_2^{(2)}}{n_2-t_2}\tag{8.2.13}$$

可见此时单位权方差的计算不需要知道第一组观测值单独平差的结果。

3)参数平差值的权逆矩阵

如令

$$\hat{\boldsymbol{X}}=\begin{pmatrix}\hat{\boldsymbol{X}}_1^{(1)}\\\hat{\boldsymbol{X}}_2^0\end{pmatrix}+\begin{pmatrix}\hat{\boldsymbol{x}}_1^{(2)}\\\hat{\boldsymbol{x}}_2\end{pmatrix}$$

可证明下式成立，即

$$\boldsymbol{Q}_{\hat{X}\hat{X}}=\begin{pmatrix}\boldsymbol{P}_{\boldsymbol{X}_1^{(1)}\boldsymbol{X}_1^{(1)}}+\boldsymbol{B}^{\mathrm{T}}\boldsymbol{P}_2\boldsymbol{B}&\boldsymbol{B}^{\mathrm{T}}\boldsymbol{P}_2\boldsymbol{C}\\\boldsymbol{C}^{\mathrm{T}}\boldsymbol{P}_2\boldsymbol{B}&\boldsymbol{C}^{\mathrm{T}}\boldsymbol{P}_2\boldsymbol{C}\end{pmatrix}^{-1}=\boldsymbol{\Phi}^{-1}\tag{8.2.14}$$

证明：

由于

$$\hat{\boldsymbol{X}}=\begin{pmatrix}\hat{\boldsymbol{X}}_1^{(1)}\\\hat{\boldsymbol{X}}_2^0\end{pmatrix}+\begin{pmatrix}\hat{\boldsymbol{x}}_1^{(2)}\\\hat{\boldsymbol{x}}_2\end{pmatrix}=\begin{pmatrix}\hat{\boldsymbol{X}}_1^0\\\hat{\boldsymbol{X}}_2^0\end{pmatrix}+\begin{pmatrix}\hat{\boldsymbol{x}}_1^{(1)}\\\boldsymbol{0}\end{pmatrix}+\begin{pmatrix}\hat{\boldsymbol{x}}_1^{(2)}\\\hat{\boldsymbol{x}}_2\end{pmatrix}=\begin{pmatrix}\hat{\boldsymbol{X}}_1\\\hat{\boldsymbol{X}}_2\end{pmatrix}$$

而上式等号最右端是整体平差的结果，其权逆矩阵为 $\boldsymbol{\Phi}^{-1}$，因此 $\hat{\boldsymbol{X}}$ 的权逆矩阵也为 $\boldsymbol{\Phi}^{-1}$。证毕。

§8.3 纯粹分组平差

在以上两节中，介绍了观测值分组后两组观测值单独平差的计算过程，但是在第二组观测

值单独平差时采用了第一组参数平差值作为近似值，并考虑到参数近似值的先验统计性质。以上的分组单独平差与整体平差计算的结果完全一致，所不同的是单位权方差有所不同，我们已通过例题加以了说明。实际上观测值分组后，第二组进行参数加权平差得到的结果与下述方法等价，即首先进行第一组单独平差，然后利用第一组单独平差得到的参数值作为近似值再进行整体平差。下面介绍把观测值分组后，进行纯粹的分组平差（也就是不采用参数加权）。

8.3.1　具有不同参数的观测值分组平差

设有两组相互独立的观测值向量组成的误差方程为

$$\left.\begin{aligned}\underset{n_1\times 1}{\boldsymbol{V}_1} &= \underset{n_1\times t_1}{\boldsymbol{B}_{11}}\underset{t_1\times 1}{\hat{\boldsymbol{x}}_1} + \underset{n_1\times t_2}{\boldsymbol{B}_{12}}\underset{t_2\times 1}{\hat{\boldsymbol{x}}_2} + \underset{n_1\times 1}{\boldsymbol{l}_1}\\ \underset{n_2\times 1}{\boldsymbol{V}_2} &= \underset{n_2\times t_2}{\boldsymbol{B}_{22}}\underset{t_2\times 1}{\hat{\boldsymbol{x}}_2} + \underset{n_2\times t_3}{\boldsymbol{B}_{23}}\underset{t_3\times 1}{\hat{\boldsymbol{x}}_3} + \underset{n_2\times 1}{\boldsymbol{l}_2}\end{aligned}\right\}\tag{8.3.1}$$

式中

$$\boldsymbol{l}_1 = \boldsymbol{B}_{11}\boldsymbol{X}_1^0 + \boldsymbol{B}_{12}\boldsymbol{X}_2^0 + \boldsymbol{d}_1 - \boldsymbol{L}_1,\ \boldsymbol{l}_2 = \boldsymbol{B}_{22}\boldsymbol{X}_2^0 + \boldsymbol{B}_{23}\boldsymbol{X}_3^0 + \boldsymbol{d}_2 - \boldsymbol{L}_2$$

式中 $\hat{\boldsymbol{x}}_1$、$\hat{\boldsymbol{x}}_3$ 分别为一、二两组观测值的参数向量；$\hat{\boldsymbol{x}}_2$ 为两组的共同参数向量。令

$$\hat{\boldsymbol{X}}_I = \begin{bmatrix}\hat{\boldsymbol{X}}_1\\ \hat{\boldsymbol{X}}_2\end{bmatrix},\ \boldsymbol{X}_I^0 = \begin{bmatrix}\boldsymbol{X}_1^0\\ \boldsymbol{X}_2^0\end{bmatrix},\ \hat{\boldsymbol{x}}_I = \begin{bmatrix}\hat{\boldsymbol{x}}_1\\ \hat{\boldsymbol{x}}_2\end{bmatrix}$$

即 $\hat{\boldsymbol{X}}_I = \boldsymbol{X}_I^0 + \hat{\boldsymbol{x}}_I$。则误差方程的第一式可写为

$$\boldsymbol{V}_1 = (\boldsymbol{B}_{11}\quad \boldsymbol{B}_{12})\begin{bmatrix}\hat{\boldsymbol{x}}_1\\ \hat{\boldsymbol{x}}_2\end{bmatrix} + \boldsymbol{l}_1$$

第一组单独平差，设观测值改正数为 $\boldsymbol{V}_1^{(1)}$，参数改正数为

$$\hat{\boldsymbol{x}}_I^{(1)} = \begin{bmatrix}\hat{\boldsymbol{x}}_1^{(1)}\\ \boldsymbol{x}_2^{(1)}\end{bmatrix}$$

则有

$$\hat{\boldsymbol{x}}_I^{(1)} = \begin{bmatrix}\hat{\boldsymbol{x}}_1^{(1)}\\ \boldsymbol{x}_2^{(1)}\end{bmatrix} = -\begin{bmatrix}\boldsymbol{B}_{11}^{\mathrm{T}}\boldsymbol{P}_1\boldsymbol{B}_{11} & \boldsymbol{B}_{11}^{\mathrm{T}}\boldsymbol{P}_1\boldsymbol{B}_{12}\\ \boldsymbol{B}_{12}^{\mathrm{T}}\boldsymbol{P}_1\boldsymbol{B}_{11} & \boldsymbol{B}_{12}^{\mathrm{T}}\boldsymbol{P}_1\boldsymbol{B}_{12}\end{bmatrix}^{-1}\begin{bmatrix}\boldsymbol{B}_{11}^{\mathrm{T}}\boldsymbol{P}_1\boldsymbol{l}_1\\ \boldsymbol{B}_{12}^{\mathrm{T}}\boldsymbol{P}_1\boldsymbol{l}_1\end{bmatrix}\tag{8.3.2}$$

由此求得第一次平差的观测值改正数

$$\boldsymbol{V}_1^{(1)} = \boldsymbol{B}_{11}\hat{\boldsymbol{x}}_1^{(1)} + \boldsymbol{B}_{12}\hat{\boldsymbol{x}}_2^{(1)} + \boldsymbol{l}_1$$

以及

$$\hat{\boldsymbol{X}}_I^{(1)} = \boldsymbol{X}_I^0 + \hat{\boldsymbol{x}}_I^{(1)}$$

$$\boldsymbol{P}_{\boldsymbol{X}_1^{(1)}\boldsymbol{X}_1^{(1)}} = \begin{bmatrix}\boldsymbol{B}_{11}^{\mathrm{T}}\boldsymbol{P}_1\boldsymbol{B}_{11} & \boldsymbol{B}_{11}^{\mathrm{T}}\boldsymbol{P}_1\boldsymbol{B}_{12}\\ \boldsymbol{B}_{12}^{\mathrm{T}}\boldsymbol{P}_1\boldsymbol{B}_{11} & \boldsymbol{B}_{12}^{\mathrm{T}}\boldsymbol{P}_1\boldsymbol{B}_{12}\end{bmatrix},\ \sigma_0^2 = E\left(\frac{\boldsymbol{V}_1^{(1)\mathrm{T}}\boldsymbol{P}_1\boldsymbol{V}_1^{(1)}}{n_1 - t_1 - t_2}\right)$$

现取第一组平差后的参数值为近似值，即

$$\hat{\boldsymbol{X}}_I = \hat{\boldsymbol{X}}_I^{(1)} + \hat{\boldsymbol{x}}_I^{(2)},\ \hat{\boldsymbol{X}}_3 = \boldsymbol{X}_3^0 + \hat{\boldsymbol{x}}_3$$

代入式(8.3.1)，得整体平差误差方程

$$\left.\begin{aligned}\boldsymbol{V}_1 &= \boldsymbol{B}_{11}\hat{\boldsymbol{x}}_1^{(2)} + \boldsymbol{B}_{12}\hat{\boldsymbol{x}}_2^{(2)} + \boldsymbol{l}_1^{(1)}\\ \boldsymbol{V}_2 &= \boldsymbol{B}_{22}\hat{\boldsymbol{x}}_2^{(2)} + \boldsymbol{B}_{23}\hat{\boldsymbol{x}}_3 + \boldsymbol{l}_2^{(1)}\end{aligned}\right\}\tag{8.3.3}$$

式中

$$\boldsymbol{l}_1^{(1)} = \boldsymbol{B}_{11}\boldsymbol{X}_1^{(1)} + \boldsymbol{B}_{12}\boldsymbol{X}_2^{(1)} + \boldsymbol{d}_1 - \boldsymbol{L}_1 = \boldsymbol{V}_1^{(1)},\ \boldsymbol{l}_2^{(1)} = \boldsymbol{B}_{22}\boldsymbol{X}_2^{(1)} + \boldsymbol{B}_{23}\boldsymbol{X}_3^0 + \boldsymbol{d}_2 - \boldsymbol{L}_2$$

按式(8.3.3)组成法方程

$$\begin{pmatrix} B_{11}^{T} & 0 \\ B_{12}^{T} & B_{22}^{T} \\ 0 & B_{23}^{T} \end{pmatrix}\begin{pmatrix} P_1 & \\ & P_2 \end{pmatrix}\begin{pmatrix} B_{11} & B_{12} & 0 \\ 0 & B_{22} & B_{23} \end{pmatrix}\begin{pmatrix} \hat{x}_1^{(2)} \\ \hat{x}_2^{(2)} \\ \hat{x}_3 \end{pmatrix}+\begin{pmatrix} B_{11}^{T} & 0 \\ B_{12}^{T} & B_{22}^{T} \\ 0 & B_{23}^{T} \end{pmatrix}\begin{pmatrix} P_1 & \\ & P_2 \end{pmatrix}\begin{pmatrix} l_1^{(1)} \\ l_2^{(1)} \end{pmatrix}=0$$

即

$$\begin{pmatrix} B_{11}^{T}P_1B_{11} & B_{11}^{T}P_1B_{12} & 0 \\ B_{12}^{T}P_1B_{11} & B_{12}^{T}P_1B_{12}+B_{22}^{T}P_2B_{22} & B_{22}^{T}P_2B_{23} \\ 0 & B_{23}^{T}P_2B_{22} & B_{23}^{T}P_2B_{23} \end{pmatrix}\begin{pmatrix} \hat{x}_1^{(2)} \\ \hat{x}_2^{(2)} \\ \hat{x}_3 \end{pmatrix}+\begin{pmatrix} B_{11}^{T}P_1l_1^{(1)} \\ B_{12}^{T}P_1l_1^{(1)}+B_{22}^{T}P_2l_2^{(1)} \\ B_{23}^{T}P_2l_2^{(1)} \end{pmatrix}=0$$

引入简化符号,并注意到 $l_1^{(1)}=V_1^{(1)}$,则上式可写为

$$\begin{pmatrix} N_{BB_{11}} & N_{BB_{12}} & 0 \\ N_{BB_{21}} & N_{BB_{22}}+N'_{BB_{22}} & N_{BB_{23}} \\ 0 & N_{BB_{32}} & N_{BB_{33}} \end{pmatrix}\begin{pmatrix} \hat{x}_1^{(2)} \\ \hat{x}_2^{(2)} \\ \hat{x}_3 \end{pmatrix}+\begin{pmatrix} 0 \\ W'_2 \\ W'_3 \end{pmatrix}=0 \tag{8.3.4}$$

式中

$$W'_2=B_{22}^{T}P_2l_2^{(1)},\ W'_3=B_{23}^{T}P_2l_2^{(1)}$$

参数改正数向量为

$$\begin{pmatrix} \hat{x}_1^{(2)} \\ \hat{x}_2^{(2)} \\ \hat{x}_3 \end{pmatrix}=-\begin{pmatrix} N_{BB_{11}} & N_{BB_{12}} & 0 \\ N_{BB_{21}} & N_{BB_{22}}+N'_{BB_{22}} & N_{BB_{23}} \\ 0 & N_{BB_{32}} & N_{BB_{33}} \end{pmatrix}^{-1}\begin{pmatrix} 0 \\ W'_2 \\ W'_3 \end{pmatrix} \tag{8.3.5}$$

参数向量的权矩阵为

$$P_{\hat{X}\hat{X}}=\begin{pmatrix} N_{BB_{11}} & N_{BB_{12}} & 0 \\ N_{BB_{21}} & N_{BB_{22}}+N'_{BB_{22}} & N_{BB_{23}} \\ 0 & N_{BB_{32}} & N_{BB_{33}} \end{pmatrix} \tag{8.3.6}$$

单位权方差为

$$\sigma_0^2=E\left(\frac{V_1^{T}P_1V_1+V_2^{T}P_2V_2}{n_1+n_2-t_1-t_2-t_3}\right) \tag{8.3.7}$$

由于已知

$$V_1^{T}P_1V_1=V_1^{(1)\,T}P_1V_1^{(1)}+\hat{x}_I^{(2)\,T}P_{X_I^{(1)}X^{(1)}{}_I}\hat{x}_I^{(2)},\ E(V_1^{(1)\,T}P_1V_1^{(1)})=(n_1-t_1-t_2)\sigma_0^2$$

那么就有

$$\sigma_0^2=E\left(\frac{V_2^{T}P_2V_2+\hat{x}_I^{(2)\,T}P_{X_1^{(1)}X_1^{(1)}}\hat{x}_1^{(2)}}{n_2-t_3}\right) \tag{8.3.8}$$

这种平差方法除用于附加观测值的平差外,还可用于在高级控制点中,插入低等控制网的平差。此时,为避免高级点作起算数据时,其误差对低等点的不良影响,可用高级点的平差结果及低级点的观测值,依逐次平差法进行平差,即可得到整体平差的结果。如果采用第二节的平差过程,可得到与以上完全相同的平差结果。

8.3.2 参数分组平差

设参数分两组,相应误差方程系数矩阵也分块,即

$$\hat{\boldsymbol{x}}=\begin{pmatrix}\hat{\boldsymbol{x}}_1\\ \hat{\boldsymbol{x}}_2\end{pmatrix},\ \boldsymbol{B}=(\boldsymbol{B}_1\quad \boldsymbol{B}_2)$$

则误差方程为

$$\boldsymbol{V}=(\boldsymbol{B}_1\quad \boldsymbol{B}_2)\begin{pmatrix}\hat{\boldsymbol{x}}_1\\ \hat{\boldsymbol{x}}_2\end{pmatrix}+\boldsymbol{l},\ \boldsymbol{l}=(\boldsymbol{B}_1\quad \boldsymbol{B}_2)\begin{pmatrix}\boldsymbol{X}_1^0\\ \boldsymbol{X}_2^0\end{pmatrix}+\boldsymbol{d}_0-\boldsymbol{L}$$

法方程式

$$\begin{pmatrix}\boldsymbol{B}_1^{\mathrm{T}}\boldsymbol{P}\boldsymbol{B}_1 & \boldsymbol{B}_1^{\mathrm{T}}\boldsymbol{P}\boldsymbol{B}_2\\ \boldsymbol{B}_2^{\mathrm{T}}\boldsymbol{P}\boldsymbol{B}_1 & \boldsymbol{B}_2^{\mathrm{T}}\boldsymbol{P}\boldsymbol{B}_2\end{pmatrix}\begin{pmatrix}\hat{\boldsymbol{x}}_1\\ \hat{\boldsymbol{x}}_2\end{pmatrix}+\begin{pmatrix}\boldsymbol{B}_1^{\mathrm{T}}\boldsymbol{P}\boldsymbol{l}\\ \boldsymbol{B}_2^{\mathrm{T}}\boldsymbol{P}\boldsymbol{l}\end{pmatrix}=\boldsymbol{0}$$

或简写为

$$\begin{pmatrix}\boldsymbol{N}_{\boldsymbol{BB}_{11}} & \boldsymbol{N}_{\boldsymbol{BB}_{12}}\\ \boldsymbol{N}_{\boldsymbol{BB}_{21}} & \boldsymbol{N}_{\boldsymbol{BB}_{22}}\end{pmatrix}\begin{pmatrix}\hat{\boldsymbol{x}}_1\\ \hat{\boldsymbol{x}}_2\end{pmatrix}+\begin{pmatrix}\boldsymbol{W}_1\\ \boldsymbol{W}_2\end{pmatrix}=\boldsymbol{0}$$

对上式进行初等变换，得

$$\begin{pmatrix}\boldsymbol{N}_{\boldsymbol{BB}_{11}} & \boldsymbol{N}_{\boldsymbol{BB}_{12}}\\ \boldsymbol{0} & \boldsymbol{N}_{\boldsymbol{BB}_{22}}-\boldsymbol{N}_{\boldsymbol{BB}_{21}}\boldsymbol{N}_{\boldsymbol{BB}_{11}}^{-1}\boldsymbol{N}_{\boldsymbol{BB}_{12}}\end{pmatrix}\begin{pmatrix}\hat{\boldsymbol{x}}_1\\ \hat{\boldsymbol{x}}_2\end{pmatrix}+\begin{pmatrix}\boldsymbol{W}_1\\ \boldsymbol{W}_2-\boldsymbol{N}_{\boldsymbol{BB}_{21}}\boldsymbol{N}_{\boldsymbol{BB}_{11}}^{-1}\boldsymbol{W}_1\end{pmatrix}=\boldsymbol{0}$$

$$\hat{\boldsymbol{x}}_2=-(\boldsymbol{N}_{\boldsymbol{BB}_{22}}-\boldsymbol{N}_{\boldsymbol{BB}_{21}}\boldsymbol{N}_{\boldsymbol{BB}_{11}}^{-1}\boldsymbol{N}_{\boldsymbol{BB}_{12}})^{-1}(\boldsymbol{W}_2-\boldsymbol{N}_{\boldsymbol{BB}_{21}}\boldsymbol{N}_{\boldsymbol{BB}_{11}}^{-1}\boldsymbol{W}_1)\qquad(8.3.9)$$

在求解过程中，当对一部分参数感兴趣，而另一部分参数不需要求出时，可利用上式直接求出所需要的参数 $\hat{\boldsymbol{x}}_2$。类似地，亦可导出直接求 $\hat{\boldsymbol{x}}_1$ 的公式。

第 9 章　平差系统的统计假设检验

参数估计是指由样本来推断母体(总体)的方法,一般分为点估计和区间估计两种,衡量估计量质量优劣的标准是:无偏性、一致性和有效性。构造点估计常用的方法有:矩估计法、最大似然估计法、最小二乘法以及贝叶斯估计法等。假设检验也是一种非常重要的统计推断问题,其基本思想可以用小概率原理来解释。所谓小概率原理,就是认为小概率事件在一次试验中是几乎不可能发生的。也就是说,对总体的某个假设是真实的,那么不利于或不能支持这一假设的事件在一次试验中是几乎不可能发生的;要是在一次试验中这一事件竟然发生了,我们就有理由怀疑这一假设的真实性,拒绝这一假设。

一个完整的平差系统,除了采用平差准则对参数进行估计外,还要保证观测数据的正确性和平差数学模型的合理性。这就要借助于数理统计方法,对观测数据和平差数学模型进行假设检验,以保证平差系统的质量。

§9.1　参数的区间估计

区间估计是依据抽取的样本,根据一定的准确度构造出适当的区间,作为总体分布的未知参数或其函数真值所在范围的估计。例如人们常说的有百分之几的把握保证某值在某个范围内,即是区间估计的最简单应用。这种给定的概率称为置信概率或置信度,所确定的区间称为置信区间,置信区间的两端点称为置信限。求置信区间常用的三种方法是:用已知的抽样分布,利用区间估计与假设检验的联系,以及利用大样本理论。

进行区间估计的步骤是:①选定分布为已知的统计量,且在此统计量中除了包含需要估计其区间的未知参数外,不再包含其他的未知参数;②根据实际需要确定置信度,并决定是进行双侧还是单侧置信区间估计;③根据给定的置信度和所选定的统计量所属的分布,由有关的概率统计附表查出相应的分位点值,从而计算出置信区间。

9.1.1　服从正态分布随机变量的区间估计

设随机变量 y 服从标准正态分布,记为 $y\sim N(0,1)$,则 $y\in[-C_{\alpha/2},C_{\alpha/2}]$的概率表示为

$$P(-C_{\alpha/2}\leqslant y\leqslant C_{\alpha/2})=1-\alpha \tag{9.1.1}$$

式中,$(1-\alpha)$称为置信度,$[-C_{\alpha/2},C_{\alpha/2}]$称为置信区间,$-C_{\alpha/2}$和 $C_{\alpha/2}$分别为上、下置信限。

如果视一系列观测值 $x_1,x_2,\cdots,x_n$ 为从服从正态分布总体 $N(\mu,\sigma^2)$的抽样。由于

$$y=\frac{x_i-\mu}{\sigma}\sim N(0,1),\ y=\frac{\bar{x}-\mu}{\frac{\sigma}{\sqrt{n}}}\sim N(0,1)$$

那么,根据总体均值 μ 和总体方差 σ^2,估计观测值 x_i 的置信区间为

$$[\mu-C_{\alpha/2}\sigma,\mu+C_{\alpha/2}\sigma]$$

如果已知观测值 x_i 和总体方差 σ^2,则估计总体均值 μ 的置信区间为

$$\left[x_i - C_{\alpha/2}\sigma, x_i + C_{\alpha/2}\sigma\right]$$

如果已知样本均值 $\bar{x}$ 和方差$\frac{\sigma^2}{n}$，则估计总体均值 μ 的置信区间为

$$\left[\bar{x} - C_{\alpha/2}\frac{\sigma}{\sqrt{n}}, \bar{x} + C_{\alpha/2}\frac{\sigma}{\sqrt{n}}\right]$$

如果已知总体均值 μ 和方差$\frac{\sigma^2}{n}$，则估计样本均值 $\bar{x}$ 的置信区间为

$$\left[\mu - C_{\alpha/2}\frac{\sigma}{\sqrt{n}}, \mu + C_{\alpha/2}\frac{\sigma}{\sqrt{n}}\right]$$

当 $C_{\alpha/2}=1.96$ 时，$1-\alpha=0.95$；当 $C_{\alpha/2}=2$ 时，$1-\alpha=0.954$。

9.1.2　服从 χ^2 分布随机变量的区间估计

设 $x_1, x_2, \cdots, x_m$ 为 x 的一个子样，且 $x_i \sim N(0,1)$，那么称

$$\chi^2 = x_1^2 + x_2^2 + \cdots + x_m^2$$

为服从自由度为 m 的 χ^2 分布的随机变量。

因此，若 $x \sim N(\mu, \sigma^2)$，$x_i \sim N(\mu, \sigma^2)$，则有

$$\left(\frac{x-\mu}{\sigma}\right)^2 \sim \chi^2(1),\quad \sum_{i=1}^{n}\left(\frac{x_i-\mu}{\sigma}\right)^2 \sim \chi^2(n)$$

即 n 个服从 χ^2 分布的独立随机变量的和，仍是 χ^2 变量，其自由度为 n。

若随机变量 $x_i \sim N(\mu, \sigma^2)$，子样方差估值为

$$\hat{\sigma}^2 = \frac{1}{n-1}\sum_{i=1}^{n}(x_i - \bar{x})^2$$

则有

$$\frac{(n-1)\hat{\sigma}^2}{\sigma^2} = \sum_{i=1}^{n}\frac{(x_i-\bar{x})^2}{\sigma^2} \sim \chi^2(n-1)$$

若根据平差结果得到

$$\hat{\sigma}^2 = \frac{\boldsymbol{V}^{\mathrm{T}}\boldsymbol{P}\boldsymbol{V}}{n-t}$$

则有

$$\frac{(n-t)\hat{\sigma}^2}{\sigma^2} = \frac{\boldsymbol{V}^{\mathrm{T}}\boldsymbol{P}\boldsymbol{V}}{\sigma^2} \sim \chi^2(n-t)$$

顺便指出，服从 χ^2 分布的随机变量的方差等于 2 倍自由度。

设随机变量 y 是服从 χ^2 分布的随机变量，则 $y \in [\chi_{p_1}^2, \chi_{p_2}^2]$的概率表示为

$$P(\chi_{p_1}^2 \leqslant y \leqslant \chi_{p_2}^2) = 1-\alpha \tag{9.1.2}$$

式中，$(1-\alpha)$为置信度，$[\chi_{p_1}^2, \chi_{p_2}^2]$为置信区间，$\chi_{p_1}^2$ 和 $\chi_{p_2}^2$ 分别为上、下置信限。

因此，如果已知一列观测结果 $x_1, x_2, \cdots, x_n$ 和其总体均值 μ，则 σ^2 的置信区间为

$$\left[\frac{1}{\chi_{p_2}^2}\sum_{i=1}^{n}(x_i-\mu)^2, \frac{1}{\chi_{p_1}^2}\sum_{i=1}^{n}(x_i-\mu)^2\right]$$

如果已知样本方差 $\hat{\sigma}^2$，则总体方差 σ^2 的置信区间为

$$\left[\frac{(n-1)\hat{\sigma}^2}{\chi_{p_2}^2}, \frac{(n-1)\hat{\sigma}^2}{\chi_{p_1}^2}\right]$$

如果已知总体方差 σ^2，则样本方差 $\hat{\sigma}^2$ 的置信区间为

$$\left[\chi^2_{p_1}\frac{\sigma^2}{n-1},\chi^2_{p_2}\frac{\sigma^2}{n-1}\right]$$

通常是将 α 等分在置信区间的左右两侧。例如，当 $\alpha=0.05$ 时，取两侧为 $\chi^2_{0.025}$ 和 $\chi^2_{0.975}$。

9.1.3 服从 t 分布随机变量的区间估计

设有随机变量 $y\sim N(0,1)$，$z\sim\chi^2(v)$，并且 y 和 z 在统计上独立。那么称

$$t=\frac{y}{\sqrt{\dfrac{z}{v}}}$$

为服从自由度为 v 的 t 分布的随机变量。

因此，若有

$$y=\frac{\bar{x}-\mu}{\dfrac{\sigma}{\sqrt{n}}}\sim N(0,1),\quad z=\frac{(n-1)\hat{\sigma}^2}{\sigma^2}\sim\chi^2(n-1)$$

则组成的新统计量

$$t=\frac{y}{\sqrt{\dfrac{z}{v}}}=\frac{\bar{x}-\mu}{\dfrac{\sigma}{\sqrt{n}}}\left[\frac{(n-1)\hat{\sigma}^2}{\sigma^2}\frac{1}{(n-1)}\right]^{-\frac{1}{2}}=\frac{\bar{x}-\mu}{\dfrac{\hat{\sigma}}{\sqrt{n}}}$$

就是服从自由度为 $(n-1)$ 的 t 分布随机变量。当总体方差未知，只知子样方差时可应用上式。

设随机变量 β 是服从 t 分布的随机变量，则 β 出现在区间 $t\in[-t_{\alpha/2},t_{\alpha/2}]$ 的概率表示为

$$P(-t_{\alpha/2}\leqslant\beta\leqslant t_{\alpha/2})=1-\alpha \tag{9.1.3}$$

式中，$(1-\alpha)$ 为置信度，$[-t_{\alpha/2},t_{\alpha/2}]$ 为置信区间，$-t_{\alpha/2}$ 和 $t_{\alpha/2}$ 分别为上、下置信限。

因此，如果已知样本均值 $\bar{x}$ 和样本方差 $\hat{\sigma}^2$，则总体均值 μ 的置信区间为

$$\left[\bar{x}-t_{\alpha/2}\frac{\hat{\sigma}}{\sqrt{n}},\bar{x}+t_{\alpha/2}\frac{\hat{\sigma}}{\sqrt{n}}\right]$$

如果已知整体均值 μ 和样本方差 $\hat{\sigma}^2$，样本均值 $\bar{x}$ 的置信区间为

$$\left[\mu-t_{\alpha/2}\frac{\hat{\sigma}}{\sqrt{n}},\mu+t_{\alpha/2}\frac{\hat{\sigma}}{\sqrt{n}}\right]$$

注意，当服从 t 分布的自由度很大时，t 分布接近或逼近于正态分布。

9.1.4 服从 F 分布随机变量的区间估计

设有两个相互独立的服从 χ^2 分布的随机变量 U 和 V，它们的自由度分别为 v_1 和 v_2，那么称

$$F=\frac{U/v_1}{V/v_2}$$

为服从自由度 (v_1,v_2) 的 F 分布的随机变量。

设从总体 $x\sim N(\mu_1,\sigma_1^2)$ 和 $y\sim N(\mu_2,\sigma_2^2)$ 中独立抽取两组子样 $x_1,x_2,\cdots,x_{n_1}$ 和 $y_1,y_2,\cdots,y_{n_2}$，则知

$$\sum_{i=1}^{n_1}\left(\frac{x_i-\mu_1}{\sigma_1}\right)^2\sim\chi^2(n_1),\sum_{j=1}^{n_2}\left(\frac{y_j-\mu_2}{\sigma_2}\right)^2\sim\chi^2(n_2)$$

以上两变量之比

$$\frac{\sum_{i=1}^{n_1}(x_i-\mu_1)^2 n_2\sigma_2^2}{\sum_{j=1}^{n_2}(y_j-\mu_2)^2 n_1\sigma_1^2}\sim F(n_1,n_2)$$

当总体均值 μ_1 和 μ_2 为未知时，则

$$\frac{(n_1-1)\hat{\sigma}_1^2}{\sigma_1^2}\sim\chi^2(n_1-1),\ \frac{(n_2-1)\hat{\sigma}_2^2}{\sigma_2^2}\sim\chi^2(n_2-1)$$

依 F 分布定义有

$$\frac{\sigma_2^2\hat{\sigma}_1^2}{\sigma_1^2\hat{\sigma}_2^2}\sim F(n_1-1,n_2-1)$$

以上是几个服从 F 分布的随机变量。

设随机变量 y 是服从 F 分布的随机变量，则 $y\in[F_{p_1},F_{p_2}]$的概率表示为

$$P(F_{p_1}\leqslant y\leqslant F_{p_2})=1-\alpha \tag{9.1.4}$$

式中，$(1-\alpha)$为置信度，$[F_{p_1},F_{p_2}]$为置信区间，F_{p_1} 和 F_{p_2} 分别为上、下置信限。

因此，如果已知样本方差 $\hat{\sigma}_1^2$ 和 $\hat{\sigma}_2^2$，则总体方差之比$\frac{\sigma_2^2}{\sigma_1^2}$的置信区间为

$$\left[F_{p_1}\frac{\hat{\sigma}_2^2}{\hat{\sigma}_1^2},F_{p_2}\frac{\hat{\sigma}_2^2}{\hat{\sigma}_1^2}\right]$$

如果已知总体方差 σ_1^2 和 σ_2^2，则子样方差之比$\frac{\hat{\sigma}_1^2}{\hat{\sigma}_2^2}$置信区间为

$$\left[F_{p_1}\frac{\sigma_1^2}{\sigma_2^2},F_{p_2}\frac{\sigma_1^2}{\sigma_2^2}\right]$$

如果已知两个正态总体均值 μ_1 和 μ_2，并从两总体抽样后，则$\frac{\sigma_2^2}{\sigma_1^2}$的置信区间为

$$\left[F_{p_1}\frac{n_1}{n_2}\frac{\sum_{i=1}^{n_2}(y_i-\mu_2)^2}{\sum_{i=1}^{n_1}(x_i-\mu_1)^2},F_{p_2}\frac{n_1}{n_2}\frac{\sum_{i=1}^{n_2}(y_i-\mu_2)^2}{\sum_{i=1}^{n_1}(x_i-\mu_1)^2}\right]$$

以上介绍了平差中某些随机变量或其函数服从的概率分布情况，即正态分布、χ^2 分布、t 分布和 F 分布的随机变量，及其它们对应的区间估计。它们是参数假设检验的基础。

§9.2　参数的假设检验

参数估计理论主要解决由子样值来确定总体分布参数问题。而统计假设检验则是依据子样来推断某些结论的可靠性及其成立的条件等，假设检验的步骤如下。

(1)先做一个原假设或零假设，记为 H_0，以及备选假设 H_1。

(2)寻找一个分布为已知的统计量，以一定的置信度，确定该统计量应出现的区间。

(3)用子样值计算该统计量数值,如果此数值落入此置信区间内,则接受原假设。如果此数值落于置信区间之外,则应拒绝或舍弃原假设,而接受备选假设 H_1。

因此假设检验实际上就是要在原假设 H_0 与备选假设 H_1 之间作出选择。通常把置信区间称为接受域,而此区间之外称为拒绝域。拒绝域可分布在分布密度曲线的两侧或一侧,分别称为双尾检验法或单尾检验法。在假设检验中,所取的统计量不同,相应的概率分布也不同。

9.2.1 u 检验法

设从服从正态分布的总体中抽得容量为 n 的子样,得子样均值 $\bar{x}$,设总体方差 σ^2 为已知,则可利用统计量

$$u=\frac{\bar{x}-\mu}{\sigma/\sqrt{n}}\sim N(0,1) \tag{9.2.1}$$

对总体的数学期望 μ 进行检验。这种服从正态分布的统计量称为 u 变量,所进行的检验方法称 u 检验法。双尾检验的过程如下。

设原假设 $H_0:\mu=\mu_0$,备选假设 $H_1:\mu\neq\mu_0$,得到接受域

$$-C_{\frac{\alpha}{2}}\leqslant\frac{\bar{x}-\mu_0}{\sigma/\sqrt{n}}\leqslant C_{\frac{\alpha}{2}} \tag{9.2.2}$$

式中,$C_{\frac{\alpha}{2}}$ 为标准正态分布函数的双侧分位数,α 为双尾处概率之和。若 u 的数值在此区间之内,接受原假设 H_0;反之,拒绝 H_0 接受 H_1。

对于左尾检验,$H_0:\mu=\mu_0$;$H_1:\mu<\mu_0$。依据 $P\left(\frac{\bar{x}-\mu_0}{\sigma/\sqrt{n}}\leqslant -C_\alpha\right)=\alpha$,得到接受域 $\frac{\bar{x}-\mu_0}{\sigma/\sqrt{n}}>-C_\alpha$。对于右尾检验,$H_0:\mu=\mu_0$;$H_1:\mu>\mu_0$。依据 $P\left(\frac{\bar{x}-\mu_0}{\sigma/\sqrt{n}}\geqslant C_\alpha\right)=\alpha$,得到接受域 $\frac{\bar{x}-\mu_0}{\sigma/\sqrt{n}}<C_\alpha$。$C_\alpha$ 为标准正态分布函数的上侧分位数,α 为右尾处概率。

例 9.2.1 为监测 A、B 两点之间是否发生相对位移,定期复测两点之间的距离。上次精确测得的距离为 200.05 m。为了检验点位是否移动,现重复观测 9 次,测得 A、B 两点之间的距离平均值为 200.08 m,每次测量的中误差为 0.03 m,试根据测量结果检验 A、B 两点是否发生位移(取显著水平取为 0.05)。

解:作原假设 $H_0:\mu=200.05$,即点位无相对位移。由子样的平均值 $\bar{x}=200.08$,计算统计量

$$u=\frac{\bar{x}-\mu_0}{\sigma/\sqrt{n}}=\frac{200.08-200.05}{0.03/\sqrt{9}}=\frac{0.03}{0.01}=3$$

再计算 u 的置信区间,取置信度为 0.95,则有 $P(-1.96\leqslant u\leqslant 1.96)=0.95$,由此可知,$u=3$ 落在置信区间之外。因此,原假设不正确,认为点位发生了相对移动。

解答完毕。

9.2.2 t 检验法

t 检验法是以服从 t 分布的随机变量为统计量的检验方法。它主要用于检验总体均值和

子样均值。由于

$$t=\frac{\bar{x}-\mu}{\hat{\sigma}/\sqrt{n}}\sim t(n-1) \tag{9.2.3}$$

式中，$\hat{\sigma}$ 为子样均方差。则用 t 检验法的过程如下。

设原假设 $H_0:\mu=\mu_0$，备选假设 $H_1:\mu\neq\mu_0$，按自由度$(n-1)$及所选用的显著水平 α(例如取为 0.05)，由概率统计表可查并求得相应的 t_p 值$(p=1-\alpha/2)$，得到接受域

$$-t_p\leqslant t\leqslant +t_p \tag{9.2.4}$$

计算统计量

$$t=\frac{\bar{x}-\mu}{\hat{\sigma}/\sqrt{n}}$$

若 t 值落在接受域内，则接受原假设 H_0；否则拒绝原假设，接受 $\mu\neq\mu_0$。

例 9.2.2　在某基线边检验光速测距仪。已知基线边长为 5 234.164 m，用光速测距仪测量 9 次，得平均值为 5 234.168 m，并由观测值算得子样均值的中误差 $\hat{\sigma}$ 为 0.009 m。试检验此光速测距仪所量长度与原基线边长的差异是否显著。

解：设观测值服从正态分布，$\mu_0=5\ 234.164$ m，原假设 $H_0:\mu=\mu_0$，首先计算统计量

$$t=\frac{\bar{x}-\mu_0}{\hat{\sigma}/\sqrt{n}}=\frac{5\ 234.168-5\ 234.164}{0.009/\sqrt{9}}=\frac{0.004}{0.003}=1.333$$

依双尾检验法，取显著水平 $\alpha=0.05$，按 $t_{0.975}(9-1)$ 可查得 $t_p=2.306$，则可知接受域为$[-2.306,2.306]$。由此可知，$t=1.333$ 在接受域内，故认为在 0.05 的显著水平下两者的差异是不显著的，即接受原假设。

解答完毕。

t 检验法与 u 检验法比较可知，它不需要大子样，这在实际中是很方便的。类似地，t 检验法也可以用来检验两正态总体均值是否相等。

9.2.3　χ^2 检验法

设从服从正态分布的总体中抽取一组子样，则可利用服从 χ^2 分布的统计量对 σ^2 和 $\hat{\sigma}^2$ 进行各种假设检验。由于

$$\frac{(n-1)\hat{\sigma}^2}{\sigma^2}\sim\chi^2(n-1) \tag{9.2.5}$$

则用 χ^2 检验法进行双尾检验的过程如下。

设原假设 $H_0:\sigma^2=\sigma_0^2$，备选假设 $H_1:\sigma^2\neq\sigma_0^2$。因

$$P\left[\chi^2_{1-\frac{\alpha}{2}}(n-1)\leqslant\frac{(n-1)\hat{\sigma}^2}{\sigma_0^2}\leqslant\chi^2_{\frac{\alpha}{2}}(n-1)\right]=1-\alpha \tag{9.2.6}$$

式中，α 为显著水平，$\chi^2_{\frac{\alpha}{2}}(n-1)$、$\chi^2_{1-\frac{\alpha}{2}}(n-1)$为上侧分位数。故接受域为

$$\chi^2_{1-\frac{\alpha}{2}}(n-1)\leqslant\frac{(n-1)\hat{\sigma}^2}{\sigma_0^2}\leqslant\chi^2_{\frac{\alpha}{2}}(n-1) \tag{9.2.7}$$

当统计量落入以上置信区间内时，则接受原假设；反之，拒绝原假设。

对于左尾检验，$H_0:\sigma^2=\sigma_0^2$；$H_1:\sigma^2<\sigma_0^2$，接受域为

$$\frac{(n-1)\hat{\sigma}^2}{\sigma_0^2}<\chi_{\alpha}^2(n-1) \tag{9.2.8}$$

对于右尾检验，$H_0:\sigma^2=\sigma_0^2$；$H_1:\sigma^2>\sigma_0^2$，接受域为

$$\frac{(n-1)\hat{\sigma}^2}{\sigma_0^2}>\chi_{1-\alpha}^2(n-1) \tag{9.2.9}$$

当统计量落入置信区间内时，则接受原假设；否则，拒绝原假设。

例 9.2.3 设用某种类型的光学经纬仪观测角度，由过去大量统计得出此类仪器的测角中误差为 1.60″。今用试制的同类型仪器测了 9 个测回，得测角中误差为 2.02″。试问新仪器的精度是否可以认为与原仪器的精度相同或不低于原仪器的精度。

解：设原假设 $H_0:\sigma^2=\sigma_0^2$，取 $\sigma_0^2=(1.60)^2=2.56$，$\hat{\sigma}^2=(2.02)^2=4.08$，计算统计量

$$\frac{(n-1)\hat{\sigma}^2}{\sigma_0^2}=\frac{(9-1)\times 4.08}{2.56}=12.75$$

按 $\chi^2(n-1)$ 查表，取显著水平为 0.05，又自由度为 8，查得 $\chi^2(8)=15.5$。由此可知统计量

$$\frac{(n-1)\hat{\sigma}^2}{\sigma_0^2}=12.75<\chi^2(8)=15.5$$

在接受域内，故认为在 0.05 的显著水平下，这种新仪器与原来仪器的精度相当，即接受原假设。

解答完毕。

9.2.4 F 检验法

设有两个正态母体 $N(\mu_1,\sigma_1^2)$ 和 $N(\mu_2,\sigma_2^2)$，从两母体中抽取容量为 n_1 和 n_2 的两组子样，算出子样方差 $\hat{\sigma}_1^2$ 和 $\hat{\sigma}_2^2$，则统计量

$$\frac{\hat{\sigma}_1^2}{\hat{\sigma}_2^2}\left(\frac{\sigma_1^2}{\sigma_2^2}\right)^{-1}\sim F(n_1-1,n_2-1) \tag{9.2.10}$$

以方差之比作为统计量的检验方法称为 F 检验法。单尾的 F 检验法步骤如下。

(1)做出原假设 $H_0:\sigma_1^2=\sigma_2^2$；备选假设 $H_1:\sigma_1^2>\sigma_2^2$。因为总是可以将较大的一个方差作为 σ_1^2，故可只考虑一个备选假设。

(2)依显著水平 α 查取 $F(n_1-1,n_2-1)$ 的分位数 F_p 的数值，从而确定接受域为$(-\infty,F_p]$。

(3)计算统计量 F。若此统计量的数值落于拒绝域中，则拒绝原假设；否则，接受原假设。

例 9.2.4 设用某台常用的光学经纬仪观测某角 9 测回，测角中误差为 1.80″。现用新试制的仪器测该角 9 测回，测角中误差为 2.50″。试问两个仪器的精度是可否认为相同(显著水平取为 0.05)。

解：这是在已知 $\hat{\sigma}_1^2$ 和 $\hat{\sigma}_2^2$ 的情况下，检验总体方差比。这里取中误差较大者为分子，即取 $\hat{\sigma}_1=2.50''$，则 $\hat{\sigma}_2=1.80''$。

设原假设 $H_0:\sigma_1^2=\sigma_2^2$；备选假设 $H_1:\sigma_1^2>\sigma_2^2$。计算统计量

$$\frac{\hat{\sigma}_1^2}{\hat{\sigma}_2^2}=\frac{(2.50)^2}{(1.80)^2}=1.93$$

而按显著水平为 $\alpha=0.05$，$v_1=n_1-1=8$，$v_2=n_2-1=8$，查表得 $F_{0.95}(8,8)=3.4$。由此可知，

统计量 1.93 小于此值，即在接受域内，故接受原假设，即没有足够的证据说明新仪器的精度差。$\hat{\sigma}_1^2 > \hat{\sigma}_2^2$ 可用抽样的随机性来解释。

解答完毕。

在用 t 检验法检验两正态母体的均值是否相等时，常常假设 $\sigma_1^2=\sigma_2^2$。而为了证明这个假设是否有根据，常先用 F 检验法检验此两方差是否相等。

§9.3　偶然误差特性的检验

在大量的观测中，偶然误差的特性应满足界限性、聚中性和对称性。如不满足，则表明观测值中有某种系统误差甚至粗差的影响。因此，可以依概率统计理论对偶然误差做是否服从这些特性的检验。

9.3.1　误差正负号个数的检验

设以 β_i 表示误差列中第 i 个误差的正负号，并约定当第 i 个误差为正时，取 $\beta_i=1$；为负时，取 $\beta_i=0$。则由偶然误差的对称性知，β_i 为 1 及为 0 的概率各为 1/2。因而，统计量

$$S_\beta=\beta_1+\beta_2+\cdots+\beta_n$$

服从二项分布。其数学期望及方差分别为

$$E(S_\beta)=np=\frac{n}{2},\ D(S_\beta)=npq=\frac{n}{4}$$

而当标准化二项分布 n 足够大时，逼近标准正态分布。如 $n=8$ 时，两者就很接近了。而在做误差检验时，n 一般很大，故可以认为

$$\frac{S_\beta-\dfrac{n}{2}}{\dfrac{1}{2}\sqrt{n}}\sim N(0,1)$$

若取置信度为 0.954 5，则有

$$P\left(\left|\frac{S_\beta-\dfrac{n}{2}}{\dfrac{1}{2}\sqrt{n}}\right|<2\right)=0.954\ 5 \tag{9.3.1}$$

或者

$$P\left(\left|S_\beta-\frac{n}{2}\right|<\sqrt{n}\right)=0.954\ 5 \tag{9.3.2}$$

上式表明，S_β 将以 0.954 5 的概率满足

$$\left|S_\beta-\frac{n}{2}\right|<\sqrt{n} \tag{9.3.3}$$

而 S_β 不能满足上式的概率为 0.045 5，这是一个小概率事件。如果这个事件发生了，则否定原假设，即不能认为正负误差出现的概率各为 1/2。

实用中，常采用正误差个数与负误差个数的限差作为标准。为此，可将上式稍变化一下。若设 β_i' 为这样的随机变量：当误差为负时，取 $\beta'=1$；为正时，取 $\beta'=0$。则有

$$S_{\beta'}=\beta_1'+\beta_2'+\cdots+\beta_n'=n-S_\beta$$

也有

$$S_\beta=n-S_{\beta'} \tag{9.3.4}$$

将此式代入式(9.3.3)有

$$\left|\frac{n}{2}-S_{\beta'}\right|<\sqrt{n} \tag{9.3.5}$$

由式(9.3.3)和式(9.3.5)相加可得

$$|S_\beta-S_{\beta'}|<2\sqrt{n} \tag{9.3.6}$$

式中,S_β 和 $S_{\beta'}$ 分别代表正误差的个数和负误差的个数。

9.3.2 正负误差分配顺序的检验

如果在一系列观测误差中,其前半部分符号均为正,后半部分均为负。此时虽然式(9.3.6)能得到满足,但仍表明此观测有系统影响,因为偶然误差的正负号分配顺序应是随机的。

将误差按约定的次序排列,以 u_i 表示第 i 个误差和第 $i+1$ 个误差的符号交替。约定当相邻两误差符号相同时,取 $u=1$,相邻两误差符号相反时,取 $u=0$,则组成统计量

$$S_u=u_1+u_2+\cdots+u_{n-1}$$

式中,S_u 仍是服从二项分布的随机变量。其数学期望和方差为

$$E(S_u)=\frac{1}{2}(n-1),\ D(S_u)=\frac{1}{4}(n-1)$$

类似于式(9.3.6)的推导,可得出检验标准

$$|W|<2\sqrt{n-1} \tag{9.3.7}$$

式中,W 表示误差列中同号交替次数与异号交替次数之差。若 W 不能满足式(9.3.7),则否定 S_u 服从二项分布的假设,即误差列中可能存在着与观测次序有关的系统影响。

9.3.3 误差数值和的检验

由偶然误差的对称性,应有 $E(\Delta)=0$。设原假设 H_0:误差的均值为 0。由于

$$\Delta_i\sim N(0,\sigma^2),\ \frac{[\Delta]}{n}\sim N\left(0,\frac{\sigma^2}{n}\right)$$

则按 u 检验法,有

$$u=\frac{\frac{[\Delta]}{n}-0}{\frac{\sigma}{\sqrt{n}}}=\frac{[\Delta]}{\sqrt{n}\,\sigma}\sim N(0,1)$$

取置信度为 0.954 5,则有

$$|[\Delta]|<2\sqrt{n}\,\sigma \tag{9.3.8}$$

式中,σ 为母体均方差,当 n 较大时,可用子样均方差 $\hat{\sigma}$ 来代替,即

$$|[\Delta]|<2\sqrt{n}\,\hat{\sigma} \tag{9.3.9}$$

若不满足上式,则否定原假设。在此处应该注意到,若 n 较小,则应该用 t 检验法。

9.3.4 正负误差平方和之差的检验

由偶然误差对称性知,正误差的平方和与负误差的平方和之差在理论上应为 0。而在有

限的观测抽样中，其数值常不为 0，下面来确定其不为 0 的限值。为此，将误差列中的各正误差与负误差各自平方，并在前面加上原来的符号，组成代数和

$$S_{[k\Delta^2]}=k_1\Delta_1^2+k_2\Delta_2^2+\cdots+k_n\Delta_n^2=[k\Delta^2]$$

若误差列服从正态分布，则 k_i 为如下随机变量

$$E(k_i)=+1\times\frac{1}{2}+(-1)\times\frac{1}{2}=0$$

当 n 很大时，$S_{[k\Delta^2]}$ 逼近正态分布，其数学期望与方差为

$$E(S_{[k\Delta^2]})=E(k_1)E(\Delta_1^2)+E(k_2)E(\Delta_2^2)+\cdots+E(k_n)E(\Delta_n^2)=0,\ D(S_{[k\Delta^2]})=\sum_{i=1}^{n}D(k_i\Delta_i^2)$$

而

$$D(k_i\Delta_i^2)=E\{[(k_i\Delta_i^2)-E(k_i\Delta_i^2)]^2\}=E[(k_i\Delta_i^2)^2]=E(k_i^2)E(\Delta_i^4)$$

式中

$$E(k_i^2)=(+1)^2\times\frac{1}{2}+(-1)^2\times\frac{1}{2}=1,\ E(\Delta_i^4)=E(\Delta_i-0)^4=\mu_4=3\sigma^4$$

则有

$$\sigma_{S_{[k\Delta^2]}}^2=D(S_{[k\Delta^2]})=\sum_{i=1}^{n}D(k_i\Delta_i^2)=3n\sigma^4,\ \sigma_{S_{[k\Delta^2]}}=\sqrt{3n}\,\sigma^2$$

故有

$$S_{[k\Delta^2]}\sim N[0,(\sqrt{3n}\,\sigma^2)^2]$$

将其标准化后有

$$\frac{S_{[k\Delta^2]}}{\sqrt{3n}\,\sigma^2}\sim N(0,1)$$

取置信度为 0.954 5，则有

$$P(|S_{[k\Delta^2]}|<2\sqrt{3n}\,\sigma^2)=0.954\,5$$

故得置信区间为

$$|[k\Delta^2]|<2\sqrt{3n}\,\sigma^2 \tag{9.3.10}$$

实际计算中，当 n 很大时，用子样方差来代替 σ^2，即用中误差平方代替总体方差，则有

$$|[k\Delta^2]|<2\sqrt{3n}\,\hat{\sigma}^2 \tag{9.3.11}$$

若 $S_{[k\Delta^2]}$ 服从正态分布，则应以 0.954 5 的概率满足以上两式。若不满足，这是小概率事件，应否定原假设。

9.3.5　个别误差值的检验

若观测误差列服从正态分布，即 $\Delta_i\sim N(0,\sigma^2)$，标准化后显然有

$$\frac{\Delta_i-0}{\sigma}\sim N(0,1)$$

取置信度为 0.954 5 则有

$$P\left(\left|\frac{\Delta_i}{\sigma}\right|<2\right)=0.954\,5$$

在此置信度下的置信区间为$[-2\sigma<\Delta_i<2\sigma]$，或者 $|\Delta_i|<2\sigma$，此式表明，误差绝对值大于 2σ 的

概率仅为 0.045 5，是小概率事件。实际计算时，当观测次数很大时可用中误差 $\hat{\sigma}$ 代替均方差 σ。

例 9.3.1 设在某三角锁中得出 30 个三角形闭合差，如下(单位为(″))：

−2.14	+1.42	−0.47	−0.69	+0.58	+1.13	+1.72	−0.30	+0.76	−1.02
+0.16	−0.27	−2.01	+2.87	−0.03	−1.23	+1.14	+0.28	−1.60	+1.30
+0.18	−0.06	−0.05	+0.77	+0.14	+0.52	−0.12	+0.18	+1.70	−0.31

用上述检验方法对此误差列进行偶然误差特性的检验。

解：依三角形闭合差算出 $\hat{\sigma}_W$

$$\hat{\sigma}_W=\sqrt{\frac{[WW]}{n}}=1.22''$$

依前所述公式进行检验，并均取置信度为 0.954 5。

(1)正负误差个数的检验。

因正误差 16 个，负误差 14 个，差数 2 个，则 $S_\beta-S_{\beta'}=2$，而 $2\sqrt{n}=2\sqrt{30}\approx 11$。故此项检验满足式(9.3.6)。

(2)正负误差分配顺序的检验。

因两相邻误差同号者有 12 个，相邻误差异号者有 18 个，相差数 6 个，即 $W=6$，由式(9.3.7)知，$2\sqrt{n-1}=2\sqrt{29}\approx 11$，故此项检验满足式(9.3.7)。

(3)误差数值和的检验。

可算得 $[W]=3.96''$，由式(9.3.9)知，$2\sqrt{n}\hat{\sigma}=2\sqrt{30}\times(1.22'')=13.36''$。故此项检验满足式(9.3.9)。

(4)正负误差平方和之差的检验。

因正误差平方和为 19.38，负误差平方和为 12.45，差值为 6.93，由式(9.3.11)知 $2\sqrt{3n}\,\hat{\sigma}^2=2\sqrt{90}\times(1.22)^2=28.24('')^2$。此差值 6.93 小于 28.24，故此项检验满足式(9.3.11)。

(5)最大误差值的检验。

由于两倍中误差 $2\hat{\sigma}_W=2\times 1.22=2.44$，而闭合差中有一个为 +2.87，故此数值应予舍弃。

解答完毕。

§9.4 误差分布的假设检验

大量偶然误差应服从正态分布。因此，在进行一定次数的观测之后，可检验误差列的实际分布是否与理论分布相一致。或者说，检验误差列的实际分布与理论分布的差异是否属于随机性。在检验误差是否服从正态分布的方法中，常用的有直方图法，以及偏度和峰度的检验法。

9.4.1 直方图法

计算出子样均值 $\bar{x}$ 和子样方差 $\hat{\sigma}^2$。当子样容量 n 很大时，可以用 $\bar{x}$ 和 $\hat{\sigma}^2$ 分别代替母体的特征参数 μ 和 σ^2。由此，可绘出此正态分布的理论曲线，并可计算出各小区间的理论频数。然后，根据实际观测资料，计算各小区间的实际频数（或叫经验频数），比较各小区间的理论频数与实际频数的差异，则可以检验出观测值是否服从正态分布。现在来讨论理论频数与经验频数的计算。

已知正态分布的密度曲线为

$$f(x)=\frac{1}{\sigma\sqrt{2\pi}}\exp\left[-\frac{1}{2}\frac{(x-\mu)^2}{\sigma^2}\right] \tag{9.4.1}$$

当以子样均值 $\bar{x}$ 和子样方差 $\hat{\sigma}^2$ 来代替母体均值 μ 及母体方差 σ^2 时，则上式变为

$$f(x)=\frac{1}{\hat{\sigma}\sqrt{2\pi}}\exp\left[-\frac{1}{2}\frac{(x-\bar{x})^2}{\hat{\sigma}^2}\right] \tag{9.4.2}$$

此密度曲线的两个参数 $\bar{x}$ 及 $\hat{\sigma}^2$ 为已知。这样，就可以求出各小区间的理论频数。设各小区间的间隔为 d，各小区间的中间值为 t_i，观测值总数为 n，则各小区间的理论频数 n_i' 为

$$n'_i = np_i = n\int_{t_i-\frac{1}{2}d}^{t_i+\frac{1}{2}d} f(x)\mathrm{d}x = n\left[F\left(t_i+\frac{1}{2}d\right)-F\left(t_i-\frac{1}{2}d\right)\right] \tag{9.4.3}$$

或标准化后变为

$$n_i'=n\left[F\left(\frac{t_i+\frac{d}{2}-\bar{x}}{\hat{\sigma}}\right)-F\left(\frac{t_i-\frac{d}{2}-\bar{x}}{\hat{\sigma}}\right)\right] \tag{9.4.4}$$

式中，F 的数值可由表查出。这样，就求出了各小区间的理论频数 $n_i'=np_i$。

而经验频数则是根据实际观测资料，统计出位于各小区间内观测量的个数。有了各小区间的理论频数和经验频数，即可求出其相应的差值。

由式(9.4.3)知，子样值落在小区间 $(t_i-d/2, t_i+d/2)$ 内的频数 n_i 是一个服从二项式分布的变量。为此做原假设 H_0：观测值（子样值）为服从正态分布 $N(\bar{x},\hat{\sigma}^2)$ 的抽样。如果原假设 H_0 是正确的，则子样落在第 i 个小区间的概率为

$$p_i = \int_{t_i-\frac{d}{2}}^{t_i+\frac{d}{2}} f(x)dx = F\left(t_i+\frac{d}{2}\right)-F\left(t_i-\frac{d}{2}\right) \tag{9.4.5}$$

故该二项式分布可记为 $b(n,p_i)$。此二项变量 n_i 的均值和方差为

$$E(n_i)=np_i,\ D(n_i)=np_i(1-p_i) \tag{9.4.6}$$

当 n 很大时，$b(n,p_i)$ 逼近于 $N[np_i, np_i(1-p_i)]$，这样，按 0.954 5 置信度的置信区间为

$$-2.0<\frac{n_i-np_i}{\sqrt{np_i(1-p_i)}}<2.0$$

或

$$-2.0\sqrt{np_i(1-p_i)}<n_i-np_i<2.0\sqrt{np_i(1-p_i)} \tag{9.4.7}$$

因为 p_i 较小，可近似地取 $\sqrt{1-p_i}\approx 1$，则上式变为

$$-2.0\sqrt{np_i}<n_i-np_i<2.0\sqrt{np_i} \tag{9.4.8}$$

若差值 n_i-np_i 落在区间之外，则在 0.954 5 的置信度下拒绝原假设 H_0，即此时 n 个观测值不是服从母体 $N(\bar{x},\hat{\sigma}^2)$ 的抽样。如果 n_i-np_i 落在区间之内，则以 0.954 5 的置信度接受原假设 H_0，这样就构成一种检验正态性的方法。

9.4.2 偏度和峰度检验法

偏度检验是检查分布的对称性。峰度检验是检查一种分布的尖峭程度和两尾的长度。因为峰度中含有四阶中心矩，两尾处的子样元素对于峰度的大小所起的作用很大，如果一组子样在两尾处偏离正态，这种偏离会明显地在峰度上反映出来。

由数理统计知，按子样值计算偏度和峰度的公式为

$$\left.\begin{aligned}&\text{偏度}: g_1=\frac{\hat{\sigma}_3}{\hat{\sigma}^3}\\&\text{峰度}: g_2=\frac{\hat{\sigma}_4}{\hat{\sigma}^4}-3\end{aligned}\right\}\tag{9.4.9}$$

式中，$\hat{\sigma}_3$ 和 $\hat{\sigma}_4$ 分别为三阶和四阶子样中心矩，$\hat{\sigma}$ 为子样均方差。

当子样容量 $n\to\infty$时，子样偏度和峰度趋于正态分布，且有

$$\left.\begin{aligned}&E(g_1)\to 0\\&E(g_2)\to 0\\&D(g_1)\to\frac{6}{n}\\&D(g_2)\to\frac{24}{n}\end{aligned}\right\}\tag{9.4.10}$$

这样，当 n 很大时，可用 u 检验法进行正态性检验。

原假设 H_0：总体为正态。构建统计量为

$$u_1=\frac{g_1-0}{\sqrt{6/n}},\ u_2=\frac{g_2-0}{\sqrt{24/n}}$$

取置信度为 0.954 5，则计算出的 u_1 及 u_2 值应在(−2,2)之内。

§9.5 平差参数的假设检验

平差数学模型包括函数模型和随机模型。函数模型的正确性是指误差方程能正确地反映观测值与参数之间的相互关系。随机模型的正确性是指观测值的先验方差矩阵能正确地反映观测值的实际精度。另外，观测值还应服从正态分布。只有以上这些条件满足时，最小二乘平差结果才具有最优的统计性质。

9.5.1 验后方差的假设检验

验后单位权方差的估值为

$$\hat{\sigma}_0^2=\frac{\boldsymbol{V}^{\mathrm{T}}\boldsymbol{P}\boldsymbol{V}}{r}\tag{9.5.1}$$

式中，$r=n-t$，n 为观测值的个数，t 为必需观测个数。如果平差模型不正确，必然通过最小二乘残差反映出来，并最终使 $\hat{\sigma}_0^2$ 偏离其理论值或先验值 σ_0^2，于是可通过检验 $\hat{\sigma}_0^2$ 与 σ_0^2 是否一致来检验平差模型的正确性。验后方差检验的假设为

$$\left.\begin{aligned}&H_0: \hat{\sigma}_0^2=\sigma_0^2\\&H_1: \hat{\sigma}_0^2\neq\sigma_0^2\end{aligned}\right\}\tag{9.5.2}$$

由于在前几章中，已经证明

$$\left.\begin{aligned}\frac{\boldsymbol{V}^{\mathrm{T}}\boldsymbol{PV}}{\sigma_0^2}&\sim\chi^2(r)\\\frac{r\hat{\sigma}_0^2}{\sigma_0^2}&\sim\chi^2(r)\end{aligned}\right\}\tag{9.5.3}$$

即 $r\hat{\sigma}_0^2/\sigma_0^2$ 是服从自由度为 r(多余观测数)的 χ^2 分布。

对于给定的显著水平 α,从 χ^2 分布临界值表中可查得满足

$$P\left[\chi_{1-\alpha/2}^2(r)\leqslant\frac{r\hat{\sigma}_0^2}{\sigma_0^2}\leqslant\chi_{\alpha/2}^2(r)\right]=1-\alpha\tag{9.5.4}$$

的两个临界值 $\chi_{1-\alpha/2}^2(r)$和 $\chi_{\alpha/2}^2(r)$。若通过计算得到

$$\chi_{1-\alpha/2}^2(r)\leqslant\frac{r\hat{\sigma}_0^2}{\sigma_0^2}\leqslant\chi_{\alpha/2}^2(r)\tag{9.5.5}$$

则接受原假设 H_0,认为平差模型正确,反之拒绝原假设,认为平差模型存在错误。

验后方差的检验是对平差模型的总体检验,只有通过检验的平差结果才能采用。当验后方差的检验未通过时,说明平差模型可能存在错误,例如,起算数据有问题,观测值存在粗差或系统误差,观测值的权比不正确等,应视不同情况具体分析,找出存在的错误,重新进行平差。

例 9.5.1　某平差问题中,$n=95$,$t=35$,计算的验后单位权方差 $\hat{\sigma}_0^2=1.16$,且已知验前单位权方差为 $\sigma_0^2=1.01$。试由验后单位权方差检验平差模型的正确性,显著水平 $\alpha=0.05$。

解:

$$\chi^2=\frac{(95-35)\times1.16}{1.01}=68.9$$

$$\chi_{1-0.025}^2(60)=40.5,\ \chi_{0.025}^2(60)=83.3$$

计算的 χ^2 值在区间(40.5,83.3)内,故认为平差模型正确。

解答完毕。

9.5.2　参数向量的置信椭球

设平差模型为间接平差模型,则有

$$\boldsymbol{\Delta}=\boldsymbol{B}\tilde{\boldsymbol{x}}+\boldsymbol{l},\ \boldsymbol{V}=\boldsymbol{B}\hat{\boldsymbol{x}}+\boldsymbol{l},\ \boldsymbol{l}=\boldsymbol{B}\boldsymbol{X}^0+\boldsymbol{d}-\boldsymbol{L}$$

式中,$\boldsymbol{L}$ 为 n 维观测值向量,$\tilde{\boldsymbol{X}}=\boldsymbol{X}^0+\tilde{\boldsymbol{x}}$ 为 t 维参数向量,$\boldsymbol{\Delta}\sim N(\boldsymbol{0},\sigma_0^2\boldsymbol{P}^{-1})$,观测值的权矩阵 $\boldsymbol{P}$ 对称正定。由最小二乘平差求得参数向量估值及其协方差矩阵为

$$\hat{\boldsymbol{x}}=(\boldsymbol{B}^{\mathrm{T}}\boldsymbol{PB})^{-1}\boldsymbol{B}^{\mathrm{T}}\boldsymbol{Pl},\ \hat{\boldsymbol{X}}=\boldsymbol{X}^0+\hat{\boldsymbol{x}},\ \boldsymbol{D}_{\hat{X}\hat{X}}=\sigma_0^2(\boldsymbol{B}^{\mathrm{T}}\boldsymbol{PB})^{-1}$$

在前几章中已经证明 $\hat{X}$ 是服从 t 维正态分布的随机向量,即 $\hat{X}\sim N[E(\hat{X}),D_{\hat{X}\hat{X}}]$,式中,$E(\hat{\boldsymbol{X}})$ 为 $\hat{\boldsymbol{X}}$ 的数学期望,虽然是一确定的向量,但却未知。下面分析利用平差参数 $\hat{\boldsymbol{X}}$ 来估计其数学期望 $E(\hat{\boldsymbol{X}})$的可能取值范围。

类似于在前几章中讨论二次型 $\boldsymbol{V}^{\mathrm{T}}\boldsymbol{PV}$ 的概率分布一样,可证明二次型$[\hat{X}-E(\hat{X})]^{\mathrm{T}}\boldsymbol{D}_{\hat{X}\hat{X}}^{-1}[\hat{\boldsymbol{X}}-E(\hat{\boldsymbol{X}})]$是服从自由度为 t 的 χ^2 分布的随机变量。对于给定的显著水平 α,则有

$$P\{[\hat{\boldsymbol{X}}-E(\hat{\boldsymbol{X}})]^{\mathrm{T}}\boldsymbol{D}_{\hat{X}\hat{X}}^{-1}[\hat{\boldsymbol{X}}-E(\hat{\boldsymbol{X}})]\leqslant\chi_\alpha^2\}=1-\alpha\tag{9.5.6}$$

上式括号内的不等式正好是超椭球

$$[\hat{\boldsymbol{X}}-E(\hat{\boldsymbol{X}})]^{\mathrm{T}}\boldsymbol{D}_{\hat{X}\hat{X}}^{-1}[\hat{\boldsymbol{X}}-E(\hat{\boldsymbol{X}})]=\chi_\alpha^2\tag{9.5.7}$$

所包含的区域,上式所表示的椭球称为置信水平为(1－α)的置信椭球。

因为 $\boldsymbol{D}_{\hat{X}\hat{X}}$ 为正定矩阵，它有 t 个正特征值 $\lambda_1,\lambda_2,\cdots,\lambda_t$，并相应地有一组正交单位特征向量 $s_1,s_2,\cdots,s_t$，所以关于置信椭球方程，有如下几点特征。

(1)椭球方程中，只有 $E(\hat{\boldsymbol{X}})$ 是未知量，所以置信椭球的球心位于 $\hat{\boldsymbol{X}}$。

(2)置信椭球的主轴半径分别为 $\sqrt{\lambda_1\chi_\alpha^2}$，$\sqrt{\lambda_2\chi_\alpha^2}$，$\cdots$，$\sqrt{\lambda_t\chi_\alpha^2}$。

(3)置信椭球的主轴方向分别为 $s_1,s_2,\cdots,s_t$。

(4)置信椭球的中心 $\hat{\boldsymbol{X}}$ 是随机向量，所以置信椭球可能包含也可能不包含真值 $E(\hat{\boldsymbol{X}})$，置信椭球包含真值参数 $E(\hat{\boldsymbol{X}})$ 的概率为 $(1-\alpha)$。注意：因为 $E(\hat{\boldsymbol{X}})$ 是非随机量，不能说参数真值 $E(\hat{\boldsymbol{X}})$ 落在椭球面上及椭球面内的概率为 $(1-\alpha)$。

(5)当 $\chi_\alpha^2=1$ 时，置信椭球为

$$[\hat{\boldsymbol{X}}-E(\hat{\boldsymbol{X}})]^{\mathrm{T}}\boldsymbol{D}_{\hat{X}\hat{X}}^{-1}[\hat{\boldsymbol{X}}-E(\hat{\boldsymbol{X}})]=1 \tag{9.5.8}$$

该椭球称为误差椭球。特别是当 $t=2$ 时，误差椭球变成常见的误差椭圆。

以上讨论中，假定方差因子 σ_0^2 已知，$\boldsymbol{D}_{\hat{X}\hat{X}}\sigma_0^2\boldsymbol{Q}_{\hat{X}\hat{X}}$。实际上我们只能由平差求出 σ_0^2 的最小二乘估值 $\hat{\sigma}_0^2$，$\hat{X}$ 的协方差矩阵的估值为 $\hat{\boldsymbol{D}}_{\hat{X}\hat{X}}=\hat{\sigma}_0^2\boldsymbol{Q}_{\hat{X}\hat{X}}$。此时的统计量

$$F=\frac{[\hat{\boldsymbol{X}}-E(\hat{\boldsymbol{X}})]^{\mathrm{T}}\boldsymbol{D}_{\hat{X}\hat{X}}^{-1}[\hat{\boldsymbol{X}}-E(\hat{\boldsymbol{X}})]/t}{\left(\dfrac{r\hat{\sigma}_0^2}{\sigma_0^2}\right)\Big/r}=\frac{\Delta\hat{\boldsymbol{X}}^{\mathrm{T}}\hat{\boldsymbol{D}}_{\hat{X}\hat{X}}^{-1}\Delta\hat{\boldsymbol{X}}}{t} \tag{9.5.9}$$

服从自由度为 t 和 r(多余观测数)的 F 分布。相应于置信水平 $(1-\alpha)$ 的置信椭球为

$$[\hat{\boldsymbol{X}}-E(\hat{\boldsymbol{X}})]^{\mathrm{T}}\boldsymbol{D}_{\hat{X}\hat{X}}^{-1}[\hat{\boldsymbol{X}}-E(\hat{\boldsymbol{X}})]=tF_\alpha(t,r) \tag{9.5.10}$$

式中，$F_\alpha(t,r)$ 是显著水平为 α，自由度为 t 和 r 的 F 分布上侧分位数。

9.5.3 参数向量的假设检验

利用前面导出的统计量，可以对 $\hat{\boldsymbol{X}}$ 的偏差进行显著性检验。设

$$H_0:E(\hat{\boldsymbol{X}})=\boldsymbol{X}_0;\ H_1:E(\hat{\boldsymbol{X}})>\boldsymbol{X}_0$$

式中，$\boldsymbol{X}_0$ 为给定的值。

当 σ_0^2 已知时，采用 χ^2 检验的步骤如下：

(1)以 $E(\hat{\boldsymbol{X}})=\boldsymbol{X}_0$ 代入式(9.5.7)计算 χ^2 的值；

(2)根据显著水平 α 查表或计算 $\chi_\alpha^2(t)$；

(3)若 $\chi^2\leqslant\chi_\alpha^2(t)$，接受原假设 H_0，否则拒绝 H_0。

当 σ_0^2 未知时，采用 F 检验的步骤如下：

(1)以 $E(\hat{\boldsymbol{X}})=\boldsymbol{X}_0$ 代入式(9.5.9)计算出 F 的值；

(2)根据显著水平 α 查表或计算 $F_\alpha(t,r)$；

(3)若 $F\leqslant F_\alpha(t,r)$，接受原假设 H_0，否则拒绝 H_0。

从上面的检验步骤可以看出：如果 $\boldsymbol{X}_0$ 在置信椭球面上或椭球之内，就会接受原假设；如果在置信椭球之外，就会拒绝原假设。

§9.6 粗差检验的数据探测法

在许多情况下，只要采取适当的措施，粗差是可以避免的。但在现代化的测量数据采集、

传输和自动化处理的过程中，由于种种原因可能产生粗差。如果不及时处理粗差，将使平差结果受到严重的歪曲。荷兰巴尔达教授在 19 世纪 60 年代提出了测量可靠性理论和数据探测法，奠定了粗差理论研究的发展基础。数据探测法的基本思想是假设一个平差系统中只存在一个粗差，用统计假设检验探测粗差，从而剔除被探测到的粗差。下面以间接平差为例说明粗差探测的原理。

9.6.1 观测值误差和改正数之间的关系

间接平差的函数模型和随机模型分别是

$$\boldsymbol{V}=\boldsymbol{B}\hat{\boldsymbol{x}}+\boldsymbol{l},\ \boldsymbol{l}=\boldsymbol{B}\boldsymbol{X}^0+\boldsymbol{d}-\boldsymbol{L},\ \boldsymbol{D}_{LL}=\sigma_0^2\boldsymbol{Q}=\sigma_0^2\boldsymbol{P}^{-1}$$

法矩阵为 $\boldsymbol{N}_{BB}=\boldsymbol{B}^{\mathrm{T}}\boldsymbol{P}\boldsymbol{B}$，其解为

$$\hat{\boldsymbol{x}}=-\boldsymbol{N}_{BB}^{-1}\boldsymbol{B}^{\mathrm{T}}\boldsymbol{P}\boldsymbol{l},\ \hat{\boldsymbol{X}}=\boldsymbol{X}^0+\hat{\boldsymbol{x}},\ \boldsymbol{V}=\boldsymbol{B}\hat{\boldsymbol{x}}+\boldsymbol{l},\ \hat{\boldsymbol{L}}=\boldsymbol{L}+\boldsymbol{V}$$

主要的协因数矩阵有

$$\boldsymbol{Q}_{\hat{X}\hat{X}}=\boldsymbol{N}_{BB}^{-1},\ \boldsymbol{Q}_{VV}=\boldsymbol{Q}-\boldsymbol{B}\boldsymbol{N}_{BB}^{-1}\boldsymbol{B}^{\mathrm{T}},\ \boldsymbol{Q}_{\hat{L}\hat{L}}=\boldsymbol{Q}-\boldsymbol{Q}_{VV}$$

单位权方差的估值是

$$\hat{\sigma}_0^2=\frac{\boldsymbol{V}^{\mathrm{T}}\boldsymbol{P}\boldsymbol{V}}{n-t}$$

根据以上公式可得

$$\boldsymbol{V}=(\boldsymbol{Q}-\boldsymbol{B}\boldsymbol{N}_{BB}^{-1}\boldsymbol{B}^{\mathrm{T}})\boldsymbol{P}\boldsymbol{l}=\boldsymbol{Q}_{VV}\boldsymbol{P}\boldsymbol{l}=\boldsymbol{R}\boldsymbol{l}$$

式中，$\boldsymbol{R}=\boldsymbol{Q}_{VV}\boldsymbol{P}$。可证明 n 阶方阵 $\boldsymbol{R}$ 为幂等矩阵，即

$$\boldsymbol{R}^2=\boldsymbol{R}\boldsymbol{R}=\boldsymbol{R}$$

对于幂等矩阵，其秩等于其迹，即

$$\mathrm{R}(\boldsymbol{R})=\mathrm{tr}(\boldsymbol{Q}_{VV}\boldsymbol{P})=\mathrm{tr}(\underset{n\times n}{\boldsymbol{I}}-\boldsymbol{B}\boldsymbol{N}_{BB}^{-1}\boldsymbol{B}^{\mathrm{T}}\boldsymbol{P})=n-t=r$$

方阵 $\boldsymbol{R}$ 可表示为

$$\boldsymbol{R}=\begin{pmatrix} r_{11} & r_{12} & \cdots & r_{1n} \\ r_{21} & r_{22} & \cdots & r_{2n} \\ \vdots & \vdots & & \vdots \\ r_{n1} & r_{n2} & \cdots & r_{nn} \end{pmatrix},\ r=\sum_{i=1}^{n} r_{ii}$$

说明方阵 $\boldsymbol{R}$ 的对角线元素之和等于多余观测次数（自由度），其秩等于自由度 $r<n$，所以方阵 $\boldsymbol{R}$ 是降秩矩阵，其逆不存在。

若第 i 个观测值存在粗差 λ_i，则平差模型的改正数变为

$$\boldsymbol{V}'=\boldsymbol{R}(\boldsymbol{l}+e_i\lambda_i)$$

式中，$\boldsymbol{e}_i$ 表示的是一个列向量，且第 i 行的值为 1，其余的为 0。则

$$\boldsymbol{V}'=\begin{pmatrix} v_1' \\ v_2' \\ \vdots \\ v_n' \end{pmatrix}=\begin{pmatrix} r_{11} & r_{12} & \cdots & r_{1n} \\ r_{21} & r_{22} & \cdots & r_{2n} \\ \vdots & \vdots & & \vdots \\ r_{n1} & r_{n2} & \cdots & r_{nn} \end{pmatrix}\begin{pmatrix} l_1 \\ \vdots \\ l_i+\lambda_i \\ \vdots \\ l_n \end{pmatrix}$$

那么在第 i 个观测值存在粗差 λ_i 时，改正数的变化是

$$\Delta \boldsymbol{V}=\boldsymbol{V}'-\boldsymbol{V}=\begin{pmatrix} v_1'-v_1 \\ v_2'-v_2 \\ \vdots \\ v_n'-v_n \end{pmatrix}=\begin{pmatrix} r_{11} & r_{12} & \cdots & r_{1n} \\ r_{21} & r_{22} & \cdots & r_{2n} \\ \vdots & \vdots & & \vdots \\ r_{n1} & r_{n2} & \cdots & r_{nn} \end{pmatrix}\begin{pmatrix} 0 \\ \vdots \\ \lambda_i \\ \vdots \\ 0 \end{pmatrix}$$

或者

$$v_i'-v_i=r_{ii}\lambda_i,\ v_j'-v_j=r_{ji}\lambda_i$$

这样表明第 i 个观测值存在粗差 λ_i 时，不仅对第 i 个观测值的改正数产生影响，也会对其他观测值的改正数产生影响。

9.6.2 数据探测法

根据方阵 $\boldsymbol{R}$ 的定义，也知有如下关系成立

$$0\leqslant(\boldsymbol{Q}_{VV})_{ii}=(\boldsymbol{Q}-\boldsymbol{Q}_{LL})_{ii}\leqslant(\boldsymbol{Q})_{ii}$$

$$0\leqslant r_{ii}=(\boldsymbol{Q}_{VV}\boldsymbol{P})_{ii}\leqslant(\boldsymbol{QP})_{ii}=1$$

假设 $\boldsymbol{Q}$ 是对角矩阵，则由方阵 $\boldsymbol{R}$ 计算改正数的方差为

$$\sigma_{v_i}^2=\sigma_0^2(\boldsymbol{Q}_{VV})_{ii}=\sigma_0^2(\boldsymbol{Q}_{VV}\boldsymbol{PQ})_{ii}=\sigma_0^2(\boldsymbol{RQ})_{ii}=(\boldsymbol{R})_{ii}(\sigma_0^2\boldsymbol{Q})_{ii}=r_{ii}\sigma_i^2$$

现在假设只有一个粗差，且单位权方差 σ_0^2 已知，$\boldsymbol{Q}$ 是对角矩阵。这时可求出标准化残差，即

$$w_i=\frac{v_i}{\sigma_{vi}}=\frac{v_i}{\sigma_i\sqrt{r_{ii}}}\sim N(0,1)$$

由此可构建统计量

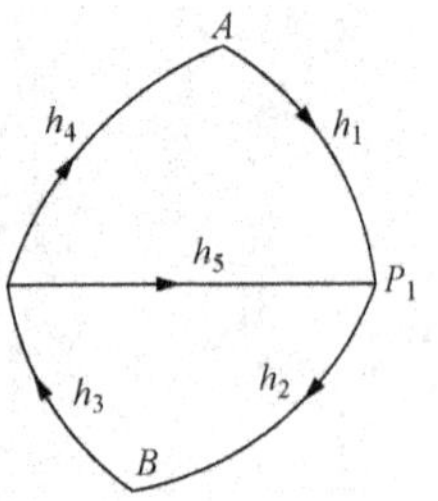

图 9.6.1

$$u=w_i=\frac{v_i}{\sigma_i\sqrt{r_{ii}}}$$

做 u 检验。对于 $\alpha=0.05$，如果 $w_i\in[-1.96,1.96]$，则认为 $E(v_i)=0$，即第 i 个观测值 L_i 不存在粗差；反之，则认为 $E(v_i)\neq0$，即第 i 个观测值 L_i 存在粗差。

例 9.6.1　如图 9.6.1 所示的水准网，A、B 是已知点，$H_A=13.000$ m，$H_A=10.000$ m，P_1、P_2 为待定点，各点间的距离均为 3 km，每千米观测高差的中误差是 $\sigma_0=3$ mm，观测高差为

$$h_1=-1.495\ \text{m},h_2=-1.500\ \text{m},h_3=1.495\ \text{m},h_4=1.505\ \text{m},h_5=-0.030\ \text{m}$$

若 $\alpha=0.001$，试用数据探测法判断哪些观测值中含有粗差。

解：设 $\hat{X}_1=11.505\ \text{m}+\hat{x}_1$，$\hat{X}_2=11.495\ \text{m}+\hat{x}_2$，则误差方程是

$$\boldsymbol{V}=\begin{pmatrix} 1 & 0 \\ -1 & 0 \\ 0 & 1 \\ 0 & -1 \\ 1 & -1 \end{pmatrix}\begin{pmatrix} \hat{x}_1 \\ \hat{x}_2 \end{pmatrix}-\begin{pmatrix} 0^{\text{mm}} \\ 5^{\text{mm}} \\ 0^{\text{mm}} \\ 0^{\text{mm}} \\ -20^{\text{mm}} \end{pmatrix},\ \boldsymbol{P}=\boldsymbol{I}$$

由此可有

$$Q_{VV}=\frac{1}{8}\begin{pmatrix}5 & 3 & -1 & 1 & -2\\ & 5 & 1 & -1 & 2\\ & & 5 & 3 & 2\\ & & & 5 & -2\\ & & & & 4\end{pmatrix},\ R=Q_{VV}P=\frac{1}{8}\begin{pmatrix}5 & 3 & -1 & 1 & -2\\ & 5 & 1 & -1 & 2\\ & & 5 & 3 & 2\\ & & & 5 & -2\\ & & & & 4\end{pmatrix}$$

$$\sigma_i=\sigma_0\sqrt{S_i}=3\sqrt{3}=5.2\ (\text{mm})\quad (i=1,2,\cdots,5)$$

$$\sigma_{v_i}=\sigma_i\sqrt{r_{ii}}=5.2\sqrt{\frac{5}{8}}=4.10\ (\text{mm})\quad (i=1,2,\cdots,4)$$

$$\sigma_{v_5}=\sigma_5\sqrt{r_{55}}=5.2\sqrt{\frac{4}{8}}=3.68\ (\text{mm})$$

$$V=\begin{pmatrix}8^{\text{mm}}\\ -13^{\text{mm}}\\ 9^{\text{mm}}\\ -9^{\text{mm}}\\ -21^{\text{mm}}\end{pmatrix},\ w_i=\frac{v_i}{\sigma_{v_i}}=\begin{pmatrix}1.95\\ -3.17\\ 2.19\\ -2.19\\ 5.71\end{pmatrix}$$

当 $\alpha=0.001$ 时，有 $P(-3.29<w_i<3.29)=1-\alpha=0.999$。因为 $|w_5|>3.29$，所以 h_5 含有粗差，此观测值应当剔除。

解答完毕。

第 10 章　测量平差应用实例

德国数学家高斯于 1821—1823 年在汉诺威弧度测量的三角网平差中首次应用测量平差，经过许多科学家的不断完善，得到发展。当前，测量平差已成为测绘学中重要的、内容丰富的基础理论与数据处理技术之一。本章主要介绍如何根据测量工作当中遇到的不同几何模型，利用间接平差或条件平差方法进行平差计算的问题。

§10.1　间接平差中误差方程的列立

按间接平差方法进行平差计算，第一步就是列出误差方程，方程个数等于观测值的个数 n，其中所选参数的个数必须等于必要观测的个数 t，且要求 t 个参数必须是独立的，即所选参数之间不存在函数关系。在选择参数时，可以选直接观测值的平差值，也可以选非直接观测量的平差值，甚至二者兼而有之。如：水准网一般选待定点高程平差值作为参数，也可选取点间的高差平差值作为参数，但要保证参数独立；平面控制网和 GPS 网中一般选待定点坐标（二维或三维）平差值作为参数，也可以选取观测值的平差值作为参数，同样要注意参数之间的独立性。水准网和 GPS 网一般是线性的，三角网和导线网一般为非线性的。

10.1.1　测角网误差方程的列立

这里讨论测角网中选择待定点的坐标平差值为参数时，误差方程的列立，即误差方程的线性化问题。

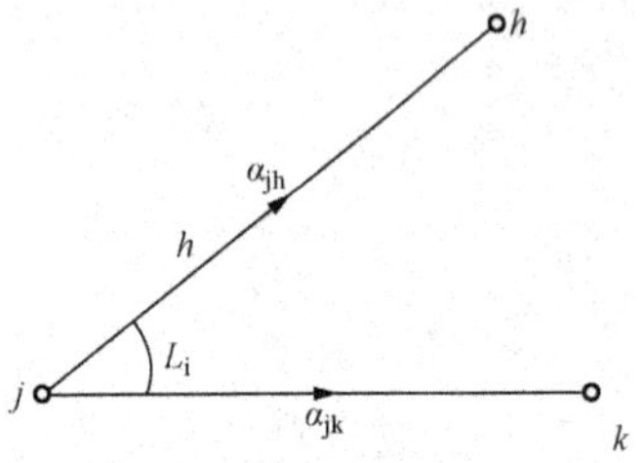

图 10.1.1

在图 10.1.1 中，观测角度 L_i，设 j、h、k 均为待定点，设参数为 $(\hat{X}_j, \hat{Y}_j)$、$(\hat{X}_k, \hat{Y}_k)$、$(\hat{X}_h, \hat{Y}_h)$，并令 $\hat{X}=X^0+\hat{x}$，$\hat{Y}=Y^0+\hat{y}$。对于角度 L_i，其观测方程为

$$L_i+v_i=\hat{\alpha}_{jk}-\hat{\alpha}_{jh}$$

由近似坐标改正数引起的近似坐标方位角改正数为 $\delta\alpha$，即

$$\hat{\alpha}=\alpha^0+\delta\alpha \tag{10.1.1}$$

令

$$l_i=L_i-(\alpha_{jk}^0-\alpha_{jh}^0)=L_i-L_i^0 \tag{10.1.2}$$

得

$$v_i=\delta\alpha_{jk}-\delta\alpha_{jh}-l_i$$

这是由方位角改正数表示的误差方程。

现求坐标改正数与坐标方位角改正数之间的线性关系（以 $j-k$ 边为例）。j 和 k 是两个待定点，它们的近似坐标为 (X_j^0, Y_j^0) 和 (X_k^0, Y_k^0)。根据这些近似坐标可以计算 j 和 k 两点间的近似坐标方位角 α_{jk}^0 和近似边长 S_{jk}^0。且

$$\hat{X}_j=X_j^0+\hat{x}_j, \hat{Y}_j=Y_j^0+\hat{y}_j; \hat{X}_k=X_k^0+\hat{x}_k, \hat{Y}_k=Y_k^0+\hat{y}_k$$

由图 10.1.1 可写出

$$\hat{\alpha}_{jk}=\arctan\frac{(Y_k^0+\hat{y}_k)-(Y_j^0+\hat{y}_j)}{(X_k^0+\hat{x}_k)-(X_j^0+\hat{x}_j)}$$

将上式右端按泰勒公式展开，得

$$\hat{\alpha}_{jk}=\arctan\frac{Y_k^0-Y_j^0}{X_k^0-X_j^0}+\left(\frac{\partial\hat{\alpha}_{jk}}{\partial\hat{X}_j}\right)_0\hat{x}_j+\left(\frac{\partial\hat{\alpha}_{jk}}{\partial\hat{Y}_j}\right)_0\hat{y}_j+\left(\frac{\partial\hat{\alpha}_{jk}}{\partial\hat{X}_k}\right)_0\hat{x}_k+\left(\frac{\partial\hat{\alpha}_{jk}}{\partial\hat{Y}_k}\right)_0\hat{y}_k$$

对照式(10.1.1)知

$$\delta\alpha_{jk}=\left(\frac{\partial\hat{\alpha}_{jk}}{\partial\hat{X}_j}\right)_0\hat{x}_j+\left(\frac{\partial\hat{\alpha}_{jk}}{\partial\hat{Y}_j}\right)_0\hat{y}_j+\left(\frac{\partial\hat{\alpha}_{jk}}{\partial\hat{X}_k}\right)_0\hat{x}_k+\left(\frac{\partial\hat{\alpha}_{jk}}{\partial\hat{Y}_k}\right)_0\hat{y}_k \tag{10.1.3}$$

式中

$$\left(\frac{\partial\hat{\alpha}_{jk}}{\partial\hat{X}_j}\right)_0=\frac{\dfrac{Y_k^0-Y_j^0}{(X_k^0-X_j^0)^2}}{1+\left(\dfrac{Y_k^0-Y_j^0}{X_k^0-X_j^0}\right)^2}=\frac{Y_k^0-Y_j^0}{(X_k^0-X_j^0)^2+(Y_k^0-Y_j^0)^2}=\frac{\Delta Y_{jk}^0}{(S_{jk}^0)^2}$$

同理可得

$$\left(\frac{\partial\hat{\alpha}_{jk}}{\partial\hat{Y}_j}\right)_0=-\frac{\Delta X_{jk}^0}{(S_{jk}^0)^2},\ \left(\frac{\partial\hat{\alpha}_{jk}}{\partial\hat{X}_k}\right)_0=-\frac{\Delta Y_{jk}^0}{(S_{jk}^0)^2},\ \left(\frac{\partial\hat{\alpha}_{jk}}{\partial\hat{Y}_k}\right)_0=\frac{\Delta X_{jk}^0}{(S_{jk}^0)^2}$$

将上列结果代入式(10.1.3)，并顾及全式的单位得

$$\delta\alpha_{jk}=\frac{\rho\Delta Y_{jk}^0}{(S_{jk}^0)^2}\hat{x}_j-\frac{\rho\Delta X_{jk}^0}{(S_{jk}^0)^2}\hat{y}_j-\frac{\rho\Delta Y_{jk}^0}{(S_{jk}^0)^2}\hat{x}_k+\frac{\rho\Delta X_{jk}^0}{(S_{jk}^0)^2}\hat{y}_k \tag{10.1.4}$$

或写成

$$\delta\alpha_{jk}=\frac{\rho\sin\alpha_{jk}^0}{S_{jk}^0}\hat{x}_j-\frac{\rho\cos\alpha_{jk}^0}{S_{jk}^0}\hat{y}_j-\frac{\rho\sin\alpha_{jk}^0}{S_{jk}^0}\hat{x}_k+\frac{\rho\cos\alpha_{jk}^0}{S_{jk}^0}\hat{y}_k \tag{10.1.5}$$

式(10.1.4)和式(10.1.5)就是坐标改正数与坐标方位角改正数间的一般关系式，称为坐标方位角改正数方程。其中，$\delta\alpha$ 单位为(″)。平差计算时，可按不同的情况灵活应用上式。

(1)若某边的两端均为待定点，则坐标改正数与坐标方位角改正数间的关系式就是式(10.1.4)或式(10.1.5)。

(2)若点 j 为已知点，则 $\hat{x}_j=\hat{y}_j=0$，得

$$\delta\alpha_{jk}=-\frac{\rho\Delta Y_{jk}^0}{(S_{jk}^0)^2}\hat{x}_k+\frac{\rho\Delta X_{jk}^0}{(S_{jk}^0)^2}\hat{y}_k$$

若点 k 为已知点，则 $\hat{x}_k=\hat{y}_k=0$，得

$$\delta\alpha_{jk}=\frac{\rho\Delta Y_{jk}^0}{(S_{jk}^0)^2}\hat{x}_j-\frac{\rho\Delta X_{jk}^0}{(S_{jk}^0)^2}\hat{y}_j$$

(3)若某边的两个端点均为已知点，则 $\hat{x}_j=\hat{y}_j=\hat{x}_k=\hat{y}_k=0$，得 $\delta\alpha_{jk}=0$。

(4)同一边的正反坐标方位角的改正数相等，它们与坐标改正数的关系式也一样，这是因为

$$\delta\alpha_{kj}=\frac{\rho\Delta Y_{kj}^0}{(S_{jk}^0)^2}\hat{x}_k-\frac{\rho\Delta X_{kj}^0}{(S_{jk}^0)^2}\hat{y}_k-\frac{\rho\Delta Y_{kj}^0}{(S_{jk}^0)^2}\hat{x}_j+\frac{\rho\Delta X_{kj}^0}{(S_{jk}^0)^2}\hat{y}_j$$

对照式(10.1.4)，顾及 $\Delta Y_{jk}^0=-\Delta Y_{kj}^0$，$\Delta X_{jk}^0=-\Delta X_{kj}^0$，得 $\delta\alpha_{jk}=\delta\alpha_{kj}$。

对于图10.1.1中的观测角度 L_i 来说，其误差方程可写为

$$v_i=\delta\alpha_{jk}-\delta\alpha_{jh}-l_i=\frac{\rho\Delta Y_{jk}^0}{(S_{jk}^0)^2}\hat{x}_j-\frac{\rho\Delta X_{jk}^0}{(S_{jk}^0)^2}\hat{y}_j-\frac{\rho\Delta Y_{jk}^0}{(S_{jk}^0)^2}\hat{x}_k+\frac{\rho\Delta X_{jk}^0}{(S_{jk}^0)^2}\hat{y}_k-$$

$$\left[\frac{\rho\Delta Y_{jh}^0}{(S_{jh}^0)^2}\hat{x}_j-\frac{\rho\Delta X_{jh}^0}{(S_{jh}^0)^2}\hat{y}_j-\frac{\rho\Delta Y_{jh}^0}{(S_{jh}^0)^2}\hat{x}_h+\frac{\rho\Delta X_{jh}^0}{(S_{jh}^0)^2}\hat{y}_h\right]-l_i$$

合并同类项，最后可得

$$v_i=\rho\left[\frac{\Delta Y_{jk}^0}{(S_{jk}^0)^2}-\frac{\Delta Y_{jh}^0}{(S_{jh}^0)^2}\right]\hat{x}_j-\rho\left[\frac{\Delta X_{jk}^0}{(S_{jk}^0)^2}-\frac{\Delta X_{jh}^0}{(S_{jh}^0)^2}\right]\hat{y}_j-$$
$$\frac{\rho\Delta Y_{jk}^0}{(S_{jk}^0)^2}\hat{x}_k+\frac{\rho\Delta X_{jk}^0}{(S_{jk}^0)^2}\hat{y}_k+\frac{\rho\Delta Y_{jh}^0}{(S_{jh}^0)^2}\hat{x}_h-\frac{\rho\Delta X_{jh}^0}{(S_{jh}^0)^2}\hat{y}_h-l_i \quad (10.1.6)$$

式(10.1.6)即为线性化后的观测角度的误差方程式，可以当做公式使用。

综上所述，对于测角三角网，若采用间接平差，选择待定点的坐标为参数时，列误差方程的步骤为：计算网中各待定点近似坐标 X^0 和 Y^0；计算各边的近似边长 S^0 和近似坐标方位角 α^0；列出各边坐标方位角改正数方程，计算系数；按照式(10.1.6)或式(10.1.2)列出角度误差方程。

10.1.2 测边网误差方程的列立

下面讨论在测边网平差中，选择待定点的坐标为参数时的误差方程的线性化问题。

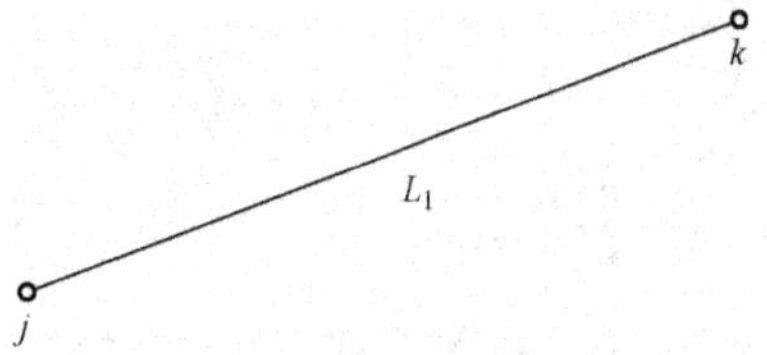

图 10.1.2

先讨论一般情况。在图 10.1.2 中，测得待定点间的边长 L_i，以待定点的坐标平差值 $\hat{X}_j$、$\hat{Y}_j$、$\hat{X}_k$ 和 $\hat{Y}_k$ 为参数，令

$$\hat{X}_j=X_j^0+\hat{x}_j,\hat{Y}_j=Y_j^0+\hat{y}_j;\hat{X}_k=X_k^0+\hat{x}_k,\hat{Y}_k=Y_k^0+\hat{y}_k$$

由图 10.1.2 可写出 $\hat{L}_i$ 的平差值方程为

$$\hat{L}_i=L_i+v_i=\sqrt{(\hat{X}_k-\hat{X}_j)^2+(\hat{Y}_k-\hat{Y}_j)^2}$$

按泰勒公式展开，得

$$L_i+v_i=S_{jk}^0+\frac{\Delta X_{jk}^0}{S_{jk}^0}(\hat{x}_k-\hat{x}_j)+\frac{\Delta Y_{jk}^0}{S_{jk}^0}(\hat{y}_k-\hat{y}_j) \quad (10.1.7)$$

式中

$$\Delta X_{jk}^0=X_k^0-X_j^0,\ \Delta Y_{jk}^0=Y_k^0-Y_j^0,\ S_{jk}^0=\sqrt{(X_k^0-X_j^0)^2+(Y_k^0-Y_j^0)^2}$$

再令

$$l_i=L_i-S_{jk}^0 \quad (10.1.8)$$

则由式(10.1.7)可得测边的误差方程为

$$v_i=-\frac{\Delta X_{jk}^0}{S_{jk}^0}\hat{x}_j-\frac{\Delta Y_{jk}^0}{S_{jk}^0}\hat{y}_j+\frac{\Delta X_{jk}^0}{S_{jk}^0}\hat{x}_k+\frac{\Delta Y_{jk}^0}{S_{jk}^0}\hat{y}_k-l_i \quad (10.1.9)$$

式中，右边前四项之和是由坐标改正数引起的边长改正数。

式(10.1.9)就是测边网坐标平差误差方程式的一般形式，它是在假设两端点都是待定点的情况下导出的。具体计算时，可按下列不同情况灵活运用。

(1)若某边的两端点均为待定点，则式(10.1.9)就是该观测边的误差方程。

(2)若 j 为已知点，则 $\hat{x}_j=\hat{y}_j=0$，得

$$v_i=\frac{\Delta X_{jk}^0}{S_{jk}^0}\hat{x}_k+\frac{\Delta Y_{jk}^0}{S_{jk}^0}\hat{y}_k-l_i$$

若 k 为已知点，则 $\hat{x}_k=\hat{y}_k=0$，得

$$v_i=-\frac{\Delta X_{jk}^0}{S_{jk}^0}\hat{x}_j-\frac{\Delta Y_{jk}^0}{S_{jk}^0}\hat{y}_j-l_i$$

(3)若 j、k 均为已知点，则该边为固定边(不观测)，故对该边不需要列误差方程。

(4)某边的误差方程，按 j 到 k 方向列立与按 k 到 j 方向列立的结果相同。

10.1.3 导线网误差方程的列立

在导线网中，有两类观测值，即边长观测值和角度观测值，所以导线网是一种边角同测网。导线网中角度观测值的误差方程，其组成与测角网坐标平差的误差方程相同；边长观测的误差方程与测边网坐标平差的误差方程相同。因此导线网中观测值的误差列立与上述测角、测边网相同。由于在导线网中有边、角两类观测值，所以确定两类观测值的权是平差中的重要环节。设先验单位权方差为 σ_0^2，测角中误差为 σ_{β_i}，测边中误差为 σ_{S_i}，则定权公式为

$$\left.\begin{aligned}P_{\beta_i}&=\frac{\sigma_0^2}{\sigma_{\beta_i}^2}\\P_{S_i}&=\frac{\sigma_0^2}{\sigma_{S_i}^2}\end{aligned}\right\}\tag{10.1.10}$$

当角度为等精度观测时 $\sigma_{\beta_1}=\sigma_{\beta_2}=\cdots=\sigma_{\beta_n}=\sigma_\beta$。定权时一般令 $\sigma_0^2=\sigma_\beta^2$，即以测角中误差为导线网平差中的单位权观测值中误差，由此即得

$$\left.\begin{aligned}P_{\beta_i}&=\frac{\sigma_\beta^2}{\sigma_\beta^2}=1\\P_{S_i}&=\frac{\sigma_\beta^2}{\sigma_{S_i}^2}\end{aligned}\right\}\tag{10.1.11}$$

为了确定边、角观测值的权，必须已知 σ_β^2 和 $\sigma_{S_i}^2$，一般平差前是无法精确知道的，所以采用按经验定权的方法，即 σ_β^2 和 $\sigma_{S_i}^2$ 采用厂方给定的测角、测距仪器的标称精度或者是经验数据。

在边角同测网中，比是有单位的，如式(10.1.11)中 $P_{\beta_i}=1$，其单位无量纲。而边长的权，其单位为$('')/\mathrm{cm}^2$。在这种情况下，角度的改正数 v_{β_i} 要取$('')$为单位，而边长改正数 v_{S_i} 则要取 cm 为单位，这样 $P_{\beta_i}v_{\beta_i}^2$ 与 $P_{S_i}v_{S_i}^2$ 单位才能一致。这一点在不同类型观测联合平差时应予以注意。下面以一个边角网为例，说明观测角、观测边误差方程式的列立，以及两类观测值的定权方法等。

例 10.1.1 如图 10.1.3 所示，A、B、C、D 为已知点，P_1、P_2 是待定点。同精度观测了6个角度 $L_1,L_2,\cdots,L_6$，测角中误差为 $2.5''$，测量了4条边长 S_7、S_8、S_9、S_{10}，起算数据见表10.1.1，观测结果及其中误差见表10.1.2，试按间接平差法求待定点 P_1 和 P_2 的坐标平差值。

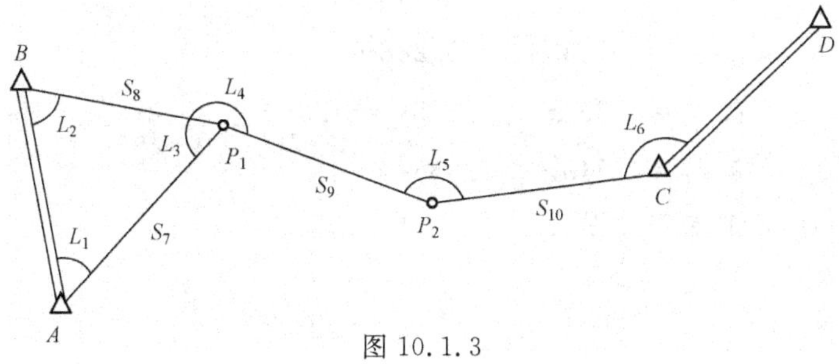

图 10.1.3

表 10.1.1 起算数据

点名	X/m	Y/m	S/m	坐标方位角
A	3 143.237	5 260.334	1 484.781	350°54′27.0″
B	4 609.361	5 025.696		
C	4 157.197	8 853.254	1 000.000	109°31′44.9″
D	3 822.911	9 795.726		

表 10.1.2 观测数据

编号	角度观测值	编号	边长观测值 s/m	中误差/cm
1	44°05′44.8″	1	2 185.070	±3.3
2	93°10′43.1″	2	1 522.853	±2.3
3	42°43′47.2″	3	1 500.017	±2.2
4	201°48′51.2″	4	1 009.021	±1.5
5	201°57′34.0″			
6	168°01′45.2″			

解：本题 $n=10$，即有 10 个误差方程，其中有 6 个角度误差方程，4 个边长误差方程。必要观测数 $t=2\times2=4$。现取待定点坐标平差值为参数，即

$$\hat{\boldsymbol{X}}=(\hat{X}_1 \quad \hat{Y}_1 \quad \hat{X}_2 \quad \hat{Y}_2)^{\mathrm{T}}$$

第一步：计算待定点近似坐标（单位为 m）为

$$\boldsymbol{X}^0=(X_1^0 \quad Y_1^0 \quad X_2^0 \quad Y_2^0)^{\mathrm{T}}=(4\ 933.025 \quad 6\ 513.756 \quad 4\ 684.408 \quad 7\ 792.921)^{\mathrm{T}}$$

第二步：计算待定边的近似坐标方位角 $\boldsymbol{\alpha}^0$ 和近似边长 $\boldsymbol{S}^0$（单位为 m）为

$$\boldsymbol{\alpha}^0=\begin{pmatrix}\alpha_{AP_1}^0\\ \alpha_{BP_1}^0\\ \alpha_{P_1P_2}^0\\ \alpha_{P_2C}^0\end{pmatrix}=\begin{pmatrix}35^\circ00'15.4''\\ 77^\circ43'43.9''\\ 99^\circ32'27.8''\\ 121^\circ29'59.7''\end{pmatrix},\ \boldsymbol{S}^0=\begin{pmatrix}S_{AP_1}^0\\ S_{BP_1}^0\\ S_{P_1P_2}^0\\ S_{P_2C}^0\end{pmatrix}=\begin{pmatrix}2\ 185.042\\ 1\ 533.853\\ 1\ 499.913\\ 1\ 009.021\end{pmatrix}$$

第三步：计算坐标方位角改正数方程的系数，列立误差方程。计算时 S^0、ΔX^0、ΔY^0 均以 m 为单位，而 $\hat{x}$、$\hat{y}$ 因其数值较小，采用 cm 为单位。坐标方位角改正数方程为

$$\delta\alpha_{AP_1}=-0.542\hat{x}_1+0.774\hat{y}_1$$

$$\delta\alpha_{BP_1}=-1.323\hat{x}_1+0.288\hat{y}_1$$

$$\delta\alpha_{P_1P_2}=1.356\hat{x}_1+0.228\hat{y}_1-1.356\hat{x}_2-0.228\hat{y}_2$$

$$\delta\alpha_{P_1C}=1.740\hat{x}_2+1.066\hat{y}_2$$

然后可列出角度和边长的误差方程为

$$
\boldsymbol{V}=\begin{pmatrix}V_1\\V_2\\V_3\\V_4\\V_5\\V_6\\V_7\\V_8\\V_9\\V_{10}\end{pmatrix}=\begin{pmatrix}-0.5420 & 0.7740 & 0 & 0\\ 1.3230 & -0.2280 & 0 & 0\\ -0.7810 & -0.4860 & 0 & 0\\ 2.6790 & -0.0600 & -1.3560 & -0.2280\\ -1.3560 & -0.2280 & 3.0960 & 1.2940\\ 0 & 0 & -1.740 & -1.0660\\ 0.8191 & 0.5736 & 0 & 0\\ 0.2125 & 0.9772 & 0 & 0\\ 0.1658 & -0.9862 & -0.1658 & 0.9862\\ 0 & 0 & 0.5225 & -0.8526\end{pmatrix}\begin{pmatrix}\hat{x}_1\\\hat{y}_1\\\hat{x}_2\\\hat{y}_2\end{pmatrix}-\begin{pmatrix}-3.6\\0\\-1.3\\7.3\\2.1\\0\\2.8\\0\\10.4\\0\end{pmatrix}
$$

第四步：法方程的组成和解算。

首先确定权矩阵，即

$$
\boldsymbol{P}=\mathrm{diag}(1,1,1,1,1,1,0.57,1.18,1.29,2.78)
$$

由误差方程取得系数矩阵 $\boldsymbol{B}$、常数项 $\boldsymbol{l}$，组成法方程

$$
\begin{pmatrix}12.141 & 0.109 & -7.866 & -2.155\\ 0.109 & 3.512 & -0.414 & -1.536\\ -7.866 & -0.414 & 15.246 & 4.721\\ -2.155 & -1.536 & 4.721 & 6.138\end{pmatrix}\begin{pmatrix}\hat{x}_1\\\hat{y}_1\\\hat{x}_2\\\hat{y}_2\end{pmatrix}-\begin{pmatrix}23.207\\-15.387\\-5.622\\14.284\end{pmatrix}=0
$$

由 $\hat{\boldsymbol{x}}=\boldsymbol{N}_{BB}^{-1}\boldsymbol{B}^{\mathrm{T}}\boldsymbol{P}\boldsymbol{l}$ 算得参数改正数 $\hat{\boldsymbol{x}}$（单位为 cm）为

$$
\begin{pmatrix}\hat{x}_1\\\hat{y}_1\\\hat{x}_2\\\hat{y}_2\end{pmatrix}=\begin{pmatrix}0.1240 & 0.0008 & 0.0662 & -0.0072\\ 0.0008 & 0.3250 & -0.0211 & 0.0978\\ 0.0662 & -0.0211 & 0.1229 & -0.0765\\ -0.0072 & 0.0978 & -0.0765 & 0.2437\end{pmatrix}\begin{pmatrix}23.207\\-15.387\\-5.622\\14.284\end{pmatrix}=\begin{pmatrix}2.4\\-3.5\\0.1\\2.2\end{pmatrix}
$$

第五步：平差值计算。坐标平差值（单位为 m）为

$$
\begin{pmatrix}\hat{X}_1\\\hat{Y}_1\\\hat{X}_2\\\hat{Y}_2\end{pmatrix}=\begin{pmatrix}X_1^0\\Y_1^0\\X_2^0\\Y_2^0\end{pmatrix}+\begin{pmatrix}\hat{x}_1\\\hat{y}_1\\\hat{x}_2\\\hat{y}_2\end{pmatrix}=\begin{pmatrix}4\,933.049\\6\,513.721\\4\,684.409\\7\,992.943\end{pmatrix}
$$

根据公式 $\boldsymbol{V}=\boldsymbol{B}\hat{\boldsymbol{x}}-\boldsymbol{l}$ 得各改正数为

$$
\boldsymbol{V}=(-0.4\quad 4.0\quad 1.1\quad -1.3\quad -1.4\quad -2.5\quad -2.8\quad -2.9\quad -4.4\quad -1.9)^{\mathrm{T}}
$$

从而得平差值为

$$
\hat{\boldsymbol{L}}=\boldsymbol{L}+\boldsymbol{V}=(44°05'44.4''\quad 93°10'47.1''\quad 42°43'28.3''\quad 201°48'49.9''\quad 201°57'32.6''\quad 168°01'42.7''\quad 2\,185.042\quad 1\,522.824\quad 1\,499.973\quad 1\,009.002)^{\mathrm{T}}
$$

解答完毕。

10.1.4　GPS 网误差方程的列立

在 GPS 测量时，可以得到两点之间的基线向量观测值，它是在 WGS-84 坐标系下的三维坐标差（ΔX_{ij}，ΔY_{ij}，ΔZ_{ij}），用这些基线向量构成的网称为 GPS 网，平差该网时一般采用间接

平差。设 GPS 网某基线向量观测值为$(\Delta X_{ij},\Delta Y_{ij},\Delta Z_{ij})$，平差时选 GPS 网中各待定点的空间直角坐标平差值$(\hat{X}_i,\hat{Y}_i,\hat{Z}_i)$为参数，并取相应的近似值$(\hat{X}_i^0,\hat{Y}_i^0,\hat{Z}_i^0)$，则有

$$\begin{bmatrix}\hat{X}_i\\\hat{Y}_i\\\hat{Z}_i\end{bmatrix}=\begin{bmatrix}X_i^0\\Y_i^0\\Z_i^0\end{bmatrix}+\begin{bmatrix}\hat{x}_i\\\hat{y}_i\\\hat{z}_i\end{bmatrix} \tag{10.1.12}$$

按照间接平差时列立误差方程的方法，每个基线向量可以列出 3 个误差方程。有

$$\begin{bmatrix}\Delta X_{ij}\\\Delta Y_{ij}\\\Delta Z_{ij}\end{bmatrix}+\begin{bmatrix}V_{X_{ij}}\\V_{Y_{ij}}\\V_{Z_{ij}}\end{bmatrix}=\begin{bmatrix}\hat{X}_j\\\hat{Y}_j\\\hat{Z}_j\end{bmatrix}-\begin{bmatrix}\hat{X}_i\\\hat{Y}_i\\\hat{Z}_i\end{bmatrix} \tag{10.1.13}$$

顾及式(10.1.12)，基线向量的误差方程为

$$\begin{bmatrix}V_{X_{ij}}\\V_{Y_{ij}}\\V_{Z_{ij}}\end{bmatrix}=\begin{bmatrix}\hat{x}_j\\\hat{y}_j\\\hat{z}_j\end{bmatrix}-\begin{bmatrix}\hat{x}_i\\\hat{y}_i\\\hat{z}_i\end{bmatrix}-\begin{bmatrix}\Delta X_{ij}-(X_j^0-X_i^0)\\\Delta Y_{ij}-(Y_j^0-Y_i^0)\\\Delta Z_{ij}-(Z_j^0-Z_i^0)\end{bmatrix} \tag{10.1.14}$$

或

$$\begin{bmatrix}V_{X_{ij}}\\V_{Y_{ij}}\\V_{Z_{ij}}\end{bmatrix}=\begin{bmatrix}\hat{x}_j\\\hat{y}_j\\\hat{z}_j\end{bmatrix}-\begin{bmatrix}\hat{x}_i\\\hat{y}_i\\\hat{z}_i\end{bmatrix}-\begin{bmatrix}\Delta X_{ij}-\Delta X_{ij}^0\\\Delta Y_{ij}-\Delta Y_{ij}^0\\\Delta Z_{ij}-\Delta Z_{ij}^0\end{bmatrix} \tag{10.1.15}$$

令

$$\underset{3\times1}{\boldsymbol{V}}=\begin{bmatrix}V_{X_{ij}}\\V_{Y_{ij}}\\V_{Z_{ij}}\end{bmatrix},\ \underset{3\times1}{\hat{\boldsymbol{x}}_j}=\begin{bmatrix}\hat{x}_j\\\hat{y}_j\\\hat{z}_j\end{bmatrix},\ \underset{3\times1}{\hat{\boldsymbol{x}}_i}=\begin{bmatrix}\hat{x}_i\\\hat{y}_i\\\hat{z}_i\end{bmatrix},\ \Delta\underset{3\times1}{\boldsymbol{X}_{ij}}=\begin{bmatrix}\Delta X_{ij}\\\Delta Y_{ij}\\\Delta Z_{ij}\end{bmatrix}\ \Delta\underset{3\times1}{\boldsymbol{X}_{ij}^0}=\begin{bmatrix}\Delta X_{ij}^0\\\Delta Y_{ij}^0\\\Delta Z_{ij}^0\end{bmatrix}$$

编号为 K 的基线向量的误差方程为

$$\underset{3\times1}{\boldsymbol{V}_K}=\underset{3\times1}{\hat{\boldsymbol{x}}_j}-\underset{3\times1}{\hat{\boldsymbol{x}}_j}-\underset{3\times1}{\boldsymbol{l}_K} \tag{10.1.16}$$

式中

$$\underset{3\times1}{\boldsymbol{l}_K}=\Delta\underset{3\times1}{\boldsymbol{X}_{ij}}-\Delta\underset{3\times1}{\boldsymbol{X}_{ij}^0} \tag{10.1.17}$$

当网中有 m 个待定点，m 条基线向量时，则整个 GPS 网的误差方程为

$$\underset{3n\times1}{\boldsymbol{V}}=\underset{3n\times3m}{\boldsymbol{B}}\underset{3m\times1}{\hat{\boldsymbol{x}}}-\underset{3n\times1}{\boldsymbol{l}} \tag{10.1.18}$$

关于观测值随机模型的确定，一般形式仍然为

$$\boldsymbol{D}=\sigma_0^2\boldsymbol{Q}=\sigma_0^2\boldsymbol{P}^{-1} \tag{10.1.19}$$

现以两台 GPS 接收机测得的结果为例，说明 GPS 网平差时随机模型的组成。

用两台 GPS 接收机在一个时段内只能得到单基线观测向量$(\Delta X_{ij},\Delta Y_{ij},\Delta Z_{ij})$。它们的协方差矩阵直接由软件给出，设为

$$\boldsymbol{D}=\begin{bmatrix}\sigma_{\Delta X_{ij}}^2 & \sigma_{\Delta X_{ij}\Delta Y_{ij}} & \sigma_{\Delta X_{ij}\Delta Z_{ij}}\\ & \sigma_{\Delta Y_{ij}}^2 & \sigma_{\Delta Y_{ij}\Delta Z_{ij}}\\ & & \sigma_{\Delta Z_{ij}}^2\end{bmatrix} \tag{10.1.20}$$

不同基线向量之间认为是独立的，因此，对整个 GPS 网而言，式(10.1.19)中的 $\boldsymbol{D}$ 是块对角矩

阵，即

$$\boldsymbol{D}=\begin{bmatrix} \underset{3\times 3}{\boldsymbol{D}_1} & & & \\ & \underset{3\times 3}{\boldsymbol{D}_2} & & \\ & & \ddots & \\ & & & \underset{3\times 3}{\boldsymbol{D}_g} \end{bmatrix} \tag{9.1.21}$$

矩阵中各个 $\boldsymbol{D}$ 的下角编号 1,2,…,g 为各观测基线向量号，对应式(10.1.20)中的 $\boldsymbol{D}_{ij}$。对于多台 GPS 接收机测量的随机模型的组成，其原理同上，全网的 $\boldsymbol{D}$ 也是一个块对角矩阵。只是对角块矩阵是多个同步基线向量的协方差矩阵。根据式(10.1.19)可得观测基线向量的权矩阵为

$$\boldsymbol{P}=\sigma_0^2\boldsymbol{D}^{-1} \tag{10.1.22}$$

式中，σ_0^2 可任意选取。

§10.2　间接平差算例

例 10.2.1　测角网平差。设有一测角三角网，如图 10.2.1 所示，网中 A、B、C、D 是已知点，P_1、P_2 是待定点，同精度观测了 18 个角度，起算数据和观测值见表 10.2.1 及表 10.2.2，试按间接平差求平差后 P_1 和 P_2 点的坐标及 P_1 和 P_2 点坐标的中误差。

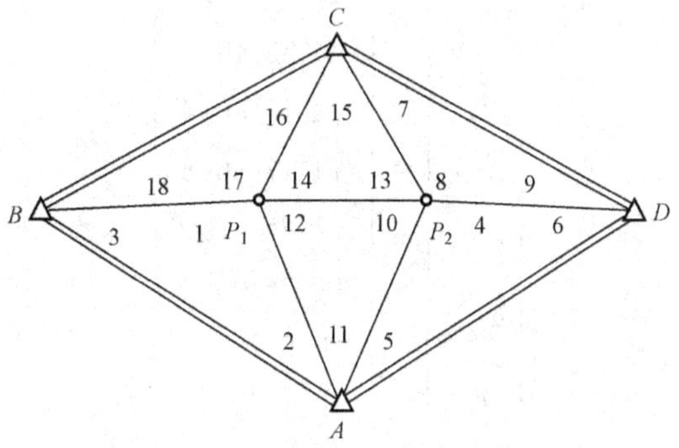

图 10.2.1

表 10.2.1　起算数据

点名	X/m	Y/m	S/m	坐标方位角
A	9 684.28	43 836.82	11 879.60	274°39′38.4″
B	10 649.55	31 996.50	10 232.16	34°40′56.3″
C	19 063.66	37 818.86	12 168.60	95°53′29.1″
D	17 814.63	49 923.19	10 156.11	216°49′06.5″
A				

表 10.2.2　观测数据

角度编号	观测值	角度编号	观测值	角度编号	观测值
1	126°14′24.1″	7	22°02′43.0″	13	46°38′56.4″
2	23°39′46.9″	8	130°03′14.2″	14	66°34′54.7″
3	30°05′46.7″	9	27°53′59.3″	15	66°46′08.2″
4	117°22′46.2″	10	65°55′00.8″	16	29°58′35.5″
5	31°26′50.0″	11	67°02′49.4″	17	120°08′31.1″
6	31°10′22.6″	12	47°02′11.4″	18	29°52′55.4″

解：

第一步：按余切公式算得待求点的近似坐标（单位为 m）为

$$\boldsymbol{X}^0=\begin{pmatrix}X_1^0\\Y_1^0\\X_2^0\\Y_2^0\end{pmatrix}=\begin{pmatrix}13\ 188.61\\37\ 334.97\\15\ 578.61\\44\ 391.03\end{pmatrix}$$

根据已知点的坐标和待定点的近似坐标反算各边的近似坐标方位角 α_{jk}^0，得

$$\begin{pmatrix}\alpha_{P_1A}^0\\\alpha_{P_1B}^0\\\alpha_{P_1C}^0\\\alpha_{P_1P_2}^0\\\alpha_{P_2A}^0\\\alpha_{P_2C}^0\\\alpha_{P_2D}^0\end{pmatrix}=\begin{pmatrix}118°19'24.7''\\244°33'48.6''\\4°42'30.4''\\71°17'16.6''\\185°22'17.0''\\297°56'09.0''\\67°59'31.7''\end{pmatrix}$$

第二步：计算与待定点 P_1 和 P_2 相连各边的坐标方位角改正数方程的系数为

$$\begin{pmatrix}\delta\alpha_{P_1A}\\\delta\alpha_{P_1B}\\\delta\alpha_{P_1C}\\\delta\alpha_{P_1P_2}\\\delta\alpha_{P_2A}\\\delta\alpha_{P_2C}\\\delta\alpha_{P_2D}\end{pmatrix}=\begin{pmatrix}2.46&1.32&0&0\\-3.15&1.50&0&0\\0.29&-3.49&0&0\\2.62&-0.89&-2.62&0.89\\0&0&-0.33&3.47\\0&0&-2.45&-1.30\\0&0&3.20&-1.30\end{pmatrix}\begin{pmatrix}\hat{x}_1\\\hat{y}_1\\\hat{x}_2\\\hat{y}_2\end{pmatrix}$$

第三步：计算误差方程系数和常数项为

$$\boldsymbol{V}=\begin{pmatrix}V_1\\V_2\\V_3\\V_4\\V_5\\V_6\\V_7\\V_8\\V_9\\V_{10}\\V_{11}\\V_{12}\\V_{13}\\V_{14}\\V_{15}\\V_{16}\\V_{17}\\V_{18}\end{pmatrix}=\begin{pmatrix}-5.61 & 0.18 & 0 & 0\\ 2.46 & 1.32 & 0 & 0\\ 3.15 & -1.50 & 0 & 0\\ 0 & 0 & -3.53 & 4.77\\ 0 & 0 & 0.33 & -3.47\\ 0 & 0 & 3.20 & -1.30\\ 0 & 0 & -2.45 & -1.30\\ 0 & 0 & 5.65 & 0\\ 0 & 0 & -3.20 & 1.30\\ 2.62 & -0.89 & -2.29 & -2.58\\ -2.46 & -1.32 & -0.33 & 3.47\\ -0.16 & 2.21 & 2.62 & -0.89\\ -2.62 & 0.89 & 0.17 & -2.19\\ 2.33 & 2.60 & -2.60 & 0.89\\ 0.29 & -3.49 & 2.45 & 130\\ 0.29 & 3.49 & 0 & 0\\ 3.44 & -4.99 & 0 & 0\\ -3.15 & 1.50 & 0 & 0\end{pmatrix}\begin{pmatrix}\hat{x}_1\\ \hat{y}_1\\ \hat{x}_2\\ \hat{y}_2\end{pmatrix}+\begin{pmatrix}-0.2\\-0.6\\3.1\\-0.9\\-0.5\\2.6\\-3.1\\8.5\\-1.9\\-1.2\\2.9\\-3.3\\-4.0\\-8.5\\13.2\\-9.6\\10.7\\-3.1\end{pmatrix}$$

第四步:组成并解算法方程为

$$\begin{pmatrix}94.61 & -22.11 & -11.45 & -6.96\\ -22.11 & 70.51 & -6.95 & -8.42\\ -11.45 & -6.95 & 96.09 & -20.21\\ -6.96 & -8.42 & -20.21 & 66.63\end{pmatrix}\begin{pmatrix}\hat{x}_1\\ \hat{y}_1\\ \hat{x}_2\\ \hat{y}_2\end{pmatrix}=\begin{pmatrix}-43.52\\178.81\\-120.11\\-30.07\end{pmatrix}$$

由 $\hat{\boldsymbol{x}}=\boldsymbol{N}_{BB}^{-1}\boldsymbol{W}$ 算得 $\hat{\boldsymbol{x}}$(单位为 dm)为

$$\hat{\boldsymbol{x}}=(\hat{x}_1\quad \hat{y}_1\quad \hat{x}_2\quad \hat{y}_2)^{\mathrm{T}}=(-0.1030\quad 2.3208\quad -1.2069\quad -0.5348)^{\mathrm{T}}$$

观测值改正数为

$$\boldsymbol{V}=(0.8\quad 2.2\quad -0.7\quad 0.8\quad 1.0\quad -0.6\quad 0.5\quad 1.7\quad 1.3\quad 0.6\quad -1.4\quad -0.8\quad -0.7\quad 0.0\quad 1.4\quad -1.5\quad -1.2\quad 0.7)^{\mathrm{T}}$$

第五步:坐标平差值计算为

$$\hat{X}_1=X_1^0+\hat{x}_1=13\ 188.60\ \mathrm{m},\ \hat{Y}_1=Y_1^0+\hat{y}_1=37\ 335.20\ \mathrm{m}$$

$$\hat{X}_2=X_2^0+\hat{x}_2=15\ 578.49\ \mathrm{m},\ \hat{Y}_2=Y_2^0+\hat{y}_2=44\ 390.98\ \mathrm{m}$$

观测值的平差值计算略。

第六步:精度计算。单位权中误差,即测角中误差为

$$\hat{\sigma}_0=\sqrt{\frac{\boldsymbol{V}^{\mathrm{T}}\boldsymbol{V}}{n-t}}=\sqrt{\frac{22.28}{18-4}}=1.3''$$

由 $\boldsymbol{N}_{BB}^{-1}$ 中取得参数的权倒数，待定点坐标中误差按下式计算（单位为 dm）

$$\hat{\sigma}_{\hat{X}_i}=\hat{\sigma}_0\sqrt{Q_{\hat{X}_i\hat{X}_i}},\ \hat{\sigma}_{\hat{Y}_i}=\hat{\sigma}_0\sqrt{Q_{\hat{Y}_i\hat{Y}_i}}$$

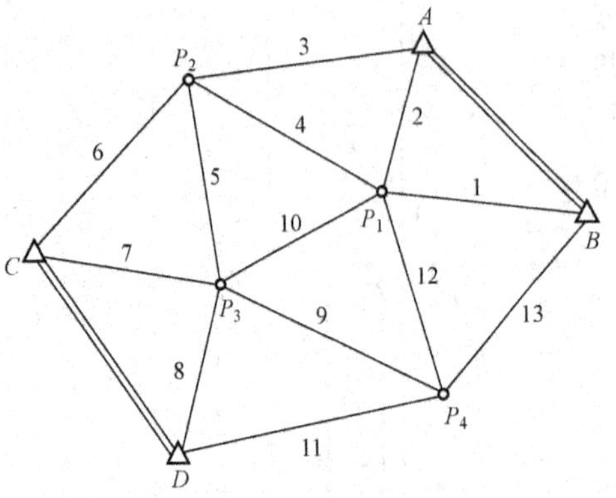

图 10.2.2

$$\hat{\sigma}_{\hat{X}_1}=1.3\sqrt{0.012\ 1}=0.14,$$

$$\hat{\sigma}_{\hat{Y}_1}=1.3\sqrt{0.016\ 1}=0.16,\ \hat{\sigma}_{P_1}=0.21$$

$$\hat{\sigma}_{\hat{X}_2}=1.3\sqrt{0.011\ 7}=0.14,$$

$$\hat{\sigma}_{\hat{Y}_2}=1.3\sqrt{0.016\ 9}=0.17,\ \hat{\sigma}_{P_2}=0.22$$

式中，$\hat{\sigma}_{P_i}$ 为 P_i 点的点位中误差。

解答完毕。

例 10.2.2　测边网平差。有测边网如图10.2.2所示，网中 A、B、C 和 D 为已知点，P_1、P_2、P_3 和 P_4 为待定点，现用某测距仪观测了 13 条边长，测距精度 $\hat{\sigma}_S=3\ \text{mm}+1\times10^{-6}S$。起算数据及观测边长见表 10.2.3 及表 10.2.4。试按间接平差法求待定点坐标平差值及其中误差。

表 10.2.3　起算数据

点名	X/m	Y/m	S/m	坐标方位角
A	53 743.136	61 003.829	7 804.558	138°00′08.6″
B	47 943.002	66 225.854		
C	40 049.229	53 782.790	7 889.381	113°19′50.8″
D	36 924.728	61 027.086		

表 10.2.4　起算数据

编号	边观测值/m	编号	边观测值/m	编号	边观测值/m
1	5 760.706	6	8 720.162	11	5 487.073
2	5 187.342	7	5 598.570	12	8 884.587
3	7 838.880	8	7 494.881	13	7 228.367
4	5 483.158	9	7 493.323		
5	5 731.788	10	5 438.382		

解：

第一步：计算待定点近似坐标。按测边交会计算各待定点近似坐标（单位为 m），其结果为

$$X_1^0=48\ 580.270,\ Y_1^0=60\ 500.505;\ X_2^0=48\ 681.390,\ Y_2^0=55\ 018.279$$

$$X_3^0=43\ 767.223,\ Y_3^0=57\ 968.593;\ X_4^0=40\ 843.219,\ Y_4^0=64\ 867.875$$

第二步：计算误差方程的系数及常数项。根据测边网误差方程的列立方法，可得到误差方程系数矩阵 $\boldsymbol{B}$ 和常数项 $\boldsymbol{l}$（单位为 dm）为

$$
\boldsymbol{B}=\begin{pmatrix}
0.110\,6 & -0.993\,9 & 0 & 0 & 0 & 0 & 0 & 0 \\
-0.995\,3 & -0.097\,0 & 0 & 0 & 0 & 0 & 0 & 0 \\
0 & 0 & -0.645\,7 & -0.763\,6 & 0 & 0 & 0 & 0 \\
-0.018\,4 & 0.999\,8 & 0.018\,4 & -0.999\,8 & 0 & 0 & 0 & 0 \\
0 & 0 & 0.857\,4 & -0.514\,7 & -0.857\,4 & 0.5147 & 0 & 0 \\
0 & 0 & 0.989\,9 & -0.141\,7 & 0 & 0 & 0 & 0 \\
0 & 0 & 0 & 0 & 0.664\,1 & 0.747\,7 & 0 & 0 \\
0 & 0 & 0 & 0 & 0.912\,9 & -0.408\,1 & 0 & 0 \\
0 & 0 & 0 & 0 & 0.390\,2 & -0.920\,7 & -0.390\,2 & 0.920\,7 \\
0.885\,0 & 0.465\,6 & 0 & 0 & -0.885\,0 & -0.465\,6 & 0 & 0 \\
0 & 0 & 0 & 0 & 0 & 0 & 0.714\,2 & 0.700\,0 \\
0.870\,8 & -0.491\,6 & 0 & 0 & 0 & 0 & -0.870\,8 & 0.491\,6 \\
0 & 0 & 0 & 0 & 0 & 0 & -0.982\,2 & -0.187\,9
\end{pmatrix}
$$

$$
\begin{aligned}
\boldsymbol{l}=(&0.001\,7\quad -0.000\,3\quad -0.003\,7\quad -0.005\,0\quad 0.003\,2\quad 0.337\,6\quad -0.393\,0\\
&-0.584\,4\quad -0.001\,3\quad -0.000\,9\quad 1.584\,0\quad 0.004\,1\quad -1.200\,9)^{\mathrm{T}}
\end{aligned}
$$

第三步：计算观测值的权。将边长观测值代入测距精度公式，算得各边的测距精度 σ_{S_i}，设 $\sigma_0=10$ mm，内此算得各边的权，得到权矩阵的对角线元素为

$$
\begin{aligned}
\boldsymbol{P}=\mathrm{diag}(&1.29,1.49,0.86,1.38,1.32,0.73,1.35,\\
&0.91,0.91,1.42,1.38,0.71,0.96)
\end{aligned}
$$

第四步：组成并解算法方程。根据误差方程系数矩阵 $\boldsymbol{B}$、常数项向量 $\boldsymbol{l}$，及观测值的权矩阵 $\boldsymbol{P}$，计算得法方程系数 $\boldsymbol{N}_{BB}$ 和常数项 $\boldsymbol{W}$ 为

$$
\boldsymbol{N}_{BB}=\begin{pmatrix}
3.142\,8 & 0.257\,8 & -0.000\,5 & 0.025\,4 & -1.112\,2 & -0.585\,1 & -0.538\,4 & 0.303\,9 \\
 & 3.147\,2 & 0.025\,4 & -1.379\,4 & -0.585\,1 & -0.307\,8 & 0.303\,9 & -0.171\,6 \\
 & & 2.044\,7 & -0.286\,3 & -0.970\,4 & 0.582\,5 & 0 & 0 \\
 & & & 2.245\,2 & 0.582\,5 & -0.349\,7 & 0 & 0 \\
 & & & & 3.574\,9 & 0.007\,0 & -0.138\,6 & 0.326\,9 \\
 & & & & & 2.335\,2 & 0.326\,9 & -0.771\,4 \\
 & & & & & & 2.307\,0 & 0.236\,2 \\
 & & & & & & & 1.653\,1
\end{pmatrix}
$$

$$
\boldsymbol{W}=(0.002\,2\quad -0.011\,1\quad 0.249\,5\quad 0.027\,8\quad 0.840\,8\quad 0.175\,8\quad 2.691\,4\quad 1.747\,0)^{\mathrm{T}}
$$

$$
\boldsymbol{N}_{BB}^{-1}=\boldsymbol{Q}_{\hat{x}\hat{x}}=\begin{pmatrix}
0.418\,7 & -0.053\,0 & 0.068\,1 & -0.070\,8 & 0.168\,3 & 0.009\,3 & 0.126\,7 & -0.129\,5 \\
 & 0.508\,9 & -0.016\,9 & 0.343\,2 & -0.014\,2 & 0.182\,2 & -0.123\,3 & 0.168\,0 \\
 & & 0.652\,4 & -0.018\,6 & 0.217\,7 & -0.219\,0 & 0.079\,7 & -0.170\,9 \\
 & & & 0.717\,4 & -0.110\,2 & 0.219\,2 & -0.118\,8 & 0.189\,7 \\
 & & & & 0.427\,2 & -0.105\,4 & 0.100\,3 & -0.180\,5 \\
 & & & & & 0.692\,7 & -0.165\,7 & 0.385\,0 \\
 & & & & & & 0.530\,2 & -0.209\,0 \\
 & & & & & & & 0.891\,4
\end{pmatrix}
$$

解算法方程得到参数的改正数 $\hat{\boldsymbol{x}}$（单位为 dm）为

$$\hat{\boldsymbol{x}}=(\hat{x}_1 \quad \hat{y}_1 \quad \hat{x}_2 \quad \hat{y}_2 \quad \hat{x}_3 \quad \hat{y}_3 \quad \hat{x}_4 \quad \hat{y}_4)^{\mathrm{T}}$$
$$=(-0.0079 \quad -0.0779 \quad -0.0649 \quad -0.0372 \quad -0.3284 \quad +0.1307 \quad +1.0315 \quad +1.0288)^{\mathrm{T}}$$

将求得参数改正数带入误差方程，得观测值改正数 $\boldsymbol{V}$（单位为 dm）为

$$\boldsymbol{V}=(0.0749 \quad 0.0157 \quad 0.0172 \quad -0.1112 \quad 0.2708 \quad -0.4072 \quad 0.2724 \quad 0.2312 \quad 0.2977 \quad 0.1876 \quad -0.1270 \quad -0.3652 \quad -0.0057]^{\mathrm{T}}$$

第五步：平差值计算。参数平差值（单位为 m）为

$$\hat{X}_1=X_1^0+\hat{x}_1=48\,580.269$$
$$\hat{Y}_1=Y_1^0+\hat{y}_1=60\,500.497$$
$$\hat{X}_2=X_2^0+\hat{x}_2=48\,681.384$$
$$\hat{Y}_2=Y_2^0+\hat{y}_2=55\,018.283$$
$$\hat{X}_3=X_3^0+\hat{x}_3=43\,767.189$$
$$\hat{Y}_3=Y_3^0+\hat{y}_3=57\,968.606$$
$$\hat{X}_4=X_4^0+\hat{x}_4=40\,843.322$$
$$\hat{Y}_4=Y_4^0+\hat{y}_4=64\,867.978$$

边长平差值（单位为 m）为

$$\hat{\boldsymbol{L}}=\boldsymbol{L}+\boldsymbol{V}=(5\,760.713 \quad 5\,187.344 \quad 7\,838.882 \quad 5\,483.147 \quad 5\,731.815 \quad 8\,720.121 \quad 5\,598.597 \quad 7\,494.904 \quad 7\,493.353 \quad 5\,438.401 \quad 5\,487.060 \quad 8\,884.550 \quad 7\,228.366)^{\mathrm{T}}$$

第六步：精度计算。单位权中误差为

$$\hat{\sigma}_0=\sqrt{\frac{\boldsymbol{V}^{\mathrm{T}}\boldsymbol{PV}}{n-t}}=\sqrt{\frac{0.658}{13-8}}=0.36(\mathrm{dm})$$

由参数的协因数矩阵（即 $\boldsymbol{N}_{BB}^{-1}$）取得参数的权倒数，计算待定点坐标和点位中误差（单位为 dm）为

$$\hat{\sigma}_{X_1}=0.36\sqrt{0.42}=0.23,\hat{\sigma}_{Y_1}=0.36\sqrt{0.51}=0.26,\hat{\sigma}_{P_1}=0.35$$
$$\hat{\sigma}_{X_2}=0.36\sqrt{0.65}=0.29,\hat{\sigma}_{Y_2}=0.36\sqrt{0.71}=0.30,\hat{\sigma}_{P_2}=0.42$$
$$\hat{\sigma}_{X_3}=0.36\sqrt{0.43}=0.24,\hat{\sigma}_{Y_3}=0.36\sqrt{0.63}=0.28,\hat{\sigma}_{P_3}=0.37$$
$$\hat{\sigma}_{X_4}=0.36\sqrt{0.53}=0.26,\hat{\sigma}_{Y_4}=0.36\sqrt{0.89}=0.34,\hat{\sigma}_{P_4}=0.43$$

解答完毕。

例 10.2.3 导线网平差。题目同例 10.1.1，试按间接平差法求：①待定点 $\boldsymbol{P}_1$ 及 $\boldsymbol{P}_2$ 的坐标平差值；②各待定点的点位中误差。

解：

(1)见例 10.1.1，略。

(2)由例 10.1.1 求得观测值的改正数为

$$\boldsymbol{V}=(-0.4 \quad 4.0 \quad 1.1 \quad -1.3 \quad -1.4 \quad -2.5 \quad -2.8 \quad -2.9 \quad -4.4 \quad -1.9)^{\mathrm{T}}$$

已知观测值的权矩阵为

$$\boldsymbol{P}=\mathrm{diag}(1,1,1,1,1,1,0.57,1.18,1.29,2.78)$$

则单位权中误差为

$$\hat{\sigma}_0=\sqrt{\frac{\boldsymbol{V}^{\mathrm{T}}\boldsymbol{P}\boldsymbol{V}}{n-t}}=\sqrt{\frac{75.99}{10-4}}=3.6('')$$

未知参数的协因数矩阵为

$$\boldsymbol{Q}_{\hat{X}\hat{X}}=\boldsymbol{N}_{BB}^{-1}=\begin{pmatrix}0.1240 & 0.0008 & 0.0662 & -0.0072\\ & 0.3250 & -0.0211 & 0.0978\\ & & 0.1229 & -0.0765\\ & & & 0.2437\end{pmatrix}$$

待定点的纵、横坐标中误差为

$$\hat{\sigma}_{\hat{X}_1}=\hat{\sigma}_0\sqrt{q_{\hat{X}_1\hat{X}_1}}=3.6\sqrt{0.1240}=1.27(\mathrm{mm})$$
$$\hat{\sigma}_{\hat{Y}_1}=\hat{\sigma}_0\sqrt{q_{\hat{Y}_1\hat{Y}_1}}=3.6\sqrt{0.3250}=2.05(\mathrm{mm})$$
$$\hat{\sigma}_{\hat{X}_2}=\hat{\sigma}_0\sqrt{q_{\hat{X}_2\hat{X}_2}}=3.6\sqrt{0.1229}=1.26(\mathrm{mm})$$
$$\hat{\sigma}_{\hat{Y}_2}=\hat{\sigma}_0\sqrt{q_{\hat{Y}_2\hat{Y}_2}}=3.6\sqrt{0.2437}=1.68(\mathrm{mm})$$

待定点的点位中误差为

$$\hat{\sigma}_{P_1}=\sqrt{\hat{\sigma}_{\hat{X}_1}^2+\hat{\sigma}_{\hat{Y}_1}^2}=\sqrt{1.27^2+2.05^2}=2.41(\mathrm{mm})$$
$$\hat{\sigma}_{P_2}=\sqrt{\hat{\sigma}_{\hat{X}_2}^2+\hat{\sigma}_{\hat{Y}_2}^2}=\sqrt{1.26^2+1.68^2}=2.10(\mathrm{mm})$$

解答完毕。

§10.3　条件平差中条件方程的列立

条件方程的组成是条件平差中最关键性的一步。对于特定的条件平差问题，条件方程式具有个数唯一性和形式多样性的特点。要想达到平差的目的，必须列出方程个数正好，且线性无关的条件方程组。水准网中条件方程的列立方法前面已讨论过，下面介绍在测量中常见的几何模型的条件方程的列立方法。

10.3.1　测角网条件方程

平面控制网测量的目的是通过观测各角度或边长，计算平面网中各待定点的坐标、边长和方位角等。根据观测内容的不同，平面控制网可分为测角网、测边网、边角同测网、导线网等布网形式。平面控制网的必要起算数据（基准）包括：限制平面网平移的 1 个点的坐标（包括 X 坐标和 Y 坐标）、限制平面网旋转的 1 个方位角和限制平面网缩放的 1 个边长，或与其等价的 2 个已知点的坐标。在纯测角控制网中，必要起算数据个数是 4，1 个已知点、1 条已知边和 1 个已知方位角或与其等价的 2 个已知点；在具有边长观测值的平面控制网中，由于已具备了观测边长，因而限制了控制网的缩放。必要起算数据个数是 3，1 个已知点和 1 个已知方位角。通常将只具备必要起算数据的控制网称为独立网或自由网，而将具有多余起算数据的控制网称为附合网或非自由网。

根据数学理沦，具备必要起算数据的平面控制网。结合必要的角度和边长观测值。就能够解算出控制网中所有待定点的坐标值。计算一个待定点的两个坐标值需要两个观测值（角度或边长），用 p 表示控制网的总点数，q 表示已知起算数据的个数，当已知起算数据个数大于或等于必要起算数据个数时，q 中要包含必要的起算数据。测角网的必要观测数，边角网的必

要观测数分别为

$$t=\begin{cases}2p-q,q\geqslant 4\\2p-4,q<4\end{cases},\ t=\begin{cases}2p-q,q\geqslant 3\\2p-3,q<3\end{cases}$$

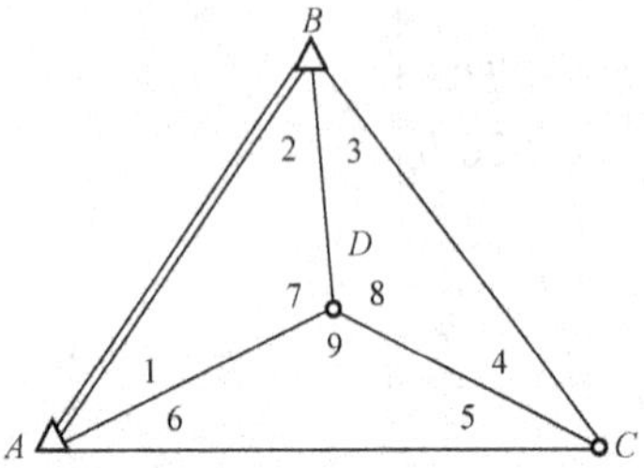

图 10.3.1

测角网又称三角网，主要由单三角形、大地四边形和中点多边形组合而成。如图 10.3.1 所示测角网，有 2 个已知点 A 和 B，2 个待定点 C 和 D 和 9 个角度观测值。根据角度交会的原理，要确定 C 和 D 两点的坐标，至少需要知道其中的 4 个角度观测值，必要观测个数 $t=4$，$r=n-t=5$，总共要列出 5 个条件方程式。三角网中的条件方程主要有以下几种形式，改正数和闭合差通常以(″)为单位。

1. 图形条件方程

图形条件，又称三角形内角和条件或三角形闭合差条件。在三角网中，一般对三角形的每个内角都进行独立观测。根据平面几何知识，三角形三个内角平差值的和应为 180°。图 10.3.1 可以列出 3 个图形条件，平差值条件方程和改正数条件方程如下

$$\left.\begin{aligned}\hat{L}_1+\hat{L}_2+\hat{L}_7-180°=0\\\hat{L}_3+\hat{L}_4+\hat{L}_8-180°=0\\\hat{L}_5+\hat{L}_6+\hat{L}_9-180°=0\end{aligned}\right\},\quad\left.\begin{aligned}v_1+v_2+v_7-w_1=0\\v_3+v_4+v_8-w_2=0\\v_5+v_6+v_7-w_3=0\end{aligned}\right\},\quad\left.\begin{aligned}w_1=-(\hat{L}_1+\hat{L}_2+\hat{L}_7-180°)\\w_2=-(\hat{L}_3+\hat{L}_4+\hat{L}_8-180°)\\w_1=-(\hat{L}_5+\hat{L}_6+\hat{L}_9-180°)\end{aligned}\right\}$$

2. 水平条件方程

水平条件，又称圆周条件，这种条件方程一般见于中点多边形中。如图 10.3.1 所示，在中点 D 周围的 3 个观测值的平差值之和应等于 360°，如果没有水平条件，就会产生如图 10.3.2 所示的情形。水平条件的平差值条件方程和改正数条件方程如下

$$\hat{L}_7+\hat{L}_8+\hat{L}_9-360°=0$$

$$v_7+v_8+v_9-w_4=0,\ w_4=-(L_7+L_8+L_9-360°)$$

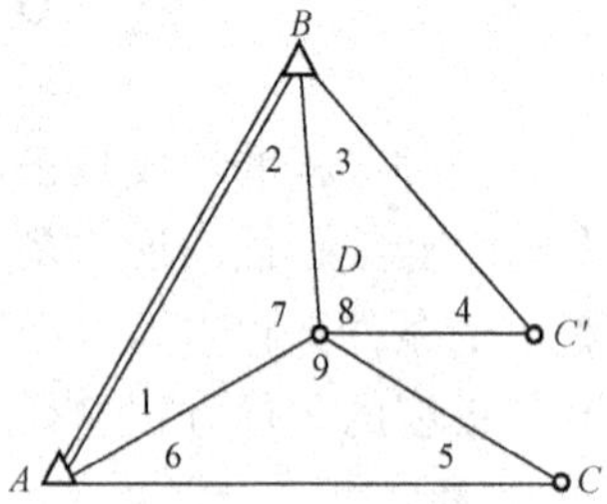

图 10.3.2

3. 极条件方程

极条件方程又称边长条件方程，一般见于中点多边形和大地四边形中。在图 10.3.1 中，当满足上述图形条件和水平条件时，还不能使几何图形完全闭合，可能出现图 10.3.3 的情形，为了几何条件完全闭合，要列出一个极条件。

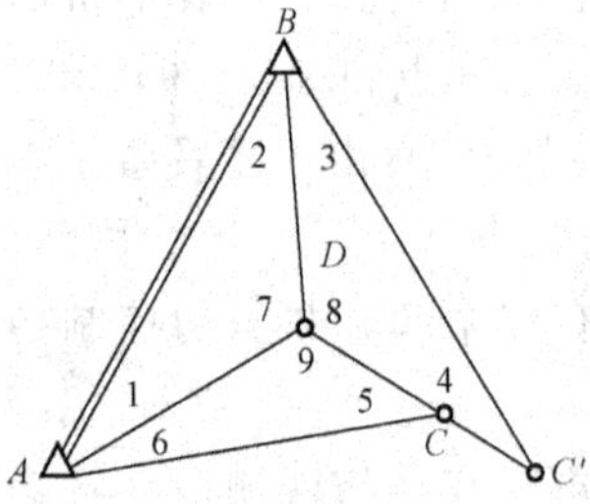

图 10.3.3

在图 10.3.1 所示的三角网中。应用正弦定理，以 CD 边为起算边，依次推算 AD、BD，最后回到起算边 CD，得到下式

$$\hat{S}_{CD}=\hat{S}_{CD}\frac{\sin\hat{L}_6}{\sin\hat{L}_5}\frac{\sin\hat{L}_2}{\sin\hat{L}_1}\frac{\sin\hat{L}_4}{\sin\hat{L}_3}$$

或

$$\frac{\sin\hat{L}_1}{\sin\hat{L}_2}\frac{\sin\hat{L}_3}{\sin\hat{L}_4}\frac{\sin\hat{L}_5}{\sin\hat{L}_6}-1=0 \qquad (10.3.1)$$

平差值的极条件方程是非线性方程，为得到其改正数条件方程形式，用泰勒级数对式(10.3.1)展开并取至一次项。将 $\hat{L}_i=L_i+v_i$ 代入，并顾及单位，令 $\rho=206\ 265''$，展开得

$$\frac{\sin(L_1+v_1)\sin(L_3+v_3)\sin(L_5+v_5)}{\sin(L_2+v_2)\sin(L_4+v_4)\sin(L_6+v_6)}-1=\frac{\sin L_1\sin L_3\sin L_5}{\sin L_2\sin L_4\sin L_6}-1+$$

$$\frac{\sin L_1\sin L_3\sin L_5}{\sin L_2\sin L_4\sin L_6}\cot L_1\ \frac{v_1}{\rho}-\frac{\sin L_1\sin L_3\sin L_5}{\sin L_2\sin L_4\sin L_6}\cot L_2\ \frac{v_2}{\rho}+$$

$$\frac{\sin L_1\sin L_3\sin L_5}{\sin L_2\sin L_4\sin L_6}\cot L_3\ \frac{v_3}{\rho}-\frac{\sin L_1\sin L_3\sin L_5}{\sin L_2\sin L_4\sin L_6}\cot L_4\ \frac{v_4}{\rho}+$$

$$\frac{\sin L_1\sin L_3\sin L_5}{\sin L_2\sin L_4\sin L_6}\cot L_5\ \frac{v_5}{\rho}-\frac{\sin L_1\sin L_3\sin L_5}{\sin L_2\sin L_4\sin L_6}\cot L_6\ \frac{v_6}{\rho}=0$$

化简整理得极条件的改正数条件方程为

$$\cot L_1v_1-\cot L_2v_2+\cot L_3v_3-\cot L_4v_4+\cot L_5v_5-\cot L_6v_6-w=0 \tag{10.3.2}$$

$$w=-\left(1-\frac{\sin L_2\sin L_4\sin L_6}{\sin L_1\sin L_3\sin L_5}\right)\rho \tag{10.3.3}$$

式(10.3.2)是以 D 点为极的极条件平差值方程,极条件方程的列立和线性化有着一定的规律性,在实际应用中极条件方程可直接写出。在大地四边形中同样存在极条件,在图 10.3.4 所示的大地四边形中,$n=8$,$t=4$,$r=n-t=4$,包括 3 个图形条件和 1 个极条件,大地四边形中只有 3 个独立的图形条件。

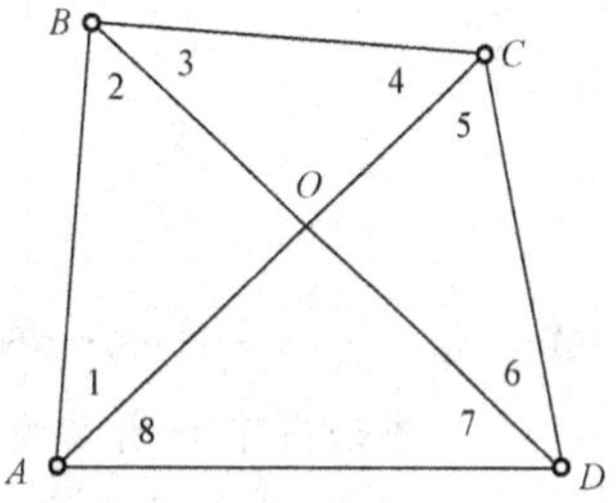

图 10.3.4

以大地四边形中点 O 为极的极条件为

$$\frac{\hat{S}_{OA}}{\hat{S}_{OB}}\ \frac{\hat{S}_{OB}}{\hat{S}_{OC}}\ \frac{\hat{S}_{OC}}{\hat{S}_{OD}}\ \frac{\hat{S}_{OD}}{\hat{S}_{OA}}=1$$

$$\frac{\sin\hat{L}_1}{\sin\hat{L}_2}\ \frac{\sin\hat{L}_3}{\sin\hat{L}_4}\ \frac{\sin\hat{L}_5}{\sin\hat{L}_6}\ \frac{\sin\hat{L}_7}{\sin\hat{L}_8}-1=0$$

线性形式为

$$\cot L_1v_1-\cot L_2v_2+\cot L_3v_3-\cot L_4v_4+\cot L_5v_5-\cot L_6v_6+\cot L_7v_7-\cot L_8v_8-w=0$$

$$w=-\left(1-\frac{\sin L_2\sin L_4\sin L_6\sin L_8}{\sin L_1\sin L_3\sin L_5\sin L_7}\right)\rho$$

同样可以以 A、B、C、D 这 4 个点中的任意一点为极写出极条件,以 A 点为极的极条件为

$$\frac{\hat{S}_{AB}}{\hat{S}_{AC}}\ \frac{\hat{S}_{AC}}{\hat{S}_{AD}}\ \frac{\hat{S}_{AD}}{\hat{S}_{AB}}=1$$

$$\frac{\sin\hat{L}_4}{\sin(\hat{L}_2+\hat{L}_3)}\ \frac{\sin(\hat{L}_6+\hat{L}_7)}{\sin\hat{L}_5}\ \frac{\sin\hat{L}_2}{\sin\hat{L}_7}-1=0$$

线性形式为

$$\cot L_2v_2+\cot L_4v_4+\cot(L_6+L_7)(v_6+v_7)-\cot(L_2+L_3)(v_2+v_3)-\cot L_5v_5-\cot L_7v_7-w=0$$

整理得

$$[\cot L_2-\cot(L_2+L_3)]v_2-\cot(L_2+L_3)v_3+\cot L_4v_4-\cot L_5v_5+$$

$$\cot(L_6+L_7)v_6+[\cot(L_6+L_7)-\cot L_7]v_7-w=0$$

$$w=-\left(1-\frac{\sin(L_2+L_3)\sin L_5\sin L_7}{\sin L_2\sin L_4\sin(L_6+L_7)}\right)\rho$$

10.3.2 测边网条件方程

测边网条件方程的列立,可利用角度闭合法、边长闭合法和面积闭合法等,本节介绍常用

的角度闭合法。测边网的图形条件按角度闭合法列出的基本思想是利用观测边长求出网中的内角，列出角度间应满足的条件，然后以边长改正数代换角度改正数，得到以边长改正数表示的图形条件。

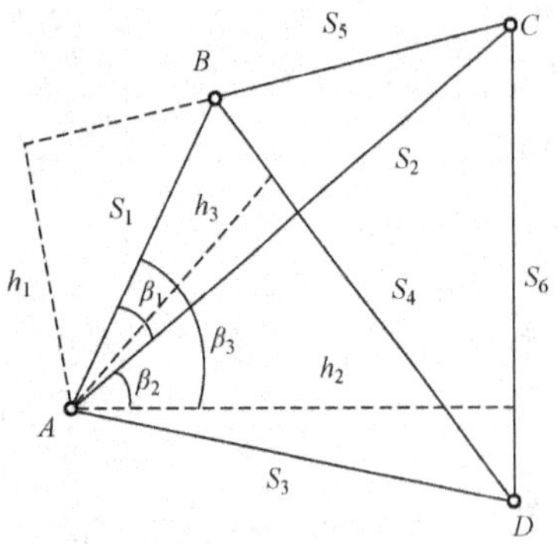

图 10.3.5

1. 以角度改正数表示的条件方程

例如，图 10.3.5 的测边四边形中，由观测边长 S_i（$i=1,2,3,\cdots,6$）精确地算出角值 β_j，此时，平差值条件方程为 $\hat{\beta}_1+\hat{\beta}_2-\hat{\beta}_3=0$。以角度改正数表示的图形条件为

$$v_{\beta_1}+v_{\beta_2}-v_{\beta_3}-W=0 \qquad (10.3.4)$$

式中，$W=-(\beta_1+\beta_2-\beta_3)$。

在图 10.3.6 的测边中点多边形中，由观测边长 S_i 精确地算出角值 β_j，角度平差值条件方程为

$$\hat{\beta}_1+\hat{\beta}_2+\hat{\beta}_3-360°=0$$

以角度改正数表示的图形条件和闭合差为

$$v_{\beta_1}+v_{\beta_2}+v_{\beta_3}-w=0 \qquad (10.3.5)$$

式中，$w=-(\beta_1+\beta_2+\beta_3-360°)$。

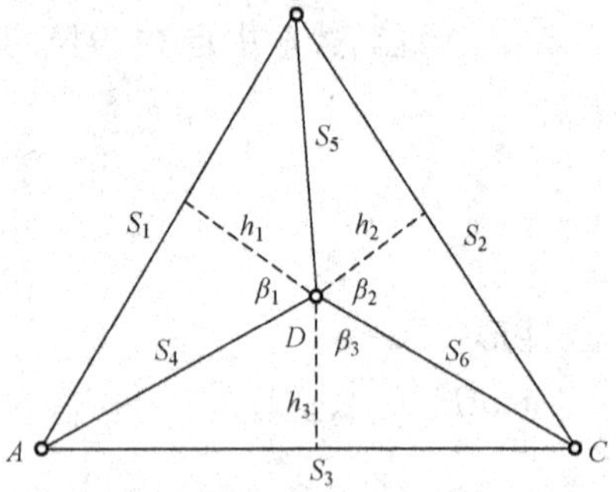

图 10.3.6

上述条件中的角度改正数必须代换成边长观测值的改正数，才是图形条件的最终形式。为此，必须找出边长改正数和角度改正数之间的关系式。

2. 角度改正数与边长改正数的关系式

如图 10.3.7 所示，由余弦定理可知

$$S_a^2=S_b^2+S_c^2-2S_bS_c\cos A$$

微分得

$$2S_a\mathrm{d}S_a=(2S_b-2S_c\cos A)\mathrm{d}S_b+(2S_c-2S_b\cos A)\mathrm{d}S_c+2S_bS_c\sin A\mathrm{d}A$$

$$A=\frac{1}{S_bS_c\sin A}[S_a\mathrm{d}S_a-(S_b-S_c\cos A)\mathrm{d}S_b-(S_c-S_b\cos A)\mathrm{d}S_c] \qquad (10.3.6)$$

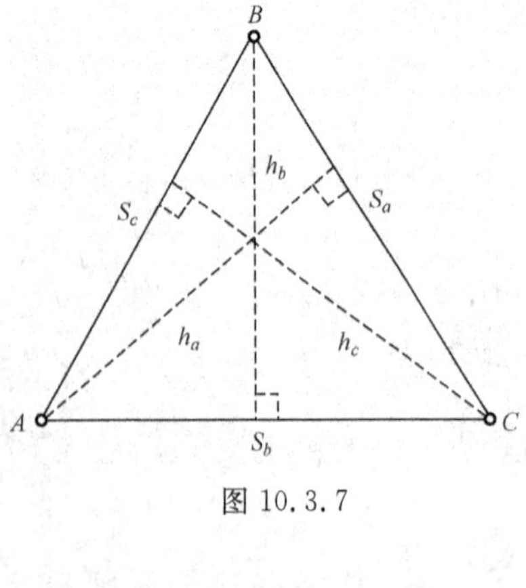

图 10.3.7

由图 10.3.7 可知

$$S_bS_c\sin A=S_bh_b=S_ah_a$$

$$S_b-S_c\cos A=S_a\cos C,\ S_c-S_b\cos A=S_b\cos B$$

故有

$$\mathrm{d}A=\frac{1}{h_a}(\mathrm{d}S_a-\cos C\mathrm{d}S_b-\cos B\mathrm{d}S_c) \qquad (10.3.7)$$

将式(10.3.7)中的微分换成相应的改正数，同时考虑到式中 $\mathrm{d}A$ 的单位是弧度，而角度改正数是以(″)为单位，令 $\rho=206\ 265''$，故式(10.3.7)可写成

$$v_A=\frac{\rho}{h_a}(v_{S_a}-\cos Cv_{S_b}-\cos Bv_{S_c}) \qquad (10.3.8)$$

即角度改正数与三个边长改正数之间的关系式，以后称该式为角度改正数方程。式(10.3.8)

的基本规律是，任意一角度（例如 A 角）的改正数等于其对边（S_a 边）改正数和两个夹边（S_b 边、S_c 边）改正数分别与其邻角余弦（S_b 边邻角为 C 角，S_c 边邻角为 B 角）乘积的负值之和，再乘以以 ρ 为分子，以该角至其对边之高（h_a）为分母的分数。当图形中出现已知边时，在条件方程中，要把相应于该边的改正数项舍去。

3. 以边长改正数表示的图形条件方程

由以上内容，可以写出图 10.3.5 中角 β_1、β_2 和 β_3 的角度改正数方程为

$$v_{\beta_1}=\frac{\rho}{h_1}(v_{S_5}-\cos\angle ABC v_{S_1}-\cos\angle ACB v_{S_2})$$

$$v_{\beta_2}=\frac{\rho}{h_2}(v_{S_6}-\cos\angle ACD v_{S_2}-\cos\angle ADC v_{S_3})$$

$$v_{\beta_3}=\frac{\rho}{h_3}(v_{S_4}-\cos\angle ABD v_{S_1}-\cos\angle ADC v_{S_3})$$

将上述关系代入式(10.3.4)，并按 v_{S_i} 的顺序并项，即得大地四边形的图形条件，即

$$\rho\left(\frac{\cos\angle ABD}{h_3}-\frac{\cos\angle ABC}{h_1}\right)v_{S_1}-\rho\left(\frac{\cos\angle ACB}{h_1}+\frac{\cos\angle ACD}{h_2}\right)v_{S_2}+$$
$$\rho\left(\frac{\cos\angle ADB}{h_3}-\frac{\cos\angle ADC}{h_2}\right)v_{S_3}-\frac{\rho}{h_3}v_{S_4}+\frac{\rho}{h_1}v_{S_5}+\frac{\rho}{h_2}v_{S_6}-W=0 \tag{10.3.9}$$

对于图 10.3.6 的中点三边形来说，β_1、β_2 和 β_3 的角度改正数方程为

$$v_{\beta_1}=\frac{\rho}{h_1}(v_{S_1}-\cos\angle DAB v_{S_4}-\cos\angle DBA v_{S_5})$$

$$v_{\beta_2}=\frac{\rho}{h_2}(v_{S_2}-\cos\angle DBC v_{S_5}-\cos\angle DCB v_{S_6})$$

$$v_{\beta_3}=\frac{\rho}{h_3}(v_{S_3}-\cos\angle DCA v_{S_6}-\cos\angle DAC v_{S_4})$$

将上述关系代入式(10.3.5)，并按 v_{S_i} 的顺序并项，即得中点三边形的图形条件，即

$$\frac{\rho}{h_1}v_{S_1}+\frac{\rho}{h_2}v_{S_2}+\frac{\rho}{h_3}v_{S_3}-\rho\left(\frac{\cos\angle DAB}{h_1}+\frac{\cos\angle DAC}{h_3}\right)v_{S_4}-$$
$$\rho\left(\frac{\cos\angle DBA}{h_1}+\frac{\cos\angle DBC}{h_2}\right)v_{S_5}-\rho\left(\frac{\cos\angle DCB}{h_2}+\frac{\cos\angle DCA}{h_3}\right)v_{S_6}-w=0 \tag{10.3.10}$$

在具体计算图形条件的系数和闭合差时，一般取边长改正数的单位为 cm，高 h 的单位为 km，闭合差 w 的单位为(″)。由观测边长计算系数中的角值(图 10.3.7)，可按余弦定理或下式计算

$$\left.\begin{aligned}\tan\frac{A}{2}&=\frac{r}{p-S_a}\\ \tan\frac{B}{2}&=\frac{r}{p-S_b}\\ \tan\frac{C}{2}&=\frac{r}{p-S_c}\end{aligned}\right\} \tag{10.3.11}$$

式中

$$p=\frac{(S_a+S_b+S_c)}{2},\ r=\sqrt{\frac{(p-S_a)(p-S_b)(p-S_c)}{p}}$$

而高 h 为

$$\left.\begin{aligned} h_a &= S_b \sin C = S_c \sin B \\ h_b &= S_a \sin C = S_c \sin A \\ h_c &= S_a \sin B = S_b \sin A \end{aligned}\right\} \tag{10.3.12}$$

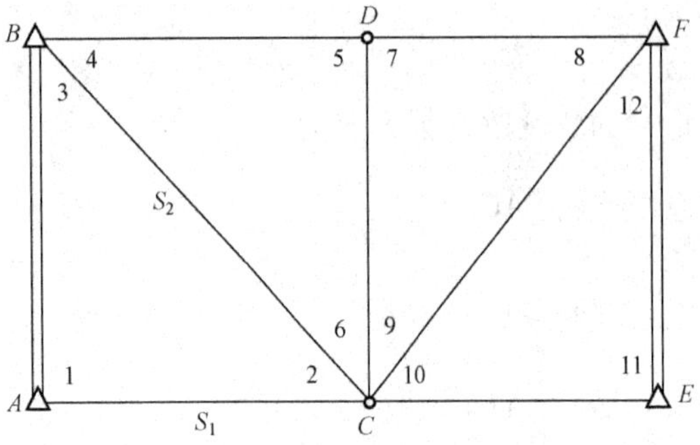

图 10.3.8

10.3.3 边角网条件方程

如图 10.3.8 所示的边角网中，有 4 个已知点A、B、E、F，2 个待定点 C、D。观测了 12 个角度和 2 个边长。总观测数 $n=14$，必要观测个数 $t=4$，则 $r=n-t=10$，总共要列出 10 个条件方程式。可能的条件方程式类型为：图形条件、方位角条件、边长条件、正弦条件、余弦条件、坐标条件等。常见的几种叙述如下。

1. 方位角条件方程

方位角条件即方位角附合条件，是指从一个已知方位角出发，推算至另一个已知方位角后，所得推算值应与原已知值相等。设 AB 边的方位角为 $\overline{T}_{AB}$，EF 边的已知方位角为 $\overline{T}_{EF}$。如果从 AB 边向 EF 边推算，设 EF 边方位角推算值的最或然值为 $\hat{T}_{EF}$，则方位角附合条件方程为

$$\hat{T}_{EF} - \overline{T}_{EF} = 0$$

式中

$$\hat{T}_{EF} = \overline{T}_{AB} - \hat{L}_3 + \hat{L}_6 + \hat{L}_9 - \hat{L}_{12} \pm 3\times 180^\circ$$

整理得

$$-\hat{L}_3 + \hat{L}_6 + \hat{L}_9 - \hat{L}_{12} + \overline{T}_{AB} - \hat{T}_{EF} \pm 3\times 180^\circ = 0$$

其相应的改正数条件方程为

$$-v_3 + v_6 + v_9 - v_{12} - w_r = 0$$

$$w_r = -(-\hat{L}_3 + \hat{L}_6 + \hat{L}_9 - \hat{L}_{12} + \overline{T}_{AB} - \hat{T}_{EF} \pm 3\times 180^\circ)$$

2. 边长条件方程

边长条件即边长附合条件，是指从一个已知边长出发，推算至另一个已知边长后，所得推算值应与原已知值相等。

设 AB 边的已知长度为 $\overline{S}_{AB}$，EF 边的已知长度为 $\overline{S}_{EF}$。如果沿图 10.3.8 中所示的推算路线，从 AB 向 EF 推算，得 EF 边长推算值的最或然值为 $\hat{S}_{EF}$，近似值为 S_{EF}。则边长附合条件方程为

$$\hat{S}_{EF} - \overline{S}_{EF} = 0$$

式中

$$\hat{S}_{EF} = \overline{S}_{AB} \frac{\sin\hat{L}_1 \sin\hat{L}_4 \sin\hat{L}_7 \sin\hat{L}_{10}}{\sin\hat{L}_2 \sin\hat{L}_5 \sin\hat{L}_8 \sin\hat{L}_{11}}$$

整理得

$$\frac{\overline{S}_{AB} \sin\hat{L}_1 \sin\hat{L}_4 \sin\hat{L}_7 \sin\hat{L}_{10}}{\overline{S}_{EF} \sin\hat{L}_2 \sin\hat{L}_5 \sin\hat{L}_8 \sin\hat{L}_{11}} - 1 = 0$$

改正数条件方程为

$$\cot L_1 v_1-\cot L_2 v_2+\cot L_4 v_4-\cot L_5 v_5+\cot L_7 v_7-\cot L_8 v_8+\cot L_{10} v_{10}-\cot L_{11} v_{11}-w_S=0$$

$$w_S=-\rho\left(1-\frac{S_{EF}\sin L_2\sin L_5\sin L_8\sin L_{11}}{\bar{S}_{AB}\sin L_1\sin L_4\sin L_7\sin L_{10}}\right)$$

3. 正弦条件方程

在图 10.3.8 所示的三角形 ABC 中，根据正弦定理，得

$$\frac{\hat{s}_1}{\sin\hat{L}_3}=\frac{\hat{s}_2}{\sin\hat{L}_1}$$

线性化的改正数条件方程为

$$s_1\cos L_1\frac{v_1}{\rho}-s_2\cos L_3\frac{v_3}{\rho}+\sin L_1 v_{s_1}-\sin L_3 v_{s_2}-w=0$$

$$w=-(s_1\sin L_1-s_2\sin L_3)$$

10.3.4　导线网条件方程

导线网，包括单一附合导线、单一闭合导线和结点导线网，是目前较为常用的控制测量的布设方式之一，其观测值有长度观测值和角度观测值。这里主要讨论单一导线的平差问题。

1. 单一附合导线条件平差

如图 10.3.9 所示，在这个导线中有 4 个已知点、$n-1$ 个未知点、$n+1$ 个水平角观测值和 n 条边长观测值，总观测值数为 $2n+1$。从图中可以分析，要确定一个未知点的坐标，必须测一条导线边和一个水平角，即需要两个观测值；要确定全部 $n-1$ 个未知点，则需观测 $n-1$ 个导线边和 $n-1$ 个水平角，即必要观测个数 $t=2n-2$，多余观测个数 $r=(2n+1)-t=3$。也就是说，在单一附合导线中，只有 3 个条件方程。

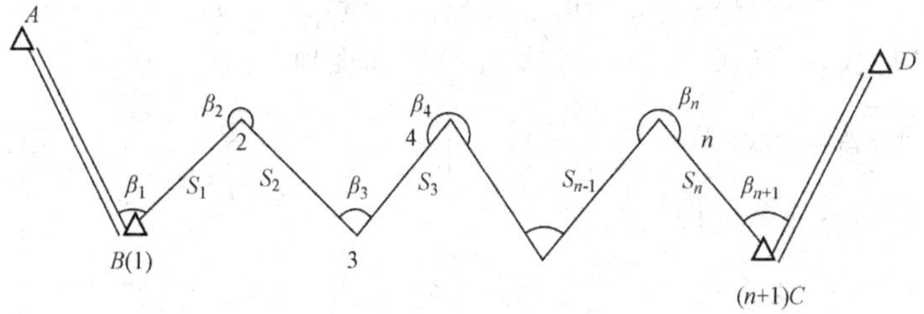

图 10.3.9

已知：AB 边方位角 $T_{AB}=T_0$，CD 边方位角 T_{CD}，计算值为 T_{n+1}，B 点坐标的已知值为 $(\bar{x}_B,\bar{y}_B)$ 或 (x_1,y_1)，C 点坐标的已知值为 $(\bar{x}_C,\bar{y}_C)$，计算值为 (x_{n+1},y_{n+1})。3 个条件中，有 1 个方位角附合条件和 2 个坐标附合条件。

方位角附合条件：从起始方位角推算至终边的方位角平差值应等于其已知值。即

$$\hat{T}_{n+1}-T_{CD}=0 \tag{10.3.13}$$

坐标附合条件：从起始点坐标推算至终点所得的坐标平差值应等于其已知坐标值。即

$$\hat{x}_{n+1}-\bar{x}_C=0 \tag{10.3.14}$$

$$\hat{y}_{n+1}-\bar{y}_C=0 \tag{10.3.15}$$

1）方位角附合条件方程

$$\hat{T}_{n+1}=T_0+[\hat{\beta}_i]_1^{n+1}\pm(n+1)180^\circ=T_0+[\beta_i+v_{\beta_i}]_1^{n+1}\pm(n+1)180^\circ$$

则式(10.3.13)可写为

$$\hat{T}_{n+1}-T_{CD}=T_0+[\beta_i+v_{\beta_i}]_1^{n+1}\pm(n+1)180^\circ-T_{CD}=0$$

整理得

$$[v_{\beta_i}]_1^{n+1}-w_T=0 \tag{10.3.16}$$

其中

$$w_T=-(T_0+[\beta_i]_1^{n+1}\pm(n+1)180^\circ-T_{CD})$$

2)纵坐标附合条件方程

终点 C 的坐标平差值表示为

$$\hat{x}_{n+1}-\bar{x}_C=0,\ \hat{x}_{n+1}=\bar{x}_B+[\Delta\hat{x}_i]_1^n \tag{10.3.17}$$

而第 i 边坐标增量为

$$\Delta\hat{x}_i=\hat{S}_i\cos\hat{T}_i \tag{10.3.18}$$

式中

$$\hat{S}_i=S_i+v_{S_i}$$

$$\begin{aligned}\hat{T}_i&=T_0+[\hat{\beta}_j]_1^i\pm i180^\circ=T_0+[\beta_j+v_{\beta_j}]_1^i\pm i180^\circ\\&=[v_{\beta_j}]_1^i+[\beta_j]_1^i+T_0\pm i180^\circ=[v_{\beta_j}]_1^i+T_i\end{aligned}$$

式中,T_i 是第 i 边的近似坐标方位角

$$T_i=[\beta_j]_1^i+T_0\pm i180^\circ \tag{10.3.19}$$

则式(10.3.18)可表示为

$$\Delta\hat{x}_i=(S_i+v_{S_i})\cos([v_{\beta_j}]_1^i+T_i)$$

按泰勒级数展开,并取至一次项,得

$$\Delta\hat{x}_i=\Delta x_i+\cos T_i v_{S_i}-\frac{\Delta y_i}{\rho}[v_{\beta_j}]_1^i \tag{10.3.20}$$

式中,$\Delta x_i=S_i\cos T_i$ 为由观测值计算出的近似坐标增量,$\rho=206\ 265''$。

将式(10.3.20)代入式(10.3.17),并按 v_{β_j} 合并同类项,得

$$\bar{x}_{n+1}=\hat{x}_C=\bar{x}_B+\left[\Delta x_i+\cos T_i v_{S_i}-\frac{\Delta y_i}{\rho}[v_{\beta_j}]_1^i\right]_1^n=x_{n+1}+[\cos T_i v_{S_i}]_1^n-\frac{1}{\rho}[(y_{n+1}-y_i)v_{\beta_i}]_1^n$$

上式代入式(10.3.14),并整理得

$$[\cos T_i v_{S_i}]_1^n-\frac{1}{\rho}[(y_{n+1}-y_i)v_{\beta_i}]_1^n+x_{n+1}-\bar{x}_C=0$$

上式即为纵坐标附合条件方程,写为统一形式为

$$[\cos T_i v_{S_i}]_1^n-\frac{1}{\rho}[(y_{n+1}-y_i)v_{\beta_i}]_1^n-w_x=0 \tag{10.3.21}$$

$$w_x=-(x_{n+1}-\bar{x}_C) \tag{10.3.22}$$

3)横坐标附合条件方程

与纵坐标附合条件方程推导过程相似,可以得到横坐标附合条件方程表达式为

$$[\sin T_i v_{S_i}]_1^n+\frac{1}{\rho}[(x_{n+1}-x_i)v_{\beta_i}]_1^n-w_y=0 \tag{10.3.23}$$

$$w_y=-(y_{n+1}-\bar{y}_C) \tag{10.3.24}$$

为使计算方便,保证精度,在实际运算中,S、x 和 y 常以 m 为单位,ω、v_s 和 v_β 以 cm 为单位,则式(10.3.21)和式(10.3.23)可写为

$$[\cos T_i v_{S_i}]_1^n-\frac{1}{2\ 062.65}[(y_{n+1}-y_i)v_{\beta_i}]_1^n-w_x=0 \tag{10.3.25}$$

$$[\sin T_i v_{S_i}]_1^n + \frac{1}{2\,062.65}[(x_{n+1}-x_i)v_{\beta_i}]_1^n - w_y = 0 \tag{10.3.26}$$

综上所述，单一附合导线的平差计算的基本程序是：①计算各边近似方位角 T_i 和各点的近似坐标增量值 Δx_i 和 Δy_i；②参照式(10.3.16)写出方位角条件式，参照式(10.3.21)、式(10.3.22)、式(10.3.23)和式(10.3.24)，或者式(10.3.25)和式(10.3.26)写出纵横坐标条件方程式；③按照条件平差计算的一般程序，计算最或然值并进行精度评定。

2. 单一闭合导线条件平差

单一闭合导线是单一附合导线的特殊情况，只要将图 10.3.9 中的 B 和 C、A 和 D 分别重合，就可得到图 10.3.10 所示的闭合导线。图中有 1 个已知点和 $n-1$ 个待定点，观测了 n 个转折角和 n 条导线边。为了定向，还观测了 1 个连接角 β_1。不难得出，闭合导线中也只有 3 个条件方程式。由于没有多余起算数据，因此没有附合条件，只有闭合条件，这一点与单一附合导线是不同的。

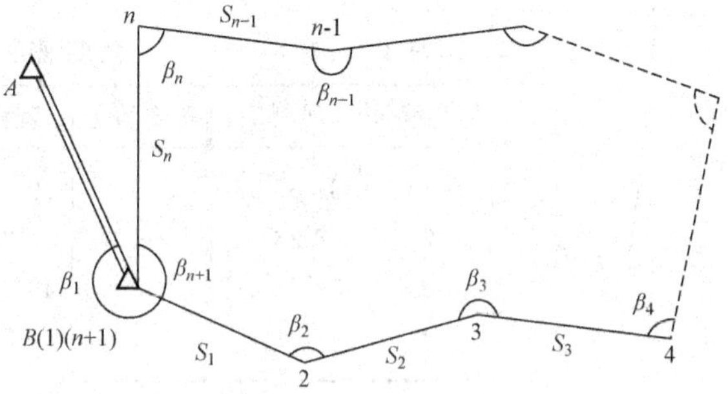

图 10.3.10

1) 多边形内角和闭合条件

由于导线网构成了多边形，其 n 个转折角的平差值应满足多边形内角和条件

$$[\hat{\beta}_i]_2^{n+1} - (n-2)180° = 0 \tag{10.3.27}$$

写成转折角改正数条件方程为

$$[v_{\beta_i}]_2^{n+1} - w_\beta = 0 \tag{10.3.28}$$

式中

$$w_\beta = -([\beta_i]_2^{n+1} - (n-2)180°) \tag{10.3.29}$$

2) 坐标增量闭合条件

从 B 点开始，依次计算第一条边的纵横坐标增量的平差值，其总和应分别满足如下关系

$$[\Delta\hat{x}_i]_1^n = 0 \tag{10.3.30}$$

$$[\Delta\hat{y}_i]_1^n = 0 \tag{10.3.31}$$

参照单一附合导线纵横坐标附合条件方程的推导方法，可得出坐标闭合条件的改正数条件方程

$$[\cos T_i v_{S_i}]_1^n - \frac{1}{206\,265''}[(y_{n+1}-y_i)v_{\beta_i}]_1^n - w_x = 0 \tag{10.3.32}$$

$$[\sin T_i v_{S_i}]_1^n + \frac{1}{206\,265''}[(x_{n+1}-x_i)v_{\beta_i}]_1^n - w_y = 0 \tag{10.3.33}$$

$$w_x = -(x_{n+1} - \bar{x}_B) \tag{10.3.34}$$

$$w_y = -(y_{n+1} - \bar{y}_B) \tag{10.3.35}$$

如果 S、x 和 y 以 m 为单位，ω、v_s 和 v_β 以 cm 为单位，则式(10.3.32)和式(10.3.33)可写为

$$[\cos T_i v_{S_i}]_1^n - \frac{1}{2\ 062.65}[(y_{n+1} - y_i)v_{\beta_i}]_1^n - w_x = 0 \tag{10.3.36}$$

$$[\sin T_i v_{S_i}]_1^n + \frac{1}{2\ 062.65}[(x_{n+1} - x_i)v_{\beta_i}]_1^n - w_y = 0 \tag{10.3.37}$$

§10.4 条件平差算例

例 10.4.1 如图 10.4.1 所示三角网中，有 2 个已知点 A、B，2 个待定点 C、D 和 8 个角度观测值。A 点和 B 点的坐标、角度观测值见表 10.4.1。试按条件平差法计算：①各待定点坐标平差值；②C 点坐标平差值的点位中误差；③C 点至 D 点间边长平差值的中误差和边长相对中误差；④C 点至 D 点间方位角平差值的中误差。

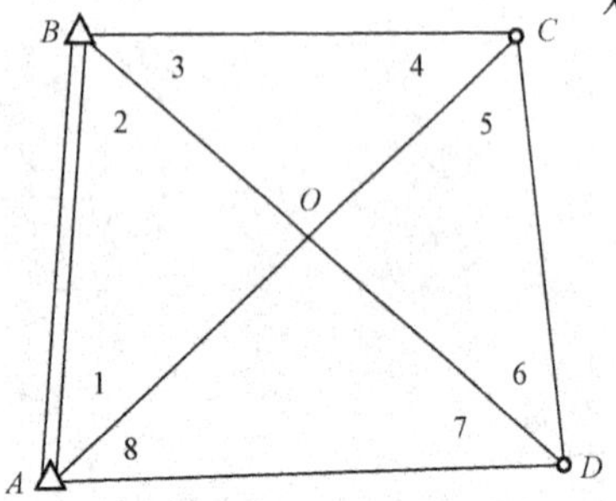

图 10.4.1

表 10.4.1 角度观测值和起算数据

角度编号	观测值	角度编号	观测值	已知点坐标
1	61°07′57″	5	29°14′35″	X_A =4 376 906.183
2	38°28′37″	6	70°22′00″	Y_A = 614 891.328
3	38°22′21″	7	49°26′16″	X_B =4 378 135.365
4	42°01′15″	8	30°57′02″	Y_B = 615 218.865

解：本题中 $n=8$，$t=4$，$r=4$。

1. 条件方程和平差值函数式如下。

(1)4 个条件方程，包括 3 个图形条件和 1 个极条件，闭合差以(″)为单位，平差值条件方程为

$$\hat{L}_1 + \hat{L}_2 + \hat{L}_3 + \hat{L}_4 - 180° = 0$$
$$\hat{L}_3 + \hat{L}_4 + \hat{L}_5 + \hat{L}_6 - 180° = 0$$
$$\hat{L}_5 + \hat{L}_6 + \hat{L}_7 + \hat{L}_8 - 180° = 0$$
$$\frac{\sin\hat{L}_4}{\sin(\hat{L}_2 + \hat{L}_3)} \frac{\sin(\hat{L}_6 + \hat{L}_7)}{\sin\hat{L}_5} \frac{\sin\hat{L}_2}{\sin\hat{L}_7} = 1$$

其改正数条件方程为

$$v_1 + v_2 + v_3 + v_4 - 10.0 = 0$$
$$v_3 + v_4 + v_5 + v_6 - 11.0 = 0$$
$$v_5 + v_6 + v_7 + v_8 + 7.0 = 0$$
$$[\cot L_2 - \cot(L_2 + L_3)]v_2 - \cot(L_2 + L_3)v_3 + \cot L_4 v_4 - \cot L_5 v_5 +$$
$$\cot(L_6 + L_7)v_6 + [\cot(L_6 + L_7) - \cot L_7]v_7 - 9.3 = 0$$

(2)平差值函数式和权函数式。C 点 X 坐标平差值的函数式为

$$\hat{X}_C = X_A + S_{AB}\frac{\sin(\hat{L}_2 + \hat{L}_3)}{\sin\hat{L}_4}\cos(\alpha_{AB} + \hat{L}_1)$$

权函数式为

$$\mathrm{d}\hat{X}_C = -0.87\mathrm{d}\hat{L}_1 + 0.05\hat{L}_2 + 0.05\mathrm{d}\hat{L}_3 + 0.24\mathrm{d}\hat{L}_4$$

C 点 Y 坐标平差值的函数式为

$$\hat{Y}_C = Y_A + S_{AB}\frac{\sin(\hat{L}_2+\hat{L}_3)}{\sin\hat{L}_4}\sin(\alpha_{AB}+\hat{L}_1)$$

权函数式为

$$\mathrm{d}\hat{Y}_C = 0.22\mathrm{d}\hat{L}_1 + 0.20\mathrm{d}\hat{L}_2 + 0.20\mathrm{d}\hat{L}_3 - 0.97\mathrm{d}\hat{L}_4$$

C 点至 D 点间边长平差值的函数式为

$$\hat{S}_{CD} = S_{AB}\frac{\sin\hat{L}_1\sin\hat{L}_3}{\sin\hat{L}_4\sin\hat{L}_6}$$

权函数式为

$$\mathrm{d}\hat{S}_{CD} = 0.29\mathrm{d}\hat{L}_1 + 0.67\mathrm{d}\hat{L}_3 - 0.59\mathrm{d}\hat{L}_4 - 0.19\mathrm{d}\hat{L}_6$$

C 点至 D 点间边长平差值的函数式为

$$\hat{\alpha}_{CD} = \hat{\alpha}_{AB} + \hat{L}_1 + \hat{L}_6 + \hat{L}_7 + \hat{L}_8 \pm 180°$$

权函数式为

$$\mathrm{d}\hat{\alpha}_{CD} = \mathrm{d}\hat{L}_1 + \mathrm{d}\hat{L}_6 + \mathrm{d}\hat{L}_7 + \mathrm{d}\hat{L}_8$$

2. 权的确定。取各角度为等权观测值，权均为1，各观测角度间两两独立，协因数矩阵为单位矩阵，即，$\boldsymbol{Q}=\boldsymbol{P}^{-1}=\boldsymbol{I}$（即为单位矩阵）。条件方程系数矩阵为

$$\underset{4\times 8}{\boldsymbol{A}} = \begin{pmatrix} 1 & 1 & 1 & 1 & 0 & 0 & 0 & 0 \\ 0 & 0 & 1 & 1 & 1 & 1 & 0 & 0 \\ 0 & 0 & 0 & 0 & 1 & 1 & 1 & 1 \\ 0 & 1.02 & -0.23 & 1.11 & -1.79 & -0.57 & -1.43 & 0 \end{pmatrix}$$

组成法方程为

$$\begin{pmatrix} 4 & 2 & 0 & 1.9 \\ 2 & 4 & 2 & -1.48 \\ 0 & 2 & 4 & -3.79 \\ 1.9 & -1.48 & -3.79 & 7.90 \end{pmatrix}\begin{pmatrix} k_1 \\ k_2 \\ k_3 \\ k_4 \end{pmatrix} - \begin{pmatrix} -10 \\ -11 \\ 7 \\ -9.29 \end{pmatrix} = 0$$

3. 解算法方程得

$$\boldsymbol{K} = (-0.041\ 28 \quad -4.786\ 78 \quad 4.013\ 1 \quad -0.137\ 51)^{\mathrm{T}}$$

4. 改正数。利用改正数方程求得

$$\boldsymbol{V} = (0'' \quad -0.2'' \quad -4.8'' \quad -5.0'' \quad -0.5'' \quad -0.7'' \quad 4.2'' \quad 4.0'')^{\mathrm{T}}$$

5. 平差值。计算平差值，并代入平差值条件式检核，得

$$\hat{\boldsymbol{L}} = (61°07'57.0'' \quad 38°28'36.8'' \quad 38°22'16.2'' \quad 42°01'10.0'' \quad 29°14'34.5'' \quad 70°21'59.3'' \quad 49°26'20.2'' \quad 30°57'06.6'')^{\mathrm{T}}$$

经检验满足所有条件方程。

6. 待定点坐标平差值为

$$\hat{X}_C = 4\ 377\ 352.332\ 0\ \mathrm{m},\ \hat{Y}_C = 616\ 687.212\ 1\ \mathrm{m}$$

$$\hat{X}_D = 4\ 376\ 601.500\ 0\ \mathrm{m},\ \hat{Y}_D = 615\ 887.617\ 9\ \mathrm{m}$$

7. 单位权中误差为

$$\hat{\sigma}_0 = \sqrt{\frac{\boldsymbol{V}^{\mathrm{T}}\boldsymbol{P}\boldsymbol{V}}{r}} = \sqrt{\frac{82.46}{4}} = 4.54('')$$

8. C 点坐标平差值的点位中误差为

$$\hat{\sigma}_{X_C}=\hat{\sigma}_0\sqrt{q_{X_CX_C}}=4.54\sqrt{0.4424}=3.02(\text{cm})$$

$$\hat{\sigma}_{Y_C}=\hat{\sigma}_0\sqrt{q_{Y_CY_C}}=4.54\sqrt{0.6046}=3.53(\text{cm})$$

$$\hat{\sigma}_C=\sqrt{3.02^2+3.53^2}=4.65(\text{cm})$$

9. C 点至 D 点间边长平差值的中误差和边长相对中误差为

$$\hat{\sigma}_{S_{CD}}=\hat{\sigma}_0\sqrt{q_{S_{CD}S_{CD}}}=4.54\sqrt{0.4753}=3.13(\text{cm}),\ \frac{\hat{\sigma}_{S_{CD}}}{S_{CD}}=\frac{1}{35\ 000}$$

10. C 点至 D 点间方位角平差值的中误差为

$$\hat{\sigma}_{\alpha_{CD}}=\hat{\sigma}_0\sqrt{q_{\alpha_{CD}\alpha_{CD}}}=4.54\sqrt{0.9901}=4.52('')$$

解答完毕。

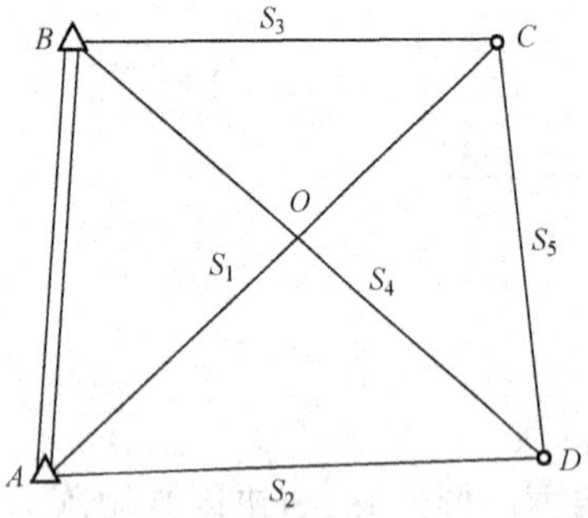

图 10.4.2

例 10.4.2 如图 10.4.2 所示测边网中，有 2 个已知点 A、B，2 个待定点 C、D 和 5 个边长观测植。A 点和 B 点的坐标、边长观测值见表 10.4.2。试按条件平差法计算：①各待定点坐标平差值；②C 点坐标平差值的点位中误差；③C 点至 D 点间边长平差值的中误差和边长相对中误差；④C 点至 D 点间方位角平差值的中误差。

表 10.4.2 边长观测值和起算数据

边长编号	观测值	已知点坐标
S_1	1 850.512	X_A=4 376 906.183
S_2	1 041.836	Y_A= 614 891.328
S_3	1 664.230	X_B=4 378 135.365
S_4	1 673.308	Y_B= 615 218.865
S_5	1 096.835	

解：本题中 $n=5,t=4,r=1$。

1. 条件方程和平差值函数式如下。

(1)1 个条件方程，即 1 个图形条件（以 B 点为角顶点），如下

$$\arccos\frac{S_{AB}^2+\hat{S}_4^2-\hat{S}_2^2}{2S_{AB}\hat{S}_4}+\arccos\frac{\hat{S}_3^2+\hat{S}_4^2-\hat{S}_5^2}{2\hat{S}_3\hat{S}_4}-\arccos\frac{S_{AB}^2+\hat{S}_3^2-\hat{S}_1^2}{2S_{AB}\hat{S}_3}=0$$

其线性形式为

$$-\frac{\rho}{h_3}v_1+-\frac{\rho}{h_1}v_2-\left(\frac{\rho}{h_2}\cos\angle BCD-\frac{\rho}{h_3}\cos\angle BCA\right)v_3$$

$$-\left(\frac{\rho}{h_1}\cos\angle BDA+\frac{\rho}{h_2}\cos\angle BDC\right)v_4+-\frac{\rho}{h_2}v_5+3.58=0$$

式中

$$\rho=206\ 265'';h_1=S_4\sin\angle BDA,h_2=S_3\sin\angle BCD,h_3=S_3\sin\angle BCA$$

(2)平差值函数式和权函数式。C 点 X 坐标平差值的函数式为

$$\hat{X}_C=X_A+\hat{S}_{AC}\cos\left(\alpha_{AB}+\arccos\frac{S_{AB}^2+\hat{S}_1^2-\hat{S}_3^2}{2S_{AB}\hat{S}_1}\right)$$

权函数式为

$$d\hat{X}_C = 1.32d\hat{S}_1 - 1.45d\hat{S}_3$$

C 点 Y 坐标平差值的函数式为

$$\hat{Y}_C = Y_A + \hat{S}_{AC}\sin\left(\alpha_{AB} + \arccos\frac{S_{AB}^2 + \hat{S}_1^2 - \hat{S}_3^2}{2S_{AB}\hat{S}_1}\right)$$

权函数式为

$$d\hat{Y}_C = 0.70d\hat{S}_1 - 0.36d\hat{S}_3$$

C 点至 D 点间边长平差值的函数式为 $\hat{S}_{CD} = \hat{S}_5$。权函数式为 $d\hat{S}_{CD} = d\hat{S}_5$。$C$ 点至 D 点间方位角平差值的函数式为

$$\hat{\alpha}_{CD} = \alpha_{AB} + 180° - \arccos\frac{\hat{S}_1^2 + \hat{S}_5^2 - \hat{S}_2^2}{2\hat{S}_1\hat{S}_5} + \arccos\frac{S_{AB}^2 + \hat{S}_1^2 - \hat{S}_3^2}{2S_{AB}\hat{S}_1}$$

权函数式为

$$d\hat{\alpha}_{CD} = 3.10d\hat{S}_1 - 2.17d\hat{S}_2 + 1.66d\hat{S}_3 - 1.08d\hat{S}_5$$

2. 权的确定。取各边长为等权观测值，权均为 1，各观测边长间两两独立，协因数矩阵为单位矩阵，即

$$\boldsymbol{Q} = \boldsymbol{P}^{-1} = \boldsymbol{I}$$

由条件方程可知系数矩阵为

$$\boldsymbol{A} = (-1.76 \quad 1.62 \quad 0.83 \quad -1.49 \quad 1.31)$$

由此组成法方程为

$$10.347\,1k_1 + 3.58 = 0$$

3. 解算法方程得

$$k_1 = -0.346\,0$$

4. 改正数。利用改正数方程求得(单位为 cm)

$$\boldsymbol{V} = (0.61 \quad -0.56 \quad -0.29 \quad -0.52 \quad -0.45)^{\mathrm{T}}$$

5. 平差值。计算平差值，并代入平差值条件式检核，得(单位为 m)

$$\hat{\boldsymbol{L}} = (1\,850.518\,1 \quad 1\,041.830\,4 \quad 1\,664.227\,1 \quad 1\,673.313\,2 \quad 1\,096.830\,5)^{\mathrm{T}}$$

经检验满足所有条件方程。

6. 待定点坐标平差值为

$$\hat{X}_C = 4\,377\,352.230\,0\text{ m},\ \hat{Y}_C = 616\,687.284\,4\text{ m}$$

$$\hat{X}_D = 4\,376\,601.518\,0\text{ m},\ \hat{Y}_D = 615\,887.615\,9\text{ m}$$

7. 单位权中误差为

$$\hat{\sigma}_0 = \sqrt{\frac{\boldsymbol{V}^{\mathrm{T}}\boldsymbol{P}\boldsymbol{V}}{r}} = \sqrt{\frac{1.242\,7}{1}} = 1.11(\text{cm})$$

8. C 点坐标平差值的点位中误差为

$$\hat{\sigma}_{X_C} = \hat{\sigma}_0\sqrt{q_{X_CX_C}} = 1.11\sqrt{2.639\,7} = 1.80(\text{cm})$$

$$\hat{\sigma}_{Y_C} = \hat{\sigma}_0\sqrt{q_{Y_CY_C}} = 1.11\sqrt{0.538\,7} = 0.81(\text{cm})$$

$$\hat{\sigma}_C = \sqrt{1.80^2 + 0.81^2} = 1.97(\text{cm})$$

9. C 点至 D 点间边长平差值的中误差和边长相对中误差为

$$\hat{\sigma}_{S_{CD}}=\hat{\sigma}_0\sqrt{q_{S_{CD}S_{CD}}}=1.11\sqrt{0.8342}=1.01(\text{cm}),\ \frac{\hat{\sigma}_{S_{CD}}}{\hat{S}_{CD}}=\frac{1}{108\ 000}$$

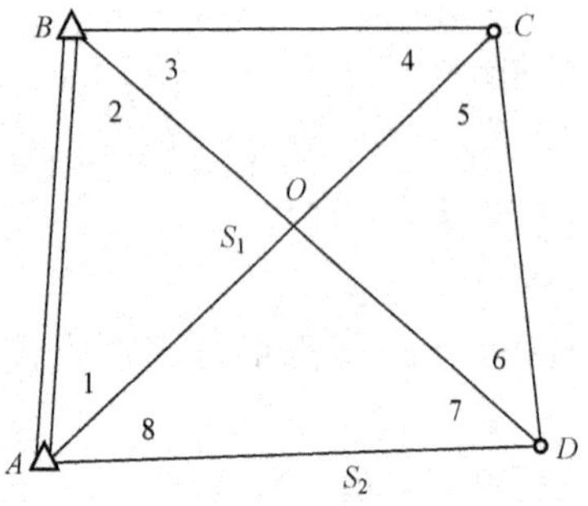

图 10.4.3

10. C 点至 D 点间方位角平差值的中误差为

$$\hat{\sigma}_{\alpha_{CD}}=\hat{\sigma}_0\sqrt{q_{\alpha_{CD}\alpha_{CD}}}=1.11\sqrt{10.4105}=3.58('')$$

解答完毕。

例 10.4.3 如图 10.4.3 所示边角网中，有 2 个已知点 A、B，2 个待定点 C、D，具有 8 个角度观测值和 2 个边长观测值。A 点和 B 点的坐标、观测值见表 10.4.3。设测角中误差为 2.5″，边长观测值中误差为 0.5 cm。试按条件平差法计算：①各待定点坐标平差值；②单位权中误差。

表 10.4.3 角度、边长观测值和起算数据

角度编号	观测值	边长编号	观测值/m	已知点坐标/m
1	61°07′57″	S_1	1 850.512	X_A=4 376 906.183
2	38°28′37″	S_2	1 041.836	Y_A= 614 891.328
3	38°22′21″			X_B=4 378 135.365
4	42°01′15″			Y_B= 615 218.865
5	29°14′35″			
6	70°22′00″			
7	49°26′16″			
8	30°57′02″			

解：本题中 $n=10,t=4,r=6$。

1. 条件方程和平差值函数式。6 个条件方程，包括 3 个图形条件和 3 个边长条件，闭合差以(″)为单位，平差值条件方程为

$$\hat{L}_1+\hat{L}_2+\hat{L}_3+\hat{L}_4-180°=0$$

$$\hat{L}_3+\hat{L}_4+\hat{L}_5+\hat{L}_6-180°=0$$

$$\hat{L}_5+\hat{L}_6+\hat{L}_7+\hat{L}_8-180°=0$$

$$\frac{\sin\hat{L}_4}{\sin(\hat{L}_2+\hat{L}_3)}\frac{\sin(\hat{L}_6+\hat{L}_7)}{\sin\hat{L}_5}\frac{\sin\hat{L}_2}{\sin\hat{L}_7}=1$$

$$\frac{S_{AB}}{\sin\hat{L}_7}-\frac{\hat{S}_2}{\sin\hat{L}_2}=0$$

$$\frac{S_{AB}}{\sin\hat{L}_4}-\frac{\hat{S}_1}{\sin(\hat{L}_2+\hat{L}_3)}=0$$

其改正数条件方程为

$$v_1+v_2+v_3+v_4+10.00=0$$

$$v_3+v_4+v_5+v_6+11.00=0$$

$$v_5+v_6+v_7+v_8-7.00=0$$

$$[\cot L_2-\cot(L_2+L_3)]v_2-\cot(L_2+L_3)v_3+\cot L_4 v_4-\cot L_5 v_5+$$
$$\cot(L_6+L_7)v_6+[\cot(L_6+L_7)-\cot L_7]v_7+9.29=0$$
$$S_{AB}\cos L_2 v_2-S_2\cos L_7 v_7-\sin L_7 v_{S_2}+0.01=0$$
$$S_{AB}\cos(L_2+L_3)v_2+S_{AB}\cos(L_2+L_3)v_3-S_1\cos L_4 v_4-\sin L_4 v_{S_1}-2.08=0$$

2. 权的确定

$$p_L=\frac{2.5^2}{2.5^2}=1,\ p_S=\frac{2.5^2}{0.5^2}=25$$

$$\boldsymbol{Q}=\boldsymbol{P}^{-1}=\mathrm{diag}(1,1,1,1,1,1,1,1,0.4,0.4)$$

条件方程系数矩阵为

$$\underset{6\times10}{\boldsymbol{A}}=\begin{pmatrix}1&1&1&1&0&0&0&0&0&0\\0&0&1&1&1&1&0&0&0&0\\0&0&0&0&1&1&1&1&0&0\\0&1.02&0.23&1.11&1.79&0.57&1.43&0&0&0\\0&0.48&0&0&0&0&0.33&0&0&0.76\\0&0.14&0.14&0.67&0&0&0&0&0.67&0\end{pmatrix}$$

组成法方程为

$$\begin{pmatrix}4&2&0&2.36&0.48&0.95\\2&4&2&3.7&0&0.81\\0&2&4&3.79&0.33&0\\2.36&3.7&3.79&7.90&0.96&0.92\\0.48&0&0.33&0.96&0.36&0.07\\0.95&0.81&0&0.92&0.07&0.51\end{pmatrix}\begin{pmatrix}k_1\\k_2\\k_3\\k_4\\k_5\\k_6\end{pmatrix}-\begin{pmatrix}-10.00\\-11.00\\7.00\\-9.29\\-0.01\\2.08\end{pmatrix}=0$$

3. 解算法方程得

$$\boldsymbol{K}=(-3.9898\quad -6.0749\quad 11.2745\quad -7.1825\quad 7.6762\quad 34.3512)^{\mathrm{T}}$$

4. 改正数。利用改正数方程求得

$$\boldsymbol{V}=(-4.0\quad -2.8\quad -7.5\quad 4.4\quad -8.3\quad 0.48\quad 3.51\quad 1.3\quad 0.90\quad 0.23)^{\mathrm{T}}$$

5. 平差值。计算平差值，并代入平差值条件式检核，得

$$\hat{\boldsymbol{L}}=(61°07'53.0''\quad 38°28'34.2''\quad 38°22'13.5''\quad 42°01'19.4''$$
$$29°14'26.7''\quad 70°22'00.5''\quad 49°26'19.5''\quad 30°57'13.3'')^{\mathrm{T}}$$
$$\hat{\boldsymbol{S}}=(1\,850.521\,0^{\mathrm{m}}\quad 1\,041.838\,3^{\mathrm{m}})^{\mathrm{T}}$$

经检验满足所有条件方程。

6. 待定点坐标平差值为

$$\hat{X}_C=4\,377\,352.329\,0\ \mathrm{m},\ \hat{Y}_C=616\,687.201\,3\ \mathrm{m}$$
$$\hat{X}_D=4\,376\,601.500\,0\ \mathrm{m},\ \hat{Y}_D=615\,887.617\,9\ \mathrm{m}$$

7. 单位权中误差为

$$\hat{\sigma}_0=\sqrt{\frac{\boldsymbol{V}^{\mathrm{T}}\boldsymbol{PV}}{r}}=\sqrt{\frac{330.67}{6}}=7.42('')$$

解答完毕。

例 10.4.4 如图 10.4.4 所示，为一四等附合导线，测角中误差 $\hat{\sigma}_\beta=2.5$，测边所用测距仪的标称精度公式 $\hat{\sigma}_S=5\ \text{mm}+5\times10^{-6}D_{\text{km}}$。已知数据和观测值见表 10.4.4。试按条件平差法对此导线进行平差。

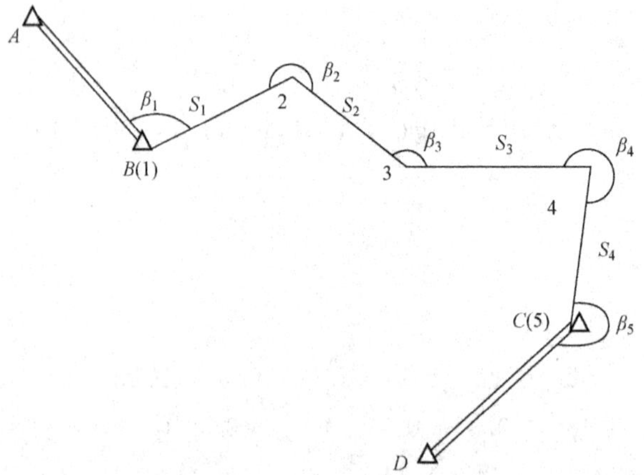

图 10.4.4

表 10.4.4 已知数据和观测值

已知坐标/m	已知方位角
B (187 396.252, 29 505 530.009) C (184 817.605, 29 509 341.482)	$T_{AB}=161°44'07.2''$ $T_{CD}=249°30'27.9''$
导线边长观测值/m	**转折角度观测值**
$S_1=1\ 474.444$ $S_2=1\ 424.717$ $S_3=1\ 749.322$ $S_4=1\ 950.412$	$\beta_1=85°30'21.1''$ $\beta_2=254°32'32.2''$ $\beta_3=131°04'33.3''$ $\beta_4=272°20'20.2''$ $\beta_5=244°18'30.0''$

解：未知导线点个数 $n-1=3$，导线边数 $n=4$，观测角个数 $n+1=5$。近似计算导线边长、方位角和各导线点坐标列于表 10.4.5 中。

表 10.4.5 坐标、方位角近似值

近似坐标/m	近似方位角
2(187 966.645, 29 506 889.655) 3(186 847.276, 29 507 771.035) 4(186 760.011, 29 509 518.179) 5(184 817.621, 29 509 341.465)	$T_1=67°14'28.3''$ $T_2=141°47'00.5''$ $T_3=92°51'33.8''$ $T_4=185°11'54.0''$ $T_5=249°30'24.0''$

1. 组成改正数条件方程及第三点平差后坐标函数式。改正数条件方程闭合差项为

$w_1=-(T_5-T_{CD})=3.9('')$，$w_2=-(x_5-\bar{x}_C)=-1.6\ (\mathrm{cm})$，$w_3=-(y_5-\bar{y}_C)=1.7\ (\mathrm{cm})$

其改正数条件方程为

$$[v_{\beta_i}]_1^5-w_1=0$$

$$[\cos T_i v_{S_i}]_1^4-\frac{1}{2\,062.65}[(y_5-y_i)v_{\beta_i}]_1^4-w_2=0$$

$$[\sin T_i v_{S_i}]_1^4+\frac{1}{2\,062.65}[(x_5-x_i)v_{\beta_i}]_1^4-w_3=0$$

即

$$v_{\beta_1}+v_{\beta_2}+v_{\beta_3}+v_{\beta_4}+v_{\beta_5}-3.9=0$$

$$0.386\,8v_{S_1}-0.785\,7v_{S_2}-0.049\,9v_{S_3}-0.995\,9v_{S_4}-1.847\,9v_{\beta_1}-1.188\,7v_{\beta_2}-0.761\,4v_{\beta_3}+0.085\,7v_{\beta_4}+1.6=0$$

$$0.922\,1v_{S_1}-0.618\,6v_{S_2}-0.998\,8v_{S_3}-0.090\,6v_{S_4}-1.250\,2v_{\beta_1}-1.526\,7v_{\beta_2}-0.984\,0v_{\beta_3}-0.941\,7v_{\beta_4}-1.7=0$$

$$\boldsymbol{A}=\begin{pmatrix}0 & 0 & 0 & 0 & 1 & 1 & 1 & 1 & 1\\ 0.386\,8 & -0.785\,7 & -0.049\,9 & -0.995\,9 & -1.847\,9 & -1.188\,7 & -0.761\,4 & 0.085\,7 & 0\\ 0.922\,1 & 0.618\,6 & 0.998\,8 & -0.090\,6 & -1.250\,2 & -1.526\,7 & -0.984\,0 & -0.941\,7 & 0\end{pmatrix}$$

$$\boldsymbol{W}=(3.9\quad -1.6\quad 1.7)^{\mathrm{T}}$$

第三点平差后坐标函数式为

$$\hat{x}_3=x_1+\Delta\hat{x}_1+\Delta\hat{x}_2=x_1+\hat{s}_1\cos\hat{T}_1+\hat{s}_2\cos\hat{T}_2$$

$$\hat{y}_3=y_1+\Delta\hat{y}_1+\Delta\hat{y}_2=y_1+\hat{s}_1\sin\hat{T}_1+\hat{s}_2\sin\hat{T}_2$$

全微分得

$$\mathrm{d}\hat{x}_3=[\cos\hat{T}_i\mathrm{d}\hat{S}_i]_1^2-\frac{1}{206\,265}[(y_3-y_i)\mathrm{d}\beta_i]_1^2$$

$$\mathrm{d}\hat{y}_3=[\sin\hat{T}_i\mathrm{d}\hat{S}_i]_1^2+\frac{1}{206\,265}[(x_3-x_i)\mathrm{d}\beta_i]_1^2$$

$$f_{x_3}=(0.386\,8\quad -0.785\,7\quad 0\quad 0\quad -1.086\,5\quad -0.427\,3\quad 0\quad 0\quad 0)^{\mathrm{T}}$$

$$f_{y_3}=(0.9221\quad 0.618\,6\quad 0\quad 0\quad -0.266\,2\quad -0.542\,7\quad 0\quad 0\quad 0)^{\mathrm{T}}$$

2. 确定边角观测值的权。设单位权中误差 $\hat{\sigma}_0=\hat{\sigma}_\beta=2.5''$，则 $p_\beta=1$。根据提供的标称精度公式 $\hat{\sigma}_S=5\ \mathrm{mm}+5\times10^{-6}D_{\mathrm{km}}$ 计算测边中误差。为不使测边观测值的权与测角观测值的权相差过大，在计算测边观测值的权时，取测边中误差和边长改正值的单位均为厘米，则可得观测值的权矩阵为

$$\boldsymbol{P}=\mathrm{diag}(4.1,4.3,4.3,3,1,1,1,1,1)$$

3. 组成法方程，计算联系数、改正数和观测值的平差值，得

$$\boldsymbol{K}=\boldsymbol{N}_{AA}^{-1}\boldsymbol{W}=(\boldsymbol{AQA}^{\mathrm{T}})^{-1}\boldsymbol{W}=(3.244\,0\quad -1.059\,9\quad 3.495\,1)^{\mathrm{T}}$$

$$\boldsymbol{V}=\boldsymbol{P}^{-1}\boldsymbol{A}^{\mathrm{T}}\boldsymbol{K}=(0.686\,1\quad 0.696\,5\quad 1.073\,9\quad 0.246\,3\quad 0.832\,8\quad -0.832\,1\quad 0.611\,8\quad 0.042\,5\quad 3.244\,0)^{\mathrm{T}}$$

$$\begin{pmatrix}\hat{S}_1\\ \hat{S}_2\\ \hat{S}_3\\ \hat{S}_4\\ \hat{\beta}_1\\ \hat{\beta}_2\\ \hat{\beta}_3\\ \hat{\beta}_4\\ \hat{\beta}_5\end{pmatrix}=\begin{pmatrix}1\,474.460^{m}\\ 1\,424.731^{m}\\ 1\,749.342^{m}\\ 1\,950.417^{m}\\ 85°30'22.4''\\ 254°32'30.7''\\ 131°04'34.6''\\ 272°20'20.5''\\ 244°18'36.5''\end{pmatrix}$$

进一步计算各导线点的坐标平差值，得点 2、3、4 的坐标分别为(187 966.644，29 506 889.663)、(186 847.270，29 507 771.048)、(186 760.000，29 509 518.201)

4. 精度评定如下。

(1)单位权中误差为

$$\hat{\sigma}_0=\sqrt{\frac{\boldsymbol{V}^{\mathrm{T}}\boldsymbol{PV}}{r}}=2.6''$$

(2)点位中误差：权倒数为

$$q_{\hat{x}_3}=f_{x_3}^{\mathrm{T}}\boldsymbol{P}^{-1}f_{x_3}-f_{x_3}^{\mathrm{T}}\boldsymbol{P}^{-1}\boldsymbol{A}^{\mathrm{T}}\boldsymbol{N}_{AA}^{-1}\boldsymbol{AP}^{-1}f_{x_3}=0.615\,4$$
$$q_{\hat{y}_3}=f_{y_3}^{\mathrm{T}}\boldsymbol{P}^{-1}f_{y_3}-f_{y_3}^{\mathrm{T}}\mathrm{P}^{-1}\boldsymbol{A}^{\mathrm{T}}\boldsymbol{N}_{AA}^{-1}\boldsymbol{AP}^{-1}f_{y_3}=0.278\,8$$

点位中误差为

$$\hat{\sigma}_{\hat{x}_3}=\hat{\sigma}_0\sqrt{q_{\hat{x}_3}}=4.16\ \mathrm{cm},\ \hat{\sigma}_{\hat{y}_3}=\hat{\sigma}_0\sqrt{q_{\hat{y}_3}}=1.88\ \mathrm{cm},\ \hat{\sigma}_3=\sqrt{\hat{\sigma}_{\hat{x}_3}^2+\hat{\sigma}_{\hat{y}_3}^2}=2.46\ \mathrm{cm}$$

解答完毕。

例 10.4.5 如图 10.4.5 所示，对一直角房屋进行数字化。其坐标观测值见表 10.4.6，试按条件平差法求平差后各坐标的平差值。

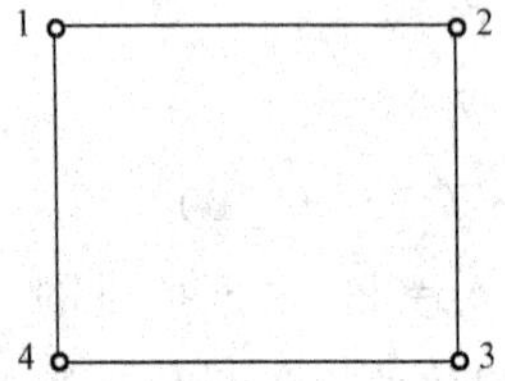

图 10.4.5

表 10.4.6 坐标观测值

坐标点	X 坐标/m	Y 坐标/m
1	5 690.505	4 817.293
2	5 689.041	4 824.941
3	5 682.312	4 823.210
4	5 683.140	4 815.730

解：本题中 $n=8,t=6,r=2$。

1. 列条件方程。平差值条件方程为

$$(\hat{x}_2-\hat{x}_1)^2+(\hat{y}_2-\hat{y}_1)^2+(\hat{x}_3-\hat{x}_2)^2+(\hat{y}_3-\hat{y}_2)^2-(\hat{x}_3-\hat{x}_1)^2-(\hat{y}_3-\hat{y}_1)^2=0$$
$$(\hat{x}_2-\hat{x}_1)^2+(\hat{y}_2-\hat{y}_1)^2+(\hat{x}_1-\hat{x}_4)^2+(\hat{y}_1-\hat{y}_4)^2-(\hat{x}_4-\hat{x}_2)^2-(\hat{y}_4-\hat{y}_2)^2=0$$

其改正数条件方程为

$$-13.458v_{x_1}-3.462v_{y_1}+10.53v_{x_2}+18.758v_{y_2}+2.928v_{x_3}-15.296v_{y_3}+6.7749=0$$
$$17.658v_{x_1}-12.17v_{y_1}-14.73v_{x_2}-3.126v_{y_2}-2.928v_{x_4}+15.296v_{y_4}-2.342\,9=0$$

2. 权的确定。取各观测坐标为等权观测值，权均为 1，各观测坐标间两两独立。协因数矩阵为单位矩阵，即 $\boldsymbol{Q}=\boldsymbol{P}^{-1}=\boldsymbol{I}$。条件方程系数矩阵为

$$\boldsymbol{A}=\begin{pmatrix} -13.458 & -3.462 & 10.53 & 18.758 & 2.928 & -15.296 & 0 & 0 \\ 17.658 & -12.17 & -14.73 & -3.126 & 0 & 0 & -2.928 & 15.926 \end{pmatrix}$$

组成法方程为

$$\begin{pmatrix} 898.3875 & -409.2532 \\ -409.2532 & 948.8693 \end{pmatrix}\begin{pmatrix} k_1 \\ k_2 \end{pmatrix}-\begin{pmatrix} -6.7749 \\ 2.3429 \end{pmatrix}=0$$

3. 解算法方程得

$$\boldsymbol{K}=(-0.00798\quad -0.00097)^{\mathrm{T}}$$

4. 改正数。利用改正数方程求得(单位为 cm)

$$\boldsymbol{V}=(9.03\quad 3.94\quad -6.97\quad -14.67\quad -2.34\quad 12.21\quad 0.28\quad -1.54)^{\mathrm{T}}$$

5. 平差值。计算平差值，并代入平差值条件式检核，得(单位为 m)

$$\hat{\boldsymbol{L}}=(5\,690.5953\quad 4817.3324\quad 5\,688.9713\quad 4\,824.7943\quad 5\,682.2886\quad 4823.3321\quad 5\,683.1428\quad 4\,815.7146)^{\mathrm{T}}$$

经检验满足所有条件方程。

解答完毕。

参考文献

崔希璋，於宗俦，陶本藻，等.2009.广义测量平差. 武汉：武汉大学出版社.

党诵诗.1980.矩阵论及其在测绘中的应用.北京：测绘出版社.

高士纯.1999.测量平差基础通用习题集.武汉：武汉测绘科技大学出版社.

葛永慧，魏峰远，史经俭.2005.测量平差.徐州：中国矿业大学出版社.

郭禄光，樊工瑜.1985.最小二乘法与测量平差.上海：同济大学出版社.

黄维彬.1992.近代平差理论及其应用.北京：解放军出版社.

李德仁，袁修孝.2002.误差处理与可靠性理论.武汉：武汉大学出版社.

刘大杰，陶本藻.2000.实用测量数据处理方法.北京：测绘出版社.

隋立芬，李骏元，吕安民.2001.测量平差基础.哈尔滨：哈尔滨地图出版社.

陶本藻.1984.自由网平差与变形分析.北京：测绘出版社.

陶本藻.1992.测量数据处理统计分析.北京：测绘出版社.

武汉测绘科技大学测量平差教研室.1996.测量平差基础.北京：测绘出版社.

武汉大学测绘学院测量平差学科组.2003.误差理论与测量平差基础.武汉：武汉大学出版社.

杨元喜.1993.抗差估计理论及其应用.北京：八一出版社.

於宗俦，鲁成林.1983.测量平差基础(增订本).北京：测绘出版社.

於宗俦，鲁成林.1990.测量平差原理.武汉：武汉测绘科技大学出版社.

於宗俦，陶本藻，刘大杰，等.1993.平差模型误差理论及其应用论文集.北京：测绘出版社.

张守信.1999.航天测量数据处理.北京：解放军出版社.

周江文.1979.误差理论.北京：测绘出版社.

周江文，黄幼才，杨元喜，等.1997.抗差最小二乘法.武汉：华中理工大学出版社.

周江文，杨元喜，欧吉坤，等.1992.抗差估计论文集.北京：测绘出版社.